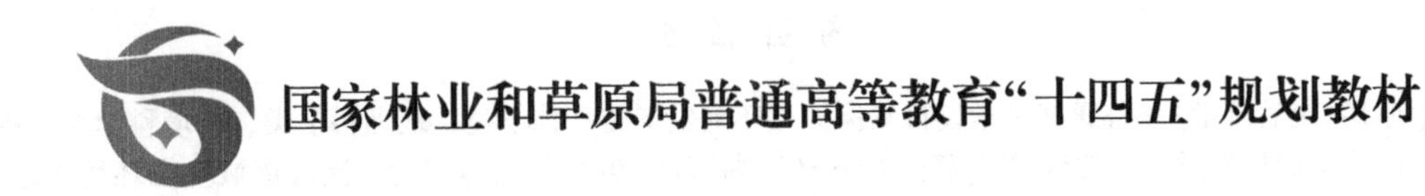

流域系统管理学

郑江坤　主编

中国林業出版社
China Forestry Publishing House

内 容 简 介

《流域系统管理学》是普通高等学校自然保护与环境生态类、林学类、地理科学类、环境科学与工程类专业必修课通用教材。本教材编写遵循“山水林田湖草沙”生命共同体理念，围绕流域生态环境治理、自然资源开发利用、社会经济高质量发展等方面进行了系统介绍，主要内容包括绪论、流域系统管理基础理论、流域系统结构与功能、流域系统监测与模拟、流域系统规划与实施、流域系统管理与评价、流域系统管理实践与经验。

本教材不仅可作为高等农林院校水土保持与荒漠化防治、环境生态工程、自然地理与资源环境等专业教材或相关专业的教学参考书，还可作为流域系统管理教育、科研、生产、管理相关部门人员的工作参考书。

图书在版编目(CIP)数据

流域系统管理学 / 郑江坤主编. — 北京：中国林业出版社，2023.6(2024.5 重印)
国家林业和草原局普通高等教育“十四五”规划教材
ISBN 978-7-5219-2134-2

Ⅰ.①流… Ⅱ.①郑… Ⅲ.①流域-综合管理-高等学校-教材 Ⅳ.①TV213.4

中国国家版本馆 CIP 数据核字(2023)第 028308 号

责任编辑：范立鹏
责任校对：苏　梅
封面设计：周周设计局

出版发行：中国林业出版社
　　(100009，北京市西城区刘海胡同 7 号，电话 83143626)
电子邮箱：cfphzbs@163.com
网址：www.forestry.gov.cn/lycb.html
印刷：北京中科印刷有限公司
版次：2023 年 6 月第 1 版
印次：2024 年 5 月第 2 次
开本：787mm×1092mm　1/16
印张：15.625
字数：370 千字
定价：56.00 元

《流域系统管理学》
编写人员

主　　编： 郑江坤

副 主 编： 姜　姜　陈立欣　朱宝才　郝建锋　马建刚

编写人员：（以姓氏笔画为序）

马建刚（西南林业大学）
卢　嘉（甘肃农业大学）
朱宝才（山西农业大学）
刘　燕（四川农业大学）
沈海鸥（吉林农业大学）
陈立欣（北京林业大学）
张云奇（四川农业大学）
张社梅（四川农业大学）
林　杨（中南林业科技大学）
郑江坤（四川农业大学）
郝建锋（四川农业大学）
侯贵荣（四川农业大学）
姜　姜（南京林业大学）
殷　晖（浙江水利水电学院）
董　智（山东农业大学）

主　　审： 曾维忠（四川农业大学）
郭辉军（西南林业大学）

前　言

“流域系统管理学”是水土保持与荒漠化防治、林学和环境生态工程专业的必修课，课程以理论讲授为主，同时注重实验设计和实践能力的培养。“流域系统管理学”课程的目的是使学生掌握流域系统管理学理论知识，培养学生将理论知识运用于流域生态保护和资源开发的能力，培养学生发现问题、分析问题和解决问题的能力，使学生更加明晰流域系统管理学的重要性，从而更好地提升学生的流域管理能力。

本教材涵盖流域水土资源与生态环境的保护、改良和合理利用，以及流域生态经济社会综合发展等方面内容，具体包括绪论、流域系统管理基础理论、流域系统结构与功能、流域系统监测与模拟、流域系统规划与实施、流域系统管理与评价、流域系统管理实践与经验。

本教材由郑江坤任主编，姜姜、陈立欣、朱宝才、郝建锋、马建刚任副主编，各章编写分工如下：第1章由郑江坤、张社梅、张云奇编写；第2章由姜姜、郑江坤、郝建锋、刘燕、张社梅编写；第3章由沈海鸥、卢嘉编写；第4章由朱宝才、姜姜、郑江坤编写；第5章由陈立欣、董智、侯贵荣编写；第6章由殷晖、林杨、张社梅编写；第7章由马建刚、刘燕、郑江坤、沈海鸥、董智、卢嘉、殷晖、姜姜编写；研究生兰振钊、陈琪杨、马小雪参与教材部分图表的制作。书稿由郑江坤和郝建锋负责统稿，曾维忠教授和郭辉军研究员担任本教材的主审。

本教材的编写得到教育部高等学校自然保护与环境生态类教学指导委员会的大力支持和指导，同时得到四川农业大学教务处的支持和关心，各参编单位也提供了很大帮助，四川农业大学曾维忠教授和西南林业大学郭辉军研究员在百忙之中对书稿进行了审查并提出宝贵的修改意见，中国林业出版社为本书的出版付出了艰辛的劳动，在此表示深深的谢意。本教材在编写中引用了大量论文、著作、教材等知识成果，因篇幅所限未能在参考文献中一一列出，谨向相关文献的作者们表示感谢。

本教材不仅可作为高等学校水土保持与荒漠化防治、林学、环境生态工程等专业的本科生和研究生教材和参考书，也可供农业经济与管理、农业资源与环境、城乡规划等从业人员参考阅读，同时可为生态环境建设、乡村振兴、流域管理等工程技术人员及行政管理人员参考。

流域系统管理学涉及多门学科，限于编者水平，教材中难免存在疏漏甚至错误，恳请广大读者提出宝贵意见和建议，以期完善。

编　者

2023年1月20日

目　录

第1章 绪论

【本章提要】主要介绍流域系统管理学的概念、特征、目标和任务、发展历程、存在的问题和发展趋势。

1.1 流域系统管理学的概念

流域指分水线所包围的汇集地面水和地下水的区域，若地面分水线和地下分水线重合则为闭合流域，不重合则为非闭合流域，一般指地面分水线包围的区域。流域既是一个有边界线的水文单元，也是一个生态系统单元和社会—经济—政治单元。系统是由相互关联、相互制约的若干要素组成的、具有确定结构和功能的有机整体，它具有模糊或确切的边界，从而与周围环境区别开来。流域系统是以流域水循环为纽带，自然过程与社会经济过程相互联结、相互影响而形成的一个复杂的流域自然—经济—社会综合系统。管理就是管理者在特定环境下通过计划、组织、领导、控制等环节来协调组织所拥有的资源，以期更好地达成组织目标的过程。管理有5个要素：

①管理主体。行使管理的组织或个人，有政府部门和业务部门。

②管理客体。管理主体所辖范围内的一切对象，包括人群、物质、资金、科学技术和信息5类。

③管理目标。人与自然和谐共生是管理主体开展管理活动的出发点和落脚点。

④管理方法。管理主体对管理客体发生作用的途径和方式，包括行政方法、经济方法、法律方法和思想教育方法。

⑤管理理论。管理的规范和理论。

此外，管理还有五大职能，分别为计划、组织、指挥、监督和调节，其中计划是最基本的职能。

流域系统管理学是以流域系统为研究对象，运用流域信息管理、问题诊断分析、资源利用规划、治理措施布局、效益评价技术等方法研究流域内生态环境保护、自然资源开发利用、产业结构优化、经济社会高质量发展的一门科学。流域系统管理学的研究对象包括流域自然系统、经济系统和社会系统，内涵如下：

(1)资源开发管理与环境保护的最佳单元

流域以水为纽带，将上、中、下游组成一个普遍具有因果联系的复合生态系统，一个地区，无论地理气候、自然资源、生态景观，还是社会经济、文化传统、民俗风情都有很强的流域特征。因此，制订一个地区的经济发展规划时，需对涉及流域的自然、社会、经济和文化因素加以考虑，从而保证区域协调发展，实现资源的可持续利用。

(2)保护和发展的系统工程

流域系统管理从流域自然—社会—经济复合系统的内在联系出发，分析并认识流域内部各组成要素、组成区域之间的联系，自然过程、经济发展过程与社会过程的联系，进行全面规划和管理。涉及流域系统管理的部门很多，如果各部门都从自己的需要和利益出发，资源利用冲突和部门之间的矛盾必然加剧，为了实现流域自然、社会和经济目标的高度统一，需要协调好各个部门之间的关系。只有站在公正客观的立场，综合权衡利弊得失，才能做出科学合理的决策。一些流域跨越不同国家、省、市、县，由于各自所处流域的位置不同、公众需求不同、政策及制度不同、发展理念不同、关注问题不同，他们之间必然产生冲突和矛盾，为了处理好他们之间的关系，需要应用系统的观点进行管理，保证在公平合理的框架下进行流域开发，实现流域福利最大化。流域系统管理需要考虑利益相关方的观点，应该是政府、企业和公众共同参与下的管理与决策，不仅避免高度集中管理使决策过程考虑范围太窄，也能使决策得到利益相关方的支持，便于决策实施。

(3)统筹兼顾的协调过程

流域系统管理的目的是解决矛盾，协调关系，促进流域自然、经济、社会高质量发展。协调主要目的就是促进、加强机构间和部门间的协作，减少机构间的冲突和矛盾，减少行业机构功能的重复，解决部门间的矛盾，实现政府部门、产业部门、研究部门、企业、社会团体之间建立强有力的联合。流域系统管理是可持续发展管理，也是高质量发展管理，需统筹好生态环境保护与资源开发利用的协调发展，统筹好产业结构调整与人民对美好生活向往的协调发展，统筹好“山水林田湖草沙”生命共同体的协调发展。因此，流域综合管理强调多方面、多层次的有机结合，协调矛盾，同时要随着自然、经济、社会状况的变化而不断调整。

(4)动态连续的发展过程

流域自然系统、流域经济系统、流域社会系统都处在不断变化和发展中。一项综合管理计划在实施过程中，因外部条件的变化要求实施计划不断进行调整。同时随着生态、经济、社会的不断变化，会出现新的流域问题。因此，流域系统管理总是处在动态的、连续的发展变化中。

(5)行政、市场和法制手段相结合

流域系统管理要通过行政、市场和法治相结合的手段来实施。行政手段主要包括流域规划与发展计划的实施等；市场手段主要指资源定价、排污收费等；法治手段主要通过流域资源及环境保护的法律与制度来管理流域。

(6)“自上而下”与“自下而上”相结合

流域系统是一个多尺度的系统，如一个大的流域可以划分为次一级的子流域，次一级流域又可划分为更小的集水区。不同尺度流域系统特征不同、流域系统管理的内容也不同，但它们之间又存在密切的联系。这就需要不同尺度的流域系统管理相衔接，一方面，次一级的流域计划应该在流域总体规划框架下进行；另一方面，次一级流域又要有适合自己区域特征的管理目标和计划。这在实施过程中就需要国家逐渐向下(自上而下)和地方逐渐向上(自下而上)有机结合、共同管理。

1.2 流域系统管理的特征

流域系统中的自然、经济、社会3个子系统相互联系、相互制约和相互影响，在整个系统中始终存在结构和功能方面的大量矛盾，这些矛盾的存在和发展推动了整个流域系统的演替与发展。例如，流域经济社会发展与水资源利用、上中下游之间的水量分配、土地利用结构、水环境、水灾害、人口结构、农林牧业在土地和资金的最优分配、产业结构配置、公共管理服务等方面存在矛盾，解决这些矛盾的前提是分析和认识流域系统中的这些问题。近年来，国内外对流域系统尤其是小流域系统做了大量研究，解决了流域生产生活方面的大量疑难问题。但是，这些研究多涉及流域系统矛盾的某些方面，常把流域系统管理当作线性、规范性、平衡性、确定性的理想系统。然而，一个流域系统管理模式往往不能完全套用到另一个流域，流域系统某一关键因素的变化常可导致这个系统的突变，说明流域系统的结构和功能还存在非线性、非规范性、非平衡性和非确定性等特点。

(1)整体性

流域上中下游、干支流各地区间存在相互制约、相互影响。上游过度开垦土地、乱砍滥伐、破坏植被，造成土壤侵蚀，不仅使当地农林牧业和生态环境遭到破坏，还会使河道淤积抬高，导致洪水泛滥，威胁中下游地区人民群众的生命财产安全和经济建设。同样，在水资源缺乏的干旱、半干旱流域，上游筑坝修库，过量取水，会危及下游的灌溉乃至工业、城镇用水，影响生产生活的发展。因此，流域内的任何局部开发都必须考虑流域整体利益，考虑给流域整体带来的影响和后果。

(2)区域性

流域特别是大流域，往往地域跨度大，上中下游和干支流在自然条件、地理位置、经济技术基础和历史背景等方面均有较大不同，表现出流域自然经济的区域性、差异性和复杂性。长江和黄河两大流域横贯东西，跨越东、中、西三大地带，存在着两个互为逆向的梯度差。一是资源占有量或枯竭程度的梯度差，包括矿藏、水资源、森林、土地资源等；二是经济实力和经济发展水平的梯度差，包括资金、技术、劳动力素质、产业结构层次等。从上游到下游，资源的拥有量越来越少，而社会经济发展水平则越来越高，形成了资源分布重心偏西，生产能力、经济要素分布偏东之间的“双重错位”现象。

(3)层次性

流域是一个多层次的网络系统，由多级干支流组成。一个流域可以划分为许多小流域，小流域还可以划分成更小的流域，直到最小的支流或小溪为止，由此形成小流域生态经济系统、各支流生态经济系统、上游(中游、下游)生态经济系统、全流域生态经济系统等。从产业结构来看，流域经济系统可分为工业、农业、交通运输、城市等子系统，农业经济系统又可分为种植业、养殖业等经济系统，流域网络的层次性要求流域开发应有一定的先后次序。

(4) 开放性

流域是一种开放型的耗散结构系统，内部子系统间协同配合，同时系统内外进行人、财、物、信息交换，具有很大的协同力，形成一个“活”的、有生命力的、越来越高级和越来越兴旺发达的耗散型结构系统。具体来说，就是流域内各地区要有专业化分工和紧密的协作，对外大力加强国内、国际分工协作和科技人员交流，通过发挥河(海)港口或内陆口岸的对外窗口作用，不断吸引和输送资本、技术。

(5) 非稳定性

同客观物质世界一样，流域系统是永恒的运动、变化和相对稳定的统一体。在这个复杂的具有自我调节能力的开放系统中，生物与生物之间、生物与环境之间，通过物质、能量、信息的交换、传递和循环，相互影响，彼此制约，在一定条件下形成稳定的有序结构，并在相当长的时间内保持一致，呈现一种动态的稳定渐进变化过程。然而，人作为流域系统中最活跃、最主动和最有竞争性的主要组成因素，其活动具有目的性、能动性和创造性。人类的一切物质生产活动都是对流域系统的改造，并直接影响流域经济系统的稳定发展，因此它将不可避免地对流域系统产生一定的影响。一旦人类活动对流域系统的影响超越流域自身调节能力的阈值，系统内部机制发生突变，使原有系统的组成、结构和功能出现数量和质量上的变化，将导致流域生态经济系统的非稳定性。

(6) 非线性

流域系统内各自然、经济、社会因素相互联系、相互影响，流域系统中物质、能量和信息的传递方式和表现形式等均存在一定的线性关系，如土地利用规划、人口容量等。但各因素之间的相互作用并不是简单的代数叠加，而是以一定方式组合。由于组合方式的不同，出现使系统功能提高、新物质出现、系统无序退化等“非加和”结果。流域系统是众多因素相互联系的非线性动态系统，基于系统动力学原理的流域系统动态仿真模型，可以较好地说明流域系统各要素与流域系统功能间的非线性关系。

1.3 流域系统管理的目标和内容

1.3.1 流域系统管理的目标

流域系统管理的目标包括：有效保护、合理配置和高效利用流域内的水土资源，为农林牧业发展创造有利条件；实施大面积封育保护和生态修复工程，保护生物多样性，构筑流域生态安全屏障，保持并提高流域生态功能；控制面源污染，减缓旱涝和地质灾害，提高流域的防灾减灾能力，保障人民群众的生命财产安全；合理开发流域资源，大力发展循环经济，提高人民群众的生活水平，促进流域经济社会高质量发展。

1.3.2 流域系统管理的内容

为了实现流域系统管理目标，需要开展以下工作：

(1) 维护流域生态环境健康

流域系统管理的首要任务就是维护流域生态环境健康，实现自然资源的可持续利用，应该保证以下几点：①保证土地稳定的生产力，防止土地资源退化；②保证充足、优质的水源供给，实施节水生产与防治污染的计划；③保护重要生境，维持生物多样性，保证流域功能完整；④资源开发不能超过其承载力，保证资源的可持续利用。

(2) 建立流域管理机构

流域管理机构是流域系统管理的组织者和决策者。各国因社会、文化、经济制度的差别采用流域管理机构模式有所不同。但是无论采取什么模式都应该保证流域管理机构在流域管理决策中的主导地位；流域管理机构应该为利益相关方提供良好的协商环境，确保各方有效参与；应该确保流域系统管理决策的实施，并进行监督；应该具有强有力的协调职能，促进、加强机构间和部门间的协作；应该减少机构间的冲突和矛盾，解决部门间的矛盾，实现政府部门、产业部门、研究部门、企业、社会团体之间建立强有力的联合。

(3) 制订和实施流域规划

流域规划应该体现流域系统管理的思想，是流域一体化管理的基础，在制订过程中应从流域系统的角度出发，从自然、社会和经济系统的内在联系上分析规划可能带来的影响，并对其进行评价。规划制订应尽可能广泛地吸引利益相关方的参与，在不同的利益集团之间寻求最佳方案。各部门和地方机构发展计划应该在流域总体规划框架下实施。

(4) 完善流域管理的法律法规

法律法规是流域系统管理的重要手段，只有建立系统的法律法规才能保证流域系统管理的有效实施。科学的流域管理法律法规应该涉及以下几方面内容：①确立流域资源所有权，流域管理的法律法规应该贯彻全面规划、统筹兼顾、综合利用、严格管理、强化保护的原则；②强化流域的综合管理，确立流域机构的法律地位、明确流域在综合管理中的职能，避免职能重叠；③建立流域系统的资源开发、利用和保护的制度和法规，明确流域系统管理在资源开发中的法律地位；④适应依法行政的要求，规范行政执法活动，强化法律责任。

(5) 建立有效的市场调控手段

由行政分割带来的流域协同治理及上下游协同发展问题，一直是生态环境治理中难以解决的问题，也是生态环境质量改善能否持续的关键。市场是打通条块分割的利器，充分利用市场的力量进行流域系统管理是推动上下游之间形成生命共同体的有效途径。政府可积极引导与鼓励流域治理市场化，大力推进整个流域的生态环境治理系统化和最优化进程。以专业化的服务为载体，一方面可有效解决政府部门对流域生态建设基础设施投入不足和运行效率不高的问题；另一方面可彻底打破过去因地域分割而形成的片段式河流治理状况，促进流域生命共同体的建立。同时，政府部门坚持流域系统管理的市场化运作，遵循市场需求，最终实现资源要素优化配置及流域补偿效率最大化的目标。

(6) 建立完整的流域监测系统和信息共享机制

流域系统管理涉及多学科信息，体现高度的综合性。在面对一个流域问题时，需要流域水、土、气、生等众多要素的信息，而这些信息依赖于完整的流域监测体系和信息共享机制。一些国家非常注重基础信息库的建设和共享，例如，美国航空航天局(NASA)的九大数据中心、美国地质勘探局(USGS)建设的 30 m 分辨率 DEM 数据库、美国环境保护署(EPA)的国家水文数据库(NHD)，它们在流域系统管理研究和实施方面得到了广泛的应用。我国目前在数据库共享建设中还存在一定的差距，如基础数据的部门控制增加了流域系统管理的实施成本，数据缺乏统一管理导致集成应用的困难。

(7)组织流域防灾减灾工作

防灾减灾工作一直是流域系统管理的重要内容，尤其在当今社会，森林面积减少、湿地围垦、城市化等土地覆被变化改变了流域下垫面特征，导致环境灾害加剧，防灾减灾需要流域系统管理部门应用综合性观点，有效地实施行动计划。

(8)鼓励广泛参与，提高全民意识

建立流域高质量发展的全民管理意识，建立有效的信息公开机制，若各部门及管理单位垄断行业信息并作为其创收的重要来源，导致信息封锁，使公众无法真正了解所处流域环境的客观情况，限制了公众的有效参与。此外，流域管理部门应加强群众宣传教育，做好沟通工作，提高公众参与的自觉性。

1.4 流域系统管理的发展历程

人类自古逐水而居，从最初的取水用水到认识和解决一系列流域环境问题，再逐步发展到开发利用和保护相结合、“山水林田湖草沙”生命共同体，在这个过程中，世界各国通过成立流域管理机构、制定流域管理法规、加大流域管理投入、强化流域管理监督等措施，使流域管理不断系统化。

(1)以水资源调控和水土保持为主要目标的管理阶段

古人主要利用流域地表水资源，并长期和流域洪水、旱灾、泥石流、滑坡等灾害作斗争，随着西方文艺复兴和工业革命的发生，人口数量和社会生产力得到了快速发展，导致流域资源的过度开发利用，水土流失、水质恶化、大气污染等问题加剧。自20世纪30年代起，流域系统管理主要表现在流域资源数量调查和分配方面，并逐步开展了以水土保持为主要目标的流域管理，这一阶段世界各国相继成立了一些流域管理机构、制定了有关流域管理的法律法规。

美国田纳西河流域管理局(Tennessee Valley Authority，TVA)是这一阶段的典型代表。20世纪30年代，田纳西河流域是美国最贫困落后的地区之一，农业是该区支柱产业，但农业生产水平低，因过度耕种和滥伐森林，水灾频发，水土流失十分严重。成立具有政府职能但运行灵活、具有私人企业组织的田纳西河流域管理局对流域资源统一管理，是当时美国总统罗斯福摆脱经济危机的改革设想之一。1933年，美国国会通过《TVA法案》，通过采取控制洪水、改善航运条件、利用水能发电、恢复植被和控制水土流失等措施进行流域综合开发利用。田纳西河流域管理局成立初期，主要工作是控制水土流失、建设水力发电站、退耕还林还草等，其中，水电的开发利用，增加了就业机会、方便了生活、发展了当地经济。1972年美国国会颁布《清洁水法》后，田纳西河流域管理局又致力于全流域污染治理，进而增加了生态保护、休闲娱乐、经济开发等项目，使流域管理更具综合性。

(2)以可持续发展为目标的管理阶段

经济的快速发展导致人们过度开发利用自然资源，引起土地退化、生物多样性降低、资源耗竭、环境恶化等严重问题。20世纪80年代以来，澳大利亚、美国、英国等国家认识到要解决以上问题需以流域为单元对资源、环境和社会发展进行一体化管理，以达到可持续发展目的。1995年，英国国家河流管理局提出了《21世纪泰晤士河流域规划和可持续开发战略》，对水资源、生态保护、航运等进行了流域规划。小流域管理的重点为土地保育，中流域管理则强调政府的协调作用，即协调郡政府、地区政府及流域管理机构战略方针上的一致性；大流域管理重点为协调从中央到地方各级政府部门水土资源综合管理与环境规划的一致性，同时强调公众的基础作用。在该阶段，流域管理的法律、政策和体制等方面都有了进一步的发展，同时流域数字化迅速发展，中小尺度流域过程的定量化模拟和"3S"技术的应用，使得流域系统管理向着科学化、规范化方向进一步发展。

20世纪70年代末，我国流域管理机构相继恢复和建立，80年代以后，人们逐渐认识到流域统一规划管理和综合开发的重要性，开始以法律手段进行水资源管理，1988年和1991年分别颁布实施了《中华人民共和国水法》和《中华人民共和国水土保持法》，标志着我国流域系统管理进入法制管理轨道。在总结以往流域系统管理经验教训的基础上，进行了许多探索和改革，逐步走出了一条具有中国特色的流域系统管理道路，推动了山区水土保持工作的开展，取得了显著的成效。主要反映在如下方面：①由单一措施、分散治理转到以流域为单元，全面规划、综合治理；②国家、省、县层层重点治理，形成点面结合的流域系统管理新格局；③由单一的集体经营管理转向联产承包责任制；④由单纯防护性治理转向开发性治理，治理与开发利用结合；⑤加强水土保持法制建设，依法进行流域系统管理；⑥在治理资金使用管理上进行改革，引入市场机制，提高了投资效益；⑦把流域系统管理作为全国生态环境建设的主体。

(3)以高质量发展为目标的管理阶段

进入21世纪，流域产业结构性和排放结构性失衡导致的资源环境压力不断增加，生态环境问题日益凸显。要从根本上解决流域生态问题，需要寻求一种既能维护生态健康，又能促进经济社会高质量发展的途径。面对资源约束趋紧、环境污染严重、生态系统退化的严峻形势，我国做出大力推进生态文明建设的战略决策，以实现中华民族的永续发展。生态文明建设体现了一种物质文明和精神文明的进步状态，这种进步状态是以人与人、前人与后人，以及人与自然、人与经济社会之间的和谐共生、平衡发展为目标，追求经济有效、社会公正和生态良好的良性发展。我国将生态文明建设融入经济、政治、文化、社会建设各方面和全过程，是全社会对天、地、人和谐关系重要性认识的深化。

流域系统管理是构建"山水林田湖草沙"生命共同体重要手段之一，我国经济已由高速增长阶段转向高质量发展阶段，建立健全绿色低碳循环发展的经济体系为实现经济社会高质量发展指明了方向，同时也提出了一个极为重要的时代课题。随着我国进入生态—经济—社会高质量发展的新阶段，流域系统管理在理论和实践上也必然紧跟"创新、协调、绿色、开放、共享"的新发展理念，坚定走生产发展、生活富裕、生态良好的文明发展道路，推动大江大河流域形成人与自然和谐发展的新格局。主要表现在：①推动流域生态建设与农户可持续生计的协同发展；②提高流域系统碳汇水平，努力实现"双碳"目标；③推进流域景观设计与社区营造、村民福祉协调提升；④推进流域规划与生态格局构建；⑤推进流域生态管理体制机制创新与经济高质量发展；⑥实现流域群众共同富裕。

1.5 流域系统管理存在的问题

(1) 流域系统管理规划问题

尽管世界各国在流域系统管理中均制订了相应的规划，但存在目标不够明确、方法不够得当、措施不够具体等问题。流域内地方政府制订的规划往往注重流域资源的开发，缺乏流域综合规划，特别是对流域生态保护重视不足，导致出现土地退化、生产力下降、生物多样性降低、生物栖息地减少等生态环境问题，而长期的流域发展规划是解决这些问题的必备条件。流域管理决策者应邀请相关行业专家制订规划，若缺少熟悉本流域社会经济乃至文化的流域管理者和利益相关方的参与，所制订的规划在实施过程中往往会出现利益冲突。另外，由于流域上中下游自然、经济、社会等方面存在较大差异，特别是跨国流域更为突出，流域不同区段民众的需求也存在较大差异，这是利益相关方之间存在突出矛盾的根源。

以往流域管理规划中往往忽视自然资源的产权问题，这将直接影响流域资源的可持续管理和高质量发展。一些国家土地资源属私人所有，而一些国家则属国家所有，许多情况下产权问题往往是实现流域管理目标的障碍，合理界定产权问题需要深刻认识相应政策和体制。

(2) 流域系统管理体制问题

流域系统管理体制是影响流域系统高质量发展的重要保障。尽管世界各国成立了许多流域综合管理机构，但普遍缺乏权威性和综合性。由于流域行政区划分割、社会经济活动复杂，流域重叠管理现象普遍存在，流域高质量发展涉及农业农村、自然资源、生态环境、交通运输、水利、住房和城乡建设等职能部门，各部门从各自的利益出发，存在各司其职、各为其利等现象，难以解决各部门分割管理格局，这是以政府部门为主的管理体制。另外，以法人实体为主的管理体制则缺乏相关法律法规；政府、个人、公共团体共同参与的管理体制则由于权责利不清，缺乏强有力的经费支持和有效协调。依法管理是流域系统管理发展的主要趋势，但有些国家流域管理的法制建设还相当薄弱，缺乏专门的法律法规，存在有法不依、执法不严等现象。

(3) 流域系统管理手段问题

流域模型是流域系统管理的重要手段，但模型主要侧重对自然过程的模拟，涉及参数众多、结构复杂且流域自然经济社会条件及流域尺度不同，流域模型难以推广。尽管有些综合模型为了吸纳社会经济因子，开发过程中吸收了社会经济专家参加，但由于学科背景不同，专家们考虑问题的角度和分析问题的思路有很大差别，按各自学科研制的模型难以衔接。

过程监测可以使管理者严格实施已有规划，也可提醒管理者根据实际情况做出相应的调整，进而保证流域管理目标的实现。但多数实施项目仅对技术指标进行了监测，对社会经济要素缺乏考虑。另外，整个管理过程能在经济刺激的作用下实施，但对于生态修复类工程，往往过程缓慢，不会有项目持续资助，这就需要志愿者长期参与，不然会出现“灯熄马停步”现象。

1.6 流域系统管理发展趋势

随着文明发展和社会进步，流域系统管理也在不断深化，总体呈“三化”的发展趋向，即管理手段智能化、管理方式生态化、管理机制一体化。

(1) 管理手段智能化

随着科技及信息技术的发展，特别是物联网、云计算技术的应用，流域管理的手段将会更加自动化、信息化、智能化。

(2) 管理方式生态化

管理方式的转变主要体现管理模式的生态化，流域管理不仅是对水资源和水质目标的管理，而且是以生态流域构建为目标的管理。

(3) 管理机制一体化

一体化的管理机制必定是流域系统管理的发展趋势。从管理机构看，机构名称可以是多样化的，但机构设置必须是适应一体化管理要求的，特别是要打破行政区划分割的障碍，实现全流域的统一管理。从管理内容看，必然要实现综合性的一体化管理，把资源与环境、保护与开发、规划与建设统一起来。从管理制度看，将形成法律与政策制度、行政手段与经济手段、机构管理与社会管理的多元管理制度体系，体现在管理体制更加科学、管理范围更加确切、管理方式更加合理、管理手段更加有效、管理机制更加完善。

随着“三化”的发展，现阶段流域系统管理重要研究方向总结如下：①流域生物地球化学循环及对人类活动的响应；②流域生态系统组成、功能、变化和可持续保护利用；③流域灾害防治、环境保护和资源开发耦合机理；④流域水文过程与水资源可再生循环利用机理；⑤流域泥沙运移过程中的尺度现象；⑥流域土地退化机理与恢复重建措施；⑦流域自然—经济—社会复合系统高质量发展。

复习思考题

1. 流域系统包含哪些具体内容？
2. 流域系统管理的发展主要分为哪几个阶段？
3. 流域系统管理与农林经济管理、工商管理有何区别？

第 2 章

流域系统管理基础理论

【本章提要】主要介绍流域系统水循环、碳循环、养分循环的基本过程，流域景观格局、过程、尺度的概念及相互关系，流域生态经济系统、系统管理、可持续发展、高质量发展理论。

2.1 流域系统生物地球化学循环理论

2.1.1 流域水循环

水循环指地球上各种形态的水，在太阳辐射、地心引力等作用下，通过蒸发、水汽输送、凝结降水、下渗及径流环节，不断发生相态转换和周而复始运动的过程(图 2-1)。

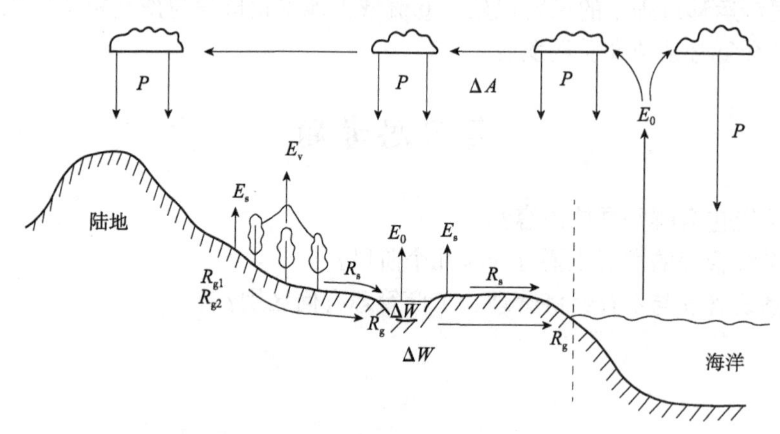

E_0、E_s、E_v分别表示水面、土壤、植物蒸散；P表示降水；R_s、R_g分别表示地表与地下径流，其中R_g又分为两种：壤中流（R_{g1}）与潜流（R_{g2}）；ΔA、ΔW为各空间蓄水变量。

图 2-1 水循环示意

（余新晓，2020）

水循环是物质和能量的传输、储存和转化过程，按照其途径与规模，可分为海陆大循环和陆地小循环，陆地小循环可再划分为外流区小循环和内流区小循环。海陆表面的水分因太阳辐射而蒸发进入大气，在适宜条件下水汽凝结发生降水，其中大部分直接降落在海洋，形成海洋水分与大气之间的内部循环，另外一部分水汽被输送到陆地上空以降水的形式降落到地面，包括3种情况：①通过蒸发和蒸腾返回大气；②渗入地下形成土壤水和潜水，形成地表径流最终注入海洋；③内流区径流不能注入海洋，水分通过河面和内陆湖面蒸发进入大气。各种形式的水循环以不同周期自然更新，使各种自然地理过程得以延续，使水资源得到永续利用。

流域水循环是陆地小循环的重要组成部分，主要包括蒸散、降水、径流和流域储水量变化的整个过程。降水是流域水循环中最大的输入项，蒸散是最大的输出项，如果考虑人类影响，水循环就会变得更加不确定，跨流域调水、抽取地下水、水库蓄水等在水循环中占有重要地位(图2-2)。

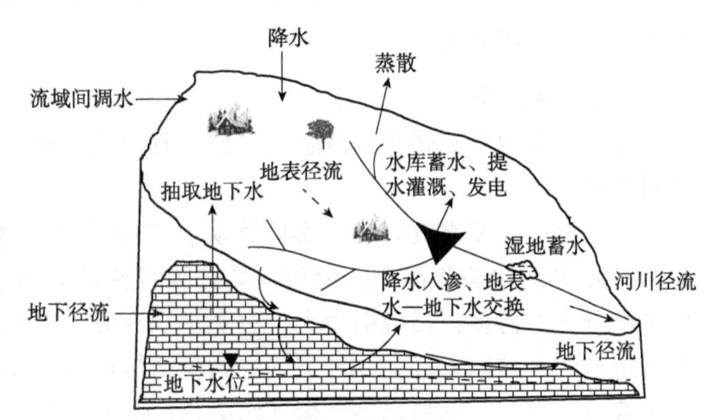

图2-2　流域水循环示意
(魏晓华等，2009)

2.1.1.1　蒸散过程

蒸散是液态水或固态水表面的水分子能量超过分子间引力，不断逸出的过程。蒸散分为水面蒸发、陆面蒸发和植物蒸腾。

(1)水面蒸发及其影响因素

水面蒸发指水面的水分在太阳辐射作用下由液态变为气态的过程，包括液态水汽化和水汽扩散两个过程。它发生在流域内有水体的地方，如河槽、湖泊、水库等，由于水面供水充分，蒸发量很大。影响水面蒸发的主要因素包括：

①蒸发面温度。温度高时，蒸发面上空的饱和水汽压较大，饱和差也较大，有利于蒸发的进行。

②风。有风时，蒸发面上空的水汽不断被风吹散，使水汽压减小，饱和差增大，有利于蒸发的迅速进行。

③空气湿度。空气湿度大，则饱和差小，蒸发缓慢，反之亦然。

④蒸发面性质。在相同的温度下，冰面的饱和水汽压小于水面的饱和水汽压，所以当水汽压大致相同时，冰面的饱和差小于水面的饱和差，冰面的升华比水面的蒸发慢。此外，海水比淡水蒸发慢，大水滴比小水滴蒸发慢。

(2)陆面蒸发及其影响因素

陆面蒸发的主体为土壤表面蒸发，即土壤水的汽化和汽化水向大气扩散的过程。在土壤水分饱和状态下，土壤表面可以蒸发掉的最大水汽量称为蒸发势。通常土壤的蒸发小于其蒸发势。当土壤逐渐变得干燥时，蒸发率随土壤含水量的降低而下降。除了土壤含水量之外，地下水埋藏深度、土壤物理性质(如孔隙数量、土壤颜色，以及气象因素)都对土壤蒸发产生影响。

(3) 植物蒸腾及其影响因素

植物蒸腾指植物通过其体表(主要是叶片的气孔)将体内的水分以气态形式蒸发到体外的过程。植物的蒸腾量与植物的种类、生长期、土壤供水状况，以及气象因素有关。白天，由于太阳辐射，植物气孔张开，蒸腾量较大；夜晚，气孔关闭，蒸腾量较小。

2.1.1.2 凝结过程

(1) 凝结条件

凝结是水由气态转化为液态的过程。其形成需要同时具备两个条件：凝结核和空气达到过饱和状态。

凝结核能促使水汽凝结，实验表明，在纯净的空气中，即使空气相对湿度达300%～400%时，也不会发生凝结，但放入具有吸水性的微粒，便立即发生凝结，这是因为微粒比水汽分子大得多，其吸引力大，有利于水汽分子在它表面聚集。大气中的凝结核一般是十分丰富的。陆地上每立方米空气中的凝结核可达 $100×10^8$ 个，主要是尘埃、火山和森林火灾释放的烟灰、燃料燃烧产生的污染物(如 SO_2 等)。海洋上每立方米空气中的凝结核也可达 $10×10^8$ 个，主要是从海浪飞溅到空气中的盐粒，由于盐粒的吸湿性极好，又称为吸湿性凝结核。水汽的凝华也需要微粒，大气中最主要的凝华核是冰晶本身。

使空气达到过饱和状态的条件是增加空气中的水汽含量，使水汽压大于当时温度下的饱和水汽压或使空气温度降低至露点(使空气中所含有的水蒸气达到饱和状态而结露时的温度称为露点)温度以下。使这两种条件达到满足的途径有：

①暖水面的蒸发。当冷空气流经暖水面时，由于暖水面的温度显著高于气温，所以，暖水面的饱和水汽压就比空气的饱和水汽压大得多，因此，蒸发可以使暖水面的水汽压逐渐接近于水面上的饱和水汽压，这样，其上的空气就可能达到过饱和状态而发生凝结。秋冬早晨水面上腾起的水雾就是这样形成的。

②空气的冷却。空气冷却的主要方式有以下几种：

a. 绝热冷却。空气在上升运动过程中因体积膨胀对外做功而冷却，平均每上升 100 m 降温 0.65 ℃。随着温度降低，饱和水汽压减小，当空气上升到一定高度时便达到饱和，再上升就会达到过饱和而发生凝结。

b. 辐射冷却。空气本身因辐射作用向外散失热量而冷却。在近地面层，夜间除空气本身的辐射冷却外，还受到地面辐射冷却作用，使气温降低，如果空气中水汽比较充足，就会发生凝结。

c. 平流冷却。较暖的空气流经冷地面，由于不断把热量传递给地面造成空气本身的冷却，当暖空气与冷地面温度相差较大，暖空气显著降温，就有可能发生凝结。

③空气的混合。两团温度差别很大的潮湿空气等量充分混合时，也能使空气达到过饱和，发生凝结。

(2) 凝结产物

凝结可以在地面上发生，也可以在大气中发生。地面上水汽的凝结形成露和霜等，大气中水汽的凝结则形成雾和云。

①露和霜。在晴朗无风的夜间，当地面辐射冷却导致显著降温时，与冷地面接触的近

地面薄层空气将逐渐冷却并达到露点，使空气中的水汽凝结在所接触的地表面或植物叶片上，如果露点温度在 0 ℃以上，凝结物为微小的水滴，称为露；如果露点温度在 0 ℃以下，水汽直接凝华为白色的冰晶，称为霜。

②雾。雾是一种低空的大气凝结现象。当大量的细小水滴或冰晶悬浮在近地面的空气层中，使空气混浊，能见度小于 1 km 时称为雾。形成雾的基本条件是水汽冷却过程和凝结核的存在，最常见的是由地面辐射冷却形成的辐射雾和暖湿空气在流经冷的下垫面逐渐冷却形成的平流雾。

③云。云是高空的大气凝结现象，是由悬浮在大气中的液滴和冰晶组成的聚集体。云的形成除了空气混合导致的饱和过程外，主要由空气上升而绝热冷却到露点产生。

2.1.1.3　降水过程与入渗过程

(1) 降水过程

降水是液态或固态水汽凝结物从大气下降到地面的过程，常见的形式有雨、雪、雹、霰等。其形成大致有 3 个条件：首先是水汽由源地水平输送到降水地区，即水汽条件；其次是水汽在降水地区上升，经绝热冷却凝结成云滴，即垂直运动条件；最后是云滴增长变为雨滴而下降，即云滴增长条件。在这 3 个降水条件中，前两个属于降水形成的宏观过程，取决于天气学条件，第 3 个属于降水形成的微观过程，取决于云的物理条件。天气学条件包括：

①锋面抬升作用。在对流层内，物理属性(主要指温度和湿度)水平分布与垂直分布比较均匀的大块空气称为气团，在不同性质的均匀下垫面上，往往形成不同性质的气团，两种不同性质气团之间狭窄且倾斜的过渡带称为锋区或锋面。由于干冷性气团的运动一般是下沉的，而暖湿性气团的运动则是上升的，所以面呈倾斜状，其下方为冷空气，上方为暖空气。根据锋的移动特征可将锋分为 4 种：冷锋，指冷气团推动锋面向暖气团一侧移动的锋；暖锋，指暖空气滑行于冷空气之上，推动锋面向冷空气一侧移动的锋；静止锋，指冷暖气团势力相当，锋面很少移动或来回摆动的锋；复合锋，指冷锋追上暖锋或两冷锋迎面相遇，中间的暖空气被抬举到高空所形成的。一般来讲，锋面坡度大、抬升作用强，降水量大；锋面坡度小、抬升作用弱，所产生的降水具有雨带宽、强度小的特点。

②低层辐合作用。由于摩擦效应，低压区和等压线(或等高线)呈气旋式弯曲的部位有气流的辐合，盛行上升气流，气旋式曲率越大，辐合越强，上升气流越旺盛，因此，低压内部和槽线附近易生成强烈气旋降水(气旋雨)。具有锋面的低压系统称为锋面气旋，多见于温带地区，也称为温带气旋。形成于太平洋西部和中国南海热带洋面上强大而深厚的气旋性涡旋称为台风，而在西印度群岛和墨西哥湾形成的强大热带气旋称为飓风，其最大风力在 12 级以上。

③地形作用。地形对降水形成的影响远大于对其他气象要素的影响。在山地、丘陵和河谷地带，气流受到阻挡，被迫沿山上升或受地形的约束而聚集，有利于产生垂直运动，形成地形降水(地形雨)。相反，当气流沿山坡下降或流入开阔地区而散开时，则有利于下沉运动，不易产生降水。

④对流作用。近地面空气局部受热，导致不稳定的对流运动，使低层空气强烈上升，水汽在高空冷却凝结形成对流降水。这类降水一般以暴雨的形式出现，历时短而强度大，

并伴有雷电现象。温带地区夏季午后的雷雨就是典型的对流雨，赤道附近的降水也以对流雨为主。

⑤云物理条件。虽然降水来自云，但天空有云不一定能形成降水，因为典型云滴平均半径约 10 μm，这样小的云滴在静止空气中的降落速度约为 0.01 m/s，因而未到达地面就已经蒸发掉了。而一个克服了空气阻力、上升气流顶托和途中蒸发之后到达地面的雨滴，其半径至少 1 mm，即包含 10^6个以上的云滴，可见云滴凝结增长成为雨滴是产生降水的关键，通常用碰撞合并理论和冰晶理论来解释云滴的凝结增长过程。

(2) 入渗过程

入渗也称为下渗，是指降水或融雪通过土壤表面进入土壤从而改变土壤水分状况的过程。单位面积单位时间内的入渗水量称为入渗率，为了便于与降水强度(单位时间内的降水量，单位为 mm/d 或 mm/h)比较，通常用 mm/h 或 mm/min 表示。当降水强度超过入渗率时，便会形成地表积水和漫流。因此，一段时间内的入渗水量可以用该时段内的降水量与地表径流量(包括地面贮存量)之差来表示。下渗过程受分子力、毛细管力和重力的综合作用，当初期土壤干燥，按水分所受的主要作用力及运动特征可分为以下 3 个阶段：

①渗润阶段。由于初期土壤干燥，水分主要在分子力作用下，被土壤颗粒吸附而成为结合水(吸湿水和薄膜水)，渗润阶段土壤吸力非常大，故初始入渗率很大。

②渗漏阶段。入渗的水主要在毛细管力和重力共同作用下，在土壤孔隙中形成不稳定运动，并逐步填充孔隙，直到孔隙充满水之前，该阶段水呈非饱和运动，通常将渗润阶段和渗漏阶段合称为渗漏阶段。

③渗透阶段。当土壤孔隙被水充满达到饱和时，水在重力作用下向下运动，属饱和水流运动，又称稳定入渗阶段，这时入渗率维持稳定，称为稳定入渗率。

(3) 降水在地表的存在形式

存在于土壤孔隙中且被土壤颗粒所吸附的水分统称为土壤水，有液态、固态和气态 3 种形态。土壤固体颗粒与水分子经常处于相互作用之中，主要作用力有分子力、毛细管力和重力，它们决定了土壤水的存在形式和运动特征。由此，土壤水通常分为以下几种形式：

①吸湿水。土壤颗粒表面对水分子具有很强的吸引力(分子力)，这部分水被称为吸湿水(图 2-3)。土壤颗粒表面的吸力很大，紧贴土粒的第一层水分子受的吸力约 1 万个标准大气压(1 个标准大气压 = 1.01×10^5 Pa)。吸湿水具有固态水的性质，因此吸湿水不能自由移动。只有在高温(105~110 ℃)条件下可转变成气态散失，故吸湿水不能被植物所利用，也称为强结合水或吸着水。

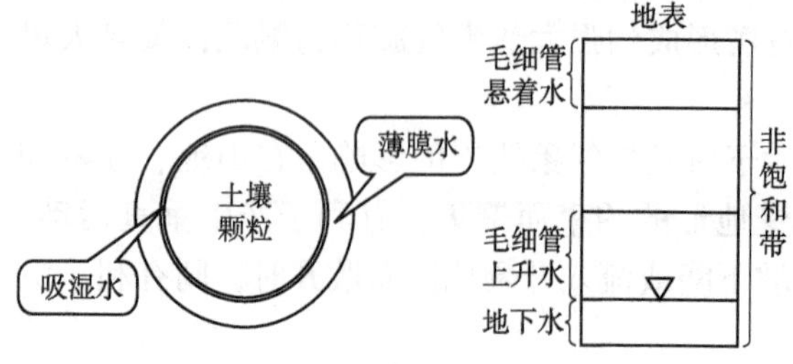

图 2-3　土壤水分存在形式和分布特征
(芮孝芳，2013)

②薄膜水。土壤颗粒表面吸湿水达到最大后，土壤颗粒表面剩余的分子力还能吸附水分，在吸湿水外表形成膜状液态水，这部分水被称为薄膜水(图 2-3)。薄膜水主要受土壤颗粒表面剩余分子吸力的作用(6.25~31 个标准大气压)，与液态水的性质基本相似，在吸力作用下从水膜厚

处向水膜薄处缓慢移动或从土壤湿润的地方向干燥的地方运移，属于非饱和土壤水运动，部分薄膜水可以被植物吸收。

③毛细管水。是指依靠土壤中毛细管(一般指土壤孔隙直径<1 mm的毛细管)的吸引力而被保持在土壤孔隙中的水分(图2-3)。当土壤孔隙直径为0.0006~0.0300 mm时毛细管力最为明显，毛细管水所受的吸力为0.08~6.25个标准大气压。毛细管水受毛细管力作用保持在孔隙中，可被植物吸收利用。

④重力水。是指在重力作用下运动的那部分水分，具有液态水的性质，能传递压力。重力水易保持在土壤上层，是下渗补充地下水的重要来源。

2.1.1.4　地表径流与地下径流

地表径流指降水经蒸发、入渗等消耗后沿地表运动的水流，地下径流则指降水入渗后在地下运动的水流。从降水开始，直到水流从流域出口断面流走的整个物理过程称为径流形成过程。按照整个过程发展的特点，可以将其划分成产流和汇流两个阶段(图2-4)。

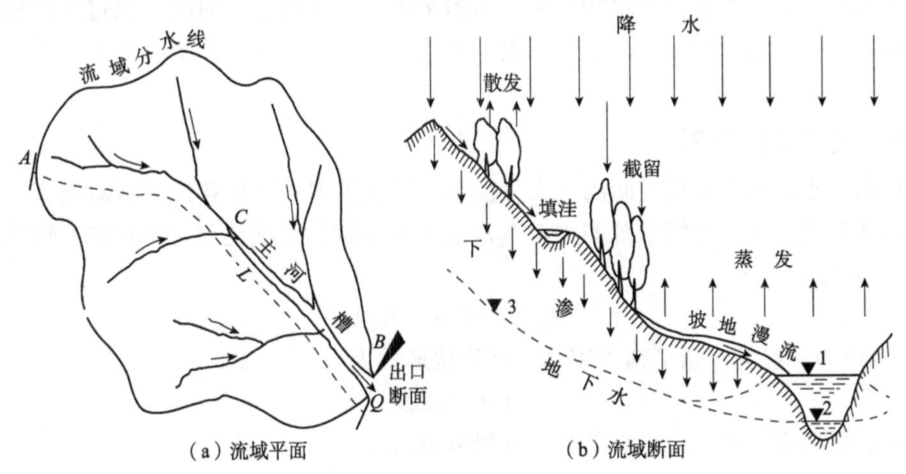

(a)流域平面　　(b)流域断面

A、B、C、L、Q分别为源头、出口、主河槽、河长和出口断面流量；
1、2、3分别为洪水水位、雨前水位和地下水位。

图2-4　流域产流和汇流过程示意

(陈效逑，2001)

(1)产流阶段

当降水开始之后，部分降水被植物枝叶截留，超过植物截留能力的降水落在地面，其中一部分降水停蓄在低洼地带成为填洼量，另一部分则通过岩石、土壤的孔隙不断向下渗入，形成表层土壤的储存。随着植物截留、填洼蓄水和表土储存的逐渐满足，当后续降水强度超过入渗率时，超渗降水开始形成坡面漫流，它由无数股时分时合的细小水流组成，在降水强度很大时，漫流可发展为片状水流。

当在易透水的表层土壤下存在相对不透水层时，不断下渗的降水在该层上面暂时停蓄，形成饱和含水层，从而产生沿坡侧向流动的壤中流，它的流速小于地面径流，到达沟(河)槽也较迟。壤中流与地面径流有时可以相互转化，如坡面上部渗入土壤形成的壤中流可能在坡面下部以地表径流的形式注入沟(河)槽、部分地面径流也可能在漫流过程中渗入土壤中流动。如果降水继续下渗到浅层地下水面，并缓慢地渗入河槽则成为浅层地下径流。深层地下水(承压水)也可通过泉或其他形式补给河流，称为深层地下径流。地下径流运动缓慢，变化也慢，补给河水的地下径流平稳且持续时间长。由此可见，地面径流(包括壤中流)和地下径流是降水中产生径流的部分。

(2)汇流阶段

降水产生的径流沿坡面漫流汇集到附近的河网后，顺河槽向下游流动，最后全部流经流域出口断面，形成河网汇流。坡面漫流汇集注入河网后，使河网水量增加，水位上涨，流量增大。在涨水过程中，对同一时刻而言，因河网要滞蓄一部分水量，出水断面以上坡面汇入河网的总水量必然大于通过出口断面的水量，在落水过程中则与此相反，这种现象称为河槽调蓄作用。

在降水及坡面漫流停止后的一定时段内，河网汇流仍将继续进行，且使河网蓄水达到最大量。随后，由于壤中流的减少及地下径流注入的水量较小，河网蓄水开始消退，直到河槽泄出水量与地下水补给水量相等时，河槽水流又趋于稳定。河网汇流过程实质上是洪水的形成与运动过程。由于产流和汇流是一个连续的过程，所以，实际上并不能将二者严格分开。

2.1.1.5 流域水量平衡

流域水量平衡指在流域空间内，水分循环、转化过程的质量守恒，即对具有空间边界的流域系统来说，输入流域系统的水量 $I(t)$ 应等于流域蓄水变化量 $\mathrm{d}S/\mathrm{d}t$ 加上输出流域系统的水量 $O(t)$：

$$I(t)=\mathrm{d}S/\mathrm{d}t+O(t) \tag{2-1}$$

式(2-1)为一般的水量平衡方程式，其简化形式为：

$$I-O=\pm\Delta S \tag{2-2}$$

根据水量平衡原理，流域水量平衡方程可表达为：

$$P+C_w+R_s+R_g=E_s+R_s'+R_g'+S \tag{2-3}$$

式中，P、C_w、R_s、R_g、E_s、R_s'、R_g'、S 分别为时段内流域降水量、水汽凝结量、从其他区域流入流域内的地表径流量、从其他区域流入流域内的地下径流量、地表蒸散量、流出流域的地表径流量、流出流域的地下径流量、流域内蓄水量变化量。

2.1.2 流域碳循环

2.1.2.1 碳循环基本概念

(1)碳源碳汇概念

《联合国气候变化框架公约》(UNFCCC)将碳源定义为向大气中释放温室气体、气溶胶或温室气体前体的活动、过程或机制，将碳汇定义为清除大气中温室气体、气溶胶或温室气体前体的活动、过程或机制。因此，碳源与碳汇是两个相对的概念，即碳源是指自然界中向大气释放碳的母体，碳汇是指自然界中碳的寄存体。

(2)全球碳循环

①碳循环过程。碳是生命体的基本组成元素之一，起着调节能源与气候的基本作用。

地球系统的碳循环，是指碳在地球各圈层之间以 HCO_3^-、CO_3^{2-}(主要为钙和镁的碳酸盐矿物形式)、CO_2、CH_4、$(CH_2O)_n$ 等形式相互运移和转换的过程。碳在各个圈层(岩石圈、生物圈、大气圈和水圈)的迁移转化过程如图 2-5 所示。

水圈中碳主要以 HCO_3^- 或 CO_2 水溶液的形式存在；气圈中主要以 CO_2、CH_4 等气态形式而存在；生物圈中则以有机碳 $(CH_2O)_n$ 的形式随着生命运动而进行物质能量交换；岩石圈中主要以 HCO_3^-、CO_3^{2-}($CaCO_3$、$MgCO_3$ 等)的金属化合物形式与其他圈层进行转化。各圈层之间都是紧密联系、时刻进行着物质和能量的相互转化，碳循环过程主要包括以下方面：

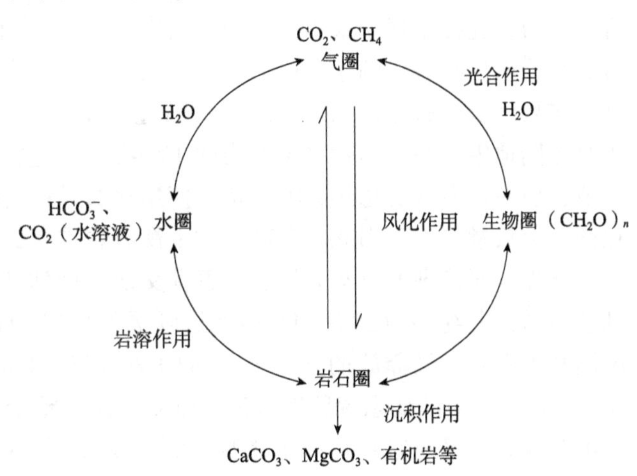

图 2-5　碳在各个圈层的迁移转化过程
(包宇飞，2019)

a. 光合作用和呼吸作用。光合作用，即绿色植物、藻类等在太阳光的作用下，将 CO_2 和 H_2O 转化为有机物并释放 O_2 的生化过程；呼吸作用是生物体将有机物分解并产生能量和 CO_2 等代谢产物的过程。两者是生物界赖以生存的基础反应，也是全球碳循环的重要媒介。

$$6CO_2+6H_2O \xrightarrow{\text{叶绿素+光}} C_6H_{12}O_6+6O_2 \tag{2-4}$$

b. 岩溶作用。地下水和地表水对可溶性岩石溶蚀和改造的作用，主要指在碳循环及其相关联的水循环中碳酸盐的溶蚀过程。反应中，CO_2 被吸收消耗转变为溶解态的 HCO_3^-，并随着径流流动参与全球碳循环。以石灰岩为例：

$$CaCO_3+CO_2+H_2O \longrightarrow Ca^{2+}+2HCO_3^- \tag{2-5}$$

c. 风化作用。地壳表层岩石在太阳、水、气体和生物等外营力下发生化学分解作用，使岩石逐渐发生破坏的过程。自然条件下，硅酸盐和碳酸盐矿物风化吸收大气/土壤 CO_2 是一个重要的碳汇，对于全球碳循环和气候变化有着重要的影响。以白云岩为例：

$$CaMg(CO_3)_2+2CO_2+2H_2O \longrightarrow Ca^{2+}+Mg^{2+}+4HCO_3^- \tag{2-6}$$

对于河流来说，通常情况下，流域内岩溶作用和风化作用相互交织在一起，共同影响河流水文水化学的性质。

d. 沉积作用。碳循环过程中，动植物残体深埋于地下或海底，在复杂地质的条件下，经过长年的物理和生化作用转变为可燃性有机岩或碳酸盐等物质的过程。因此，CO_2 对化石燃料、碳酸盐的形成以及促进全球碳循环具有重要的作用。

②全球碳循环现状。在全球碳循环过程中，碳库是指地球系统各个存储碳的部分，主要分为大气碳库、陆地碳库、海洋碳库和岩石碳库。其中，大气碳库储量 750 Pg(1 Pg = 10^{15} g)；陆地碳库中植被碳库储量 610 Pg，土壤(包括腐殖质)碳库储量 1580 Pg，所以土壤碳库在全球碳平衡中具有重要作用；海洋碳库储量 3.9×10^4 Pg，是地球上最大的碳库，包括生物群落的储量 3 Pg，地壳沉淀物的储量 150 Pg，溶解性有机碳的储量 700 Pg，以及

中层及深层海洋中的储量 3.81×10^4 Pg。

作为地球各圈层间相互连接与转化的纽带，碳循环不仅影响着全球的气候变化，而且对于维持生物圈结构和功能的稳定起着重要作用，是全球物质能量循环与气候变化的关键。河流是连接地球上最重要的两个碳库(海洋碳库和陆地碳库)的纽带，是将陆地侵蚀的含碳物质输送到海洋的主要通道，这种由陆地输送到海洋的单向流动过程构成了全球碳循环的重要环节。每年由陆地生态系统通过河流向海洋排放的有机碳约 0.45 Pg，大致相当于全球陆地生态系统净初级生产力的 1%~2%。这个过程虽然远远不及全球碳循环的其他环节，但它与海洋的每年碳吸收量、使用化石燃料的碳排放量以及森林火灾的碳排放量处在同一个数量级上，因此对全球碳的平衡起着重要的作用。

此外，河流湖泊也与大气进行着碳交换。据估计，全球河流陆地碳负荷中只有约 1/3 到达海洋，大约 1/3(25%~44%)经过呼吸作用以 CO_2 的形式释放到大气中。全球每年从湖泊和水库向大气释放的 CO_2 达 0.32 Pg；河流排放的 CO_2 可能占净生态系统交换量的 10%，这将会对陆地系统碳平衡造成改变。作为整个地球圈层大系统一部分的地表淡水系统不断地对大气中的 CO_2 产生影响，深入研究河流碳通量是进一步了解 CO_2 失汇的途径之一。

③碳失汇。20 世纪 80 年代以前，人们普遍认为整个生态系统对 CO_2 的光合固定作用、植物呼吸作用和土壤有机质分解作用大致处于平衡状态，即除了土地利用导致 CO_2 释放外，生态系统本身的生理生态过程变化对大气 CO_2 浓度没有影响。但研究发现，大气中的 CO_2 累积量与海洋对 CO_2 的吸收量小于 CO_2 的总释放量，也就是说由于化石燃料燃烧和土地利用变化导致每年向大气释放 6 Pg 碳，其中约 3 Pg 残留在大气之中，其余约 50% 碳的去向无法解释，被称为未知碳汇，也称为失汇。

未知碳汇是指化石燃料燃烧与毁林等释放的 CO_2 超过同期地球大气 CO_2 的增量及海洋吸收量的现象。据估计，1958—1978 年有 37 Pg 的未知碳汇，20 世纪 80 年代平均每年有 1.8 Pg 的未知碳汇。Tans et al. (1990) 研究表明，海洋对未知碳汇的贡献十分有限，全球未知碳汇可能存在于陆地生物圈，特别是北半球中高纬度陆地生态系统，碳汇强度每年可高达 2~3 Pg。这一点也为 Keeling et al. (1996) 以及 20 世纪 90 年代末期欧美实施的陆地碳汇监测大型研究计划 EUROFLUX 和 AMERFLUX 所证实，但关于陆地生态系统碳汇强度的估算仍存在较大的差异。目前，对未知碳汇现象研究的初步结论认为，陆地与大气碳交换的年际变异性具有相当大的不确定性，并且陆地碳汇主要发生在北半球中纬度处，这可能与该区域森林生态系统的碳汇能力有关。

(3) 碳平衡基本原理

①流域碳来源。植被总初级生产力(gross primary productivity，GPP)指的是单位时间内植物通过光合作用途径所固定的光合产物或有机碳的总量，其中包括植被维持其生理过程而消耗的有机物以及有机物的积累。GPP 是流域碳的最主要的输入项，另一较小输入项来自河流上游水生生态系统或地下水。影响 GPP 的因素可分为大尺度间接性和小尺度直接性两个方面。两类因素交互作用，共同控制流域总的碳输入量。在大尺度长历时条件下影响 GPP 的因素主要是植物功能类型、土壤母质、气候类型。小尺度短历时条件下影响 GPP 的因素主要有叶面积、植物叶氮含量、生长季时长、气温、土壤水分、光照、大气

CO_2 浓度等。

一般来讲，决定生态系统碳吸收能力的重要环境因子包括适于光合作用的时间长度、土壤水分和养分。这些因素对植物的生长和维持非常重要。在干旱、极端气温和污染物等环境条件胁迫下，植物会通过降低光合速率以及叶绿体对光能的吸收能力和转化效率影响碳同化过程。因为不可能测定每片叶子光合作用的量，流域生态系统水平的 GPP 值多由生态系统过程模型来模拟或根据生态系统碳平衡由输出项估算得到。近年发展起来的涡度相关法为估算净生态系统碳交换量(NEE)和 GPP 提供了有力工具。

②流域碳输出。流域碳输出包括呼吸、挥发、径流输送。流域中动植物、微生物为了生存生长需要消耗自身大量的碳储备，通过呼吸作用产生能量用于自身养分吸收、生长发育、产生新组织或维持现有生物量。流域碳输出主要以植物自养呼吸(R_a)和生态系统异养呼吸(R_h)形式出现。流域碳输出还包括受外界干扰(如火烧)释放的碳。另外，碳损失还应包括由径流、动物迁移、土壤侵蚀、采伐移出流域的碳成分。虽然以径流形式短时间内流失的碳总量不大，但对于水生生态系统意义重大，因为陆地上的碳是水生生态系统的能量来源。按照环境对呼吸的控制作用，植物自养呼吸碳的消耗用于生长呼吸(R_g)和维持呼吸(R_m)。

$$R_a = R_g + R_m \tag{2-7}$$

生长呼吸是指用于供生长发育所需要的呼吸；维持呼吸是指维持生命代谢所需能量的呼吸，与活细胞蛋白质更新、转换活动密切相关。不同植物和生态系统类别将糖转化成新组织的效率相似，大约积累 1 g 生物量需要消耗 0.25 g 糖类。生态系统水热条件越好，生产力越高，生长呼吸量越大。维持呼吸与生物体内蛋白质浓度成正比，因此，植物组织体内氮含量越高，植物生物量越大，维持呼吸就会较高。维持呼吸约为植物总呼吸的 1/2。尽管对于某种植物来说，其呼吸速率随环境变化在时间上变化很大，但是植物呼吸均为 GPP 的 48%~60%，相对较为稳定。

根据 CO_2 释放来源生物属性，生态系统呼吸常被拆分为来自植物体的自养呼吸和来自土壤的异养呼吸。土壤呼吸是生物圈对大气贡献 CO_2 的主要途径，包括植物根系呼吸、微生物分解、菌根呼吸 3 个方面。不同生态系统之间的土壤呼吸差异很大，并受生物本身、外界气候环境(温度、水分)、土地利用形式(碳含量、养分)等因素的影响和控制。

③流域碳储量净变化。植被净初级生产力(net primary productivity，NPP)指绿色植物通过光合作用在单位时间、单位面积内产生的有机物总量并减去自养呼吸后的剩余部分。即

$$\mathrm{NPP} = \mathrm{GPP} - R_a \tag{2-8}$$

净生态系统生产力(net ecosystem productivity，NEP)指总初级生产力中再减去异养呼吸所消耗的光合产物。流域生态系统 NEP 是一个流域生态系统在一定时间内的碳净累计量。流域生态系统 NEP = 总初级生产力 - 植物呼吸(R_a) - 生态系统异养呼吸(R_h) - 随大气、径流输出流域部分(F_r)，即

$$\mathrm{NEP} = \mathrm{GPP} - R_a - R_h - F_r \tag{2-9}$$

或

$$\mathrm{NEP} = \mathrm{NPP} - R_a - F_r \tag{2-10}$$

NEP 代表两个大的碳通量(光合碳累积和呼吸碳损失)之间一个小的差值，具有重要的生态学意义。当 NEP 为正值时，生态系统的碳吸收高于碳损失，为碳汇；当 NEP 为负值时，生态系统的碳储量在减少，为碳源。

为估算 NEP，常采用直接测定生态系统净交换量(net ecosystem exchange，NEE)的方法。NEE 是生态系统与大气 CO_2 的净交换量，为 GPP 与生态系统呼吸之差。在短时间内，如果一个流域碳通过干扰和随径流而损失可忽略时，NEP = NEE。通过微气象方法测定 NEE 时，当 NEE 为负值表示 CO_2 向下净输入，系统为“汇”；而 NEE 为正值表示 CO_2 向上净输出，系统为“源”。流域生态系统 NPP 作为地表碳循环的重要组成部分，直接反映了流域生态系统在自然环境条件下的生产能力，在全球变化和碳平衡中也发挥着重要作用。流域生态系统 NEP 表征着流域生态系统的固碳能力，可以直接定性定量地描述流域生态系统的碳源汇性质和大小。

④影响 NPP 和 NEP 的因素。NPP 的影响因素分为生物因素和环境因素两大类。生物因素是指植物本身对生长资源(水分、养分)主动反馈的作用。植物所需资源减少，生长速率就会随之降低，生长速率降低，从而影响叶面积指数和植物光合能力。气候(降水、温度)是控制 NPP 的最主要环境因子，土壤水分、养分等地下因素也有调节作用。短时间内，光合作用对植物体内糖类数量和短历时的 NPP 有直接影响，而土壤资源对长历时(如年尺度)的 NPP 和碳积累起主要控制作用。

NEP 的影响因素主要是时间尺度和外界干扰。在生长季中，植物光合作用使 GPP 对 NEP 起主导作用，NEP 常为正值；而在非生长季，GPP 可忽略不计，NEP 取决于异养呼吸和碳流失量。外界干扰如采伐、火烧等突发事件也会使 NEP 迅速变化。

2.1.2.2 流域碳循环影响因素

(1)植被

植被通过光合作用固定的 CO_2 是流域生态系统中碳的主要来源之一。植被类型、物种组成、年龄、生长阶段等自身特性控制生态系统净初级生产力，是决定流域生态系统碳输入的重要因素。不同树种地上地下生物量存在显著差异，植被覆盖率提高、植被群落变化等都会使输入流域的有机碳组成和比例发生变化。流域植被的破坏同样也会导致有机碳的外源输入量明显降低，流域总有机碳含量明显下降。

(2)土壤

土壤理化性质能够影响植被生长、微生物对有机碳的分解作用以及碳酸钙的沉淀与溶解。土壤容重、孔隙度和持水量是与植物生长最为密切的土壤物理性质。土壤容重影响根系的穿透阻力。土壤孔隙度能够反映土壤的透气状况，毛管孔隙度越大，土壤贮水能力越强，植物根系能够利用的有效水分越多；非毛管孔隙度越大，土壤的通透性越好，有利于减少地表径流并促进降水下渗。土壤有机质含量则能够反映土壤为植被生长提供养分的能力，直接影响植被生长和生物量变化。土壤 pH 值是影响微生物活动和岩溶作用的主要因素，分解作用在中性土壤中比在酸性土壤中进行得更快，pH 值升高容易形成碳酸钙的过饱和条件，发生碳酸钙沉淀，有效促进沉积物中碳酸盐的增加。

(3)气候

气候类型差异是不同流域碳循环影响因素存在差异的主要原因。极地湖泊流域中碳的组成及通量主要受冰川融水和冻土作用的影响。Marsh et al. (2020)使用同位素技术对南极洲 Untersee 湖流域中碳来源与碳循环进行研究，表明冰川融水是导致总无机碳浓度降低的主要因素。热带地区大型植物、降水和人类活动导致的气候变化是流域碳时空变化的关键因素。大气尘埃沉积是热带高山流域有机碳沉积速率提高的主要驱动因素，而海拔造成的温度、气压变化是影响高原湖泊流域无机碳含量的重要因素。

气候变化通过影响流域碳循环的植被生物量和有机碳周转速率影响流域碳循环。一方面，流域植被类型和生物量受到气候因子的控制，影响流域有机碳的输入。降水能够促进植物生长，增加植被生产力和生物量，促进流域生态系统碳输入增加。在水热因子组合有利于植物生长的地区，植物生物量大，植被碳密度也较高，在较为干旱的地区，降水是 NPP 的主要限制因子，相应的生态系统固碳能力也随之降低。另一方面，流域降水量和环境温度的改变影响微生物对有机碳的分解和转化，控制流域有机碳的周转。随着大气温度的升高，有机碳分解速率加快，向大气释放的 CO_2 增多。瑞典北部湖泊沉积物中有机碳的矿化作用与温度有很强的正相关关系，温度越高，矿化作用越强，有机碳积累越少。此外，降水会改变湖泊水量以及对土壤的淋溶作用，随着降水强度和降水变率的增加，有机碳向流域内的输入量增加。流域干湿状况对沉积物有机碳埋藏量具有一定影响，干旱、半干旱区湖泊的有机碳沉积量明显高于湿润区的湖泊。气候变暖促进湖泊内部水生植物的生长和湖泊总有机碳含量的上升。

(4) 人类活动

人类活动干扰，如旅游、垦荒、砍伐、放牧等活动都会影响植被生长、改变土壤理化性质，影响流域碳循环过程。砍伐、放牧等对植被产生严重破坏的干扰行为，造成生态系统生产力下降或消失，碳吸收能力降低。开垦活动破坏了土壤团聚体结构，使一部分土壤有机碳更容易分解，降低流域碳汇。此外，人为干扰对生态系统群落组成的改变，也会通过影响碳组分和土壤呼吸等途径改变碳周转速率。研究认为，人类活动可以对流域碳循环产生积极影响，农业开发是导致流域有机碳储量增加的一个重要原因。农业耕作过程中大量使用化肥使随地表径流转移的养分元素大幅增加，流域内的植被初级生产力提高。此外，农业开发使大量营养物质汇聚到湖泊，加剧湖泊富营养化，促进藻类的生长。积极的人为管理可以提高植被生产力，增强流域生态系统固碳能力。良好的植被管理策略，植被恢复措施、淤地坝修建等水土保持手段都能够调节流域土壤碳周转，影响碳循环过程。

2.1.2.3　流域水体碳通量

(1) 水体碳通量的概念

河流作为全球生物地球化学循环中的重要碳库，在全球碳循环中占有重要地位。根据溶解性与生物降解性的不同，可将河流碳素分为颗粒有机碳(POC)、颗粒无机碳(PIC)、溶解有机碳(DOC)和溶解无机碳(DIC)4 种。通常，粒径小于 0.45 μm 的有机碳为溶解有机碳，粒径大于 0.45 μm 的有机碳为颗粒有机碳。

①颗粒有机碳。颗粒有机碳是孔径为 0.45 μm 滤膜无法过滤的有机碳(0.7 μm 滤膜也经常被使用)，包括碎屑颗粒、聚集体和活生物体。在河流系统中，由于生物转化和机械磨损是颗粒有机碳的自然来源，颗粒有机碳可以变得越来越小，由此成为溶解有机碳的重要来源。

气候条件是控制颗粒有机碳从沉积物或土壤进入河流的主要因素。气候可以通过被水文效应控制的物理侵蚀来调节颗粒有机碳通量，这已通过径流与颗粒有机碳浓度之间的关系证明。研究表明，暴风雨引发的陆地生物量侵蚀可在构造活跃和气候极端的情况下引起有效的碳埋藏。预计全球森林山区流域的现代生物来源颗粒有机碳通量将以年径流量增量的比例增加约 4 倍。因此，由于极端降水事件，可能会发生大量颗粒有机碳的长期碳汇。流域的坡度也是影响颗粒有机碳运移的重要因素，因为它们与物理侵蚀速率密切相关。

影响颗粒有机碳通量估算的一个难点是现代生物来源颗粒有机碳和岩石来源的古老颗粒有机碳(也称为化石颗粒有机碳或成岩颗粒有机碳)的相对输入。现代生物来源颗粒有机碳来源于植被、土壤和与从源头到河流的物质运动有关的过程(如水文驱动的侵蚀)。与现代生物来源颗粒有机碳不同，化石颗粒有机碳是沉积物中的固有部分，化石颗粒有机碳的浓度取决于土壤和岩石的深度以及河流系统中沉积物运输过程中的氧化作用。总体而言，现代生物来源有机碳和化石颗粒有机碳通量都与沉积物产量成正相关，表明物理侵蚀在调节颗粒有机碳输出中起主要作用。

②颗粒无机碳。河流颗粒无机碳是指水体中未溶解的碳酸盐矿物，主要来自流域基岩的物理、化学风化过程。流域内碳酸盐岩机械剥蚀产生的颗粒无机碳进入水体，一般很快会通过化学风化作用转化为溶解无机碳，导致河流中的颗粒无机碳浓度很小。但在水生生物作用(如浮游藻类光合作用)强烈的河段，由于水体微环境的强烈变化，碳酸盐饱和指数升高，河流溶解无机碳有转变为颗粒无机碳的趋势。河流颗粒无机碳的主要来源有河流外源碳酸盐和自生碳酸盐两种。河流外源碳酸盐是指由流域母岩风化产生、由地表径流搬运河流水体的碳酸盐；河流自生碳酸盐包括河流无机化学沉淀产生的碳酸盐和生物壳体碳酸盐，以及少量沉积物埋藏后早期成岩作用产生的碳酸盐。地表径流通过冲刷、侵蚀等作用使陆地上的碳酸盐岩发生岩溶作用，并经过河流进入海洋，河流输入的碳酸盐主要有补充海洋中不断沉积的碳酸盐，维持海洋碳通量平衡的作用。

③溶解有机碳。外流河每年可向海洋输出 0. 21 Pg 溶解有机碳。溶解有机碳被广泛指代为过滤时孔径 0. 45 μm 的滤膜无法保留的部分，从土壤中流失的有机物是溶解有机碳的主要来源。短期尺度(如日尺度和月尺度)的溶解有机碳动态主要受径流变化的各种水文连通性的调节。相比之下，长期溶解有机碳通量受其来源、迁移和转化、水流的各种运动形态变化的控制。

河流溶解有机碳的矿化通常导致溶解无机碳的大量生产和 CO_2 的排放。因此，河流溶解无机碳浓度和 CO_2 与溶解有机碳组成和溶解有机碳浓度模式密切相关。然而源头水流的快速流动会导致水分滞留时间短，从而限制溶解有机碳的降解。

④溶解无机碳。河水中的溶解无机碳包含溶解在河水中的 HCO_3^-、CO_3^{2-} 和 H_2CO_3。溶解无机碳通常以 HCO_3^- 的形式出现，但是在碳酸盐矿物极少且 pH 值通常小于 6. 0 的流域，溶解无机碳的主要形式是 CO_2 水溶液和 H_2CO_3。与其他类型的碳相比，溶解无机碳在河流系统中运输的碳通量中所占比例最大。溶解无机碳输出到沿海地区的通量每年约为 400 Tg，占无机碳通量的大部分。相比之下，颗粒无机碳在大多数河流中可以忽略不计，其通常起源于岩石风化并与溶解无机碳相关。通常，当河水中的碳酸盐饱和度过高时，颗粒无机碳就会沉淀，导致溶解无机碳浓度降低。

河水溶解无机碳受到多种生物地球化学过程的影响，包括土壤 CO_2 输入、水气交换、碳酸盐矿物溶解/沉淀、溶解有机碳的光矿化、有机质的微生物分解作用以及河道内的生物光合作用或呼吸作用。一般而言，土壤 CO_2 是所有溶解无机碳来源中最重要的部分，它源自根系呼吸作用（自养来源）和微生物呼吸作用（异养来源）并通过地下水输入河流。此外，源自碳酸盐矿物溶解的溶解无机碳也是重要的溶解无机碳来源，可能代表 CO_2 汇。消耗溶解无机碳的碳酸盐矿物风化的典型反应为：

$$Ca_xMg_{1-x}CO_3+H_2O \longrightarrow xCa^{2+}+(1-x)Mg^{2+}+2HCO_3^- \tag{2-11}$$

尽管硅酸盐的风化速率比碳酸盐的风化速率要慢得多，但这些风化过程被视为重要的溶解无机碳来源：

$$2CO_2+3H_2O+CaSiO_3^- \longrightarrow Ca^{2+}+2HCO_3^-+H_4SiO_4 \tag{2-12}$$

对于碳酸参与的碳酸岩风化而言，溶解无机碳中约 1/2 来自矿物的溶解，其余部分来自大气中的 CO_2。相比之下，在硅酸盐风化过程中，所有溶解无机碳均来自 CO_2。这种差异表明，以盐酸盐岩为主的流域的 CO_2 排放量要比含硅酸盐岩的流域大。如果不考虑碳酸盐岩通常排放的 CO_2 比硅酸盐岩流域多的话，那么可能会低估河流 CO_2 排放的全球贡献，尤其是考虑到世界上超过 8%的地区以碳酸盐岩为主。

(2) 水体碳来源

河流中碳的来源分为外源和内源（图 2-6）。

外源碳主要来源于：①碳酸盐矿物经化学风化后随地表径流流入和大气 CO_2 溶解形成河流颗粒/溶解无机碳；②陆生植物残体、人类生产生活排放的废水以及土壤有机质经物理/化学侵蚀作用形成河流颗粒/溶解有机碳。

内源碳主要来源于：①河道内浮游植物、细菌和水生动物等呼吸作用以及有机质在微生物作用下矿化分解生成的颗粒无机碳/溶解无机碳；②浮游植物光合作用、细菌光化学反应、河床底泥在水流驱动作用下释放的颗粒有机碳/溶解有机碳。研究中常采用有机质的碳氮比（C/N）或碳同位素来分析河流有机碳的来源。研究发现，近年来河流有机质的碳氮比正在下降，这种变化可能造成全球河口和沿海水域碳源/汇发生转换。

(3) 水体碳通量计算方法

目前，大气与水体之间 CO_2 的交换量估算与测定方法主要包括赖利估算法、单侧扩散法、同位素估算法、涡度相关法、静态箱法。

①赖利估算法。假定 CO_2 由湖相转移到气相（或相反）是一级过程，且转移速率都与相应相内 CO_2 的浓度成比例，从而计算出 CO_2 通过水气界面转移通量的估算方法。赖利估算法导出水气界面碳通量的计算方法过程如下：如用 $Q_{液气}$ 表示 CO_2 由液相转移到气相的通量，则

$$Q_{液气}=K_L \cdot C_{CO_2}-K_G \cdot p_{CO_2} \tag{2-13}$$

式中，K_L 为 CO_2 由液相到气相的转移速率；K_G 为 CO_2 由气相到液相的转移速率；C_{CO_2} 为湖水中 CO_2 的浓度；p_{CO_2} 为 CO_2 在大气中的分压强。

根据 Henry 定律，气体在液体中的溶解方程为：

$$C_{CO_2}=\alpha \cdot P_{CO_2} \tag{2-14}$$

式中，α 为 CO_2 在湖水中的溶解度；P_{CO_2} 为 CO_2 在湖水中的分压强。

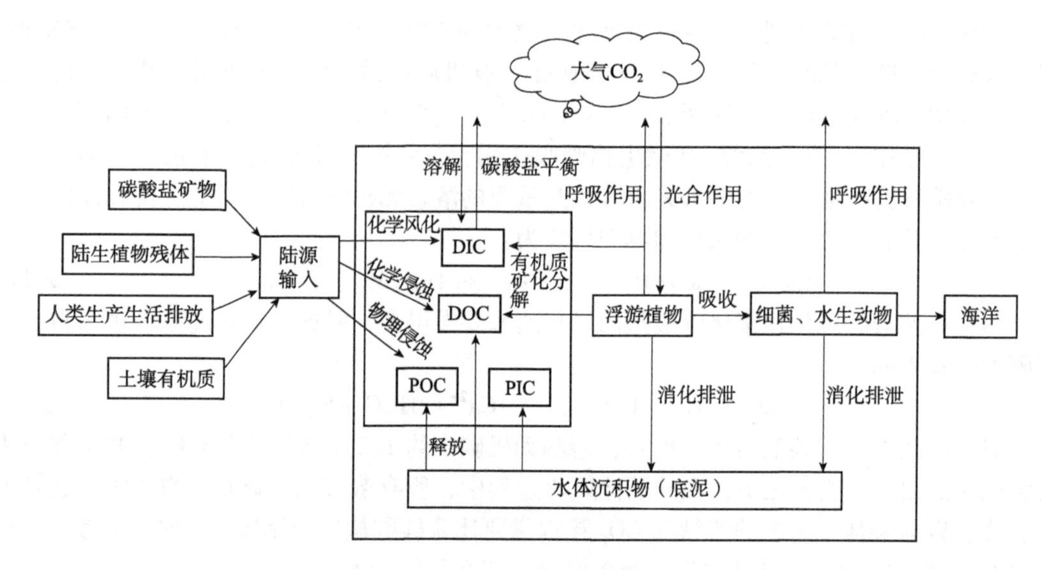

图 2-6 河流生态系统碳循环示意

（段巍岩等，2021）

把上式代入式(2-13)得

$$Q_{液气}=K_L \cdot \alpha \cdot P_{CO_2}-K_G \cdot p_{CO_2} \tag{2-15}$$

当达到平衡时：$Q_{液气}=0$，$P_{CO_2}=p_{CO_2}$，$K_G=K_L \cdot \alpha$。代入式(2-13)得

$$Q_{液气}=K_G \cdot P_{CO_2}-K_G \cdot p_{CO_2}=K_G(P_{CO_2}-p_{CO_2})=K_G \cdot \Delta p \tag{2-16}$$

因此，只要得知 CO_2 的转移速率 K_G，就可由实测的 Δp 求其交换通量。

②单侧扩散法。由于传输最终通过分子扩散进行。根据 Fick 定律得

$$F=-D\frac{\partial C}{\partial z} \tag{2-17}$$

式中，F 为气体通量；D 为所传输的痕量气体的分子扩散系数；C 为所传输的痕量气体浓度；z 为平面法向(一般即为铅直)坐标。

也可把通量近似写成：

$$F=k\Delta C \tag{2-18}$$

式中，k 为气体传输速率；ΔC 为气体浓度梯度。

得知 k 后，便可根据气体浓度梯度导出其传输通量。本方法主要建立在水平方向的均一性基础之上，对于大型湖泊开阔水域(如太湖)一般具备以上条件。

考虑以上两种机制得到的气体通量观测结果与实测结果较为吻合。这一方法计算需分层采集气样、水样、水生生物及沉积物样品，并且需要高精度测定，需要以痕量气体分析技术做支撑。

③同位素估算法。随着稳定性同位素示踪技术的发展，$\delta^{13}C$ 不但成为湖泊水体碳循环研究的重要手段，而且成为水气界面研究的重要工具，Quay et al. (1992)用同位素 $\delta^{13}C$ 法对 1970—1990 年海洋吸收化石燃料燃烧产生的 CO_2 进行了研究，发现海洋中的 $\delta^{13}C$ 值降低了 0. 04，在 1978—1988 年的 10 年中，大气 $\delta^{13}C$ 由-0. 749%降至-0. 774%，进而推算海洋吸收 CO_2 的净通量为 2. 1 Pg/a。目前，$\delta^{13}C$ 研究还停留在定性和半定量水平。

④涡度相关法。该方法采用涡度相关原理，利用快速响应的传感器来测量大气下垫面的物质交换和能量交换。涡动协方差系统可以测量显热通量、潜热通量、动量通量、摩擦风速，以及其他物质通量(如 CO_2 等)。该方法主要应用于农田、森林、草地等生态系统，由于湖泊下垫面相对比较简单，可通过测量垂直风速和 CO_2 气体密度脉动(用瞬时速度和平均速度之差来表示)进行计算。

$$F_g = W'\rho_g' + (\overline{\rho_g}/\overline{\rho_a})[\mu/\sigma + \mu\sigma(1+\mu\sigma)]E + (\overline{\rho_g}/\overline{\rho_a})(H/C_p)T \tag{2-19}$$

式中，W' 为风速垂直脉动值；ρ_g' 为 CO_2 气体密度脉动；ρ_g 为 CO_2 气体平均密度；ρ_a 为空气的平均密度；μ 为干空气等效分子质量与水汽分子质量之比；σ 为水汽密度与干空气密度之比；E 为潜热通量；H 为感热通量；C_p 为空气定压比热；T 为空气的绝对温度。

⑤静态箱法。用一个无底的箱子罩住所测的水面，每隔一段时间抽取一次箱中的空气，测定其中 CO_2 的浓度，求出气体浓度随时间的变化率($\Delta C/\Delta t$)，然后根据下式计算水气界面交换通量：

$$F = \rho \frac{V}{A} \cdot \frac{P}{P_0} \cdot \frac{T_0}{T} \cdot \frac{\Delta C}{\Delta t} \tag{2-20}$$

式中，F 为气体的交换通量；ρ 为标准状态下各气体的密度；V 为箱内气体体积；A 为箱子覆盖面积；P 为采样点处的大气压；P_0 和 T_0 分别为标准状态下的空气绝对温度和气压；T 为采样时该点的绝对温度；ΔC 为气体在采样时间间隔内的浓度差；Δt 为采样时间间隔。

(4)水体碳通量影响因子

水体中溶解有机碳和溶解无机碳的含量与流域化学侵蚀、地质地貌类型、土壤性质等相关，同时受流域内动植物和微生物的光合作用、呼吸作用和分解作用控制。溶解有机碳通量主要与流域径流量、流域地势落差和土壤碳储量有关，颗粒有机碳通量则取决于径流、地貌、降水强度影响下的泥沙通量。绿色植物是影响水体碳通量的主要生物因素。水体中藻类光合作用吸收大量 CO_2，使得水体 H^+ 浓度降低，pH 值升高，增大了离子活度积，容易形成碳酸钙过饱和条件，并发生碳酸钙沉淀，因此藻类的大量生长可以有效促进湖泊沉积物中碳酸盐的积累。

2.1.3　流域养分循环

同水和碳一样，养分是所有生命存在的基础，也是流域生态系统的重要组成部分。流域养分循环就是指生态系统中各种元素从大气沉降、矿物风化、生物吸收积累、转化、分解及排放回大气或随河川径流流出流域沟口的整个过程(图 2-7)。因为水是流域物质、养分的携带者，且养分必须是溶解后才可为植被所吸收，所以它们往往同步进行。事实上，养分循环受水循环的控制。了解养分的运移途径必须首先搞清楚水分的运动机理。自工业革命以来，人类活动，如农业上大量施用化学肥料、燃烧化石燃料、砍伐森林等，已经在大范围改变了许多养分元素的循环过程。土壤氮饱和、酸化、空气污染、酸雨、水体富营养化等污染和环境恶化现象都是生态系统养分平衡失调的重要标志。流域中土壤养分的多寡直接影响植物的光合能力，从而影响总初级生产力和整个流域的碳平衡。养分对植物生长的决定性作用，直接影响流域蒸散能力。而土壤养分随水分运动而移动，因此其在流域

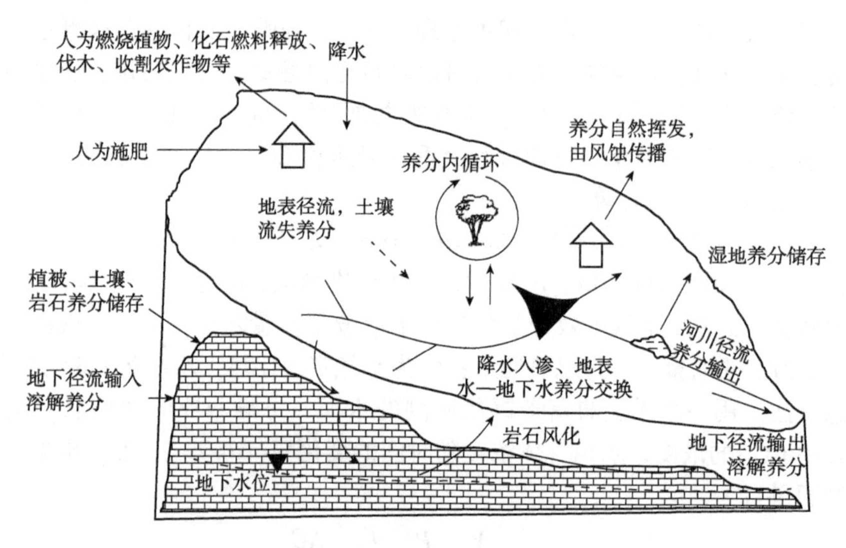

图 2-7　流域生态系统养分循环示意

(魏晓华等，2009)

中的分布、通量和循环途径与水循环密不可分。了解流域养分循环规律对认识流域生态系统功能有重要意义，是流域水质管理的基础。探讨流域尺度养分循环过程对于深入了解全球变化有重要的生态学意义。

在所有养分元素中，氮是最重要的元素之一，多数自然生态系统生产力都受氮元素的限制，而在受人为干扰的流域径流中，氮的浓度往往超过水质标准，成为常见的水污染物，因此，本节主要以氮循环为例介绍流域尺度上的养分输入、输出、内部循环规律、储量的变化。

2.1.3.1　养分输入的途径和形式

(1) 氮元素

氮元素进入流域生态系统的途径主要为生物固氮和大气沉降。

①生物固氮。自然界中的氮素资源十分丰富，大气中近 80%的气体为氮气，但只有少数原核生物(即细菌和蓝绿藻)能够固定空气中的氮素。没有固氮作用，大气中的分子态氮就不能被植物吸收利用。固氮微生物将大气中的氮还原成氨的过程称为生物固氮。按固氮微生物的特性和它们与其他生物的关系，一般分为共生固氮、自生固氮和联合固氮 3 种类型。共生固氮微生物的特点是与一些绿色植物互利共生，如根瘤菌。它在土壤中分布广泛，呈棒形、“T”形或“Y”形，只有侵入豆科植物的根内才能完成固氮作用，具有一定的专一性，某种特定的根瘤菌只能侵入某种特定的豆科植物(大豆根瘤菌只能侵入大豆的根，蚕豆根瘤菌可能侵入蚕豆、菜豆和豇豆)。它们与豆科植物的共生关系表现为：豆科植物通过光合作用制造的有机物，一部分提供给根瘤菌，根瘤菌通过固氮作用制造的氨则提供给豆科植物。其代谢类型为异养需氧型，固氮量较大。自生固氮微生物是指在土壤中能够独立进行固氮的微生物，如圆褐固氮菌，它们具有较强的固氮能力，并且能够分泌生长素，促进植物的生长和果实的发育。其代谢类型为异养需氧型，固氮量较小。联合固氮体系是由有固氮能力的细菌集聚于植物的根系周围甚至部分进入根细胞，细菌利用根系分泌

物，植物利用细菌固定氮素，形成一个比共生固氮松散的联合体，在玉米、甘蔗、小麦、水稻、高粱上都已确认联合固氮体系的存在。影响生态系统固氮量的主要因素包括固氮菌类型、生态系统总初级生产力、土壤肥力、土壤碳氮比等。

②大气沉降。大气沉降以湿沉降、干沉降和雾水形式出现。湿沉降是指由降水输入的溶解性的养分，而干沉降则是指在无降水期随大气灰尘、气溶胶等降落在流域上的氮。雾沉降由雾水滴直接与植物叶面接触向生态系统中输入养分。在无空气污染情况，氮沉降的浓度一般随与大海的距离而变化。通常在海岸无污染地区，大气氮年沉降输入量很小，在 1～2 kg/hm^2。海岸地区氮的来源包括来自海水蒸发携带的硝酸盐和汽化的氨。在内陆，氮来源于土壤和植被的氨挥发，以及由于风蚀形成的灰尘中的氮。另外，雷电产生的硝态氮也是大气沉降的来源之一。

大气沉降的化学成分在很大程度上依赖于流域特征，如海拔、坡度、坡向、植被覆盖状况及流域地点等。例如，高海拔流域普遍有较大一部分化学物质经干沉降而不是湿沉降作为输入途径。

大气沉降是陆源污染物和营养物质向海洋输送的重要途径，通过大气沉降途径向海洋输入的氮、磷营养盐，以及锌、铅、镉、镍等重金属元素和酸雨等，对近岸海洋特别是表层海水中的污染物质分布、海水富营养化、重金属元素污染及海水酸化都有较大的影响。生产和生活产生的污染物质是大气污染物的主要来源，大气污染物在全球尺度上向海洋输送的污染物质的通量通常大于河流向海洋的输送，在远离人类活动影响的大洋，大气输送的物质占很大的比重，而在受人类活动影响比较大的近岸海域，大气污染物也是陆源物质的重要来源。近海海域受海—气交换的影响成为大气污染的直接受体，来自毗邻沿岸污染源和经由长距离传输的源自内陆的大气污染物质通过沉降进入近海水体。

影响流域尺度大气沉降的因素十分复杂，受空间异质性影响，对个别流域的量化存在较大难度。某些大气成分，如酸或盐基离子对流域的净贡献除了与集水地貌(海拔、坡度、坡向)、植被覆盖特征以及气态污染物来源与流域的距离等因素有关外，还有降水、溶解离子和溶解气体与流域表面相互作用的水平有关。

(2)除氮以外的其他养分

岩石矿物风化是除氮元素以外其他养分的最初来源。土壤母质决定了土壤最基本的肥力、质地、离子交换量和对酸雨的缓冲能力。按矿物风化过程可分为物理风化和化学风化两类。物理风化是指基岩在机械外力作用下破碎成碎石块，新鲜矿物表面暴露到大气圈和水圈中。化学风化过程是指水、二氧化碳和其他酸性成分相互作用，导致基岩矿物风化成土壤矿物并改变参加这些过程的水的化学组成。物理风化在岩石破碎过程中无化学变化，而化学风化过程中水和矿物成分有化学反应并释放养分离子。化学风化是岩石释放养分的主要方式。例如，森林生态系统中 80%～100%的钙、镁、钾、磷来自化学风化。物理风化和化学风化作用，外加生物作用使基岩形成土壤，强烈改变了天然水体的化学组成。流水和风的侵蚀作用使流域内的风化物搬运、迁移。

一般来讲，岩石风化速率还与气候、岩石类型密切相关。变质岩类(片麻岩、片岩、石英)和许多火成岩(花岗岩、辉长岩)通常埋藏较深，由水晶结构的初级硅酸盐类矿物组成。在化学风化过程中，初级矿物被改变成更稳定的形式，离子得到释放，并形成了二级矿物。陆地上75%的地下存在沉积岩，如页岩、砂岩、石灰岩。这类岩石距地球表面较浅，常在水底以泥沙沉积的形式存在。在多数情况下，沉积岩易受水力侵蚀，但是矿物成分较稳定，形成的土壤养分含量并不高。

人类活动及大量燃烧化石燃料所造成的污染(如二氧化硫和氮氧化物沉降可增大降水酸度和酸化氧化物)对风化和侵蚀影响深远。酸沉降大大增加了流域活性基岩的化学风化速率，并造成水体和土壤酸化。农业生产、森林采伐、采矿和土地开发，可显著提高土壤侵蚀速率。

2.1.3.2 养分输出的途径和形式(以氮为例)

流域氮的输出主要有气态损失和水土流失两种形式。

(1)氮以气态形式损失

生态系统中以气体形式流失的氮主要来源为氨挥发、硝化和反硝化作用及火烧。这些过程以 NH_3、N_2O、NO_2、N_2O_3 气态形式出现的氮通量主要受土壤环境特性决定的土壤生物地球化学过程控制。

对于大多数生态系统来说，为植物生长可利用的氨离子(NH_4^+)浓度均很低并牢牢固定在土壤中，从土壤和衰老植物叶表面释放的 NH_3 通常量很小。但是，施肥的农地和动物饲养场能够大量释放 NH_3。NO 和 N_2O 是将 NH_4^+转化成 NO_3^- 的硝化过程副产品。因此，其向大气中的释放量取决于硝化速率。反硝化反应是氮循环的关键一环，是细菌将硝酸盐中的氮通过一系列中间产物(NO_2^-、NO、N_2O)还原为 N_2 的生物化学过程。参与这一过程的细菌统称反硝化菌。影响反硝化作用的因素主要有碳源、pH 值、溶解氧、温度等。反硝化反应可使土壤中因淋溶而流入河流、海洋中的 NO_3^- 减少，消除因 NO_3^- 积累对生物的毒害作用。农业生产方面，反硝化作用使硝酸盐还原成氮气，从而降低了土壤中氮素营养的含量，对农业生产不利。农业上常进行中耕松土，以防止反硝化作用。在环境保护方面，可利用硝化作用和反硝化作用去除有机废水和高含量硝酸盐废水中的氮，来减少排入河流的氮污染，避免出现富营养化问题。森林火烧也能造成大量氮以气态形式挥发损失。火在许多生态系统的氮循环中起重要作用，抑制火烧或降低可燃物的人工防火措施都会改变天然氮循环过程。

(2)氮以水土流失形式损失

氮以硝态氮和溶解有机氮的形式随径流从流域中输出。在无人为干扰流域，输出极少量的溶解性有机氮。流动性较大的硝态氮通常被植物和微生物吸收，只有少量能够穿过根系层进入地下水和河流。然而剧烈的人为活动，如森林砍伐、大气污染形成的酸沉降、农田过量施肥，都会使河流中的氮浓度远远超出自然本底浓度。水土流失是农地中包括氮在内的养分损失的主要动力，也是流域非点源污染的根源。

2.1.3.3 流域养分储量变化

天然流域养分含量的年净变化很小，但是，植物吸收、转换、释放的通量较大。因为水是流域物质、养分的携带者，且养分必须要溶解后才能被植被吸收，所以它们往往是同步进行的。将水通量乘以水中养分的浓度就成为养分循环过程中的养分通量。

与流域水量平衡相似，根据物质守恒定律，流域养分平衡表达为：

$$\Delta S \cdot \rho_s = P \cdot \rho_P + I - V - R \cdot \rho_r \quad (2\text{-}21)$$

式中，$\Delta S \cdot \rho_s$为养分储量变化，kg/hm^2；ρ_s为流域中蓄水库(土壤、地下水等)养分浓度，mg/L；$P \cdot \rho_P$为总的养分沉降量，kg/hm^2；ρ_P为大气降水中养分浓度，mg/L；I为人为活动从流域外输入/输出(如施肥或收割作物、木材)流域内的养分量，kg/hm^2；V为自然挥发释放，返回大气的养分，kg/hm^2；ρ_r为河流径流中养分浓度，mg/L；$R \cdot \rho_r$为通过径流输出的总养分量，kg/hm^2。

2.2　景观格局—过程—尺度理论

2.2.1　景观格局—过程—尺度的概念及内涵

2.2.1.1　景观格局的概念及内涵

景观格局指构成景观的生态系统或土地利用(土地覆被)类型的形状、比例和空间配置，是景观空间结构的外在表象和斑块—廊道—基质模型的具体化。景观指数是景观格局分析的主要工具，但在应用过程中仍有很大的局限性：①景观指数与某些生态过程变量间的关系不具有一致性；②景观指数对数据源(遥感图像或土地利用图)的分类方案或指标以及观测或取样尺度敏感，而对景观的功能特征不敏感；③很多景观指数难以进行生态学解释。以生态过程和景观生态功能为导向的格局分析，已成为深化景观格局研究非常有潜力的方向。景观格局与景观结构是有区别的，景观格局一般指景观组分的空间分布和组合特征(如不同斑块的大小、形状及空间构型等)，而景观结构既包含空间特征，也包含非空间特征(如斑块的类型、面积比例等)。

所有景观都可看成是一个由异质的景观组分(斑块、廊道、基质)所构成的镶嵌体。Forman et al. (1980)提出的斑块—廊道—基质模型是对景观结构镶嵌性的一种理论表述。斑块是与周围环境(基质)在性质或外观上不同表现出较明显边界并具有一定内部均质性的空间实体。廊道是与两侧基质有显著区别的狭长地带，如林带、河流、河岸植被、高速公路等。目前还没有一个公认的定量标准去区别廊道与斑块，一般地说，长宽比不小于1000的斑块可认为是廊道。基质也被称为背景、基底、矩质、模地、本底等，是出现范围最广、分布面积最大、连通性最好且居于支配地位的景观组分。基质在很大程度上决定着景观的性质，通过影响能流、物流和种流，主导景观的动态和功能。要确切区分斑块、廊道和基质有时是很困难的，也是不必要的。

2.2.1.2　过程的概念及内涵

过程强调事件或现象的发生、发展的动态特征。过程是景观生态系统内部和不同生态系统之间物质、能量、信息的流动和迁移转化过程的总称，包括植物的生理生态、动物的迁徙和种群动态、群落演替、土壤质量演变和干扰等在特定景观中构成的物理、化学和生物过程以及人类活动对这些过程的影响。流是过程的具体表现，指能量、物质、生物物种、信息等在各个空间组分间的流动。与流域系统密切相关的流包括空气流、水流、养分流、动物流和植物流。

(1) 空气流

空气的运动形成风，风是风沙运动和风力侵蚀的动力。风沙运动是风力侵蚀作用的核心，它包括沙粒的起动和风沙流两部分，前者是风沙运动的前提和基础，后者是风沙运动的最主要过程。风力侵蚀强弱首先取决于风速，一般情况下，风速越大，则风的作用力越强，当作用力大于沙粒惯性力时，沙粒即被起动。单个沙粒沿地表开始运动所必需的最小风速称为起沙风速或临界风速。风与其所搬运的固体颗粒(沙粒)共同组合成复杂的二相流，称为风沙流。它是一种特殊的流体，其形成依赖于空气与沙质地表两种不同密度物理介质的相互作用。风沙流中的含沙量随风力而改变，风力越大，空气流含沙量越高，当空气流中含沙量过饱和或风速降低时，土粒或沙粒与气流分离而沉降，堆积成沙丘或沙垄。在风力侵蚀中，土壤颗粒和沙粒脱离地表、被气流搬运、沉积 3 个过程交替进行。

(2) 水流

水是活动性很强的流体，既可分为地表水流和地下水流，也可在海洋和潮汐中运动。根据水流的特性，地表水流可分为坡面水流和沟谷水流两种，坡面水流包括坡面上薄层的片流和细小股流，往往发生在降雨时或雨后很短时间内以及融冰化雪时期，这种短时期出现的水流，称为暂时性流水。沟谷水流是指河谷及侵蚀沟中的水流，在一些降水量小于蒸发量或汇水面积较小的沟谷中，水流往往也是暂时性的，特别是在干旱、半干旱地区的河谷中，仅在暴雨或大量融冰化雪的季节才有水流。地下水流包括下渗、中间径流和地下径流。下渗及降水进入土壤的过程，取决于土壤孔隙、根系特征等因素。中间径流也称土中径流，主要沿水势梯度在包气带中横向流动，包气带具体可划分为根系层、中间层和毛细管水层；如果地下含水层较厚，就会成为地下径流。潮汐和洋流是海洋环境中海水的两种流动方式，潮汐引起的水位变化和海浪运动对海岸地形塑造作用很强。洋流是盛行风推动和密度差异引起的全球范围的海水流动。

水流对泥沙的作用包括剥蚀、搬运和堆积。水流剥蚀是指地表泥沙被水流带走，沙粒呈滑动或滚动形式运动，是否发生剥蚀可以根据泥沙起动条件进行判断。水流搬运形式可分为推移和悬移，对应运动的泥沙分别称为推移质和悬移质。水流堆积作用是指泥沙的来量大于水流挟沙力时，多余的泥沙便沉积下来。

(3) 养分流

养分流通常伴随着水流和土壤侵蚀发生。水流携带的物质可分为颗粒物和溶解物两大类，颗粒物主要随地表径流运移，溶解物还可以随土中径流和地下径流运移。土壤侵蚀是养分流的另一种重要形式，主要通过土壤胶体颗粒吸附携带在空间上进行移动。养分流的变化又引起生物活性(如代谢强度等)的变化，进而影响了生态系统生物地球化学过程的发生和发展。

(4) 动物流

动物在景观中的运动多表现为主动运动，即为了觅食或繁衍后代等生存而运动，主要包括巢域内运动、疏散和迁徙。动物一般在巢域范围内进食和进行其他日常活动。疏散是动物个体从出生地向四周扩散，寻求更适宜的栖息地的过程。迁徙是动物在不同季节在不同栖息地间进行的周期性往返运动，可分为水平迁徙和垂直迁徙，水平迁徙在不同纬度带之间进行，垂直迁徙在高海拔地区和低海拔地区之间进行。动物迁徙的时间、路线和目的一般都很明确，并形成一定的规律。

动物也存在被动的运动：①在空气流和水流作用下，随媒介物的运动，如土壤动物随水和土的流动，鸟类在大风中随空气的运动；②在人力的作用下直接被携带到另外的地方，如动物园的动物；③人类活动使动物的生境面积减小或被隔离，动物的迁徙线路被阻断，如草场上的围栏和修建的道路等。动物流不是单纯的主动和被动运动，而是两者在多尺度上的结合，是一种复杂的运动过程。

(5) 植物流

植物靠其自然繁殖体(如种子、果实、孢子)、幼苗或植株等，在其他媒介作用下发生迁移，并在新的环境下向四周扩散，是一种被动运动。植物流包括以下 3 种运动形式：①因植物群边界发生变动，如水库消落带和农牧交错带上的植物；②为适应长期环境变化在纬度和海拔上迁移，如随着全球变暖出现的林线上升现象；③植物被带到新的地区后成功定居和繁殖，并广泛传播，被称为外来物种。

2.2.1.3　尺度的概念及内涵

从维数来说，尺度包括空间尺度、时间尺度和组织尺度。通常意义上的空间尺度和时间尺度是指在观察或研究某一物体、现象或过程时所采用的空间或时间单位，同时又可指某一物体、现象或过程在空间和时间上所涉及的范围。组织尺度(或组织层次)是生态学组织层次(如个体、种群、群落、生态系统、景观、区域和全球等)在等级系统中所处的相对位置。通常应用中，时空尺度是抽象的、精确的，而组织尺度存在于等级系统之中，以等级理论为基础，是具体的。

从种类来说，尺度包括现象尺度、观测尺度、分析或模拟尺度(图 2-8)。现象尺度是格局或影响格局的过程尺度，它为自然现象所固有，而独立于人类控制之外，因此也被称为特征尺度或本征尺度。观测尺度也称为取样尺度或测量尺度，涉及取样单元的大小(粒度)、形状、间隔距离及取样幅度，来源于地面或遥感观测。但对于一定面积的大多数研究，自然的取样单元并不存在或不易区分，需在实验中人为确定。分析或模拟尺度是在空间统计分析或模型模拟中所用的尺度，如尺度方差分析中逐渐聚合的一系列尺度。

从组分来说，尺度包括粒度、幅度、间距、分率、比例尺和支撑等参数。尺度往往以粒度和幅度来表达(图 2-8)。空间粒度是景观中最小可识别单元所代表的特征长度、面积或体积，如斑块面积、实地样方面积、栅格数据中的格网尺寸及遥感影像的像元分辨率等。时间粒度是某一现象或事件发生的(或取样的)频率或时间间隔，如野外测量生物量的取样时间间隔(如半个月取一次)、某一干扰事件发生的时间间隔。幅度是研究对象在空间或时间上的持续范围或长度，一般从个体、种群、群落、生态系统、景观到全球生态学，粒度和幅度呈逐渐增加的趋势。幅度独立于粒度，但它们在逻辑上互相制约，

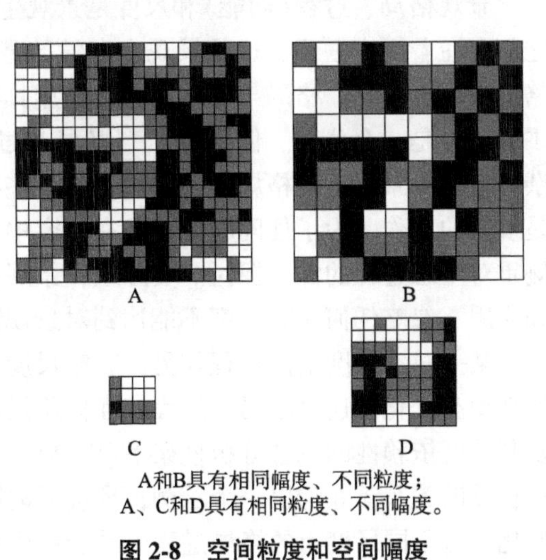

图 2-8　空间粒度和空间幅度

(邬建国，2007)

大幅度通常对应着粗粒度，而小幅度通常对应着细粒度。在不具体指明是幅度还是粒度时，尺度一词的言外之意是幅度，以及与其相应的粒度。例如，当我们说大尺度时，通常是指大幅度和粗粒度。间隔是相邻单元之间的距离，可用单元中心点之间的距离或单元最邻近边界之间的距离表示。粒度、幅度和间隔的概念均可用于现象、观测或分析尺度。地统计学中的支撑是分析尺度，可以小到一个点，也可以大到整个空间幅度。实地取样的空间单元可作为变量的支撑，融合了空间单元的几何形状、大小、空间位置和方向信息。

尺度也有绝对尺度与相对尺度之分。绝对尺度是指实际的距离或面积，相对尺度是指物质和生物个体在景观中穿越不同地点所需花费的能量或时间。在多数情况下，相对尺度与绝对尺度成正比，即距离越近，到达也越快。但也常有例外，例如，如果两个点彼此接近，即绝对尺度较小，但却被一个大的山峰或峡谷阻隔，需要花费很多能量和时间才能穿越或需要绕道而行，那么这两个点的相对距离较远，即相对尺度较大；反之，如果两个点相隔较远，但却由水平地面相连，很容易穿越，那么这两个点的相对距离较近，即相对尺度较小。又如鱼类向上游游动时，走“之”字形路径(水流缓慢)要比沿河道(水流较快)逆水向上游快得多。

尺度效应是指当观测、实验、分析或模拟的时空尺度发生变化时，系统特征也随之发生变化的现象，在自然系统和社会系统中普遍发生。正确掌握尺度和尺度效应的思想和观点有助于我们解释很多现象，从而减少在诸如全球变暖问题上的分歧。例如，从某年的时间尺度上观察，一个地区的冬季气温可能比常年低很多；但从近 50 年的时间尺度上观察，可能会发现该地区的冬季气温一直保持着波动上升的趋势。可见，从不同的时空尺度上看同一个现象或变量可能会得出不同的结论。

尺度推绎常被称为尺度转换或尺度变换，是不同时空尺度或组织层次之间的信息转化。其中将小尺度上的信息推绎到大尺度上的过程称为尺度上推，反之则称为尺度下推。

2.2.2 景观格局—过程—尺度的相互关系

景观格局、过程(功能)和尺度是景观生态学研究中的核心内容。景观格局与生态过程之间存在着紧密联系，这是景观生态学的基本理论前提。在理论认识上，过程产生格局，格局作用于过程，格局与过程的相互作用具有尺度依赖性，在以往的景观生态学研究中几乎被认为是一个公理。但事实上，格局与过程的关系及其尺度变异性同景观本身一样复杂。特定的景观空间格局并不必然地与某些特定的生态过程相关联，而且即便相关也未必是双向的互作。为了使问题简化，在研究中有的侧重对景观格局及其动态的分析，有的则侧重对生态过程的深入探讨。实际上，景观格局和生态过程之间具有多种多样的相互影响和作用，忽略任何一方，都不能达到对景观特性的全面理解和准确把握。

某一时空尺度上的过程与另一时空尺度上的过程之间相互作用导致具有阈限效应的非线性动态变化，这是格局、过程相互作用尺度依赖性的理论根源。在格局、过程相互作用及其尺度依赖性的综合分析框架下(图 2-9、图 2-10)，实线箭头表示 3 个不同尺度内格局过程反馈关系，并辅以一个示例；环境驱动因子或环境干扰，如斑块尺度干扰对应于气候变化，对不同尺度上的格局过程关系会产生直接影响；在小尺度上改变了的反馈关系会引发较大尺度反馈关系的改变；较大尺度上的改变也会影响小尺度上的格局过程关系。

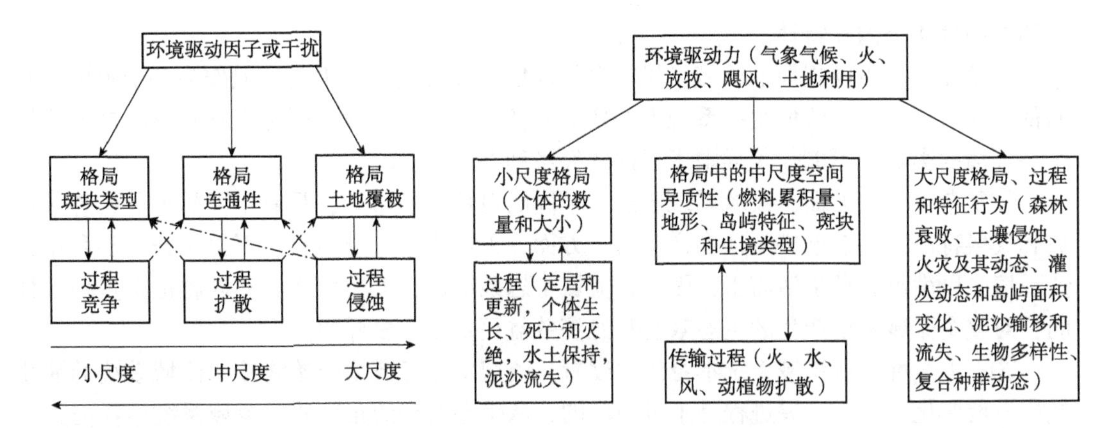

图 2-9　格局、过程相互作用及其跨尺度关联（邬建国，2007）

图 2-10　格局、过程和尺度的概括性框架（邬建国，2007）

中尺度空间异质性和传输过程作为关注的核心，提供大尺度和小尺度格局过程相互作用的带。环境驱动因子能够影响每一个尺度格局。格局过程相互作用及其尺度依赖性的基本原理对于景观模型的发展具有重要指导意义。例如，复杂景观中空间格局与水文过程的模拟就需要考虑流域(集水区)、景观单元、地形单元、土壤植被单元和土壤剖面等级镶嵌的多尺度框架。

立地尺度的景观格局特征对水分和养分的截留和利用、生物多样性的维持、生态系统的长期恢复能力等有重要的作用。格局、过程多尺度相互作用决定了景观的时空动态、稳定性、恢复力和生态功能。格局、过程、尺度及其相互关系作为景观生态学的核心，格局、过程相互作用及其尺度依赖性中蕴含着相当的复杂性和不确定性。因此，景观格局与生态过程的多尺度、多维度耦合研究便成为景观生态学蕴含机遇和挑战的重要领域。

2.3　流域生态经济理论

2.3.1　流域生态经济内涵

(1) 流域生态经济的概念

生态经济学是一门研究生态系统、经济系统和技术系统所构成的复合统一体的结构、功能、行为、规律的新兴学科。流域生态经济是生态经济在流域范围的具体研究和实施，是国民经济布局的重要基本地理单元。流域生态经济以保护和优化人类赖以生存发展的自然生态环境和资源为基础，根据江河湖海区域的自然属性和生态规律，开展科学的流域生态经济建设，合理协调规划建设流域上、中、下游生态系统和经济社会结构，从根本上改善人类的生存环境和发展条件，确保协调持续发展。总之，流域生态经济学就是从生态系统规律出发，将道法自然、生态财富及绿色资本等价值因素引入经济理论，通过研究如何实现社会经济和谐稳定高效发展，构建符合当今人类社会需要的新经济理论，从而实施可持续发展战略的学科。

(2) 流域生态经济系统特性

流域生态经济系统是生态经济系统的一个重要分支，它包括整体性、复杂性、不可逆性和方向性 4 个内在特性。

①整体性。不同规模的流域，尽管自然环境条件有很大的不同，但作为一个整体，它们都是相对独立的。流域生态系统中的任何人类生产活动，都必须考虑其对整个流域系统生态环境的影响，不能仅仅局限于当地的经济利益。

②复杂性。一方面，流域系统经过了不同的自然地理单元，具有不同的地貌、森林植被和气候特征，自然条件复杂多样；另一方面，人类为了自身生存、不得不开发和利用自然环境，以满足各种生活需求，因而在流域生态系统内，人类生产活动内容也是多种多样的，对整个流域系统产生的生态效益和经济效益更是复杂多样的。

③不可逆性。从流域系统本身的角度看，流域生态经济系统始终按照流域系统的演化规律发展变化，这一发展进程是不可逆转的；从生态经济的角度看，流域系统中任何人类生产活动所产生的效应都是不可逆的，在没有人为调控的情况下，无法自行恢复到原来的生态面貌。

④方向性。由流域本身特性决定。流域系统是由多条河流组成的网状系统，水流的特点是沿着河流从高到低流动，这就决定了它在物质和能量交换方面的方向性，因此，流域内的人类生产活动所产生的生态影响也具有方向性。例如，在流域上游建立工厂引起的水污染将不可避免地影响下游的生产生活用水，而流域下游的水污染并不会对上游水质产生直接影响。

(3) 流域生态经济理论的基本观点

以工业文明财富观为核心的西方传统经济学理论，割裂了人与自然唇齿相依、一荣俱荣、一损俱损的密切联系，鼓励人们不惜一切代价，毫无节制地获取、使用大自然能够为人类提供经济效益的资源。这样的观点不符合全球生态平衡理念。因此，流域生态经济理论在批判西方传统经济理论的同时，继承了中国古代哲学“天人合一”的思想，提出了人类具有主观能动性，能够积极地改造自然，谋取福祉的观点，强调人是大自然的一部分，人与大自然是相互作用，相互依存，不可分割的。因此，在经济发展过程中，人类必须合理开发和利用资源，保护生态环境，建立人与自然相互依存、共生共荣、和谐发展的生态文明观。

正确认识和处理流域社会经济发展与生态保护的矛盾。流域生态经济理论认为，流域的生态环境、经济发展和人类生存是一个休戚与共的结构系统。它们通过不断涌动的水流与地理、历史、环境、气候产生密切的联系，将经济、政治、文化等各个要素融合在一起。因此，人们应将流域看成一个完整的系统，建立一个彼此具有意义的社会经济集合体，并使其实现整个流域生态平衡、经济发展的目标，不仅仅是上游人们搞好生态平衡对下游有意义，更要使下游经济发展对上游产生积极影响。在处理上下游经济发展与生态保护之间的矛盾时，必须运用流域生态经济的理论和方法，综合治理，统筹解决，任何片面的宣传和行为都不能从根本上解决问题。

2.3.2 流域生态价值

(1) 生态价值的概念

价值的本质是指事物的用途或积极作用，是从人们对待满足他们需要的外界事物的关系中产生的。生态价值指哲学上“价值一般”的特殊体现，是在对生态环境客体满足其需要和发展过程中的经济判断，人类在处理与生态环境主客体关系上的伦理判断以及自然生态系统作为独立于人类主体而独立存在的系统功能判断。

(2) 生态价值实现的理论内涵

生态价值是指生态系统的价值，主要包括以下 3 个方面的涵义：①地球上任何生物个体在生存竞争中都不仅实现着自身的生存利益，而且也创造着其他物种和生命个体的生存条件。在这个意义上说，任何一个生物物种和个体，对其他物种和个体的生存都具有积极的意义(价值)。②地球上任何一个物种及其个体的存在，对于地球整个生态系统的稳定和平衡都发挥着作用，这是生态价值的另一种体现。③自然界系统整体的稳定平衡是人类存在(生存)的必要条件，因而对人类的生存具有环境价值。

(3) 流域生态补偿

生态补偿机制是以保护生态环境、促进人与自然和谐为目的的制度安排。根据生态系统服务价值、生态保护成本和发展机会成本，综合运用行政和市场手段，调整生态环境保护和建设各相关方之间的利益关系。主要针对区域性生态保护和环境污染防治领域，这是一项具有经济激励作用的环境和经济政策，与“污染者付费”原则并存，并以“受益者付费和破坏者付费”原则为基础。

目前，流域生态补偿主要是以水资源保护、利用、分配为主要内容的生态补偿制度，是以水资源作为公共物品，实现其外部负效应内部化的制度工具。流域生态补偿作为水环境保护生态补偿的重要组成部分，是生态补偿制度诞生的源头之一，自 20 世纪 70 年代提出以来，已在美国田纳西河流域、哥伦比亚考卡河流域、厄瓜多尔帕劳科河流域等构建了较为成熟的制度框架。生态补偿制度自 20 世纪 90 年代末引入我国后，率先在新安江流域、九龙江流域、太湖流域、东江流域等东部沿海地区开展小范围试点，集中于流域生态补偿。2010 年以后，流域生态补偿作为生态系统服务的定量交易手段和共促发展的策略性工具，生态补偿制度得到空前重视并上升到国家战略层面。2015 年 9 月，《生态文明体制改革总体方案》提出要求完善生态补偿机制；2016 年 4 月，《关于健全生态保护补偿机制的意见》明确提出至 2020 年实现生态补偿制度的初步建立；2018 年 12 月，《建立市场化、多元化生态保护补偿机制行动计划》提出了面向市场的、可操作性的生态保护补偿制度具体的实施方案与行动纲领。在流域生态补偿领域，2016 年 12 月，《关于加快建立流域上下游横向生态保护补偿机制的指导意见》针对流域上下游生态补偿提供了初步的立法意见，并且结合《关于统筹推进自然资源资产产权制度改革的指导意见》和《自然资源统一确权登记暂行办法》，初步构建了流域水资源的自然资源产权基础。由此可见，我国已基本形成符合我国国情的流域生态补偿制度与补偿模式。

2.3.3　流域生态经济系统平衡

(1) 生态经济系统平衡的概念

生态平衡即生态系统的稳定状态，是指生态系统能量、物质输入与输出基本上趋于相等。生态经济系统平衡是指生态经济系统中生态平衡与经济平衡的有机统一体。生态平衡的表现是：生态系统供给有限性与经济系统需求扩张性之间的动态平衡关系，其实质是把自然与经济当作统一整体，考察生态系统与经济系统间客观存在的关系。

生态平衡与经济平衡对立统一关系的内涵：①对立关系由生态经济系统的基本矛盾决定。由于生态经济供给有限性与生态经济需求扩张性之间存在矛盾关系，其实质在于生态经济供给受到生态系统的有效制约。②统一关系由生态经济系统的本质属性所决定。生态平衡是经济平衡的基础，生态系统先于经济系统而存在，经济系统是在生态系统基础上产生并发展的，离开生态系统的物质、能量供应，经济系统就成为无源之水，无本之木。

(2) 流域生态经济系统平衡模式

流域生态经济系统是由流域生态系统和流域经济系统相互交织而成的复合系统。它具有独立的特征和结构，有其自身运动的规律性，与系统外部存在着千丝万缕的联系。它是一个开放的系统，可以进行更多调节，优化流域内各种资源的利用，形成生态、经济力量，产生生态、经济功能和效益。在流域生态系统和经济系统中，包含着人口、环境、资源、物资、资金、科技等基本要素，在空间和时间上，各要素通过投入产出链渠道和科技手段与社会需求有机结合，形成流域生态经济系统。由于流域所处的地理位置、自然环境、社会经济等方面的差异，使不同类型的流域生态经济系统或同类系统在不同时序上呈现不同的流域生态经济平衡状态。根据生态目标和经济目标的不同组合，可归纳以下 3 种典型的生态经济平衡模式：

①稳定的生态经济平衡模式。在这种平衡状态下，系统自我调节能力因抵偿外部不当的干预力而减弱，但能够勉强维持系统原来的结构功能，生态系统和经济系统处于维持原有水平和规模的再生产运动中，运动中没有异常变化。

②自控的生态经济平衡模式。在这种平衡状态下，当生态经济系统在各种内外因素的刺激下发生各种变化时，系统能够凭借自身的自我调节机制迅速恢复生态经济系统的稳定状态，确保生态经济系统的正常运行和生态经济功能的正常发挥，保持原有的生态经济平衡状态。

③优化的生态经济平衡模式。在这种平衡状态下，系统中各要素以及结构与功能之间都处于融洽协调的关系中，生态经济系统在自我控制和稳定的同时，不断完善和进化。生态系统与经济系统同步协调发展，实现良性循环。流域管理的目的是建立以林业生态工程为核心的优化生态经济系统，因此，寻求优化的生态经济平衡模式是流域管理的中心任务。

(3) 流域生态系统发展战略

流域生态系统主张从以下 3 个部分进行系统调控以达到可持续发展的战略目标：

①建立生态补偿机制，促进流域经济的发展。建立生态补偿机制要坚持“谁污染谁治理，谁破坏谁恢复，谁受益谁付费”的原则，生态破坏者必须承担环境损失的责任。另外，受益者也应付费并尽相应的保护义务。

②加大中央财政的资金转移力度，为生态建设和保护提供资金保障。实行天然林资源保护工程，对退耕还林还草投资补贴项目的资金要落实到位，按照“谁投资谁受益”的原则，建立退耕还林还草风险性机制；建立和完善社会保险机制，减少投资者的风险；实施林业产业计划，建立保护性林场，把林业育苗当作产业来抓，加大建设施工林木损坏赔偿力度，以此补偿林业经费。

③搞好流域范围生态文化旅游景点与文化产品开发，打造山水旅游品牌、绿色经济品牌，合理布局流域上、中、下游产业结构和资源配置。

2.4　系统理论

2.4.1　系统的内涵

系统意为若干相互联系、相互作用的部分组成的整体。从字面含义看，“系”指关系、联系，“统”指有机统一。通常把系统定义为：由若干要素以一定结构形式联结构成的具有某种功能的有机整体。系统是由相互关联、相互制约的若干要素组成的、具有确定结构和功能的有机整体，根据一定的标准可划分为若干个子系统，它具有模糊或确切的边界，从而与周围环境区别开来。中国著名学者钱学森认为：系统是由相互作用相互依赖的若干组成部分结合而成的具有特定功能的有机整体，而且这个有机整体又是它从属的更大系统的组成部分。

2.4.2　系统的特性

(1) 整体性

整体性是系统最基本的特性。系统是一个整体，它不是各个要素的简单相加。系统的整体功能是各要素在孤立状态下所没有的，表现为两个或两个以上相互区别的要素，按照一定的方式和目的有秩序地排列而成的。系统的整体功能大于组成系统的各部分的功能之和，形成“1+1>2”。

(2) 相关性

相关性指组成系统的各要素之间或系统整体与部分之间不是割裂的，而是存在着紧密的相互作用和联系。

(3) 目的性

人工系统和复合系统都具有明确目的，即系统表现出的某种特定功能。这种目的必须是系统的整体目的，而不是系统构成要素或子系统的局部目的。通常情况下，一个系统可能有多重目的性。

(4) 层次性

一个复杂的系统由许多子系统组成，子系统可能又分成许多子系统，而这个系统本身又是一个更大系统的组成部分，系统是有层次的。如生命体有细胞、组织、器官、系统和生物体几个层次，企业有个人、班组、车间、厂部等几个层次。系统的结构，功能都是指的相应层次上的结构与功能，而不能代表高层次和低层次上的结构与功能。一般来说，层次越多其系统越复杂。

(5) 环境适应性

系统所具有的随外部环境变化相应进行自我调节、以适应新环境的能力。系统与环境要进行各种形式的交换，受到环境的制约与限制，环境的变化会直接影响到系统的功能及目的，系统必须在环境变化时，对自身功能做出相应调整，不致影响系统目的的实现。没有环境适应性的系统，是没有生命力的。

(6)动态性

任何系统都是一个动态的系统，处在运动变化和发展之中。系统的一定功能和目的，是通过与环境进行物质、能量、信息的交流实现的。因此，物质、能量、信息的有组织运动，构成了系统活动动态循环。系统过程也是动态的，系统的生命周期所体现出的系统本身也处在孕育、产生、发展、衰退、消灭的变化过程中。

2.4.3　系统的反馈和耦合

系统的反馈就是根据系统输出变化的信息来进行控制，即通过比较系统行为(输出)与期望行为之间的偏差，并消除偏差以获得预期的系统性能。系统的运作方式是反馈，在受到外力触发、驱动、冲击或限制下的反馈方式决定着该系统的特征。根据反馈对输出产生影响的性质，可区分为正反馈和负反馈。前者使输出起到与输入相反的作用，使系统输出与系统目标的误差减小，系统趋于稳定；后者使输出起到与输入相似的作用，使系统偏差不断增大，使系统振荡，可以放大控制作用。对负反馈的研究是控制论的核心问题。

耦合是指两个相近相通，又相差相异的系统，不仅有静态的相似性，也有动态的互动性。人们应该采取措施对具有耦合关系的系统进行引导、强化，促进两者良性的、正向的相互作用，相互影响，激发两者内在潜能，从而实现两者优势互补和共同提升。系统的耦合分为非直接耦合、数据耦合、标记耦合、控制耦合、外部耦合和公共耦合。

①非直接耦合。两个模块之间没有直接关系，它们之间的联系完全是通过主模块的控制和调用来实现的。

②数据耦合。一个模块访问另一个模块时，彼此之间是通过简单数据参数(不是控制参数、公共数据结构或外部变量)来交换输入、输出信息的。

③标记耦合。一组模块通过参数表传递记录信息，就是标记耦合。这个记录是某一数据结构的子结构，而不是简单变量。

④控制耦合。如果一个模块通过传送开关、标志、名称等控制信息，明显地控制选择另一模块的功能，就是控制耦合。

⑤外部耦合。一组模块都访问同一全局简单变量而不是同一全局数据结构，而且不是通过参数表传递该全局变量的信息，则称之为外部耦合。

⑥公共耦合。若一组模块都访问同一个公共数据环境，则它们之间的耦合就称为公共耦合。公共的数据环境可以是全局数据结构、共享的通信区、内存的公共覆盖区等。

2.4.4　系统工程方法

所谓系统工程方法，就是以系统的观点和方法为基础，综合应用各种技术，分析解决复杂而困难的系统问题时应用的工程化方法。

20 世纪 30 年代，美国贝尔电话公司在设计巨大工程时，感到传统方法已经不能满足要求，提出和使用系统的概念、思想和方法，于 1940 年首创了系统工程学。经过几十年发展，系统工程已有了丰富的研究成果和多种方法，比较著名的是 1969 年霍尔(A. D. Hall)提出的“时间维—逻辑维—知识维”三维结构系统工程方法论，论述了如何解决复杂问题的系统工程方法。

(1) 时间维

系统从规划到更新按时间顺序排列的工程全过程，可分为 6 个阶段：

①规划阶段。明确系统研究目标，提出系统设想和初步方案。

②方案阶段。提出具体的系统计划方案，并从中选择一个最优方案。

③研制阶段。以计划为指南，研制系统的实现方案，并制定具体实施计划。

④生产阶段。生产系统的构建并提出安装计划。

⑤运行阶段。对系统进行安装和调试，使系统按预定的目标运行服务。

⑥更新阶段。完成系统的评价，提出系统的改进或更新意见，为系统进入下一个研制周期准备条件。

(2) 逻辑维

逻辑维的工作思路和实施步骤是与时间维紧密联系并依次递进的一个过程，它是运用系统工程方法在思考、分析和解决问题时应遵循的一般程序，其主要工作步骤如下：

①明确问题。首先要明确系统要解决的主要问题是什么。

②确定目标。设计系统实现目标的主要指标。

③系统综合。列出系统各种可选的方案。

④系统分析。应用系统工程技术，对每一个系统方案进行比较、分析、计算。

⑤方案优化。找出满足约束条件的最优方案。

⑥系统决策。确定最佳方案。

⑦实施方案。

(3) 知识维

复杂系统问题的解决方案只用某一学科领域的知识是难以解决的，需要运用多个相关学科的专业知识去寻找综合解决方案。长期的国内外大量实践表明，运用系统工程方法可使决策的可靠性提高一倍以上，节约时间和总投资平均在 15%以上，而用于管理的费用一般只占总投资的 3%~6%。

2.5　管理理论

2.5.1　管理的特点

管理是一种普遍的社会活动，起源于社会成员劳动的集体性，满足社会成员在劳动和社会过程中相互交往的必要，管理的本质属性具有二重性，并且有着独特的文化性。

(1) 管理的本质属性——二重性

马克思在分析资本主义管理的性质和职能时指出：“凡是直接生产过程具有社会结合过程的形态，而不是表现为独立生产者的孤立劳动的地方，都必然会产生监督劳动和指挥劳动，不过它具有二重性。”管理的二重性是指管理作为合理组织生产力的自然属性和在一定生产关系下所体现的社会属性，是由生产力的发展决定的反映生产力属性的管理，是共同劳动、分工协作需要的管理；也是维护和调整生产资料占有阶级的经济利益需要的管理。因此，管理既要适应生产力运动，也要适应生产关系的规律。

(2)管理的特殊属性——文化性

管理的文化属性，在于接受先进文化的指导，从而实现提高效率的目的。管理的文化性还是在强调管理的实践性：先进文化作为人类文明的结晶，既是先进的社会生产力的反映，也是提高社会生产力和帮助人类社会进步的知识和精神支持。管理活动必须接受先进文化的指导，在长期的管理实践中总结出知识理论，由相互依存的概念、原理、原则、职能等构成的管理知识框架，对管理实践具有重要的指导作用。

2.5.2 管理的职能

管理具有合理组织生产力和维护与完善一定生产关系的双重性，在共同作用于生产过程时，表现为决策、组织、领导、控制和创新等职能。

(1)决策职能

决策是组织在未来众多的行动可能中选择一个比较合理的方案。为选择正确的行动方向、确定合理的行动目标，管理者首先要研究组织活动的内外部背景。要判断组织外部的环境特征及其变化趋势，同时要分析企业内部在客观上拥有的资源状况以及在主观上利用资源的能力。制定了正确的决策后，还要详细分析未来实现决策目标需要采取哪些具体的行动，这些行动对组织的各个部门和环节在未来各个时期的工作提出了哪些具体的要求。因此，编制行动计划的工作实质是将决策目标在时间上和空间上分解到组织的各个部门和环节，对每个单位、每个成员的工作提出具体要求。以往管理学研究统筹把计划作为管理的第一职能。在环节相对稳定的情况下，组织活动基本上没有太多太快的变化，管理主要是对已经选择的活动的组织展开；当环境呈现迅速多变的动态特征后，组织活动方向和内容的调整则成为管理的常态，决策也因此而取代计划成为管理的首要职能。

(2)组织职能

组织职能是指所确定的任务由谁来完成以及如何管理和协调这些任务的过程。管理者要根据组织的战略目标和经营目标来设计组织结构、配备人员和整合组织力量，以提高组织的应变力。实现生产经营活动的目标和计划，将生产活动中的各种要素、各个环节和各个部门，从劳动的分工和协作上，形成一个整体，这是管理组织职能需要解决的重要问题。合理确定管理环节和组织形式，固定各个环节和部门的职责分工，规定每个成员的职责分工和相互关系。评价一个组织的组织管理职能水平高低，直接关系到是否可以充分调动人的积极性，发挥各种管理要素的作用，在一定程度上，决定着一个组织效率的高低和管理活动目标的实现。

(3)领导职能

所谓领导是指利用组织赋予的权力和自身的能力去指挥和影响下属为实现组织目标而努力工作的管理活动过程。有效的领导要求管理人员在合理的制度(领导体制)环境中，利用优秀的素质，采用适当的方式，针对组织成员的需要及特点，采取一系列措施去提高和维持组织成员的工作积极性。

(4)控制职能

控制是为了保证组织系统按预定要求运作而进行的一系列工作，包括根据预先制度的标准进行检查和监督各部门、各环节的工作，判断工作结果与目标要求是否相符；如果存在偏差，则要分析偏差产生的原因以及偏差产生后对目标活动的影响程度；在此基础上，还要针对原因，制订并实施纠正偏差的措施，以确保决策活动顺利进行和决策目标的有效实现。

(5) 创新职能

即便环境与资源不变，组织中的管理者对资源与环境的认识也可能发生改变。这些变化要求组织内部的活动技术与方法不断变革，组织活动与人的安排不断优化，甚至组织活动的方向、内容与形式选择也需要不断地进行调整。这些变革、优化和调整是通过管理的创新职能来实现的。

2.5.3　管理理论形成与发展

纵观管理理论发展的历史，大致可以划分为 3 个阶段：

(1) 古典管理理论

古典管理理论指 19 世纪末 20 世纪初在美国、法国、德国等西方国家形成的有一定科学依据的管理理论，其代表人物有泰勒、法约尔、韦伯等。

①泰勒的科学管理理论。1911 年，弗雷德里克 · 泰勒出版了《科学管理》一书。这本书阐述了科学管理理论，应用科学方法确定从事一项工作的“最佳方法”，其内容很快被世界范围内的管理者们普遍接受，科学管理理论从管理思想到工作方法，形成了系统的理论体系，在提高劳动生产率方面取得了巨大的成就，因而被公认为管理学产生的标志。

②法约尔的一般行政管理理论。亨利 · 法约尔(1841—1925)提出了关于管理的五大要素或五大职能——计划(制订行动计划)、组织(建立物质和社会的双重结构)、指挥(使人发挥作用)、协调(连接、联合、调动所有的活动及力量)和控制(是否都按已制订的规章和下达的命令进行)的思想。这一思想已成为认识管理职能和管理过程的一般性框架。

③韦伯的官僚行政组织。马克斯 · 韦伯在 20 世纪早期提出了理想的官僚组织体系，也被称为官僚制或科层制。该理论是一种体现劳动分工原则、有着明确定义的等级和详细的规则与制度，以及非个人关系的组织模式。其核心是设立公职，权力的承袭通过职位，而不是依靠世袭或个人魅力。韦伯认为这种高度结构化的、正式的、非人格化的理想行政组织体系是一种合理的、高效率的最有效形式，优于其他形式，适用于各种行政管理工作。

(2) 行为科学理论

行为科学理论出现于 20 世纪 30 年代，以梅奥为代表的人际关系学派受到了极大的关注。1952 年，美国成立了行为科学高级研究中心，进一步开展了人的行为、社会环境和人际关系与提高工作效率关系的研究，推动了行为科学理论的形成和发展。行为科学理论包括：

①人性理论。人性理论是行为科学的基础理论之一，基于对“人性”的不同认识，管理重点、领导方式、激励形式均不相同。“人性”主要指组织中的个人对工作、组织目标、人际关系的心理状态、认识情况和目标追求。

②个体行为理论。行为科学认为，人的行为受几种动机驱使。动机被激发是由于人的

需要，最强烈的需要决定人的行为。人的行为达到了预期目标，需要就得到了满足，从而产生新需要，激发新动机，采取新行为，达到新目标，循环往复、永无止境。

③群体行为理论。群体理论始于梅奥提出的正式组织与非正式组织观点，正式组织是指为实现组织目标，按照组织原则、规章制度等规定各个成员间相互关系和职责范围的组织体系，非正式组织是指某些正式组织中的成员自然形成的一种无形组织。

④组织行为理论。组织行为理论主要包括有关领导理论和组织变革与发展理论。包括性格理论、个人行为理论和权变理论。性格理论研究领导者个人性格与其领导行为的关系，个人行为理论依据个人品质或行为方式对领导风格进行分类，研究管理有效性与行为的关系，权变理论指有效的领导取决于外界环境与领导者行为的相互关系。

(3)现代管理理论

现代管理理论主要出现于第二次世界大战以后，这一时期管理领域非常活跃，出现了一系列管理学派。这些理论和学派，在历史渊源和理论内容上互相影响和联系，被形象地称为“管理理论的丛林”。

①社会系统理论。人与人的相互关系就是一个社会系统，它是人们在意见、力量、愿望以及思想等方面的一种合作关系。管理人员的作用就是要围绕着物质的(材料与机器)、生物的(作为一个呼吸空气和需要空间的抽象存在的人)和社会的(群体的相互作用、态度与信息)因素去适应的合作系统。

②经验或案例理论。该学派主张通过分析经验(通常是一些案例)来研究管理问题。认为应该从管理的实际出发，以管理经验为主要研究对象，通过研究各种各样成功和失败的管理案例，就可以了解管理。

③社会技术系统理论。认为管理的绩效，以至组织的绩效，不仅取决于人们的行为态度及其相互影响，还取决于人们工作所处的技术环境。管理人员的主要任务之一就是确保社会协作系统与技术系统的相互协调。

④系统管理理论。系统管理理论是应用系统理论的范畴原理，全面分析和研究企业和其他组织的管理活动和管理过程，重视对组织结构和模式的分析，并建立起系统模型以便于分析的管理理论。

⑤管理过程理论。管理是一个过程，管理存在共同的基本原理，管理有明确的职能和方法，管理拥有自己的基本方法，管理人员的环境和任务受到物理、生物等方面的影响，管理理论也应从其他学科中吸取有关的知识。

⑥管理科学理论。管理科学理论是指以现代自然科学和技术科学的最新成果为手段，运用数学模型，对管理领域中的人力、物力、财力进行系统的定量的分析，并做出最优规划和决策的理论。

⑦沟通中心理论。该理论认为管理人员的工作就是接收信息、储存与发出信息，每一位管理人员的岗位犹如一部电话交换台。

⑧管理文化理论。管理文化包括企业文化、公司文化、组织文化，是在长期的管理实践中形成的，是一种客观存在，是不同的企业因成长与发展的环境经历、管理思想、价值观、作风等的不同，在管理实践中所形成的独特的管理方式和方法。

2.6　可持续发展理论

2.6.1　可持续发展的概念

世界环境和发展委员会(WCED)于 1987 年发表的《我们共同的未来》将可持续发展定义为：既满足当代人的需求又不危及后代人满足其需求的发展。这一定义提出以后，不同的专家和机构又分别从不同的角度阐述了自己的理解。纵观各种定义，可持续发展是一种从环境和自然角度提出的关于人类长期发展的战略。可持续发展的本质：为了实现社会全面进步的目标，就必须要实现经济的持续发展，而经济持续发展的基础是自然资源的可持续利用和良好的生态环境。也就是说，只有社会在保持资源、经济、社会同环境协调的前提之下，才能实现社会可持续发展的战略目标。可持续发展的目标：既要使人类的各种需求得到满足，个人得到充分发展，又要长远利益与眼前利益、局部利益与全局利益有机地结合起来，从而可以使经济能够健康地发展。

2.6.2　可持续发展的内涵

可持续发展的内涵主要包括以下方面：

①可持续发展应以发展作为概念的核心基础。在可持续发展的理念下应该对传统的经济发展重新定义，经济增长、社会进步和生态保护应该有机地结合，实现具有可持续性的经济增长。应该摒弃高污染、高能耗的经济增长模式，实现经济的绿色增长，从粗放型的生产模式向集约型转变。

②可持续发展应该充分考虑资源环境承载力。要根据技术状况和社会组织对环境满足眼前和将来需要的能力施加限制，力求降低经济社会发展中对自然资源的消耗速率，使之低于可再生资源的再生速率，或低于不可再生资源替代资源的开发速率；要推广清洁工艺和可持续消费方式，使单位经济产品的资源消耗量和废物产出量尽量减少。

③可持续发展问题的根源在于资源配置的方式是否具有可持续性。它既包括代际内的、区域间的资源分配，又包括代际之间的、时间序列上的资源分配。从全球范围看，不同国家的经济发展阶段是有区别的，国家内部也存在发达地区和落后地区的差别。在资源配置时，需要特别考虑落后地区的基本需求。

④可持续发展的目标之一是实现人类、经济社会和生态环境的和谐统一。生态环境是人类和经济社会发展的基础和保障，经济社会的发展是人类不断进步的前提，人类的发展是基于生态环境和经济社会的和谐统一的发展。

⑤可持续发展战略的实施强调综合决策、制度创新和公众参与。所谓综合决策，就是要改变过去各个部门分割、孤立地制定和实施经济社会和生态环境政策的做法，提倡政府根据社会、经济、生态环境诸方面的信息，制订科学的规划，促进经济社会和生态环境的协调发展。所谓制度创新，就是要建立适应可持续发展要求的政治体制、经济体制和法律体系。所谓公众参与，就是要求用可持续发展的思想和观念去改变人们传统的不可持续发展的思维方式，以及在其指导下建立的落后的生产方式、消费方式，树立经济、社会和生

态协调统一的思想观念，构建普遍参与的物质文明、精神文明和生态文明的社会秩序和社会风尚，从而更好地指导人们的行动，最终实现可持续的发展。

2.6.3 可持续发展的原则

可持续发展涉及经济、社会、自然和生态的各个方面，要想实现可持续发展的战略目标必须遵循以下几项基本原则：

①整体性原则。可持续发展包括自然资源与生态环境的可持续发展、经济的可持续发展和社会的可持续发展 3 个方面，是社会、经济和自然生态三者互相影响的综合体。因此，可持续发展是资源、经济、社会同环境的整体同步发展。

②协调性原则。可持续发展强调人类社会和经济系统发展要与生态环境系统的发展相协调，要协调好局部与全局、短期利益与长远利益的关系。因此，可持续发展观要求人类社会和经济的发展不能超越资源环境的承载负荷能力，应该立足于全人类共同持续发展与进步的前提，实现各系统之间的协调发展。

③持续性原则。可持续发展以自然资源的可持续利用和生态环境的持续良好为基础，只有具备了这一基础才能实现可持续发展。因此，资源的永续利用和生态环境的持续良好是可持续发展的重要保证。人类在进行任何社会和经济活动的过程中，一定要充分考虑资源和环境的负荷能力，要注意保护资源环境，实现资源的永续利用和生态环境的持续良好。

④公平性原则。可持续发展不仅涉及当代的国家或区域的人口、资源、环境和财富的协调发展中代内公平问题，还涉及后代的人口、资源和环境等协调发展的代际公平问题。所谓公平指的是在资源使用、环境利用及发展机会方面的公平，可持续发展的公平性原则应该体现在当代与后代、不同的国家和地区都应该具有平等的发展机会。

2.7 高质量发展理论

(1) 高质量发展的本质与内涵

20 世纪 90 年代初期，邓小平提出“发展是硬道理”的思想，强调发展的重要性。21 世纪初，中央提出科学发展观，强调发展必须是科学发展，坚持全面、协调、可持续原则，这是“发展是硬道理”内涵的一次升华。党的十九大报告提出我国经济已由高速增长阶段转向高质量发展阶段，为新时代下高质量发展指明了方向，进一步丰富了“发展是硬道理”的科学内涵。发展是硬道理的内涵不再是规模和速度，而是质量和效益。只有高质量发展，才能满足人们日益增长的对美好生活的向往，才是解决一系列社会矛盾和问题的钥匙。

高质量发展是一种新的发展战略，是基于我国经济发展阶段和社会主要矛盾变化，对我国经济发展方向、重点和目标作出的战略调整，是引领我国经济社会发展的战略选择。发展质量除了产品质量以外，还包括发展结构、发展模式、发展层次、发展形态、发展动力、发展活力、发展的福利效应，以及发展的全面性、充分性、均衡性、协调性、稳定性、可持续性等。

高质量发展是经济发展的一种重要理念，是资源节约、生态友好的发展。按照新发展理念，高质量发展就是生产要素投入少、资源配置效率高、资源环境成本低、经济社会效益好的可持续的发展。高质量发展并不忽视规模和速度，而是注重规模速度与质量效益的有机统一，以高质量发展追求更有内涵和质量的国内生产总值(GDP)。具体来说，要降低单位 GDP 的资源消耗和环境代价，生产出更多绿色 GDP。高质量发展不再是简单的生产函数或投入产出问题，它在注重提高产出效率的同时，更注重内涵和质量。

流域具备高质量发展所必需的全域性、统筹性和协调性，这是流域系统管理的重要途径和内涵。以黄河流域为例，习近平总书记多次实地考察黄河流域生态保护和经济社会发展情况，强调黄河流域生态保护和高质量发展是重大国家战略，要共同抓好大保护，协同推进大治理，着力加强生态保护治理、保障黄河长治久安、促进全流域高质量发展、改善人民群众生活、保护传承弘扬黄河文化，让黄河成为造福人民的幸福河。

(2) 高质量发展的必要性和紧迫性

推动高质量发展，是保持经济持续健康发展的必然要求，是适应我国社会主要矛盾变化和全面建设社会主义现代化国家的必然要求，是遵循经济规律发展的必然要求。我们要深刻认识推动高质量发展的必要性和紧迫性。

经过几十年的高速发展，中国经济飞速发展，人民物质文化生活水平稳步提升。但是农业农村、生态保护、公共服务方面存在明显短板。生态环境保护体制不完善，绿色发展的持续性有待提高。当前，生态环境已经成为我国高质量发展的主要制约因素。在我国能源体系中，化石能源仍处于主导地位，污染物排放量大、环境污染严重的问题仍然存在。资源和环境压力增大，支撑不了当下的经济增长速度和规模。土地要素方面，我国农村土地要素未充分盘活，并且土地资源是有限的，无法增加。用地成本(即土地的价格)取决于土地的相对稀缺程度。随着可用土地资源的日益减少和土地需求的持续增加，土地的相对稀缺程度不断提高，土地的价格必然不断上升。

当前，我国资源环境承载力已达到或接近上限，资源消耗多、环境污染重、生态受损大。随着经济社会的不断发展和人民收入水平的不断提高，人们的消费需求发生变化，由物质文化需要转向美好生活需要，使社会主要矛盾由人民日益增长的物质文化需要与落后的社会生产之间的矛盾转变为人民日益增长的美好生活需要同发展不平衡不充分之间的矛盾。

发展总是围绕着解决矛盾展开的。不同时期、不同阶段的矛盾和问题不同，发展的任务和要求也就不同。在短缺经济阶段，面临人民日益增长的物质文化需要与落后的社会生产之间的矛盾，需要更加注重速度，以增加供给、克服短缺为主要任务。在过剩经济阶段，面临人民日益增长的美好生活需要同发展不平衡不充分之间的矛盾，以生态环境、民主法制、公平正义、安全稳定等非物质层面为主要任务。

(3) 高质量发展的主要原则

创新、协调、绿色、开放、共享的新发展理念，深刻揭示了实现更高质量、更有效率、更加公平、更可持续发展的必由之路。

①将创新作为引领发展的第一动力。近年来，我国劳动力供给增速下降，规模也开始减小，低成本优势减弱，资源环境约束不断增大。加快自主创新，尽快突破核心关键技

术，提高全要素生产率支撑经济增长的重要性日渐突出。必须把创新摆在国家发展全局的核心位置，坚定实施创新驱动发展战略，不断推进理论创新、制度创新、科技创新、文化创新等全方位创新。

②将协调作为持续发展的内在要求。协调发展着眼于更高质量、更高水平的发展。着力实施乡村振兴战略和区域协调发展战略，推进供需动态平衡。深化城乡一体化建设，补齐农村能源、通信、交通等基础设施短板，坚持工业反哺农业，城市支持农村和"多予、少取、放活"的方针，促进城乡公共资源均衡配置。注重生态建设、农业农村发展等相关短板，解决区域发展不协调问题。

③将绿色作为永续发展的必要条件。党的二十大报告指出，大自然是人类赖以生存发展的基本条件。尊重自然、顺应自然、保护自然，是全面建设社会主义现代化国家的内在要求。必须牢固树立和践行绿水青山就是金山银山的理念，站在人与自然和谐共生的高度谋划发展。我们要推进美丽中国建设，坚持山水林田湖草沙一体化保护和系统治理，统筹产业结构调整、污染治理、生态保护、应对气候变化，协同推进降碳、减污、扩绿、增长，推进生态优先、节约集约、绿色低碳发展。

④将开放作为繁荣发展的必由之路。开放带来进步，封闭必然落后，扩大开放是中国高质量发展的必由之路。必须顺应中国经济深度融入世界经济的趋势，坚定不移奉行互利共赢的开放战略。加强与"一带一路"沿线国家和地区在基础设施、产业技术、能源资源等领域的国际交流，推动企业、产品、技术、标准、品牌、装备、服务的"引进来"和"走出去"，以更宽广的视野谋划开放发展新思路，以高水平开放推动高质量发展。将共享作为共同富裕的内在要求。贯彻共享发展理念，丰富共同富裕的内容体系，带领人民创造美好生活，是推进高质量发展的最终落脚点。从侧重追求物质富裕拓展为追求文化软实力、社会文明、生态质量等方面的综合提升，同时蕴含公平、正义的价值追求，为高质量发展创造更为充分的条件。必须坚持人民主体地位，让改革发展成果更多更公平惠及全体人民，朝着实现全体人民共同富裕的方向不断迈进，解决好与群众生活息息相关的教育、就业、医疗卫生、社会保障等民生问题。

复习思考题

1. 流域的蒸散与降水之间存在哪些关系？
2. 简述流域产流与汇流之间的区别和联系。
3. 简述格局、过程和尺度之间的相互关系。
4. 流域生态经济学与生态学和经济学分别有哪些内在联系？
5. 除流域生态系统共有特征外，不同流域还有哪些其他特征？请结合实际谈谈你的认识。
6. 以森林为例，简述其生态价值体现在哪些方面。
7. 请结合实例谈谈流域生态补偿的重要性。
8. 以某一流域为例，谈谈如何实现流域生态系统平衡。

第 3 章

流域系统结构与功能

【本章提要】主要介绍流域系统的自然结构、经济结构、社会结构及其生态服务功能、经济服务功能、社会服务功能。

3.1 流域系统结构

系统的结构就是系统各组成之间的有机联系，它反映了系统各组成之间的相互作用和相互依赖的关系。流域是一个自然、社会、经济的复合系统，它包括流域自然系统、流域经济系统和流域社会系统。3 个子系统通过流域系统内的人类活动、生物和非生命系统间相互联系和相互影响，形成了一个发挥整体作用的有机体。所以，流域系统是由不同层次和不同要素组成的，是各要素通过社会、经济和自然再生产相互制约、相互交织而组成流域的结构，是一个复杂的自然—社会—经济综合系统，其主要特点是网络性和立体性。了解流域系统的结构对于认识其功能及流域规划、开发和治理具有重要意义。

3.1.1 流域自然系统

3.1.1.1 流域自然系统的概念

广义的流域自然系统指流域单元内物质世界的一切系统，包括非生命系统和生命系统。狭义的流域自然系统指流域单元内以天然物为要素，由自然力而非人力所形成的系统，也称天然系统，如天体系统、气象系统、生物系统、生态系统、原子系统等。通常所说的流域自然系统是不包括社会系统和思维系统在内的狭义的自然系统。流域自然系统是进化形成的、不可还原的整体，自然形成是流域自然系统的显著特征。流域自然系统是由自然物(矿物、植物、动物、海洋等)形成的系统。流域自然系统一般表现为环境系统，如海洋系统、矿藏系统、植物系统、原子核结构系统、大气系统等。

流域自然系统一直是地貌学和水文学的研究对象，地貌现象与水文现象是相互影响、相互制约的。各种水体的运动和变化，影响地貌的发育和演化。例如，某一河流流量、含沙量的变化会导致土壤侵蚀和堆积对比关系的变化，从而对地貌产生影响。同时，水文现象也受控于地貌因素，如区域地形决定了水系的构成和基本流向。从流域系统的自然形态和自然过程看，流域自然系统是以水分循环为中心，在一定的气候、植被条件下，不断发展起来的具有一定结构和功能的地貌—水文系统。由于流域可以进行等级划分，一个大流域可划分成若干小流域，而每个小流域又可进一步划分成若干更小流域。流域所处的气候带决定了流域降水量及降水的性质或方式，即决定了流域系统的输入和输出特征。流域植被首先截获大气降水，增大流域蒸发面积，减缓降水对地面的直接打击，对流域水文过程及地貌形态的发育产生深刻的影响。一般来讲，河网密度与降水量，与降水强度成正比，而与植被盖度成反比。在流域输入降水以后，地表和地下径流沿水文网逐级汇流，对流域地貌形态进行再塑造，并将流域内的风化剥蚀产物以悬移质和溶解质等形式输出流域。

从生态系统的角度看，流域内的动物、植物和微生物等通过直接或间接关系有机组合形成某种生物群落，在生物与环境、生物与生物之间不断进行着能量交换、物质循环和信息传递，构成彼此之间相互联系、相互制约和相互依存的关系，从而形成一个相对稳定的整体。流域生态系统可以划分为生命和环境两个亚系统。流域生命系统是指流域内的动物、植物、微生物等多种生命有机体的集合，是生态系统的主体，它决定着系统的生产力、能量活动特征以及流域生态系统的外貌景观。流域环境系统主要是无机物和自然要素的集合，是生态系统中生命活动所必需的物质和能量的源泉。

3.1.1.2 流域自然系统的结构

流域自然系统，其结构主要表现为各级流域的等级结构，每一级流域的结构又通过水道数量、水道平均长度、水道总长度、水道纵比降和水道级别等要素之间的关系表现出来。事实上，每一个流域自然系统就是一个或多个生态系统的复合体。具体到每一个流域自然生态系统，其结构与一般生态系统相同，包括形态结构和营养结构。流域自然系统的形态结构由流域内的各种生物种类、种群数量，微生物的种群、数量组成，物种的演化和物种的空间配置等构成。例如，一个林地生态系统，其中的动物、植物、微生物的种群和数量是相对稳定的，在空间配置和分布上，自上而下具有明显的层次，地上有乔木、灌木和苔藓，地下有浅根系、深根系及根际微生物；在森林中栖息的各种动物，也有其相应的空间位置。营养结构指流域自然系统内部各个成分之间，以营养联系为纽带，把生物与生物，生物与环境紧密联系在一起，构成生产者、消费者和分解者三大组成部分。不同流域生态系统的营养结构通过食物链和营养级的差异表现出来，流域生态系统中有许多食物链，这些食物链相互交织、联结在一起形成复杂的食物网。

流域自然系统是一个具有一定结构、功能和自我调节的开放系统，与外界有能量、物质和信息的交换，能够吸收负熵流，使其逐渐远离平衡的稳定态走向有序化结构。流域自然系统的能量流动和物质循环是沿着食物链进行的，同时伴随着各种信息的传递。

3.1.1.3 流域自然系统与人类的关系

与人类行为密切相关的社会系统、经济系统等要从自然系统中不断取得物质和能量，并把生产、生活过程的产物(包括耗散物质)反馈到流域自然系统中。人类系统从属于流域自然系统，流域自然系统是人类赖以生存和发展的基础单元，人类的生存和发展离不开流域自然系统的支持并对流域自然系统产生影响。

在经济高速发展的今天，人与自然的关系发生了深刻变化，自然正以前所未有的反作用影响着人类的持续生存和发展。其一，由于人类活动能力和活动空间的空前膨胀，造成了人口、资源和环境问题，并且以全球规模的形式(如全球气候变暖、臭氧层损耗等)危及整个人类的安全；其二，人与自然矛盾的激化是当代人类社会中技术、经济和社会因素综合作用的结果，这些因素之间是彼此相关的，这些因素相互联系的复杂性构成了人与自然相互适应模式的最主要特征；其三，人与自然相互作用所产生的问题又因区域自然条件的差异和发展阶段不同表现出多样性，特别是发展中国家和发达国家除面临共同的全球性问题外，还存在各自不同的人与自然矛盾的表现形式，并且解决问题的能力也各不相同。作为幅员辽阔、人口众多、自然条件复杂多样的发展中大国，我国正处在多重转变的过程中，特殊的国情使我国面临更为严峻的人与自然的矛盾，而在改革和发展的背景下，机遇与挑战并存。

3.1.2　流域经济系统

3.1.2.1　流域经济系统的概念

广义的流域经济系统指以流域为基础单元，流域内的物质生产系统和非物质生产系统中相互联系、相互作用的若干经济元素组成的有机整体。狭义的流域经济系统指流域内经济再生产过程中的生产、交换、分配、消费各环节的相互联系和相互作用的若干经济元素所组成的有机整体。这 4 个环节分别承担着若干部分的工作，分别完成特定的功能。流域经济系统生产、交换、分配和消费 4 个环节周而复始，连续不断运行着，同生态系统既有紧密联系，又相对独立，体现了流域系统内人类在农林牧渔业、工业、交通、商业和服务业等各方面的经济联系。

3.1.2.2　流域经济系统的结构

流域经济系统因不同流域自然、社会经济条件的差异而呈现不同的结构特征。通常大流域的结构，其组成部门相对较多。流域内上下游之间的结构也有很大差别。一般情况下，上游地区生产力水平低，第一产业占较大比例，矿产资源、水能资源、经济林木、中药材及畜牧产品的开发具有较大优势；下游地区生产力水平高，第一产业所占比例较低，高新技术产业的发展优势明显。流域经济系统的空间结构有一个共同特点，即经济客体在江河沿岸集聚分布，形成产业带。黄河流域经济带、长江流域经济带和海岸线经济链所构成的中国大区域经济发展主系统，是历史上即已客观形成雏形与框架，改革开放以来逐渐成熟的经济发展体系。

3.1.2.3　流域经济系统与人类的关系

由于经济系统结构复杂，导致流域经济系统一般要比工程系统复杂。流域经济系统是有人直接参与的系统，经济系统的主体是人，由于人的思维、判断、决策、偏好各有差异，有人参与的经济系统具有明显的非确定性、模糊性等特点。这就给分析研究这样的系统带来很大困难。任何系统都有一定的目标，经济系统既要考虑经济效益，又要考虑社会效益，还要考虑对生态环境的影响；既要考虑长远目标，又要考虑近期目标。这些目标有的是相一致的，有的是相矛盾的，必须根据实际情况研究经济系统的具体目标，有时需要同时考虑多种目标。经济系统要继续存在和发展，必须保持开放性，这样才能使经济系统与外界环境不断地交换物质、能量和信息，才有利于人们对经济系统根据环境条件的变化进行协调平衡。经济系统在与外界环境交换物质、能量和信息的时候，形成一个输入和输出系统，外界环境向经济系统不断地输入物质、能量和信息，同样，经济系统也不断地向外界输出物质、能量和信息。这样，大量的物质、能量和信息经过反复流动、交换和加工处理，推动了经济系统的经济活动有规律地运行，使经济系统充满了生机和活力。一个开放的经济系统，它的生命力在于物质、能量和信息的流动，也在于人才的交流。这样，使人们增长知识，眼界开阔，从而保持经济系统吸收的物质、能量和信息畅通无阻，流量适度和有顺序，输入输出及时，选择最优决策，保持经济系统的协调和平衡，实现经济系统运行的平稳。

我国经济发展的实践表明，以经济区域理论结合我国实际情况，对我国经济区域的划分，对我国经济的发展起到了极大推动作用。但是，它的出发点是最大限度地利用资源，实质上是以牺牲环境为代价，在经济迅速发展、利用自然资源的同时，也不断地破坏着人类赖以生存的环境，人与自然的关系受到了损害，构成了人类可持续发展的重大障碍。保持流域内的可持续发展并增强经济结构的多样性，是维系社会经济系统可持续性的基础。在流域内，要提高人均可支配收入、优化产业结构，保障在满足资源承载力、污染排放总量和生态保护目标的前提下，使产业结构达到最优配置，增强流域经济系统在不确定性变化面前的恢复能力。

3.1.3 流域社会系统

社会系统是由社会人与他们之间的经济关系、政治关系和文化关系构成的系统，如一个家庭、一个公司、一个社团、一个城市、一个国家都是社会系统，也是不同层次的社会系统。家庭、公司是城市的子系统，城市是国家的子系统。社会系统的要素是个人、人群和组织，联系是经济关系、政治关系和文化关系。

社会系统是目的系统，主要特点是系统向目的点进发。社会系统能否向目的点发展以及发展速度，取决于该社会系统领导核心的方针路线的正确性及其协调控制能力。

3.1.3.1 流域社会系统的概念

广义上讲，流域社会系统是指以流域为基础单元，具有一定自主能动性的个体，如人类、昆虫等，通过互动和关系所形成的系统，它们具有人为的目的性与组织性。按照研究对象，可以将社会系统分为生物社会系统(如蚁群、蜂群、羊群、鸟群等)和人类社会系统。人类社会系统又可以分为经济系统、教育系统、行政系统、医疗卫生系统、交通运输系统、科技系统和军事系统等。社会系统通常都具有经济活动，所以社会系统又常称为社会经济系统。狭义上的流域社会系统是指以流域为基础单元，人以及人与人之间的社会关联和社会行为形成的系统，通常与经济系统平行并列。

3.1.3.2 流域社会系统的结构

在社会学中，一个社会系统就是由个人、群组和机构构成的有序关系的网络，从而使这些单元组合成一个相互协调的整体。这一术语指代的是由个体角色和地位所形成的正式结构，它们能够组成小的稳定的群组。个体可以同时隶属于多个社会系统，如核心家庭单位、社区、城市、民族、大学校园、公司等社会系统。社会系统中群组的组织和定义依赖于各种共享的特征（如位置、社会经济地位、种族、宗教、社会职能）或其他可区分的特征。

人类是流域系统的核心，人口的数量以及人的生产文化活动是构成流域社会系统的基本要素。城市、农村居民的居住场所以及交通设施等人工构筑物也是流域社会系统的组分，这些组分与流域自然系统共同构成区域的生态景观，并成为流域社会经济活动的中心。法律、政策等人类精神文化是流域社会系统的非物质组分。这些组分通过组织协调人类活动，将流域自然、社会与经济的功能统一起来，使流域成为具有人类社会经济功能的复合生态系统，而不只是一个纯自然系统。

流域内社会系统的可持续性需要得到保障，在变化面前的应对能力和恢复力需要得到增强，特殊意义文化需要得到保护和传承，人群健康需要得到维护。在环境方面，要保障环境保护投资不低于国家的最低要求，并要求单位产值的水、大气和固体废物污染满足国家、行业和地方标准，城镇和农村的污染排放量和处理率达到相应的国家要求。在资源方面，要求在核算资源最大开发强度的基础上，以资源承载力为基础制订资源开发计划，土地和水资源的开发不能有损物种对栖息地的最低要求，并尽可能减少入湖的污染物总量。在社会方面，在保障就业率、提高居民平均受教育程度的基础上，降低基尼系数，保证社会公平。

3.2　流域系统功能

3.2.1　流域系统的生态服务功能

生态系统服务是指人类从生态系统获得的所有惠益，包括供给服务（如提供食物和水）、调节服务（如控制洪水和疾病）、文化服务（如精神、娱乐和文化收益）以及支持服务（如维持地球生命生存环境的养分循环）。生态系统服务功能是指生态系统与生态过程所形成及所维持的人类赖以生存的自然环境条件与效用。

流域系统的生态服务功能是指流域系统在能量流、物质流的生态过程中，对外部显示的重要作用，如改善环境、提供产品等。流域系统不仅给人类提供生存必需的食物、医药等工农业产品，而且维持了人类赖以生存和发展的生命保障系统。与传统的服务不同，流域系统生态服务只有一小部分能够进入市场，大多数流域系统生态服务属于公共品或准公共品，无法进入市场。一般来说，流域由上游山区和下游平原组成，城镇一般位于平原，根据功能可把流域分为 3 个圈层（图 3-1）：①城镇边缘带。该圈层靠近城镇外围，城镇化过程剧烈，城镇扩张对周围农用地和自然用地的侵占是该圈层的主要特征。②近服务带。从城镇外围到浅山区的地带，为城镇提供水资源、农副产品和休闲娱乐服务，并吸纳城镇的废水和废弃物。③远服务带。从浅山区到流域分水岭之间的地带，提供土壤保持、水源涵养等调节服务，为近服务带的生态系统提供服务，并间接为城镇边缘带资源供给提供调节服务。

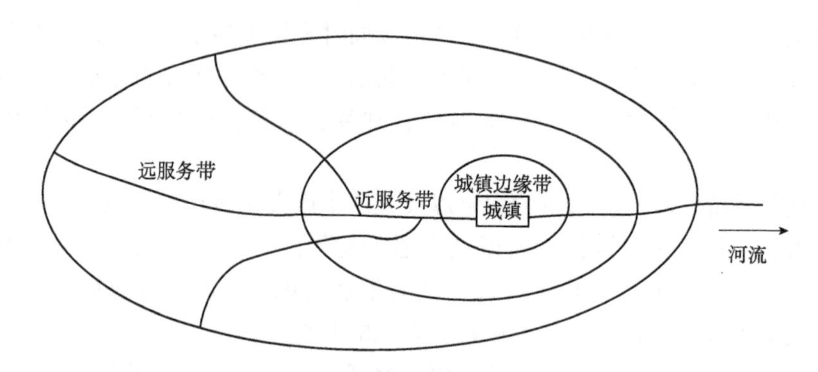

图 3-1　基于流域的生态系统服务区一般模型

(李双成等，2014)

流域系统生态服务以长期服务流的形式出现，能够带来这些服务流的流域系统是自然资本。流域系统通过能量流动、物质循环和信息传递把流域各个组成部分紧密结合成为一个有机整体，并成为自身运动、变化和发展的动力。流域系统给人类提供各种生态效益，其生态服务功能主要包括供给功能、支持功能、调节功能、文化功能。

(1)供给功能

流域系统为人类提供大量的食物、木材、药材等生产原料和能源，具有显著的生态服务供给功能。可以应用市场价值法评估肉类和粮食生产量、木材采伐量和药材产量等情况。

(2)支持功能

流域系统具有营养物质保持、生物多样性保护、固碳、释氧等生态服务支持功能。营养物质保持功能可以应用影子价格法评估主要营养元素总量；生物多样性保护功能可以应用支付意愿法评估生物多样性保护情况；固碳功能可以应用造林成本法、碳税法等评估固碳量；释氧功能可以应用造林成本、工业制氧成本法评估氧气释放量等情况。

(3)调节功能

流域系统具有涵养水源、保持土壤、净化空气、调节气候等生态服务调节功能。涵养水源功能可以应用影子价格法评估水资源总量；保持土壤功能可以应用机会成本法评估土壤保持量；净化空气功能可以应用市场价值法评估大气污染物降解情况；调节气候功能可以应用替代成本法评估水面蒸发湿度提高等情况。

(4)文化功能

流域系统具有休憩娱乐等生态服务文化功能。休憩娱乐功能可以应用旅行费用法评估景观资源等情况。

3.2.2　流域系统的经济服务功能

流域系统的经济过程是指人们通过有目的的生产活动，使自然界的物质转变成能够满足人们需要的产品。社会生产作为连续不断的循环运动过程，是生产、分配、交换和消费 4 个环节的辩证统一。生产对分配、交换和消费起着决定作用，而分配、交换和消费又影响着生产，这 4 个环节在实践中交织和凝结成为一个有机整体。经济系统的结构和生产过程表明，该系统既是物质循环、能量流动和信息传递的过程，又是价值流沿交换链循环与转换的过程。因此，物质流、能量流、信息流和价值流沿劳动交换链的运动过程，体现了流域经济系统的功能。在流域经济系统研究中，对于流域生产力的研究是其中的一项重要内容。人们希望在经济活动中投入最少、产出最多。在流域系统中，产出要靠流域生产力来保证，而流域生产力是自然要素、经济要素和人的综合。流域生产力主要包括流域提供的航运能力、土地生产能力、灌溉能力、水能，以及流域所能承受的旅游容量能力等。

生态经济系统是具有独立特征、结构和机能的生态经济复合体，具有自身运动的规律性，如物质运转、能量转换、信息传递和价值转移都不同于单独的生态系统和经济系统。生态经济系统包含了自然力和劳动力，它们相互协作共同创造财富，不仅完成了自然再生产，也完成了经济再生产。因此，生态经济系统不是自然生态系统和人类社会经济系统的简单叠加，而是生态经济要素遵循某种生态经济关系的集合体。生态经济系统是由生态亚系统和经济亚系统相互耦合而成的复合系统，各亚系统又是由若干要素或子系统构成的，这些要素就是生态经济系统的组成要素，其中的基本要素包括人口、环境、资源、科技。流域系统的经济服务功能是指系统在能量流、物质流、信息流、价值流的生态经济过程中，对外部显示的经济作用，其主要体现在功能量评估和服务价值评估两方面(图3-2)。

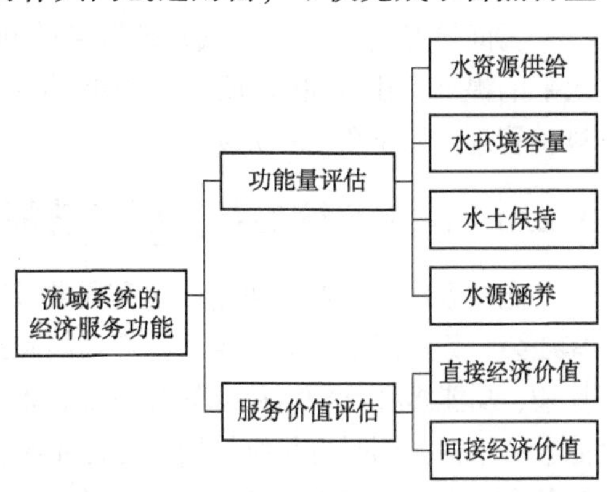

图3-2　流域系统的经济服务功能

(1)功能量评估

①水资源供给。水资源是流域内最重要的生产要素之一，为流域内居民和各生产部门提供生活和生产用水，是流域系统提供的最直接的经济服务功能。根据用户特性，流域水资源供给服务可分为生产用水、生活用水和生态环境用水3类。流域水资源供给功能可通过流域内各用户的用水量来评估。

②水环境容量。水环境容量与水体特征、水质目标及污染物特性有关。基于流域水环境功能区划和确定的水文设计条件，将天然河道概化为计算河道，根据重要的水质控制断面位置将流域水系划分为计算单元，利用非点源模型估算流域污染负荷，进而计算流域各计算单元的水环境容量。

③水土保持。水土保持是流域系统构成要素(如森林、草地等)发挥其结构与过程优势，减少水力侵蚀所导致的土壤侵蚀的功能。采用修正通用水土流失方程(RUSLE)，计算流域潜在土壤侵蚀量和实际土壤侵蚀量，以二者的差值作为流域系统水土保持功能的评估指标。

④水源涵养。水源涵养是流域系统通过其要素和相关过程对降水进行截留、渗透、蓄积，并通过蒸散过程实现对水流、水循环的调控功能。采用水量平衡方程，计算降水量与蒸散量之差来评估流域水源涵养功能量。

(2)服务价值评估

流域系统服务价值包括3部分：第一部分为提供流域系统服务而产生的直接经济价

值；第二部分为间接经济价值，即利用流域系统生态服务而对工业、农业、渔业、旅游业、服务业等经济发展带来的效益，通过 GDP 来反映；第三部分为流域系统对于人所具有的非消费性价值，反映流域系统对人们在精神、道德、教育、审美等方面形成价值观的贡献，通过社会发展水平和受教育程度来体现。

①直接经济价值。包括水资源供给、水环境容量、水土保持、水源涵养等方面。水资源供给采用市场价值法计算流域水资源供给服务价值；水环境容量的直接经济价值为利用了流域水环境容量而节省的污水处理费用，采用替代工程法计算；流域系统水土保持服务的直接经济价值包括保持土壤养分价值和减少泥沙淤积价值，采用市场价值法和机会成本法进行估算。

②间接经济价值。流域系统服务的间接经济价值表现为社会扩大再生产以及人民生活水平的提高，由 GDP 来反映。GDP 由生产要素(如人力、资本、土地、资源环境、原材料、管理、服务等)来实现。

3.2.3　流域系统的社会服务功能

流域系统的生产和再生产过程是物质流、能量流、信息流和价值流的交换和融合过程，其社会服务功能通过集合生态服务功能和经济服务功能而体现。例如，森林生态系统是结构复杂、功能多样且相对稳定的陆地生态系统，其不但可以为人类生存提供食物、药物以及其他生产原料，同时也是维持地球生态系统稳定的重要力量，在保持食物多样性以及水土循环等各个方面均具有重要意义。可以说，森林的发展直接关系生态环境的发展，与地区社会以及经济建设息息相关。随着经济的不断发展，人们对生态环境质量的要求越来越高，因而有必要对流域系统的生态服务功能价值进行定量分析，从而更为客观地为生态环境保护与建设工作提供重要参照。流域系统的社会服务功能是指流域系统在能量流、物质流、信息流、价值流的复合型生态经济过程中，对外部显示的社会服务作用，主要是对游憩、自然文化遗产和科研教育等方面创造的社会服务价值，具体包括游憩保健功能和社会文化功能。

(1)游憩保健功能

流域系统的游憩保健功能是指该系统为人类提供休闲和娱乐场所而产生的作用。游憩保健功能体现流域系统社会服务功能的重要基础，通过统计景区门票收入和开展抽样调查等方法进行估算。

(2)社会文化功能

由于流域系统的社会文化价值难以通过有形的物质产品来估算，因而采用条件价值法利用社会发展水平和受教育程度来估算。

复习思考题

1. 简述流域自然系统、经济系统、社会系统的概念。
2. 流域经济包括哪些属性？
3. 流域系统的生态服务功能具体包括哪些方面？
4. 流域系统的经济服务功能具体包括哪些方面？
5. 简述流域系统的结构与功能。

第 4 章

流域系统监测与模拟

【**本章提要**】主要介绍流域系统自然要素指标和社会经济指标监测、流域水文过程模拟、流域生态过程模拟、流域经济社会模拟、智慧流域相关内容。

4.1 自然要素指标监测

4.1.1 水圈指标监测

流域中水圈指标监测对象包括地表水和地下水，监测指标包括径流量、洪峰流量、洪水过程线、水土流失量、水质等。水土流失监测就是从保护水土资源和维护良好的生态环境出发，运用多种手段和方法，对水土流失的成因、数量、强度、影响范围及后果等进行动态的监测。坡面水土流失监测的主要手段是设置径流小区，径流小区应布设在不同水土流失类型区的典型地段，使所建径流小区具有比较好的代表性，能够反映监测区水土流失的基本特点；径流小区应尽可能选取或依托各水土流失区已有的水土保持试验站，并考虑观测和管理的便利性；布设径流小区的坡面应平整，坡度和土壤条件均一，以消除土壤、地形地貌等因素对观测结果的影响。流域水土流失监测的主要手段是设置卡口站，卡口站应布设在流域出口处，并考虑交通和安全因素，以便于管理和维护。

最传统的泥沙观测方法是取样称重法，但该方法难以进行实时动态监测，基于此，射线法、超声波法、红外线法、震动法、激光法、电容式传感器测量法等被广泛应用。

4.1.2 岩石圈指标监测

(1) 地质地貌调查

流域地质调查的内容包括流域内岩性、地质构造、风化程度等。岩石的岩性按其成因划分为火成岩、沉积岩和变质岩，主要通过颜色、结构构造和主要造岩矿物等来确定；地质构造调查主要包含岩层的接触关系、断裂和褶皱等；按照风化的程度可分为未风化、轻度风化、中等风化、强风化、完全风化和残积土 6 个等级。

流域地貌调查除了调查山地、丘陵、平原、湖盆等形态、物质组成、形成时间和空间分布外，还包括流域面积、高程、高差、流域长度、流域平均宽度、干沟比降、流域形状、地形因子、沟壑密度和切割深度等。流域面积指流域分水岭内地表水的集水面积；高程指流域最低、最高和平均海拔以及不同海拔区间占比；高差指流域的相对高度；流域长度可按流域干沟沟口至干沟源头分水线之间的水平距离来计算；流域平均宽度为流域面积与流域长度的比值；干沟比降即干沟口与干沟源头高程差与干沟长度的比值；流域形状可用延长系数表示，即分水线长度与等面积圆周长的比值；地形因子包括坡度、坡长、坡形、坡向。坡度表示坡度陡缓的程度，用地表单元所在斜面与水平面的夹角表示；坡长是纵断面相邻变坡点的桩号之差，即水平距离；因坡度沿坡长变化，坡形划分为直形坡、凸形坡、凹形坡和复合坡；坡向指坡的倾斜方向，即坡面法线在水平面的投影方向，多用 8 个方位表示（图 4-1）。地形多采用测坡仪和罗盘仪来测量。沟壑密度指单位面积内侵蚀沟的长度，表明流域现代侵蚀的程度；切割强度指沟壑面积占流域总面积的百分比。

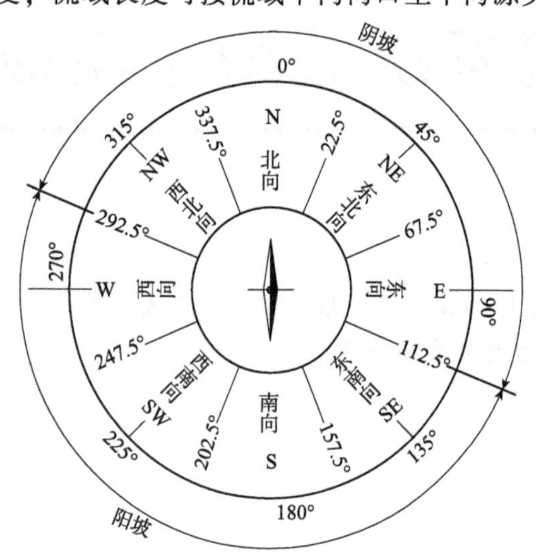

图 4-1　坡向方位界定标准

（水利部水土保持监测中心，2015）

（2）土壤调查

土壤调查的内容包括土壤类型、土壤剖面、土壤机械组成、土壤有机质、土壤结构、土壤水分、土壤容重、土壤养分、土壤微生物、土壤动物等。土壤类型根据土壤属性、成土过程和成土因素之间的相似性进行划分。土壤是由不同粒径的土粒按不同比例组合而成，各粒级在土壤中所占比例称为土壤机械组成，常用比重计法或激光粒度仪法测定。土壤有机质指存在于土壤中所有含碳的有机物，包括动植物残体、微生物体及其分解和合成的各种有机物质。土壤结构指土壤颗粒黏结和聚集成大小不一、形状各异、稳定性不同的团块，划分为团粒、块状、棱柱状、柱状、片状和粒状等。土壤水分是影响植物正常生长的重要因子，常用重量含水量和体积含水量来表征，多采用烘干法或酒精燃烧法来测定。土壤容重指单位体积原状土壤的质量，常用环刀法测定。土壤养分主要来自矿物风化、大气输入、凋落物分解、施用肥料等。土壤养分以两种方式保蓄在土壤中，一种是养分阳离子被吸附在黏土—腐殖质胶体表面，称为养分交换性保蓄；另一种是养分作为溶质溶解于土壤水中，称为养分易变性保蓄（图 4-2）。土壤微生物是土壤中一切肉眼看不见或看不清楚的微小生物的总称，严格意义上应包括细菌、古菌、真菌、病毒、原生动物和藻类。土壤动物是土壤中和落叶下生存着的各种动物的总称，土壤动物作为生态系统物质循环中的重要消费者，在生态系统中起着重要的作用，一方面积极同化各种有用物质以建造其自身，另一方面又将其排泄产物归还到环境中不断改造环境。

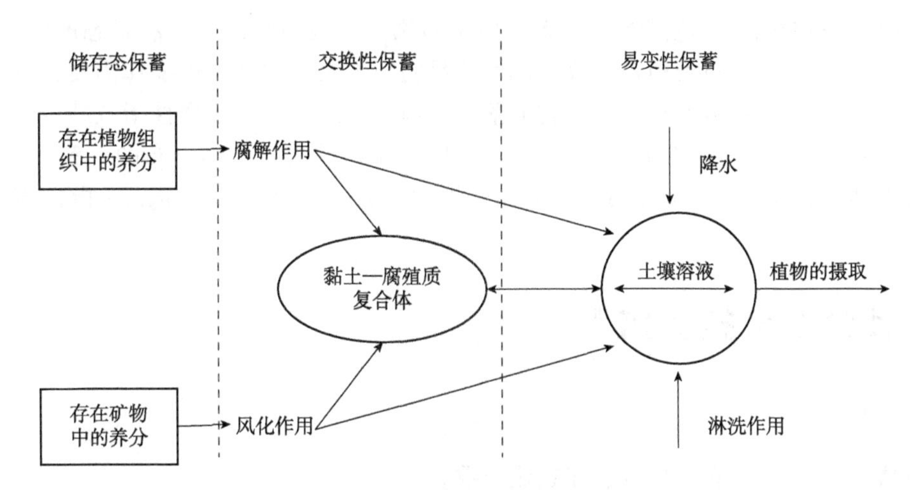

图 4-2　土壤养分的保蓄方式

（罗承德等，2013）

(3) 土地资源调查

土地是地球陆地表面由气候、土壤、水文、地形、生物及人类活动产物所形成的复杂的自然经济综合体。按照土地的利用方式、生产水平、土地的所有权和使用权进行土地利用现状分类(第三次全国国土调查工作分类)，共分 13 个一级类，即湿地、耕地、种植园用地、林地、草地、商业服务业用地、工矿用地、住宅用地、公共管理与公共服务区用地、特殊用地、交通运输用地、水域及水利设施用地、其他用地。

(4) 矿产资源调查

矿产资源指地质作用形成的储存于地表和地壳中能为国民经济所利用的矿物资源，有固态、液态和气态 3 种存在形态，按照工业利用可分为金属矿产、非金属矿产和能源矿产 3 类。矿产资源的调查包括类别、储量、品种、质量、分布、开发利用条件等。

4.1.3　大气圈指标监测

大气圈监测指标包括光能、温度、降水、风等。光能表现在太阳辐射和日照时数两方面；温度包括最高气温、最低气温、平均气温、积温、无霜期等；降水包括降雨、降雪、冰雹等；风包括平均和最大风速、风向、风季等；另外，涝灾、旱灾、风灾、冻灾等气象灾害也是调查的重要内容。

4.1.4　生物圈指标监测

生物包括植物、动物和微生物。植物又分为乔木、灌木和草本，调查内容包括起源、结构、类型、树种、年龄、树高、胸径、林冠郁闭度、植被盖度、生物量、枯枝落叶层等。林冠郁闭度是指乔木树冠彼此相接而遮蔽地面的程度，采用树冠投影面积法、测针法等观测。植被盖度是指林草地上林草植株冠层或叶面在地面上的垂直投影面积占该林草标准地面积的比例。生物量包括地上和地下两部分，地上生物量的测定方法有直接收获法和间接估算法，也可以运用定位观测、样方测定、样线法等进行测定。地下生物量的观测主要采用挖掘法和剖面法。挖掘法虽然繁重但是精确，能观测到接近自然状态的植物根系，因而多用于农作物和禾草类植被研究；剖面法虽精度不及挖掘法，但操作简便，且试验误差较小。生物多样性指数用于描述生物群落对环境变化的响应。多样性指数结合了群落结构的三大要素，即丰富度（现存物种数量）、均匀度（物种之间个体分布的一致性）以及丰度（现存个体总数量），常用 Shannon-Wiener 指数、Simpson 指数、Margalef 指数等指标来表示。

4.2 社会经济指标监测

4.2.1 人口

①户数。总户数、农业户数、非农业户数。

②人口。总人口、男女比例、人口年龄结构、人口密度、人口出生率、人口死亡率、人口自然增长率、平均年龄、老龄化指数、城镇人口、农村人口等。

③人口质量。文化程度、受教育水平、劳动技能、科技水平、身体素质等。

4.2.2 产业结构

产业结构是指第一产业、第二产业和第三产业的类型、占比、分布、数量等。第一产业指农、林、牧、渔业。第二产业是采矿业、制造业、电力、燃气及水的生产和供应业、建筑业。第三产业指除第一、二产业以外的其他行业，包括：交通运输、仓储和邮政业，信息传输、计算机服务和软件业，批发和零售业，住宿和餐饮业，金融业，房地产业，租赁和商务服务业，科学研究、技术服务和地质勘查业，水利、环境和公共设施管理业，居民服务和其他服务业，教育、卫生、社会保障和社会福利业，文化、体育和娱乐业，公共管理和社会组织、国际组织等。

4.2.3 收入消费水平

收入水平指标包括人均收入、收入来源、人均居住面积、平均寿命、消费结构、饮水安全、能源供给与消耗等。人均收入按照流域内总收入和流域内人口数量平均计算，还要了解收入来源以及收入距平值。消费水平包括人均居住面积、适龄儿童入学率、平均寿命、消费结构、能源消费的种类及来源。另外，燃料、肥料、饲料、饮水也是流域收入消费水平调查的主要内容。

4.2.4 社会经济环境

社会经济环境是指国家颁布和施行的与流域管理相关的政策法规、交通条件、市场条件等。社会经济环境调查的主要内容包括流域生态环境建设、资源保护、投资等方面的政策，流域内外的交通条件，与流域经济发展有关的工业、建筑业、交通运输业、信息和服务业等产业发展前景。

4.3　流域水文过程模拟

4.3.1　水文模型的概念和分类

水文模型是用于模拟水文现象发生与变化的实体结构或数学(逻辑)结构，前者称为水文物理模型，后者称为水文数学模型。依据不同的分类原则，数学模型可分为确定性水文模型和随机性水文模型；具有物理基础的水文模型、概念性水文模型和黑箱水文模型；线性水文模型和非线性水文模型；时变水文模型和时不变水文模型等。

4.3.2　水文过程模拟

(1) 降水过程模拟

①降水过程线。是指以一定时段(时、日、月或年)为单位表示的降水量在时间上的变化过程，它是分析流域产流、汇流与洪水的最基本资料。此曲线图只包含降水强度、降水时间，而不包含降水面积。

②降水积累曲线。该曲线以时间为横坐标，以自降水开始到各时刻降水量的累积值为纵坐标。

③等降水量线。用于表示降水在地区上的分布情况。

④降水特征综合曲线。常用的降水特征综合曲线有强度—历时曲线和雨深—面积历时曲线。

a. 强度—历时曲线。曲线绘制方法是根据一场降水的记录，统计其不同历时内最大的平均降水强度，而后以降水强度为纵坐标，历时为横坐标，点绘而成(图 4-3)。同一场降水过程中降水强度与历时成反比关系，即历时越短，降水强度越大。此曲线的经验公式可表示为：

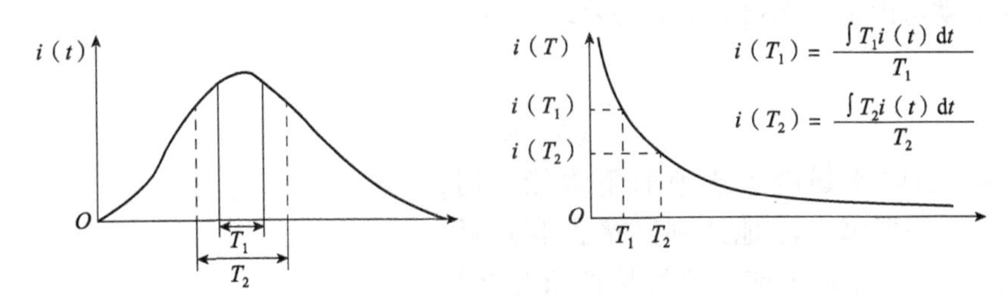

图 4-3　强度—历时曲线

$$i_t = s/t^n \tag{4-1}$$

式中，t 为降水历时，h；s 为暴雨参数，又称雨力，相当于降水历时 1 h 的降水强度；n 为暴雨衰减指数，一般为 0.5~0.7；i_t为降水历时 t 的降水平均强度，mm/h。

b. 雨深—面积—历时曲线。同一降雨过程中，雨深与面积之间对应关系的曲线。一般规律是面积越大，平均雨深越小。面积一定时，降雨历时越长，平均雨深越大；降雨历时一定时，降雨面积越大，平均雨深越小(图 4-4)。

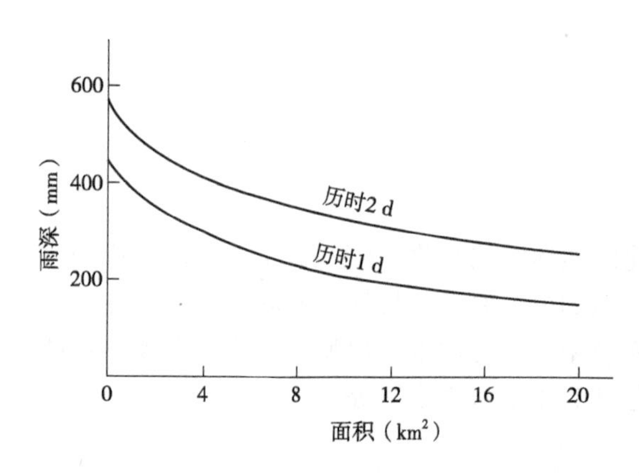

图 4-4　雨深—面积—历时曲线

(2)地表截留模拟

①植物截留。主要包括林冠截留、林下植被截留、地被物的截留 3 部分。影响植物截留的因素很多，主要有以下 3 种：

a. 植物本身的特性。如树种、树龄、林冠厚度等。

b. 气象、气候因素。如降水量、降水强度、气温、风和前期枝叶湿度等。降水初期，降水全部截留于枝叶表面，截留量与降水强度(i)无关；随着降水强度的增加，植物截留量(S)也增大，最后趋于常数，即植物最大截留量(S_m，即截留容量)。风也是影响植物截留的重要因素。但风的影响有两种截然不同的效果：一种是风吹摇动枝叶减少了截留量；另一种是风增加了截留降水的蒸发，进而可增加截留量。

c. 植被分布和植被盖度。常用的推求流域植物截留量的方法如下：雨后的植物截留量可分为植物枝叶的最大截留量和降水期间的蒸发量两部分。于是有：

$$v=S_m+\omega E \cdot TR \tag{4-2}$$

式中，v 为流域平均截留量；S_m 为截留容量；ω 为植被盖度；E 为蒸发率；TR 为降水历时。

如果降水量小于截留容量，则

$$v=(S_m+\omega E \cdot TR)(1-e^{kP}) \tag{4-3}$$

式中，P 为降水量；k 为经验常数；其他符号含义同式(4-2)。

可按下述概念来确定 k。因为微雨时截留容量约等于降水量，所以当降水量近于零时，$\frac{dv}{dP}=1$，据此就可由上式求得确定 k 的公式，即

$$k=\frac{1}{(S_m+\omega E \cdot TR)} \tag{4-4}$$

②填洼。当降水强度大于地面下渗能力时，开始填充洼地，当每一洼地达到其最大容量后，后续降水就会产生洼地出流。流域填洼量与洼地的分布和降水量有关。设 S 为流域上的洼地蓄水深，α 为蓄水深大于等于 S 的洼地面积占流域面积的比例，则 α 与 S 存在正变函数关系，即 S 增大时 α 也必然增大，这个函数关系称为洼地分配曲线(图 4-5)，即

$$\alpha=F(S) \tag{4-5}$$

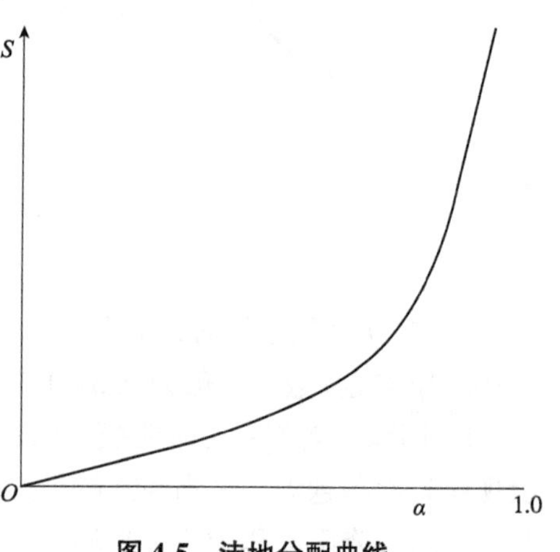

图 4-5　洼地分配曲线

(3)下渗过程模拟

下渗容量随时间的变化曲线称为下渗曲线，

它可以模拟出下渗过程。下渗曲线是以初始土壤含水量为参变量的一簇曲线。显然，对于相同的土壤质地和结构，初始土壤含水量不同，下渗曲线也不同。初始土壤含水量为零，即干燥土壤的下渗曲线是最基本的一条下渗曲线，根据它可以获得不同土壤含水量时的下渗曲线(图 4-6)。下渗曲线的积分曲线称为累积下渗曲线(图 4-7)。

$$F_{\mathrm{p}} = \int f_{\mathrm{p}} \mathrm{d}t \tag{4-6}$$

式中，f_{p}为下渗容量；F_{p}为自开始至 t 时刻渗入土壤的总水量。

因此，下渗曲线和累积下渗曲线是可以互相推求的。

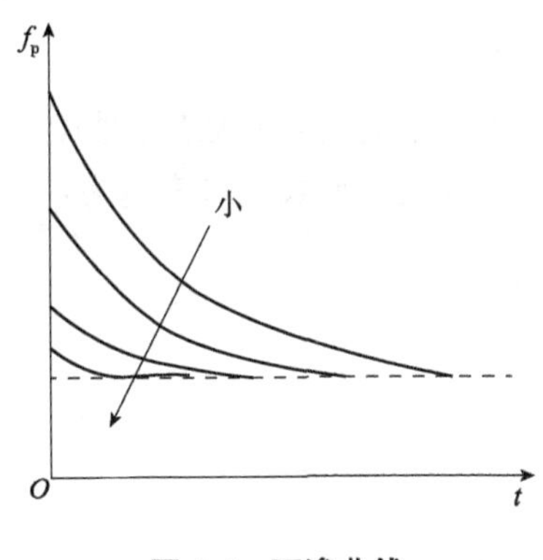

图 4-6　下渗曲线

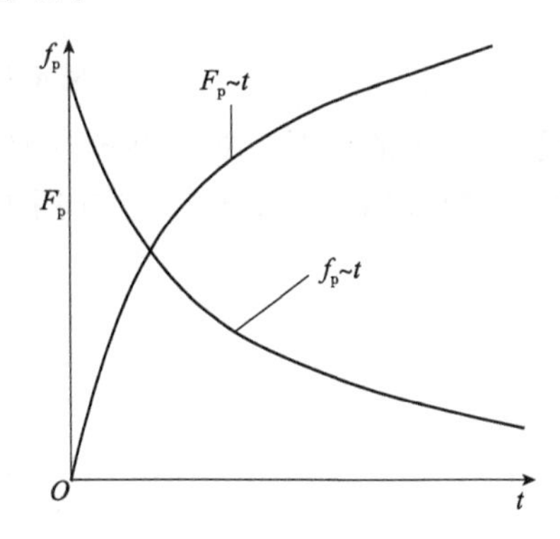

图 4-7　累积下渗曲线

(4) 蒸散过程模拟

流域蒸散、土壤蒸发和植物散发规律的区别在于临界土壤含水量的取值上。对于流域蒸散来说，第一个临界流域蓄水量 W_a应该略小于田间持水量，第二个临界流域蓄水量 W_b应该比毛管断裂含水量小。流域蒸散的公式可以表达为：

$$E=\begin{cases} E_m & (W \geqslant W_a) \\ \left[1-\dfrac{1-C}{W_a-W_b}(W_a-W)\right]E_m & (W_b<W<W_a) \\ CE_m & (W<W_b) \end{cases} \tag{4-7}$$

式中，E 为流域蒸散量；E_m 为流域蒸散能力；W 为流域蓄水量；C 为系数，总小于 1，一般为 0.05~0.15。

该式是计算流域蒸散的主要依据，计算精度一般能够满足实际需要。

(5) 地下水过程模拟

地下水的补给来源主要为大气降水，损失量包括蒸发和径流产出，补给量和流出量的差值为储存量(图 4-8)。地下水过程一般是通过达西定律和连续性方程构成的地下水运动控制方程来模拟的。它们描述了地下水在其运动过程中必须满足的能量(或动量)守恒和质量守恒两个基本物理定律。

1856 年，法国水利学家达西通过大量实验得到线性渗透定律，其一维形式为：

$$v=-K_s\frac{\partial \varphi}{\partial x}=-K_sJ \tag{4-8}$$

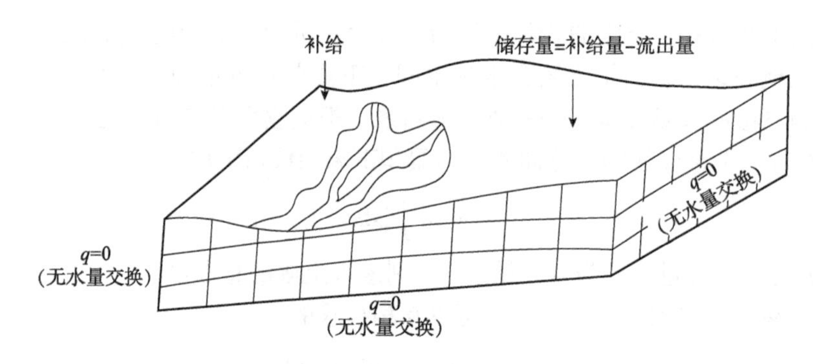

图 4-8　地下水储存量示意

式中，v 为渗透率；K_s 为饱和水力传导度；φ 为地下水的总势；J 为水力坡度。

如果仅考虑 x、y、z 3 个主方向上的土壤各向异性，其三维形式则可表达为：

$$\begin{cases} v_x = -K_{sx}\dfrac{\partial\varphi}{\partial x} \\ v_y = -K_{sy}\dfrac{\partial\varphi}{\partial y} \\ v_z = -K_{sz}\dfrac{\partial\varphi}{\partial z} \end{cases} \tag{4-9}$$

式中，v_x、v_y、v_z分别为 x、y、z 3 个方向上的地下水流速；φ 为地下水的总势；K_{sx}、K_{sy}、K_{sz}分别为 x、y、z 3 个方向上的饱和水力传导度，即渗透系数。

若含水层为各向同性土壤，即 $K_{sx}=K_{sy}=K_{sz}=K_s$，则式(4-9)变为：

$$\begin{cases} v_x = -K_s\dfrac{\partial\varphi}{\partial x} \\ v_y = -K_s\dfrac{\partial\varphi}{\partial y} \\ v_z = -K_s\dfrac{\partial\varphi}{\partial z} \end{cases} \tag{4-10}$$

在达西定律中，渗透速率(v)与水力坡度(J)成正比，故达西定律又称线性渗透定律。过去认为，达西定律适用于所有做层流运动的地下水。但是实践证明，只有雷诺数(Re)为1~10 某一数值的层流运动才服从达西定律，超出此范围达西定律便不再适用。

绝大多数情况下，地下水的运动都符合线性渗透定律，因此，达西定律适用范围很广。它不仅是水文地质定量计算的基础，还是定性分析各种水文地质工程的重要依据。

在渗流场中，各点渗流速率的大小、方向都可能不同。为了反映一般情况下液体运动的质量守恒关系，就需要在三维空间建立以微分方程形式表达的连续性方程。单元体内液体质量的变化是由流入与流出这个单元体的液体质量差造成的。在连续流条件下(渗流区充满液体)，根据质量守恒定律，两者应该相等。据此，连续方程为：

$$\frac{\partial}{\partial t}[\rho_w n\Delta x\Delta y\Delta z] = -\left[\frac{\partial(\rho_w v_x)}{\partial x}+\frac{\partial(\rho_w v_y)}{\partial y}+\frac{\partial(\rho_w v_z)}{\partial z}\right]\Delta x\Delta y\Delta z \tag{4-11}$$

式中，Δx、Δy、Δz 分别为从含水层中取出的微分体在 x、y、z 3 个方向上的尺度；ρ_w

为水的密度；n 为孔隙度；t 为入渗时间；其他符号含义同式(4-9)。

地下水可补给地表水，同时地表水通过入渗可补给地下水，两者之间的交互影响如图4-9所示。

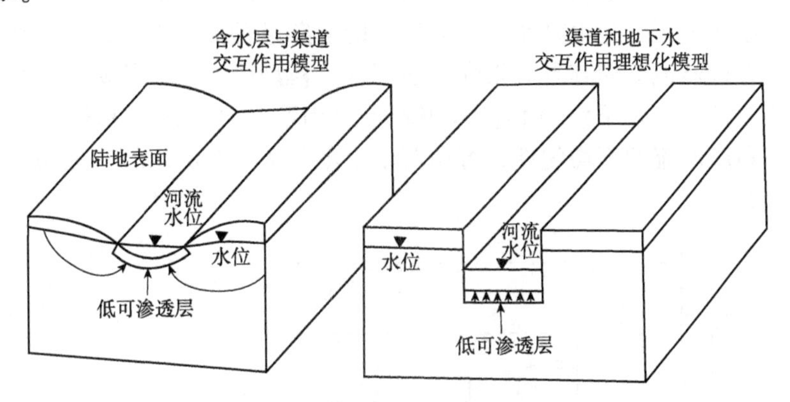

图4-9　地表水和地下水交互影响示意

(徐宗学，2009)

4.3.3　概念性水文模型

(1)新安江模型

新安江模型是由华东水利学院(现河海大学)赵人俊等学者提出的，发展至今已成为具有一定理论系统性、结构较为完善、应用效果较好的流域水文模型，并被联合国教育、科学及文化组织列为国际推广模型。新安江模型可分为二水源新安江模型、三水源新安江模型和新安江模型改进模型。其中二水源新安江模型由蓄满产流、流域蒸发、稳定下渗率法水源划分、单位线和线性水库的坡面汇流及马斯京根(Muskingum)法的分段河道汇流方法构成。模型结构如图4-10所示。图中P_1和$\bar{P}$分别为观测站点降水量和流域面平均降水量，IMP 为流域不透水面积比。

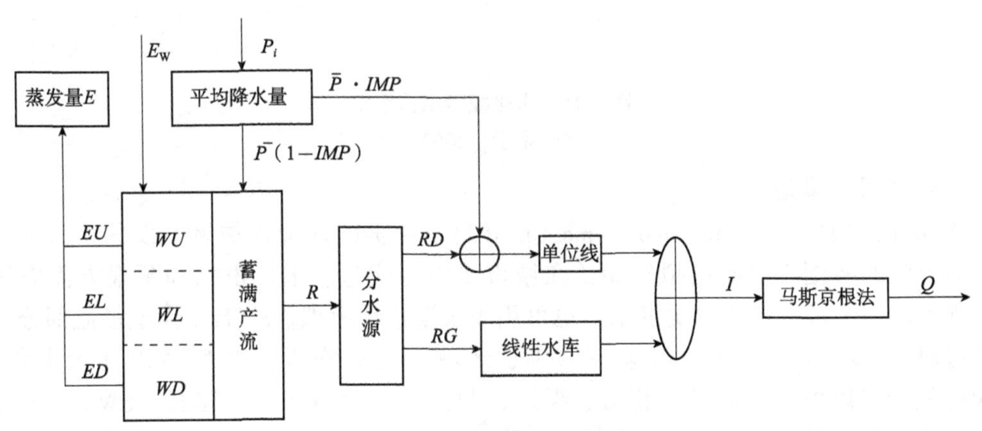

图4-10　二水源新安江模型结构

(赵人俊，1984)

(2)水箱模型

水箱模型又称串联蓄水箱模型，是由日本学者菅原正巳博士于1961年提出，该模型由垂直设置的几个串联水箱组成。水箱模型是一种概念性径流模型，以比较简单的形式来模拟径流形成过程，把由降水转换为径流的复杂过程简单地归纳为流域的蓄水容量与出流的关系进行模拟，使其具有很强的适用性。模型以水箱中的蓄水深度为控制，计算流域的产流、汇流以及下渗过程，采用若干个串联的直列式水箱模拟出流和下渗过程。考虑降水和产汇流的不均匀性，可用若干个串并联组合的水箱，模拟较大流域的雨洪过程(图4-11)。

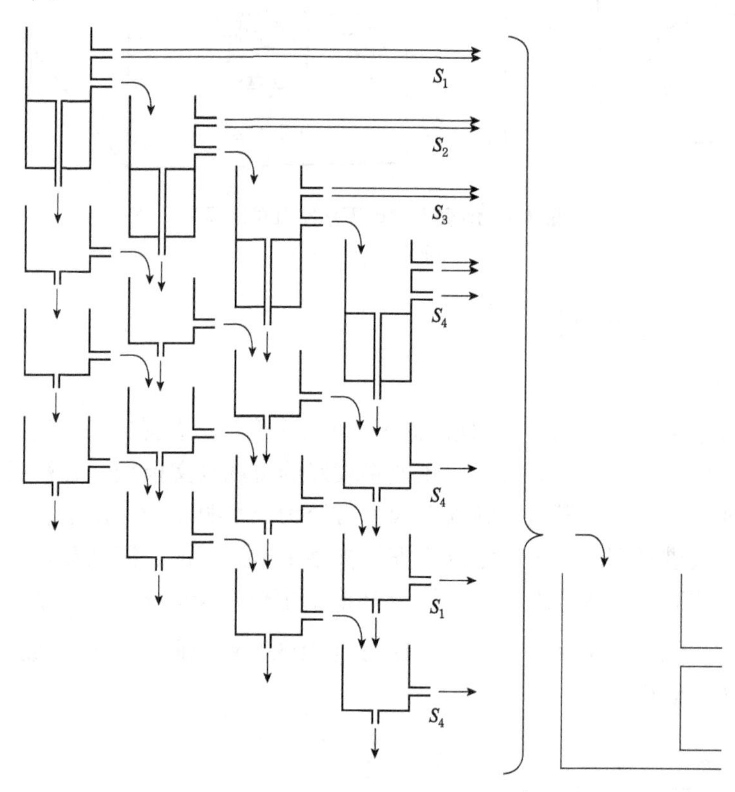

图4-11　水箱模型结构示意

(徐宗学，2009)

(3)SWMM模型

SWMM模型(storm water management model)是由美国环境保护署开发的，是一个基于水动力学的降雨—径流模拟模型，在城市暴雨径流量、水质模拟和预报方面应用广泛，既可以用于城市径流场次洪水，也可用于长期连续模拟。SWMM模型径流部分的模拟需对研究区域进行分区，在这一系列子区域上汇集降水并产生径流和污染负荷。SWMM模型可以模拟径流沿着管道、渠道、调蓄处理设备等输送路径。SWMM模型还可以模拟每个子区域产生径流的水量和水质，包括流速、径流深、每条管道和渠道的水质(图4-12)。

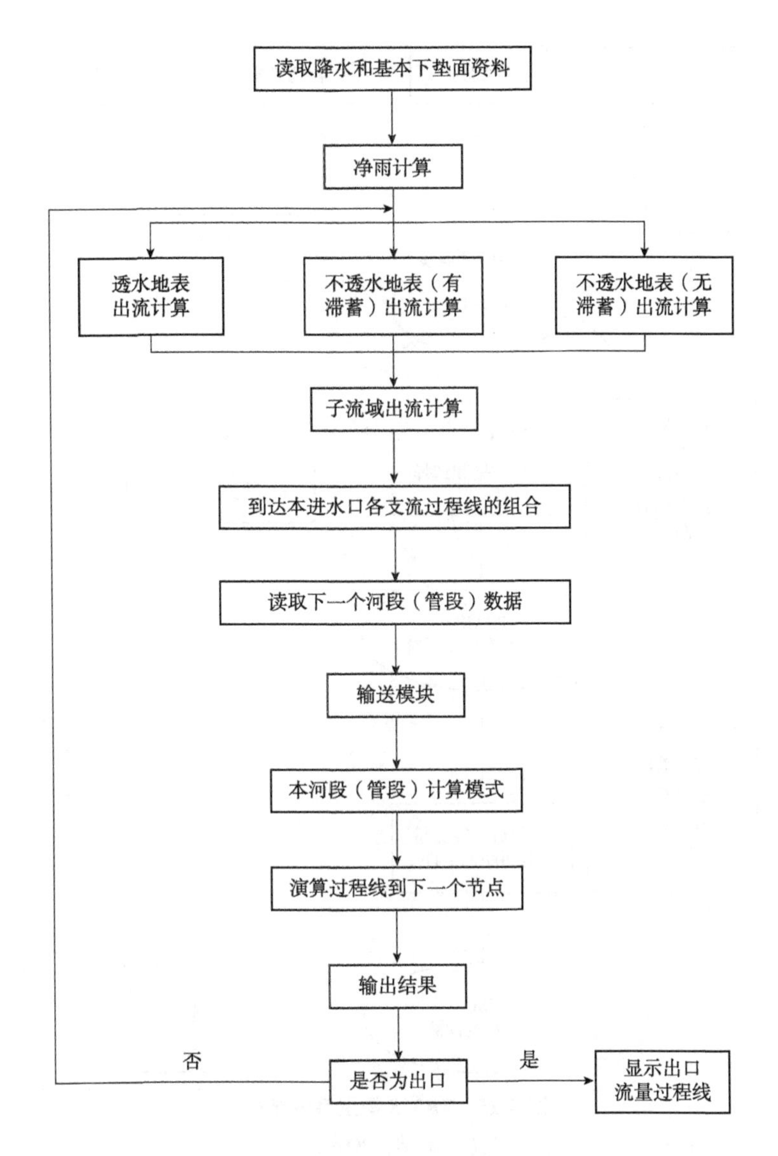

图 4-12　SWMM 模型计算流程

（徐宗学，2009）

(4) PRMS 模型系统

PRMS 模型系统(precipitation-runoff modeling system)是由美国地质调查局于 1983 年建立的，用于评价降水、气候及地表植被等变化对河流流量、泥沙冲淤量和河道水文过程的影响。PRMS 模型系统可以模拟一般降水、极端降水及融雪过程的水量平衡关系、洪峰及洪峰流量、日平均径流、洪水过程以及土壤水的变化(图 4-13)。

PRMS 模型系统根据流域坡度、地貌、植被类型、土壤类型及降水分布等特征将流域划分为多个单元，每一个单元的水文响应是一致的，称为水文响应单元(HRU)。PRMS 模型系统的设计既有集总模型的功能也有分布式模型的功能，可以模拟日平均径流和暴雨径流。PRMS 模型系统对每个单元进行日水量和能量平衡计算，模型输入的参数包括各水文

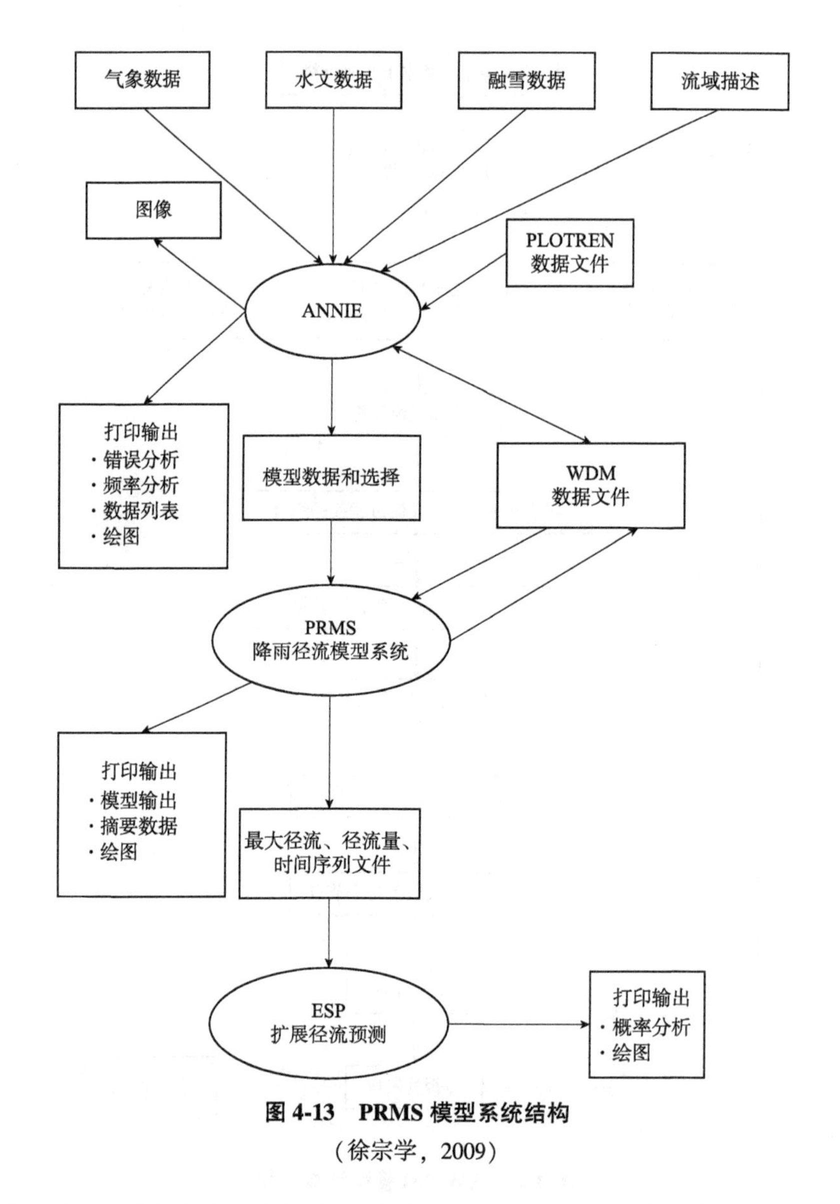

图 4-13　PRMS 模型系统结构

（徐宗学，2009）

响应单元的地貌、植被类型、土壤类型及水文特征等，并且需要输入整个流域的气候参数。

(5) HSPF 模型

HSPF 模型(hydrological simulation program-fortra)是由美国环境保护署开发的，用于较大流域范围内自然和人工条件下水文水质过程的连续模拟，包括气候及土地利用变化对流域产流的影响，流域点源或非点源污染负荷估算，泥沙、营养物质、杀虫剂传输模拟以及各种流域管理措施对河流水质的影响等(图 4-14)。

(6) HBV 模型

HBV 模型(hydrologiska byråns vattenbalansavdelning)是瑞典国家水文气象局(SMHI)于 20 世纪 70 年代开发的洪水预报模型，包括了流域尺度上的水文过程的概念性数值描述

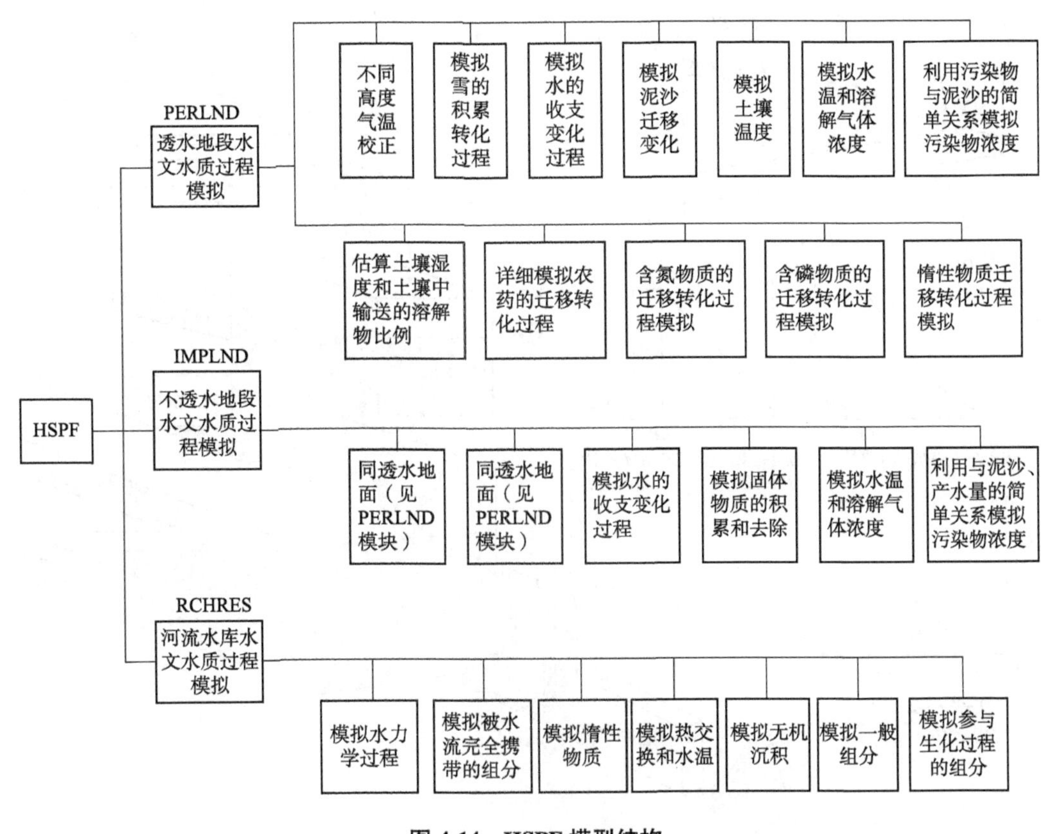

图 4-14　HSPF 模型结构

（徐宗学，2009）

(图 4-15)。一般水量平衡方程定义为：

$$P-E-Q=\mathrm{d}(SP+SM+UZ+LZ+\mathrm{Lakes})/\mathrm{d}t \tag{4-12}$$

式中，P 为降水；E 为蒸散；Q 为流量；SP 为雪盖；SM 为土壤含水量；UZ 为表层地下含水层；LZ 为深层地下含水层；Lakes 为水体体积。

4.3.4　分布式与半分布式水文模型

(1) TOPMODEL 模型

TOPMODEL 模型(topgraphy based hydrological model)是 Beven 和 Kirk 于 1979 提出以地形为基础的半分布式流域水文模型，该模型结构简单，参数较少。

TOPMODEL 汇流计算主要应用坡面径流滞时函数和河道演算函数。该方法是对运动波洪水演算的近似，实际运用中常采用简单的常波速洪水演算方法。改进的 TOPMODEL 主要的参数包括产流部分蓄满产流方式的根系区最大蓄水容量 S_{rmax}、饱和导水率 T_0、时间参数 t_{d}、非饱和区最大蓄水深度 S_{zm}、初始壤中流 Q_b^0、植被根系区初始缺水量 SR_0；汇流部分的参数为线性水库的蓄泄系数 k、线性水库的个数 n 和地下径流消退系数 K，计算流程如图 4-16 所示。

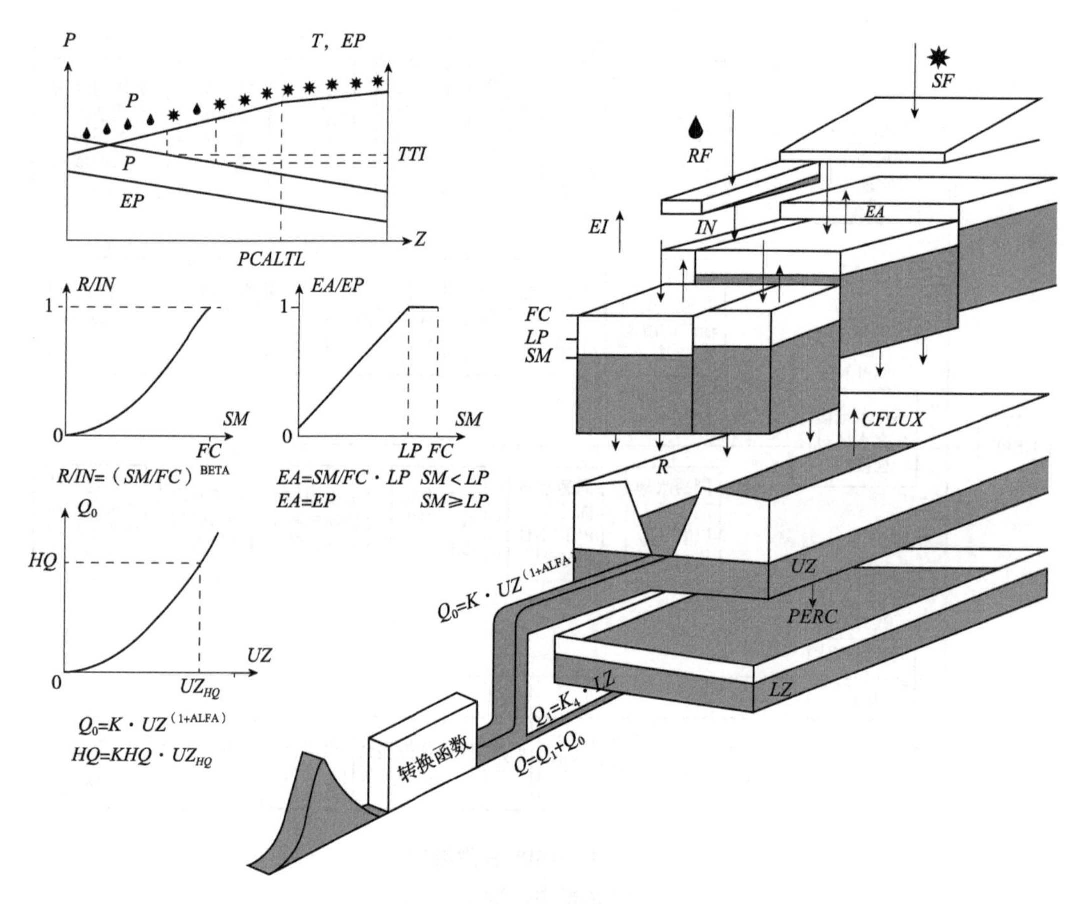

图 4-15　HBV 模型结构示意

（徐宗学，2009）

注：P 为降水，T 为温度，SF 为积雪，$PCALTL$ 为高程修正阈值，TTI 为温度步长阈值，IN 为入渗，EP 为潜在蒸散，EA 为实际蒸散，EI 为截留蒸发，SM 为土壤含水量，FC 为土壤平均蓄水量，LP 为潜在蒸散上限，BETA 为土壤参数，R 为补给，$CFLUX$ 为毛管上升水，UZ 为表层含水层，LZ 为地下含水层，$PERC$ 为渗漏，K 为壤中流消退系数，ALFA 为壤中流消退指数，K_4 为地下径流消退系数，Q_0、Q_1 为径流组成，HQ 为高流量参数，KHQ 为 HQ 对应的消退系数，UZ_{HQ} 为高流量下的表层水库含水量。

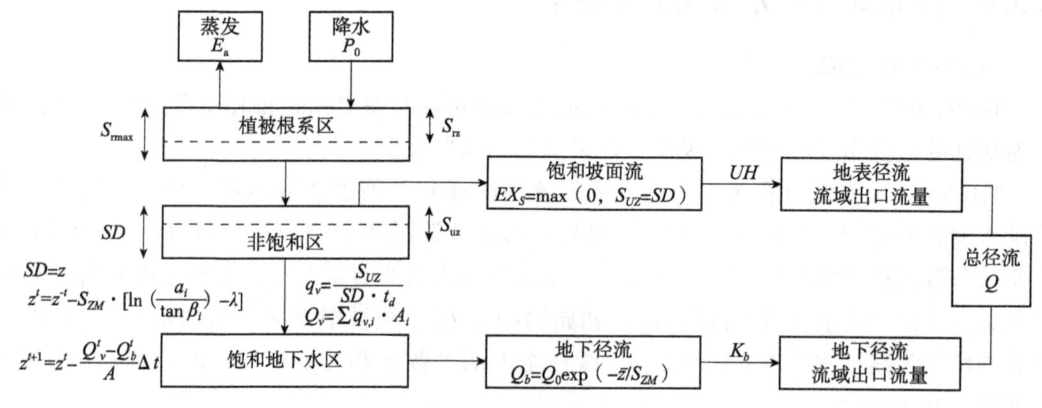

图 4-16　改进的 TOPMODEL 模型计算流程

（徐宗学，2009）

(2) SHE 模型

SHE 模型是在 Freeze 和 Harlan 思想的指导和启发下，1986 年由英国、法国和丹麦的科学家联合研制而成。SHE 模型是最早和最具有代表性的分布式水文物理模型。该模型主要的水文物理过程均采用质量、能量或动量守恒的偏微分方程差分形式来描述，也采用了经过一些独立试验研究得到的经验关系。SHE 模型考虑了蒸散、植物截留、坡面和河网汇流、土壤非饱和流和饱和流、融雪径流以及地表水和地下水交换等水文过程。该模型参数有一定的物理意义，模型结构如图 4-17 所示。

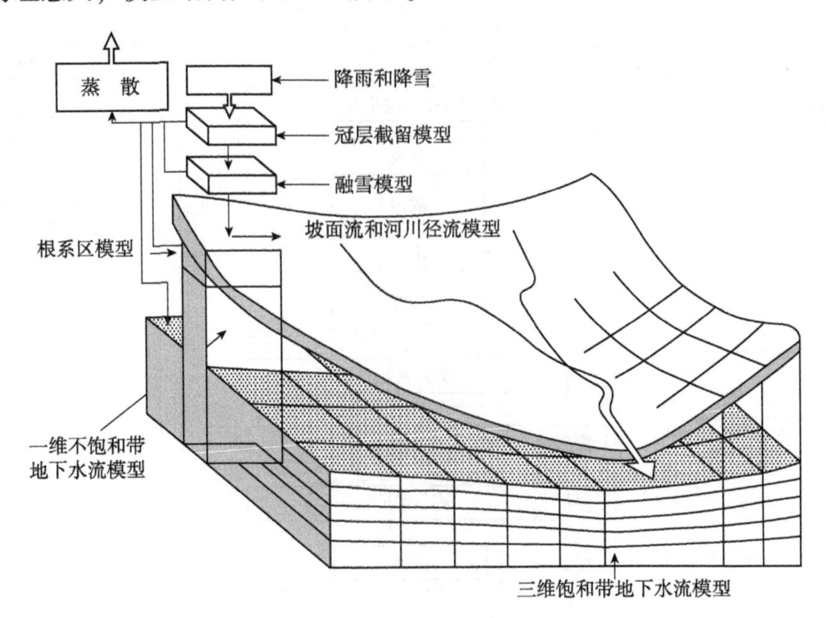

图 4-17　SHE 模型结构示意

（徐宗学，2009）

(3) SWAT 模型

SWAT 模型(soil and water assessment tool)是由美国农业部农业研究中心(USDA-ARS)开发的流域尺度模型。模型开发的目的是在具有多种土壤、土地利用和管理条件的复杂流域，预测长期土地管理措施对水、泥沙和农业污染物的影响。SWAT 模型历经不断改进，在水资源和环境领域中得到广泛认可和普及。模型主要模块包括气候、水文、土壤温度和理化性质、植被生长、营养物、杀虫剂和土地管理等。

SWAT 模型用于模拟地表水和地下水的水质和水量，长期预测土地管理措施对具有多种土壤、土地利用和管理条件的大面积复杂流域的水文、泥沙和农业化学物质产量的影响，主要含有水文过程子模型、土壤侵蚀子模型和污染负荷子模型(图 4-18)。

(4) VIC 模型

VIC 模型(variable infiltration capacity)又称可变下渗能力模型，是 1994 年提出开发而成的大尺度陆面水文模型，可同时进行陆气间能量平衡和水量平衡的模拟，也可只进行水量平衡的计算，输出每个网格上的径流深和蒸发，再通过汇流模型将网格上的径流深转化成流域出口断面的流量过程，弥补了传统水文模型对热量过程描述的不足。

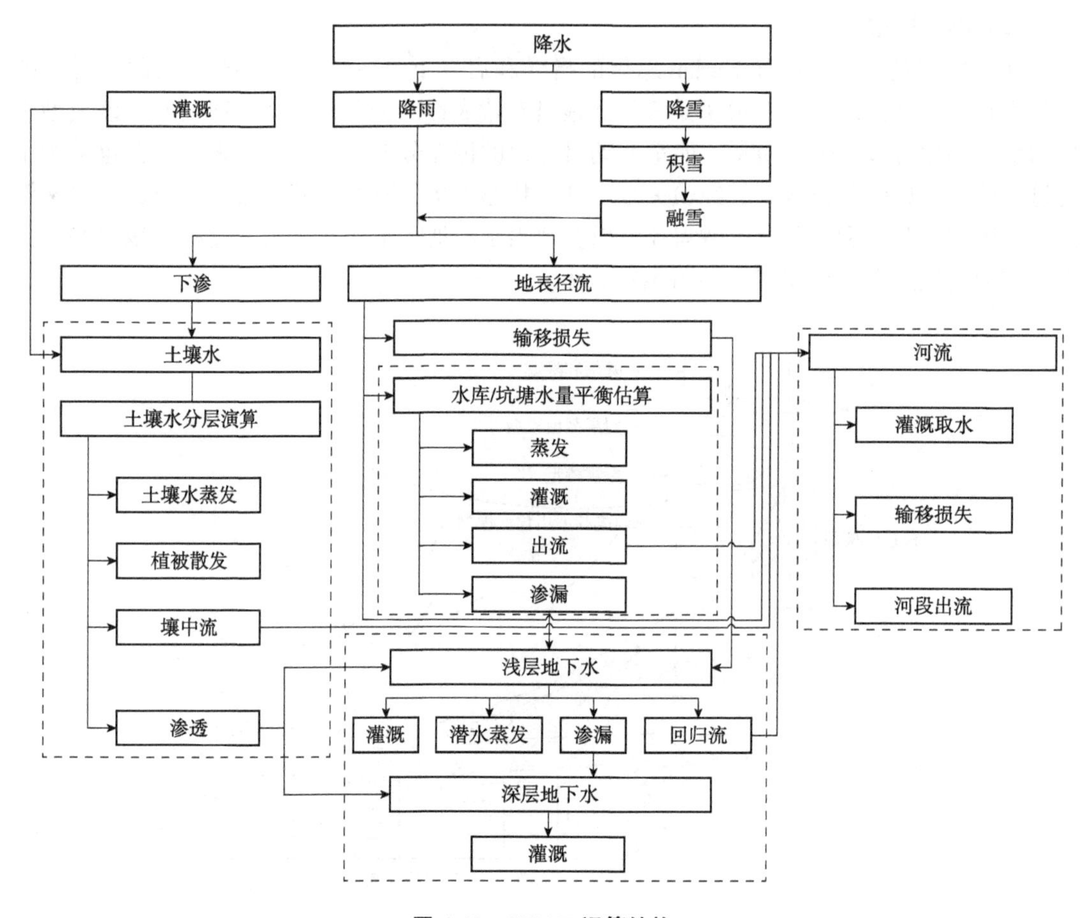

图 4-18　SWAT 运算结构

（徐宗学，2009）

模型最初设置 1 层地表覆盖层、2 层土壤、1 层雪盖，主要考虑了大气—植被—土壤之间的物理交换过程，反映土壤、植被、大气之间的水热状态化和水热传输，称为 VIC-2L，后来为了加强对表层土壤水动态变化以及土层间土壤水的扩散过程的描述，将 VIC-2L 上层分出一个约 0.1 m 的顶薄层，而成为 3 层，称为 VIC-3L。

VIC-3L 模型设置 1 层地表覆盖层、3 层土壤，其水平和垂直特性如图 4-19 所示。

(5) TOPKAPI 模型

TOPKAPI 模型(topographic kinematic approximation and integration)又称地形运动波近似与集总模型，该模型假定土壤、地表及河道网格内侧向水流运动可以用运动波模型来模拟。流域特性参数、降水和水文响应的空间分布在水平方向用栅格网系统，在垂直方向上用各网格所相应的垂直土柱进行模拟。

模型将流域划分成 DEM 的方格网，每个网格作为一个计算单元，降水输入由雨量站网或天气雷达测雨提供。模型集产汇流计算于一体，将建立在空间点上的假设在网格空间尺度上进行积分，从而把初始的微分方程转变成非线性水库方程，最后求取它的数值解。这些非线性水库方程中的参数都具有一定的物理意义。TOPKAPI 模型最重要的特点是：

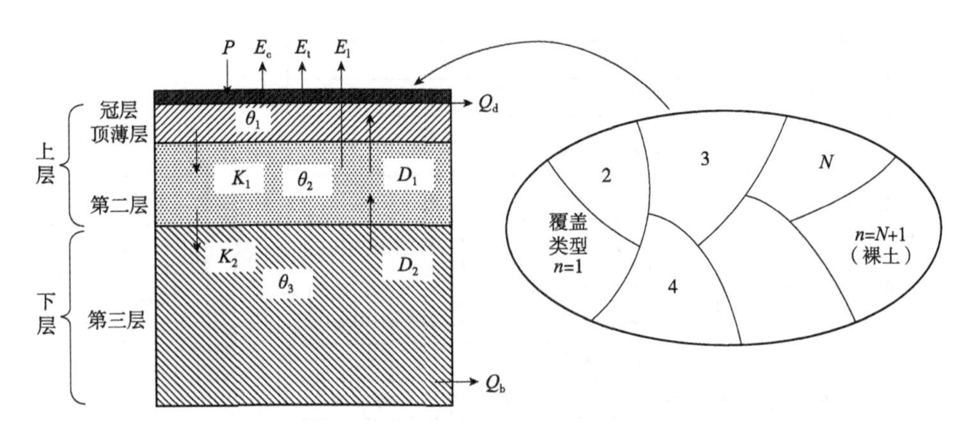

图 4-19　VIC-3L 示意

（徐宗学，2009）

通过 3 个结构上相似的非线性水库方程来描述流域降雨—径流过程中水文和水力学过程。

TOPKAPI 模型包括植物截留、蒸散、融积雪、上层非饱和区(产流区)、下层非饱和区(过渡层)、地下径流、地表径流和河道径流部分，其 DEM 网格上水量平衡计算如图 4-20所示。

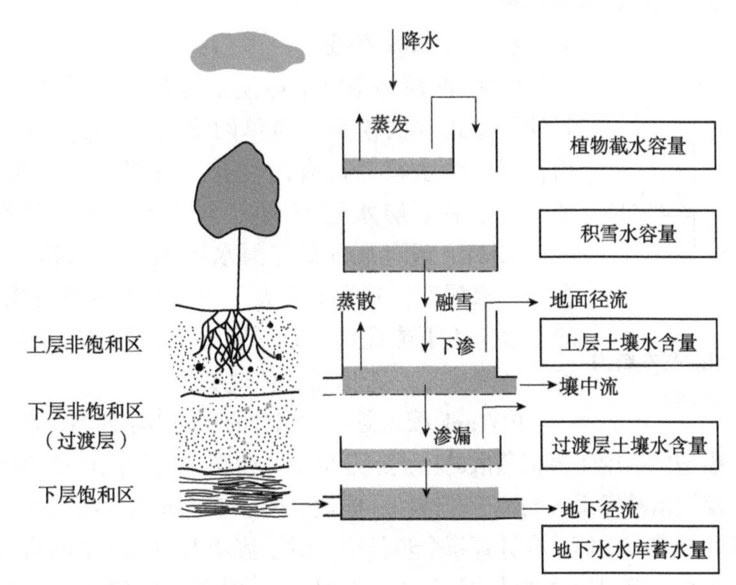

图 4-20　TOPKAPI 模型中的 DEM 网格上水量平衡计算示意

（徐宗学，2009）

(6) 考虑植被作用的新安江模型

新安江模型在数字流域上利用 GIS 和遥感技术，引入植被覆盖影响水文过程的物理机制，能够反映植被物候特征(叶面积指数)、根系特征(根系深度)、生理特性(叶面气孔开合)、粗糙度(糙率)等对流域蒸散、产流和汇流过程的影响。

如图 4-21 所示，考虑植被作用的新安江模型首先基于数字高程模型数据，利用数字高程流域水系模型勾画流域边界、确定栅格水流方向并生成河网，从而构建数字流域水

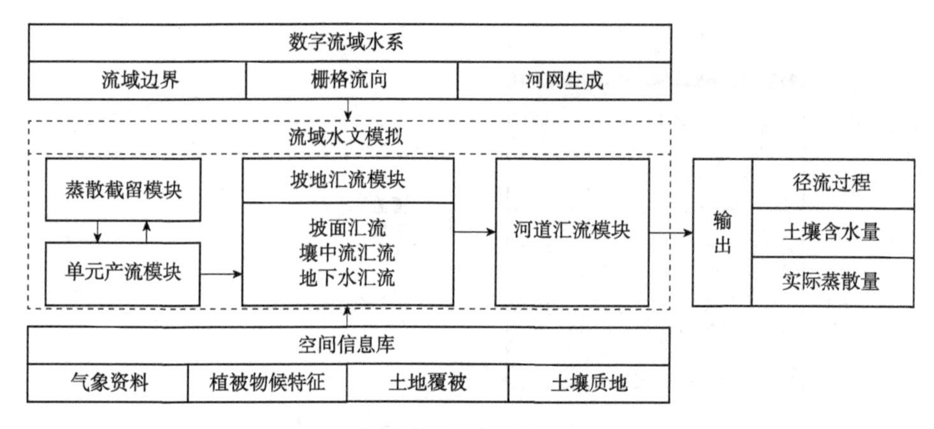

图 4-21　考虑植被作用的新安江模型结构

（徐宗学，2009）

系。在数字流域上，收集研究区域的气象资料、植被物候数据、土地覆被数据和土壤质地数据，并确定必要的植被、土壤参数。该模型采用网格离散法，在各网格单元内进行蒸散和截留计算、产流计算，在网格单元间按网格属性进行坡地汇流计算或河道汇流计算，最终计算输出流域各河道断面的径流过程。

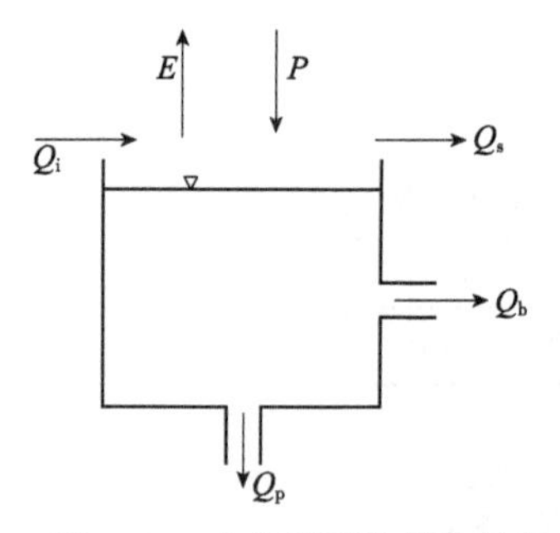

图 4-22　水箱模型的基本结构

（徐宗学，2009）

（7）PDTank 模型

PDTank 模型是以水箱模型为基础改进的一种具有物理机制的分布式水文模型。简单的水箱模型为一组垂直串联的水箱，每一个水箱旁边有出流孔，底部有下渗孔，设有蓄水深度，通常最下层水箱只设一个边孔，无下渗孔和蓄水深度（图 4-22）。假定某时刻有雨水进入顶层水箱，加上该水箱原有的蓄水深度，其和如果大于出流孔高度则有出流，同时另一部分水量由下渗孔进入第二层水箱，再视该层的蓄水深度与出流孔高度决定是否出流，依此类推。

PDTank 模型是一个综合的水动力学模型，基于用数字高程信息表示的地形。模型包括用于模拟蒸散的植被冠层模块、模拟融雪的能量平衡模块、模拟坡面流的地表模块、模拟植被根系区的地下非饱和层模块、模拟承压和非承压地下水的地下水模块以及模拟明渠流的河道模块等。在计算每个步长中，对于流域上的每一个网格，模型建立了联立的水量平衡方程组，模型的总体结构是基于一系列的存储水箱而构建的（图 4-23）。

PDTank 模型主要的物理过程包括降雨、径流、蒸散、下渗、积雪融雪、地下径流、地表径流和河道流量演算过程。模型的计算机程序包括积雪与融雪模块、蒸散模块、地表径流模块、壤中流模块、地下径流模块以及河川径流演算模块等（图 4-24）。

PDTank 模型首先把流域划分为大小相同的网格，在每个网格内进行产流计算，并划分地表层水箱、非饱和层水箱和地下水水箱来计算，然后按照汇流演算最优次序，沿各网格单元水流方向在坡地网格进行坡地汇流演算（坡面流、壤中流和地下径流汇流计算），在河道网格进行河道汇流演算，最终计算出各河道断面处的径流过程，如图 4-25 所示。

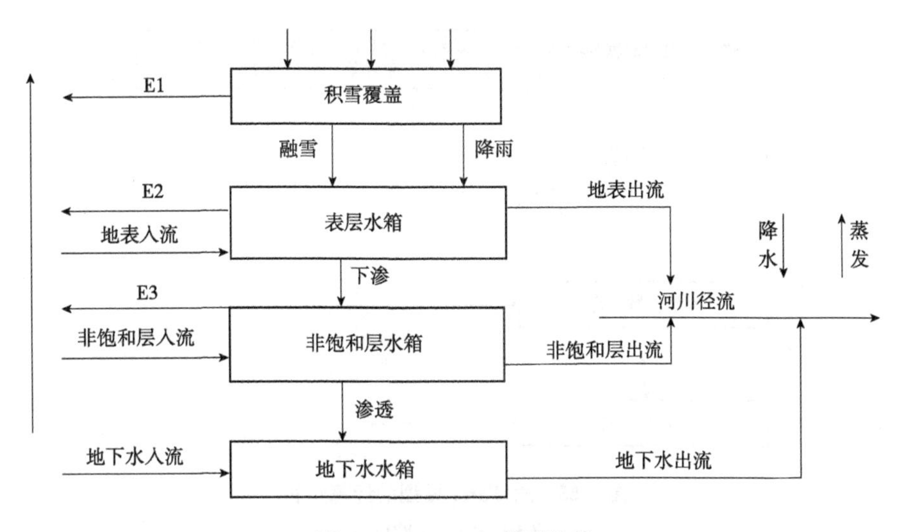

图 4-23　PDTank 模型结构

（徐宗学，2009）

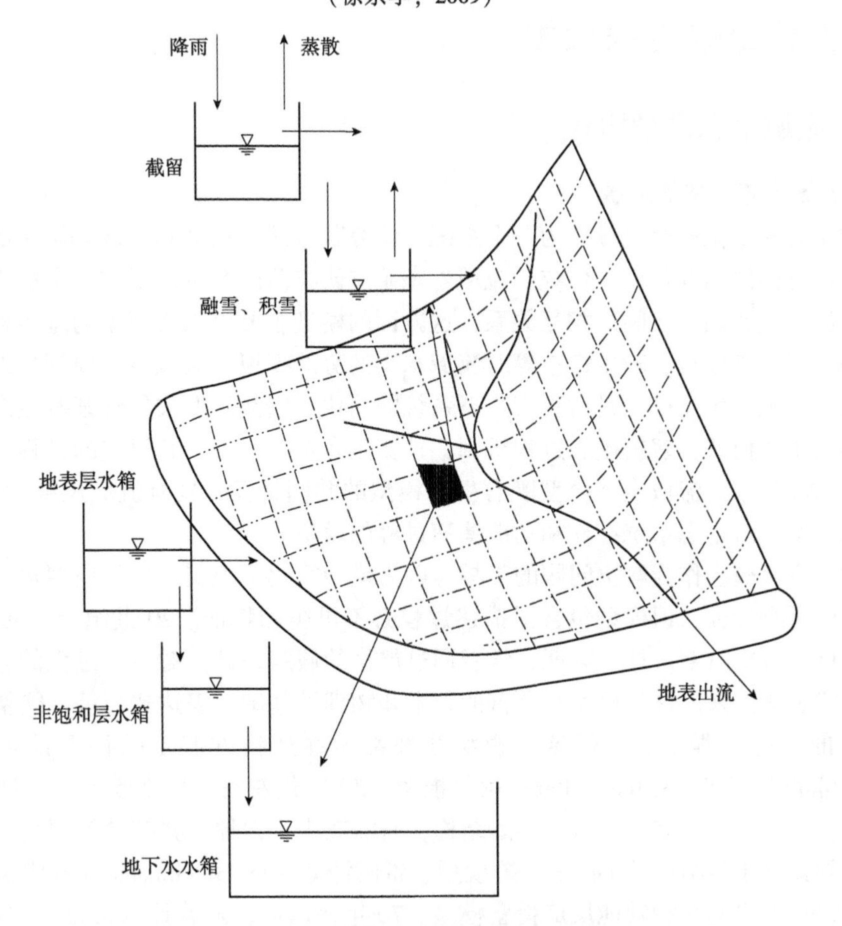

图 4-24　PDTank 模型主要物理过程

（徐宗学，2009）

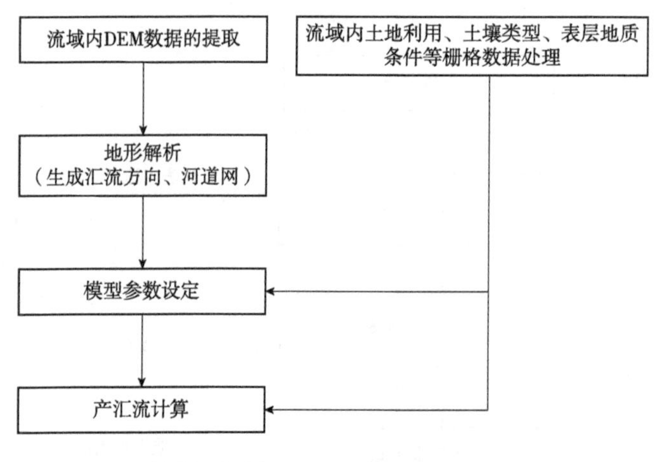

图 4-25　PDTank 模型的计算过程

（徐宗学，2009）

4.4　流域生态过程模拟

4.4.1　流域生态模型概述

(1) 流域生态模型的发展

流域生态系统把整个流域作为一个系统，研究其自然、社会和经济等组件的结构和功能以及它们之间的相互作用。传统的流域生态系统研究范围基本局限在一定的人类活动干扰下水资源和生态系统之间的相互关系，这方面的模型主要以水文模型为基本框架，考虑水生生物、岸边带植被、陆生植被等对流域水文情势的模拟。流域生态模型的发展离不开生态模型的发展，生态模型是对真实生态系统的简化，以数学形式量化某些生态特征和过程，以描述生态模式，解析生态过程机制，预测生态系统动态，其简化的过程具体表现为模型的结构和参数。流域生态模型既有生态模型的共同特征，也有流域尺度的空间属性，是在流域尺度上对生态系统结构和功能演变过程的模拟。

人类一直将模型作为解决问题的工具，因为模型简化了现实。虽然模型永远不会包含真实系统的所有特征，但模型包含了描述过程必不可少的特征。20 世纪 20～40 年代是生态模型发展的重要时期。这一时期，学者通过严格的假定条件，对生态过程的变化用简单的数学公式表达出来。这类模型有严密的数学和物理学基础，表达式简练，能精确描述理想状态下的生态过程变化。但这类模型往往都是在严格的假定条件下推导出来，如 Logistic 种群增长模型、Lotka-Volterra 竞争模型。50 年代左右，生态模型的发展主要是对种群动态模型的优化与完善，考虑年龄结构、时滞效应、物种迁移扩散等因素，其中代表性的模型是具有年龄结构的 Leslie 矩阵模型、带时滞效应的 Hutchinson 种群增长模型以及 Holling(1959)提出的 3 种功能反应捕食模型。70 年代以后，随着计算机技术的快速发展，生态模型也开始从生态系统整体出发，揭示复杂生态系统的过程和机制。这一时期涌现了大量实际应用的生态模型，如森林资源管理模型、害虫综合管理模型、渔业开发管理模型、全球气候变化模型等。

(2) 流域生态模型的种类

模型的种类很多，而且有多种不同的分类方法。

按照模型输入和输出之间的关系可分为确定性模型和随机性模型。确定性模型假设系统未来的响应完全由当前状态和未来测量输入的知识所决定。这种模型可以用确定的函数关系来描述，只要设定了输入和模型的参数，其输出也是确定的。随机模型包括随机输入干扰和随机测量误差，其输出结果具有一定的概率分布。在流域生态模型中，这两类模型都有应用。例如，对流域内碳循环过程的模拟，虽然不同的模型采用的方程不同，但大部分模型采用确定的函数关系。而在对流域内种群分布进行模拟时，一些模型采用概率分布进行描述或模型中包含随机扩散的因子。

按照系统的输入与输出是否考虑与状态的关系，可以分为因果关系模型和黑箱模型。因果关系模型描述了输入与状态的连接方式，以及状态之间的连接方式和状态与系统输出之间的连接方式，即提供过程行为内部机制的描述。而黑箱模型仅反映了输入的变化对输出的影响。黑箱模型只处理可测量的变量：输入和输出，这种关系可以通过统计分析来实现。当对过程缺乏足够的了解，或者系统过于复杂，影响因素众多的情况下，建模人员往往使用黑箱模型来描述。例如，采用机器学习的方法对流域洪水进行预测预报，可以应用过去的大量数据建立输入变量和洪水风险之间的经验关系。然而，黑箱模型缺乏对系统过程的深入认识，它的应用仅限于所研究的生态系统，缺乏应用普遍性。

按照变量是否随时间变化，可以分为静态模型和动态模型。静态模型描述系统的行为不随时间的变化而变化，或系统的状态与时间无关。这类模型的输出变量假设完全由输入条件所决定，例如，通用土壤侵蚀模型通过大量数据得到土壤侵蚀量与降水、坡度、坡长、土壤、地表覆盖等因子的关系。这类模型的优点是建立一种直观的关系，简化模型的计算过程。而流域生态学中的大多数问题是用动态模型来描述的，它使用微分或差分方程来描述系统对外部因素的响应。在参数给定的条件下，动态模型可以描述系统从初始状态向最终稳态的转变过程。例如，对流域内植被恢复过程中初级生产力的模拟，即便在外界条件不变的情况下，生产力也需要一定时间才能达到饱和值。

此外，模型可以按照研究的对象或领域进行分类。生态模型按生物组织水平和研究尺度可以分为分子生态模型、细胞生态模型、个体生态模型、种群生态模型、群落生态模型、生态系统生态模型、景观生态模型、区域生态模型、全球生态模型等。流域生态系统按照其组成要素和结构特征，涉及的建模对象主要在种群、群落、生态系统和景观等尺度。本章将首先介绍种群动态模型和群落结构模型。然后，在生态系统尺度上围绕流域生态系统的四大过程，重点介绍碳循环模型、养分循环模型和泥沙运动过程，水循环模型也属于生态系统尺度上的过程模型，在这里不再赘述。最后，在流域景观尺度上，按照景观尺度上常见的建模方法重点介绍空间概率模型、元胞自动机模型和景观机制模型。

(3) 模型构建的原理和过程

模型可以定义为用数学术语表达问题的一种表达方式。构建模型的第一步是要观察并提出问题，要了解问题的实际背景，弄清对象系统的特征和属性。任何研究的开始都是对研究问题的确定。研究者需要系统地去研究理解问题，被研究的系统现象能够用一系列过

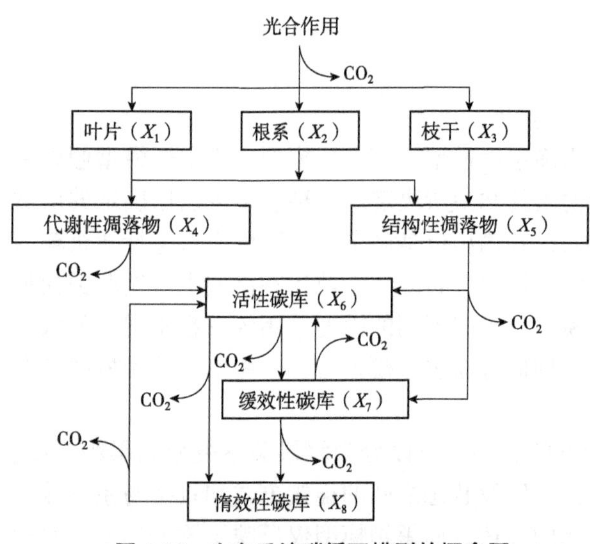

图 4-26 生态系统碳循环模型的概念图

程的结果来解释，用因果关系来描述。

了解系统的特征属性和问题之后，便要建立一个模型流程概念图，将系统里有相互作用关系的过程概念化，以图 4-26 为例，建立了一个基于过程的生态系统碳循环模型的概念图。这个概念图提供了建立模型所需的状态变量，外部驱动与过程机制信息。所示的状态变量包括叶片、根系、枝干、不同种类凋落物、多种土壤碳库。外部驱动因子是太阳辐射。过程机制在概念图上没有显示，但它影响所有过程的速率。图中的箭头表示状态变量(这里主要指碳库)输入或输出的过程，是制定数学方程式的主要依据。

数学方程式是表达过程的常用方法之一。因此，下一步需要对概念图中所描述的过程用数学方程式表达出来，许多过程由于过于复杂，方程式的数量和形式并不统一。选择合适的方程式对解决研究问题是十分重要的。对图 4-26 所示的生态系统碳循环，常见的做法是采用微分方程描述各个状态变量在单位时间内的输入量和输出量。

在确定所需数学方程式之后，就需要估计模型参数，这个过程称为模型参数率定。一般可以通过改变初始参数值、输入变量或函数参数及子模型参数来进行参数敏感性分析。通过选择参数值的相对变化范围，并记录状态变量的相应改变，可以区分强影响和弱影响的变量或子模型(过程方程)。这能使我们对模型最敏感部分的认识得到进一步加强，了解不同过程的重要程度及精度。也可以通过统计估算方法去确定模型所需的参数，将多组参数值得到的不同模型输出结果同一个观测结果相比较，最终选择一组能使模型输出结果与观测结果相一致的参数组合。

4.4.2 种群动态与群落模型

(1) 种群动态模型

种群动态指的是种群发展中的总体数量变化情况，即种群数量在时间和空间中的变化。影响种群数量变化的主要参数为：出生、死亡、迁入和迁出。在不同的种群中，各参数对种群数量变化的作用有所不同。为了研究种群数量在时间和空间上的变动规律，需要了解数量、密度、分布、扩散迁移和种群调节等情况。在实践中，种群动态的理论与方法主要包括 2 个主要方面：种群大小及其变化、种群生长模式的量化描述，以及引起种群变化的外在环境因素。开发种群动态模型的目的在于了解特定种群生命循环的原因，其主要作用在于明确导致种群动态变化的种群分组间的交互作用关系，以及应用既有观测数据确认不同假设的预测准确性。种群动态模型可分为单种种群模型和两种种群相互作用模型。

最初的种群动态模型主要关注种群的数量变化趋势，可以称为数学模型。数学模型分别从不同的角度研究了种群内部结构或种群迁移等特征对种群数量动态的影响。许多研究用数学模型来预测种群个体数量的变化趋势。最初，研究者建立某种群特征驱动的种群数量动态的微分方程，研究种群数量随该因素的变化规律；后来同时融入多种种群特征的偏微分方程、随机种群动力系统等用于多因素种群动态模拟，数量模型也变得更加丰富和完善。数学模型的产生为生物学家提供了种群研究的科学方法，为深入研究种群动态变化奠定了基础。

①Malthus 模型。该模型表明，在理想条件下，种群数量的增长与物种的繁殖能力有关。对于世代不连续的物种，假设种群的每代增长率为 λ，用差分方程表示为 $N_{t+1}=\lambda N_t$；对于世代连续的种群，种群数量时刻发生着变化，其某一瞬间的变化率与当前种群数量成正比，用微分方程表示为 $dN/dt=\lambda N$，积分可得 $N_t=N_0 e^{\lambda t}$。其中，N_t表示时刻 t 的种群数量，N_0表示初始时刻的种群数量，λ 表示种群内禀增长率。内禀增长率是物种的固有特征，受一系列形态、生理特征所决定，它是在进化过程中物种所形成的种群的潜在增长能力，也称种群的生殖潜能或生物潜能。当 $\lambda>1$ 时，由 Malthus 模型模拟得到的种群数量呈指数型增长，图形曲线接近“J”形，因此又称为“J”形增长模型。

②Logistic 模型。该模型认为，由于资源限制，在一定的环境下种群增长率随种群数量的增大而减小。不同环境条件下，都存在一个环境容纳量 K，它表示环境所能承载并且保持健康稳定时的最大种群数量，当种群数量达到 K 时，种群不再增长。这种种群增长趋势可以用微分方程表示：

$$dN/dt=rN\cdot(1-N/K) \tag{4-13}$$

式中，N 表示当前种群数量；K 为环境容纳量；r 为种群内禀增长率。

Logistic 模型的曲线呈“S”形，因此，又称“S”形增长模型。

③Lotka-Voltera 种群竞争模型。该模型分别由美国学者 Lotka 和意大利学者 Voltera 在 1925 和 1926 年提出。它主要考虑了种群竞争关系，包含两种群之间对环境资源(如食物、空间、水等)的竞争，但两者之间不存在捕食、寄生等关系。模型假设在同一生境下，生活着两个对某种资源相互竞争的种群，若两种群间不存在相互作用，种群增长率与当前种群数量、环境容纳量和种群内禀增长率 3 个变量有关，可用以下 Logistic 方程表示：

$$dN_1/dt=r_1N_1\cdot(1-N_1/K_1) \tag{4-14}$$

$$dN_2/dt=r_2N_2\cdot(1-N_2/K_2) \tag{4-15}$$

然而当两种群存在竞争时，会导致压缩彼此的空间容纳量，并且种群增长率受到对方的限制。对物种甲来说，物种乙的存在会占用甲尚未利用的空间，相当于压缩了甲的环境容纳量。因此，考虑甲的种群增长率时需要计算乙相对于甲的种群数量的当量，同理计算乙的增长率。甲乙相对彼此的当量如下：

$$N_1=\alpha N_2 \tag{4-16}$$

$$N_2=\beta N_1 \tag{4-17}$$

式中，N_1、N_2 为种群甲、乙的数量；α、β 为折算比例。

由此可得：

$$dN_1/dt=r_1N_1\cdot(1-N_1/K_1-\alpha N_2/K_2) \tag{4-18}$$

$$dN_2/dt=r_2N_2\cdot(1-N_2/K_2-\beta N_1/K_1) \tag{4-19}$$

这就是著名的 Lotka-Voltera 种群竞争模型。然而种群的生存和繁衍与栖息地生态环境息息相关。随着科学技术的发展，种群动态模拟不仅限于理想化的数学模拟，叠加生境模拟功能的空间化模型开始出现。该种群动态模型开始偏重于空间动态的研究，故称其为空间模型。在空间模型的发展中，影响最深远的是异质种群模型，它首次考虑种群生境因素，认为物种分布在若干异质性生境斑块中，物种在各斑块间迁移，随后产生了将生境具体化和现实化的模型，如直观种群模型和基于个体的种群模型等，使种群动态研究更加深入。

(2)群落结构模型

群落是同一时间内聚集在一定区域中各种生物种群的集合。在群落中，各生物种群分别占据了不同的空间，使群落形成一定的空间结构。群落的空间结构包括垂直结构和水平结构。物种通常是以群落的形式存在并相互作用，同时受到环境因子的影响。传统的群落结构模型主要研究的是环境因子对单物种的影响，没有考虑物种间的相互作用，因此当应用该模型对所有单物种的分布进行模拟并将结果叠加在一起时会产生较大误差，不能准确反映群落的结构特征，利用群落中物种间的相关性，可使一个物种的分布数据为另一个物种的分布预测提供有用信息，从而避免不必要的信息损失，然而这些方法并不能准确地评价群落结构，且无法对新环境下的群落结构进行预测，因此将环境变量与多物种间相互作用结合在一起的物种分布模型方法较为常用。

生态位理论是解释群落多样性形成和维持机理的重要理论，坚持生态位理论的生态学家们认为，除生境中的可利用资源外，环境因子等其他因素也影响生态位分化，促使多物种共存。这些因素包括：时间的内在和外在变化，即时间生态位的分化；空间的内在和外在变化，当空间本身被看作一种资源时，物种对空间资源的利用存在着权衡；干扰和环境波动阻碍竞争排除的发生，从而促进物种的共存；环境因子以及以上各因素之间的交互作用使多物种共存。然而，在自然群落中，这些确定性的因素依然远远不足以解释复杂的群落结构动态。这使得我们不得不考虑非确定性因素在群落结构动态中的作用。

早在 1968 年，种群数量遗传学家 Kimura 就指出，在等位基因上发生的突变绝大多数是中性的，不受环境选择的作用。Hubbell 的群落中性理论是分子进化中性理论在宏观层次上的推广，他认为群落动态实际上是在随机作用下个体的随机生态漂变过程。由此，群落中性理论能够得出两个主要理论推测：①群落物种多度分布符合零和多项式分布(zero-sum multinomial distribution，ZSM)，也就是说群落中某个个体死亡或迁出马上会随着另外一个随机个体的出现以填充其空缺，使群落大小不变；②扩散限制对群落结构有着决定性作用。群落中性理论作为对生态学基本概念最激进的挑战之一，就目前的发展来看并未颠覆经典的生态位群落构建理论，但它揭示了随机过程对群落构建的影响，进而对群落构建理论产生了重大影响。更多的生态学家则在致力于将二者整合于一体，以更好地理解群落构建理论。

联合物种分布模型(joint species distribution models，JSDMs)是一种多物种丰度的参数统计模型，主要用来解释多物种间的关系及其对预测变量的响应关系。JSDMs 模型采用多物种的丰度或发生数据，将环境变量、种间关联和物种特征结合在模型中，更加全面地描述了每一个物种的发生或丰度概率。JSDMs 模型通常采用广义线性回归模型(generalized linear regression，GLM)建立物种对环境变量的多变量响应，并以随机效应的形式获取物种间的关联。此方法主要以随机效应的形式将未观测的隐变量作为预测变量来确定物种间的相关性，可以保证一次对多层次及具有时空结构的几百个物种组成的群落进行分析。

最大熵(Maxent)模型的预测精度更好，现已被广泛运用于濒危动植物保护、物种入侵和作物种植区划等领域。Maxent 模型基于热力学第二定律。按照该定律，一个非均衡的生命系统通过与环境的物质和能量交换以保持其存在，也就是说，一个实测存在的系统具有"耗散"的特征，耗散使系统的熵不断增加，直至该生命系统与环境的熵最大，而使熵达到最大的状态，也是系统与环境之间的关系达到平衡的状态。在物种潜在分布的相关研究中，可将物种与其生长环境视为一个系统，通过计算系统具有最大熵时的状态参数确定物种和环境之间的稳定关系，并以此估计物种的分布。基于该原则，最大熵模型在已知样本点和对应环境变量的基础上，通过拟合具有熵值最大的概率分布对物种的潜在分布做出估计。

4.4.3　物质循环和泥沙运动模型

(1)碳循环模拟

碳循环主要包括植被光合固碳、生物呼吸消耗、凋落物分解和土壤碳循环等过程。植物的光合作用是流域碳输入的最根本来源，植物呼吸、微生物和动物异养呼吸为流域碳输出的主要途径，流域碳蓄积量的变化表现为动植物生物量的变化及土壤碳循环。

光合作用速率由光、CO_2 和 Rubisco 酶的温度依赖性动力学决定，在 C_3 植物的光合生化系统中，CO_2 和 O_2 对 Rubisco 结合位点的竞争分别称为羧化作用和加氧作用，为了计算 CO_2 与 O_2 之间的相互竞争抑制关系，Farquhar 等建立了以下光合生化动力学方程：

$$A=V_c-0.5\cdot V_0-R_d=V_c(1-\tau^*/C_i)-R_d \tag{4-20}$$

式中，A 为 CO_2 吸收速率；V_c 为 Rubisco 羧化速率；V_0为 Rubisco 加氧速率；R_d为光下的暗呼吸速率；τ^* 为缺乏暗呼吸下的 CO_2 补偿点；C_i为胞间 CO_2 浓度。

V_c受到下列 3 个因素限制：①Rubisco 数量、动力学特性及其活性状态；②卡尔文循环中的 RuBP 再生；③磷酸丙糖可利用量。

光合作用产生的碳被分配到叶、根和木质部，产生的凋落物按照分解快慢分为代谢性凋落物和结构性凋落物，有机碳进入土壤后根据分解速率也分为活性碳库、缓效性碳库和惰效性碳库。

(2)养分循环模型

流域养分循环是流域生态过程的重要组成部分。养分循环受到环境、植物生物学特征等因素影响，通过对其进行研究可以了解各养分元素之间相互作用及其循环特征、生态系统物质循环和能量流动机制。养分循环可分为地质养分循环和生物养分循环，地质养分循环主要指地球化学层面上养分的输入和输出过程。因此，这类模型主要以模拟流域内岩石风化、降水、径流、颗粒物流失等过程为主，往往与水文模型相耦合，以浓度的形式模拟其在不同水体中的养分含量。而生物养分循环过程是指生态系统内植物、动物、微生物参与的养分周转过程。因此，对生物养分循环的模拟主要与碳循环模型相耦合，模拟生物体内化学成分组成、凋落物的养分归还以及土壤中养分的分解与周转过程。

养分循环模型的发展经历了几个阶段。以森林生态系统为例，从 1876 年林学家

Ebermayer测定德国巴伐利亚地区森林养分含量，到20世纪中期，各国学者对森林生态系统养分循环的大量研究，养分循环的研究一直停留在静态、定性分析阶段。到20世纪80年代，学者们才开始对森林生态系统养分循环的动态模拟进行研究。Fassbender et al.(1985)首次建立了养分的分室模型，随后模拟了分室养分的实际流动情况，为养分循环动态模拟的快速发展奠定基础。森林生态系统养分循环动态模拟经过长期的发展，现在主要是对各分室养分循环的动态变化过程进行模拟，建立各分室、各元素之间的关系。随着计算机技术的不断发展，养分循环模型开始和森林资源模型、智能施肥决策系统等管理类模型相结合，并应用到流域养分管理中。

常见的养分循环模型有CENTUYR、NuCM、FnET、FORCYTE、DNDC、WASP、PCLAKE等。下面以CENTURY模型为例介绍养分循环的主要过程。

CENTURY模型模拟了不同类型生态系统的碳、养分和水动力学变化过程。CENTURY包括1个土壤有机质/分解子模型、1个水分收支子模型、2个植物生产子模型(图4-27)。该模型计算碳、氮、磷和硫在模型室中的流动。这4种元素具有相同的有机质结构，但它们在无机化合物中的形式存在差异。CENTURY的碳吸收主要受氮素有效性控制。升高的CO_2通过改变分解有机物的碳氮比以及土壤水分影响净初级生产力(NPP)。土壤有机质子模型包括3个潜在分解速率不同的土壤有机质库(速效、缓效和惰性)、地上和地下凋落物库和地表微生物库。水收支模型计算每月的蒸发量、蒸腾量、土层含水量、积雪含水量和土层间的饱和水流。植物生产子模型(草地/作物生产子模型和森林生产子模型)都假设每月最大植物产量受湿度和温度控制，最大植物产量取决于养分的可用性。草地/作物生产子模型模拟了不同草本作物和植物群落的植物生产。森林生产子模型模拟了落叶或常绿森林在幼年和成熟期的生长。为了模拟稀树草原或灌丛生态系统，CENTURY将草地和森林子模型与养分竞争和遮阴效应的模拟结合起来。CENTURY将扰动视为“平衡”生态系统的核心组成部分，并在平衡模拟中应用自然扰动机制。通过管理和事件规划功能模拟火灾、收获、放牧和耕作等干扰。

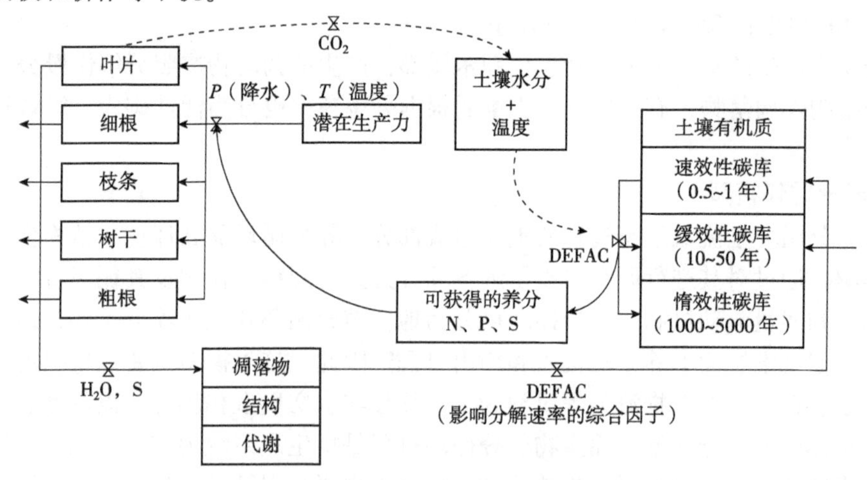

图4-27　CENTURY模型主要有机碳库的循环过程

（USDA-ARS，1991）

(3) 土壤侵蚀模型

①通用土壤流失方程。描述水侵蚀最广泛使用的经验方法是 Wischmeier 和 Smith 提出的通用土壤流失方程(USLE)。该公式是基于美国中西部在 1930—1952 年进行的小区土壤侵蚀标准化测量的大量数据得出的。在这方面，根据大量侵蚀数据建立的方程将年平均侵蚀描述为各种经验确定的因素的函数，利用这些因素可以绘制出气候、土壤和农业对侵蚀的影响，但是，它们不能量化挖掘材料的运输及其在其他地方的沉积。因此，纯粹的经验方法不足以预测所谓的“场外”损失。此外，由于正是这些损害变得越来越重要，更新的侵蚀模型主要利用面向过程的、基于物理的方法。USLE 将年均土壤流失量 A[单位为 $t/(hm^2 \cdot a)$]描述为以下相关决定因素的乘积：

$$A = R \cdot K \cdot LS \cdot C \cdot P \tag{4-21}$$

式中，R 表示降水和地表径流的侵蚀效应，为一年内累计暴雨动能与最大 30 min 暴雨深的乘积，$MJ \cdot mm/(hm^2 \cdot a)$；$K$ 表示标准化条件下土壤的可蚀性(地块长度 22.6 m，倾角 9%，休耕地)，单位为 $hm^2/(MJ \cdot mm)$；LS 表示标准条件下不同坡长和坡度下土壤流失量的变化因子，无量纲；C 表示不同作物和处理方法与休耕土地相比减少侵蚀的影响，无量纲；P 表示保护措施(如等高耕作、草带等)减少侵蚀的作用，无量纲。

方程中因素的权重是由因素本身的定义决定的。因此，USLE 中包含的最重要信息是因子的定义或从其派生因子值的诸模图。

②WEPP 模型。美国农业部等部门联合开发的水土流失预测项目(WEPP)模型代表了一种新的水土流失预测技术。它基于随机天气产生、渗透理论、水文、土壤物理、植物科学、水力学和侵蚀力学的基本原理。与现有的侵蚀预测技术相比，该模型的主要优势在提供了山坡或景观剖面上的应用。最显著的优点包括能够估计土壤流失的空间和时间分布(整个山坡或斜坡剖面上的每个点的净土壤流失可以按日、月或年平均计算)，该模型是基于过程的机理模型，因此可以外推到更广泛的条件，现场测试可能不实际或不经济的条件下。

坡面剖面模型应用中考虑的过程包括：细沟和细沟间侵蚀、泥沙输移和沉积、入渗、土壤固结、残留和冠层对土壤剥离和入渗的影响；地表封闭、细沟水力学、地表径流、植物生长、残留分解、渗透、蒸发、蒸腾、融雪、冻土对入渗和可蚀性的影响；气候、耕作对土壤性质的影响等。该模型适应了地形、表面粗糙度、土壤性质、作物和山坡土地利用条件的时空变化。

4.4.4　流域景观变化模型

(1) 空间概率模型

空间概率模型是生态学里面应用已久的马尔可夫类模型在空间上的扩展。空间马尔可夫模型也是景观生态学家最早、最普遍用来模拟植被动态和土地利用格局变化的模型。传统的马尔可夫概率模型可表示为：

$$N_{t+\Delta t} = PN_t \tag{4-22}$$

或

$$\begin{bmatrix} N_{1,t+\Delta t} \\ \vdots \\ N_{m,t+\Delta t} \end{bmatrix} = \begin{bmatrix} P_{11} & \cdots & P_{1m} \\ \vdots & P_{ij} & \vdots \\ P_{m1} & \cdots & P_{mm} \end{bmatrix} \begin{bmatrix} N_{1,t} \\ \vdots \\ N_{m,t} \end{bmatrix} \tag{4-23}$$

式中，N_t和 $N_{t+\Delta t}$分别是由 m 个状态变量组成的状态向量在 t 和 $t+\Delta t$ 时刻的值；P 是由 m 乘 m 个单元组成的转化概率矩阵，其中 P_{ij}表示 t 到 $t+\Delta t$ 时段系统从状态 j 变为状态 i 的概率(对于景观模型而言，即斑块类型 j 转变为斑块类型 i 的概率)。

在模拟景观动态时，最简单直观的方法是把所研究的景观根据其异质性特点分类，并用栅格网表示，每一个栅格属于 m 种景观斑块类型之一。根据两个不同时间(t 和 $t+\Delta t$)的景观图(如植被图、土地利用图等)计算从一种类型到另一种类型的转化概率。在整个栅格网上采用这些概率以预测景观格局的变化。具体来说，斑块类型 j 转变为斑块类型 i 的概率是指栅格网中斑块类型 j 在 Δt 时段内转变为斑块类型 i 的栅格数占斑块类型 j 在此期间发生变化的所有栅格总数的比例。

空间概率模型是景观生态学中应用最早和最广泛的模型之一，用来描述或者预测植被演替或植物群落的空间结构变化和土地利用变化。但是空间概率模型不涉及格局变化的机制，其可靠性完全取决于转化概率的准确程度。一阶马尔可夫过程忽略历史的影响，并假设转化概率存在稳态，这对于大多数景观动态研究来说是不适用的。采用高阶马尔可夫过程并考虑邻近空间影响会明显增强转化概率矩阵的准确性以及景观概率模型的合理性。采用新的优化算法(如遗传算法)可显著增加景观概率模型的准确性。

(2)元胞自动机模型

元胞自动机模型(cellular automata，CA)是定义在一个由具有离散、有限状态的元胞组成的元胞空间上，并按照一定邻域转换规则和行为的动力学系统。标准的 CA 模型是一个四元组，CA 系统中的所有元胞是相互离散的，构成一个元胞空间 L_d(d 是正整数，表示元胞空间的维数)。在某一时刻，一个元胞只能有一种状态，而且该状态取自一个已知的有限集合 A。N 表示一个邻域内所有元胞的组合(包括中心元胞)，即一个包含 n 个不同元胞的空间矢量。一个元胞下一时刻的状态是该元胞上一时刻及其邻域状态的函数 Φ，邻近的元胞按照某些既定规则相互影响，导致局部空间格局的变化；而这些局部变化还可以繁衍、扩展，乃至产生景观水平的复杂空间结构。因此，CA 模型在空间上，时间上和状态上都是离散的。由此可见，CA 模型实际上是一种建模框架，而不是一个具体的模拟模型。

标准的 CA 模型除了具有空间性，还具有同质性、并行性和时空局部性等核心特征。同质性指的是元胞空间内每个元胞的变化都服从相同的规律，即局部性转换规则在整个元胞空间的任何位置上都是一致的。同步性(并行性)指的是所有元胞的处理是同步进行的，特别适合并行计算。时空局部性指的是转换规则在时间和空间上均是局部的。

CA 模型可以把局部小尺度上观测的数据结合到邻域转换规则中，然后通过计算机模拟来预测大尺度上系统的动态特征，从而成为研究多尺度上空间格局与过程相互作用的一种有效途径。CA 模型简单和开放的建模框架、“自下而上”的研究思路、强大的复杂计算功能、固有的并行计算能力和时空动态特征，在模拟空间复杂系统的时空动态演变方面具有自然性、合理性和可行性，使其成为复杂性科学的一个重要研究领域和复杂系统的研究方法之一。目前，在国际上，利用 CA 模型研究生态过程和地理过程的复杂行为是生态系统和地理系统建模领域的一个前沿地带。在生态学中，对种子传播、生物群落扩散，以及迁移、干扰扩散、植被变化等的模拟是当前 CA 应用的热点；在地理学中，对城市扩张和土地利用变化的模拟是当前 CA 应用的热点。

然而，在实际应用中，有必要对标准的 CA 模型进行一定的扩展，使其对应于实际情况，例如，有地理或生态意义的元胞空间。但最关键的是对元胞状态转换规则进行扩展。例如，空间元胞除受局部元胞间相互作用的影响外，还受各种更大尺度因素的影响。因此，应兼顾微观、区域和宏观现象，建立综合的多层次规则。这种扩展克服了标准 CA 模型时空局部性的局限。又如，转换规则在不同元胞空间和时间上应该是不同，因此，应随区域差异和时间不同而调整。这种扩展克服了标准 CA 模型同质性的局限。

(3) 景观机制模型

景观机制模型也称景观过程模型，是指从机制出发来模拟生态学过程的空间动态。景观的结构和功能是相互作用的，因此，要真正理解景观动态，就必须考虑空间格局和生态学过程之间的相互作用。近年来，越来越多的景观动态模型在不同程度上包含生态学过程和机制。广义上来讲，这些过程和机制包括动物个体行为、种群动态和控制、干扰扩散过程、生态系统物质循环以及能量流动等。需要指出的是，空间概率模型和元胞自动机模型可通过扩展使其在一定程度上反映某些生态学机制。然而，空间概率模型和元胞自动机模型大都是用来模拟景观空间格局动态的，二者相结合再加上对邻域规则限制条件的放松，如栅格细胞的状态可受到远距离细胞的作用，或者说受到大尺度上过程的影响。需要提高这些方法在描述生态学过程或机制方面的能力，尤其对于模拟某些生态系统过程(如物质循环、能量流动)时的空间动态。以上两个方法在模拟某些生态系统过程如物质循环、能量流动时的空间动态会显得不那么适宜。许多景观机制模型是通过将非空间生态学过程模型空间化后发展起来的。

4.5　流域经济社会模拟

4.5.1　人口增长模型

(1) Logistic 模型

人们对人口问题的研究是 Logistic 模型产生的原因。18 世纪末，英国人口学家马尔萨斯(Malthus)在深入研究之后认为，人口自然增长的过程中人口自然增长率(r)是常数，他根据这一发现建立了人口模型：设时间 t 的人口数为 $N(t)$，则从 t 到 $t+\Delta t$ 这段时间内，人口的增长为：

$$N(t+\Delta t)-N(t)=rN(t)\Delta t \tag{4-24}$$

整理得

$$N(t)=N_0 r^{rt} \tag{4-25}$$

式(4-25)为 Malthus 模型，根据此式发现，该模型为指数模型：当 $r>0$，$N(t)\to\infty$，人口无限增长；当 $r=0$，$N(t)=N_0$，人口保持不变；当 $r<0$，$N(t)\to 0$，人口减少至灭绝。所以，把人口自然增长率(r)看作常数是不合理的。

1840 年，比利时数学家 Verhulst 修正了马尔萨斯的人口模型，他认为人口的增长不能超过由其地域环境所决定的最大环境容纳量 M。由此产生了 Logistic 模型。

$$Y'(t)=rY(t)[M-P(t)] \qquad (r,\ M>0) \tag{4-26}$$

根据此方程，在人口数少的前提下，Malthus 模型是正确的；但当人口数较多时，人口增长率趋于平缓，并且越接近人口最大环境容量 M，增长率越小。最终整理得

$$P(t)=\frac{M}{1+C_3\mathrm{e}^{rt}} \tag{4-27}$$

Logistic 模型具有增长有限和单调递增的特点，这符合人口增长模式。但该模型的缺陷在于短期内(30~50 年)人口增长预测结果一般呈现上升趋势。

根据式(4-27)可以看出，该模型中有人口最大环境容纳量(M)和人口自然增长率(r)两个参数。而人口相对增长率可以表示为 $\gamma\left(1-\frac{M}{P}\right)$，所以经计算 $C_3=\frac{M}{P_0}-1$。

选定相等时间间隔为 n 的时刻 t_0、t_1 和 t_2，其对应的人口数量为 P_0、P_1 和 P_2，将其代入式(4-27)，经计算最终得

$$r=\frac{1}{n}\ln\frac{\frac{1}{P_0}-\frac{1}{P_1}}{\frac{1}{P_1}-\frac{1}{P_2}} \qquad M=\frac{1-\mathrm{e}^{-rn}}{\frac{1}{P_1}-\frac{1}{P_1}} \tag{4-28}$$

通过式(4-28)可以看出，在进行预测时，只需设定 n 及 t_0、t_1 和 t_2，其对应的人口数量为 P_0、P_1 和 P_2，即可得到 P 关于 t 的人口预测函数。

(2) Leslie 模型

Leslie 模型是将人口按年龄大小间隔地划分成 m 个年龄组(比如以每 10 岁为一组)，模型要讨论在不同时间人口的年龄分布，对时间也加以离散化，其单位与年龄组的间隔相同。设在时间段 t 第 i 年龄组的人口总数为 $n_i(t)$，$i=1，2，\cdots，m$。

设第 i 年龄组的生育率为 b_i，即 b_i 是单位时间第 i 年龄组的每个女性平均生育女儿的人数；第 i 年龄组的死亡率为 d_i，即 d_i 是单位时间内第 i 年龄组女性死亡人数与总人数之比，$s_i=1-d_i$ 称为存活率。设 b_i、s_i 不随时间 t 变化，根据 b_i、s_i 和 $n_i(t)$ 的定义得出 $n_i(t)$ 与 $n_i(t+1)$ 应满足以下关系：

$$\begin{cases} n_i(t+1)=\sum\limits_{i=1}^{m} b_i\, n_i(t) \\ n_{i+1}(t+1)=s_i\, n_i(t) \end{cases} \qquad (i=1,\ 2,\ \cdots,\ m-1) \tag{4-29}$$

在式(4-29)中，假设 b_i 中已经扣除婴儿死亡率，即扣除了在时间段出生而活不到 1 周岁的那些婴儿。记为以下矩阵：

$$\boldsymbol{L}=\begin{bmatrix} b_1 & b_2 & \cdots & b_{m-1} & b_m \\ s_1 & 0 & & & 0 \\ 0 & s_2 & & & \vdots \\ & & \ddots & & \\ 0 & & 0 & s_{m-1} & 0 \end{bmatrix} \tag{4-30}$$

则式(4-29)可写作：

$$n(t+1)=\boldsymbol{L}\cdot n(t) \tag{4-31}$$

当$\boldsymbol{L}$、$n(0)$已知时，对任意的$t=1, 2, \cdots, m$有

$$n(t)=\boldsymbol{L}^t\cdot n(0) \tag{4-32}$$

若式(4-30)中的元素满足：①$s_i>0$，$i=1, 2, \cdots, m-1$；②$b_i\geqslant 0$，$i=1, 2, \cdots, m$，且至少一个$b_i\geqslant 0$。则矩阵$\boldsymbol{L}$称为 Leslie 矩阵。只要求出 Leslie 矩阵$\boldsymbol{L}$并根据人口分布的初始向量$n(0)$，就可以求出t时段的人口分布向量$n(t)$。

当前，人们对于人口模型的要求已经不局限于它能求出人口总数，在人口预测中经常需要了解各年龄段的人数，该指标比人口总数更加有用。例如，通过预测不同年龄段的人数，对城镇房屋学校、医院等设施的数量、地点设置进行布局等。此方法适用于物种、动物种类繁衍预测。

4.5.2　经济增长模型

(1) Harrod-Domar 模型

Harrod 和 Domar 根据凯恩斯收入决定论的思想，相继提出了保持劳动力充分就业的经济增长模型，该增长模型建立在 4 个假设条件上：储蓄S与国民收入Y存在简单的比例关系，即$S=sY$，其中s是边际储蓄倾向；劳动力增长率n是外生的保持不变，且$n=\dot{L}/L$；经济增长中不存在技术进步，并且不存在资本存量K的折旧；假定生产函数是 Leontief 生产函数，生产一单位的产出Y需要的资本K和劳动L是唯一给定的，即

$$Y=\min\left[\frac{K}{v}, \frac{L}{u}\right] \tag{4-33}$$

式中，$u>0$是劳动对总产出的比率，或者说，生产一定的产出需要L/u单位的劳动。假设所有的劳动力都是充分就业的，无论资本存量是多少，可以得到的最大产出都是L/u。也就是说，在劳动/产出不变的前提下，收入或产出的增长率不能持续地超过劳动力的增长率n。根据凯恩斯收入决定论，$I=S$，由于资本存量不存在折扣，资本存量的增量$\Delta k=I$，于是有$\Delta k=I=S$，进而可以得到

$$\Delta K/\Delta Y=v=S/\Delta Y=sY/\Delta Y \tag{4-34}$$

令$G=\Delta Y/Y$，可以得到 Harrod-Domar 的基本方程式：

$$G=s/v \tag{4-35}$$

由此可见，Harrod-Domar 模型表达的是资本存量是经济中唯一的稀缺要素，经济增长中的产出是单一的同质产品，资本存量与产出之间存在单一的动态关系。也就是说，上一年的投资和资本形成是下一年产出增长的来源。因而，投资形成了未来经济增长的能力，而反过来增长的生产能力又能促进产出的增加。总而言之，Harrod-Domar 模型的中心观点是，资本的不断形成是经济持续增长的决定性因素。资本的增长率为：

$$\Delta K/k=S/K=sY/K=s/v \tag{4-36}$$

根据 Harrod-Domar 模型所得出的结论，一个经济体的经济增长速率主要由两个因素来决定：一是储蓄率，它决定了全社会投资水平；二是资本—产出比，它反映的是生产效率。但 Harrod-Domar 模型的增长条件相当苛刻，它要求资本—产出比和储蓄—产出比的乘

积等同于技术进步速度与劳动力增长速率相加之和。由于采用了没有替代弹性的 Leontief 生产函数，在 Harrod-Domar 模型中没有任何制度机制保障该条件的实现。从这点上来说，经济的长期增长是无法保障的。

(2) Solow-Swan 模型

Solow 与 Swan 建立了不同生产要素之间可以完全替代的新古典生产函数。从此，大量的经济学家加入对新古典经济增长模型的研究，并且在 20 世纪 60 年代形成了影响深远的新古典经济增长理论。

新古典经济增长模型采用一般均衡结构：居民户拥有经济体中的投入和资产，并选择如何将收入分配给消费和储蓄；单一居民户有权选择生育多少后代，有权选择是否参加工作以及要完成多少工作量；厂商雇佣居民户所持有的资本和劳动力，并利用投入的资本和劳动力生产产品，销售给其他厂商或者居民户。需求和供给决定了各种投入要素和产品的相对价格。为简化起见，Solow-Swan 模型做出了以下假定：经济体是封闭的，因此，居民户不能购买国外资产或者产品，同样也不能向国外出售资产和产品。

假设经济体中只有两种投入要素：物质资本 K 和劳动 L。那么生产函数的形式为 $Y(t)=F[K(t), L(t)]$，其中 $Y(t)$ 是 t 时的经济产出。假设产出是一个齐次产品，它可以用来消费、投资或生产新的资本。

最原始的 Solow-Swan 模型忽略了技术的变化，即假设技术水平长期保持不变。这样假设的结果是所有的人均变量都是常数。所以，递减的要素收益必然使经济处于零增长的稳定状态。之后 Solow 等人很快就意识到了这个假设条件的局限性，在模型中考虑外生的技术进步因素。技术进步又可以分为资本节约型技术进步、劳动节约型技术进步和中性技术进步。假设技术进步为劳动节约型技术进步，则总量生产函数为 $Y(t)=F[K(t), A(t)L(t)]$，其中 A 和 L 以乘积的形式引入生产函数中 (AL) 是有效劳动，模型中给定了劳动、资本和知识的初始水平，而且劳动与知识以不变的增长率增长。

$$\dot{A}(t)=\lambda A(t) \tag{4-37}$$

$$\dot{L}(t)=nL(t) \tag{4-38}$$

产出在消费和投资之间分配，现有资本以速率 δ 折旧，可得资本积累方程为：

$$\dot{K}=sY(t)-\delta K(t) \tag{4-39}$$

进一步描述的动态演化，由于经济随着时间而变化，资本存量 K 不可调整，因此分析每单位有效劳动的资本存量会更加容易。由于 $k=K/AL$，可以得到：

$$\begin{aligned}\dot{k}(t)&=\frac{\dot{K}(t)}{A(t)L(t)}-\frac{K(t)}{[A(t)L(t)]^2}[A(t)\dot{L}(t)+L(t)\dot{A}(t)]\\&=\frac{sY(t)-\delta K(t)}{A(t)L(t)}-k(t)n-k(t)\lambda\\&=sf[k(t)]-(n+\lambda+\delta)k(t)\end{aligned} \tag{4-40}$$

式(4-40)是 Solow-Swan 模型的重要方程式，解释了单位有效劳动的资本存量变化率是由单位有效劳动的实际投资 $sf(k)$ 和持平投资 $(n+\lambda+\delta)k$ 两项的差值决定的，当单位有效劳动的实际投资大于持平所需的投资时，k 就会上升；而当实际投资小于持平投资时，k 就会下降；当实际投资和持平投资相等时，k 保持不变。

Solow 和 Swan 是新古典经济增长模型的开创者，他们所采用的具有完全要素替代的生产函数对资本和有效劳动是规模报酬不变的。由于资本的边际报酬递减，内生化的资本产量比率会最终稳定于某个常数。因此，通过 Solow-Swan 模型能得到最优的稳态增长路径，即无论初始状态如何，不同的经济体将收敛于不变的增长速率。Solow 还指出，稳态经济增长速率是由外生技术进步决定的。如果技术进步停止，则人均产出最终会停止增长。Solow 和 Swan 开创的新古典经济增长模型走出了马尔萨斯理论的悲观主义阴影，使人们相信长期经济增长是有可能实现的，因而成为理解经济增长的基本工具。但是 Solow-Swan 模型把造成人均收入差异的主要原因归结为外生的投资率、储蓄率以及技术进步率，而对什么是技术进步以及技术进步的源泉一无所知，因而不能从根本上解释经济增长的差异。

(3) 新剑桥经济增长模型

新剑桥经济增长模型是由英国经济学家琼·罗宾逊、尼古拉斯·卡尔多和意大利经济学家 L. 帕森奈蒂等人提出的。它的特点在于把经济增长和收入分配结合在一起。新剑桥经济增长模型的基本假设条件是：资本产量比率或资本生产率不变，即资本劳动比率不变，储蓄等于投资。资本家和工人的平均储蓄倾向都为常数，但资本家的平均储蓄倾向大于工人的平均储蓄倾向。

新剑桥经济增长模型的最重要特点是把经济增长过程同国民收入分配格局的变化结合起来，研究经济增长中工资和利润在国民收入中的相对份额的变化及影响因素。卡尔多提出“凯恩斯主义宏观分配论”这一概念，用以说明资本主义制度下的分配结构，同时强调该分配理论用于研究经济增长与国民收入分配之间的关系。新剑桥经济增长模型的另一个特点是把凯恩斯宏观模型中的收入、储蓄和消费等总量分解为资本家和工人这两个阶级的不同量，并对这些变量之间的关系进行长期的动态分析。为了突出资本主义制度下的分配结构，新剑桥经济增长模型假定社会中只存在工人阶级和资本家阶级，国民收入则只在工人和资本家之间分配，即划分为工资和利润两个组成部分。两者是对立的，在一定的国民收入水平上，工资和利润总是呈负相关。

在卡尔多模型中，S 代表总储蓄，S_w 代表工人阶级的边际储蓄倾向，S_p 代表资本家阶级的边际储蓄倾向，Y 代表收入，P 代表利润，W 代表工资。国民收入是工资和利润总量之和，即

$$Y=W+P \tag{4-41}$$

社会总储蓄等于工人阶级和资本家阶级的储蓄之和。工人阶级的储蓄来源主要是工资，它等于工人阶级的边际储蓄倾向乘以工资总额。资本家阶级的储蓄来源是利润，它等于资本家阶级的边际储蓄倾向乘以利润，即

$$S=S_w(Y-P)+S_p \tag{4-42}$$

调整后得：$S=S_wY+(S_p-S_w)P$。这就是说，在一定的时间内，总储蓄等于工人储蓄率乘以国民收入，再加上资本家储蓄率与工人储蓄率两者之差乘以利润。

按照古典经济学的假定，使 $S_w=0$、$S_p=1$，这意味着工人的工资收入之低，仅够养家糊口，所以没有任何积蓄，全部工资用于消费；而资本家则是资本积累的动物，追逐利润的驱动力使其将全部利润用于资本积累。

如果投资率不变，利润在国民收入中所占的比例取决于资本家的边际消费倾向，即资本家边际储蓄倾向的倒数。这意味着，资本家的储蓄越少，消费越多，利润在国民收入中的份额就越大。波兰著名马克思主义经济学家卡莱斯基是新剑桥学派的先驱者之一，他用下面这样一句名言生动而又准确地描述了资本主义社会收入分配中的这种非常奇怪的现象："资本家得到他们花费的，工人花费他们得到的。"

即使工人阶级的储蓄为正，也不会改变经济增长过程中收入分配相对份额变动的基本趋势；相反，工人阶级的正储蓄会使国民收入分配的格局朝着有利于资本家阶级变化。这是因为利润在国民收入中所占的比重是由投资率决定的。不仅如此，工人阶级的储蓄率提高反而会使自己在国民收入分配中的处境恶化。假定资本家阶级的边际储蓄倾向不变，工人阶级的边际储蓄倾向越高，利润的份额就越大。这意味着，来自工人阶级的储蓄最终会转化为资本家的投资，工人阶级无权享有投资的报酬，后者全部归资本家阶级所有，投资的结果又将他们置于愈加不利的地位。工人的储蓄越多，所得的相对份额就越少，无论工人阶级怎么做，都不会使自己的境遇得到改善。

4.5.3 社会经济模型

在学术上，脱钩(decoupling)与耦合(coupling)最早应用于物理学领域，二者互为反义词，物理学上将"coupling"解释为"耦合"，原本是研究两个或两个以上的电子元件相互之间从输入到输出产生相互作用的概念。随着该理论逐渐被引入其他的领域，"耦合"被运用到自然或社会经济等方面两个或者两个以上的系统中，阐述为子系统的体系彼此之间协调、依赖及促进的关系。物理学特性使得"耦合"具有可度量性，因而耦合度以及协调度的量测，是评估系统耦合发展规律的关键方式和方法。

(1)耦合协调度模型

耦合协调度模型(coupling coordination degree model，CCDM)是用于测算两个体系之间耦合度与协调度的方法之一，耦合度是表示体系与体系彼此的相互作用以及影响的强度，协调度则是用来权衡事物之间有没有协同发展。耦合度越高，代表系统彼此之间的相互作用程度较高，相反则是相互作用的程度较低。而耦合协调度则是一种综合了耦合与协调两个方面的关系，用来定量对耦合系统整体的协调和发展水平进行测量。测量耦合协调度时，耦合协调度越低，说明系统的发展越趋向于紊乱；而耦合协调度越高，则代表系统的发展更加趋向于有序。由此可见，耦合协调度的变化可以反映各子系统或要素产生的协同效应如何在时间与空间上发展。

(2)Tapio 脱钩模型

"Decoupling"在物理学中阐述为"解偶"，指用某种计算与数学手段将因相互作用而紧密联系的两个系统分开，在不同的应用学科，该词的解释也存在着多种含义，在环境经济领域，一般译成"脱钩"。"脱钩理论"最开始是由经济合作与发展组织(OECD)提出的，指在经济升高的同时，不会出现环境资源耗损或环境破坏增加等问题。脱钩分为强脱钩和弱脱钩两个程度，也有学者将其称为绝对脱钩和相对脱钩。强脱钩代表随着经济的上升，环境问题与压力减小；而弱脱钩指在随着经济上升，同时环境问题与压力增加，但是经济上升速度大于环境恶化速度。

通常来说，地区城市化水平不断提高，使区域内的经济发展水平提高，土地利用随之改变，导致环境破坏增加，环境压力不断加大，生态系统受到胁迫，生态系统服务受限，生态系统服务价值降低。出现这种情况以后，如果政府通过发布合理制度政策引导、提升公民关注度以及利用科学技术手段等方式进行改善，在经济增长的同时，减少对生态系统的干扰，减轻环境压力，提高生态系统服务价值，最后达到城市化水平提高与生态系统服务价值降低关系相互断离的状态。

Tapio 以脱钩理论为研究基础，在 2005 年阐释了“脱钩弹性”的理念，建立了弹性脱钩模型，主要用于分析交通碳排放对于 GDP 变化的敏感程度，因此“脱钩弹性”又被称为“碳排放弹性”。弹性分析法不仅计算方法清晰明了，还可以用于判断两者关系是否脱钩，以及具体是绝对脱钩还是相对脱钩，结果易于理解。

Tapio 基于脱钩弹性指数范围，将脱钩分为 8 种类型：强脱钩、弱脱钩、扩张性负脱钩、强负脱钩、弱负脱钩、衰退性脱钩、衰退连结和增长连结。

4.6　数字流域

4.6.1　数字流域模型原理

(1) 数字流域模型的基础——DEM 数据

数字高程模型(digital elevation modal，DEM)是数字流域模型的基础，数字流域模型中所涉及的沟道密度、坡面坡度、沟道长度等都可以通过 DEM 提取出来。现阶段要建立区域或全流域尺度的数据流域有两条途径：一条途径是用比较粗糙的 DEM 数据单块表达研究区域的地形信息，参照小流域的建模方法进行区域数字流域建设；另一条途径是用多块比较精细的 DEM 数据表达所研究区域的地形信息，根据研究区域的自然地貌划分成多块小流域，再在每一块小流域上进行建模计算，最后把小流域的计算结果向上一级流域进行演算整合得到全区域的结果。

(2) 数字高程模型数据的存取与管理

数字高程模型数据的存取与管理系统研究是建立数字流域的前提。目前，绝大部分的数字流域的计算基础都是 ASCII 格式的栅格数据文件。对于地形数据，也要利用 GIS 软件转化为相应的格式。

构建数字流域需要获取一个子流域的地形数据，由于自然界的流域边界往往是不规则的多边形，所以常用包含这个不规则多边形的一个矩形区域的地形数据。地形数据是分块存储的，当所要读取的矩形区域的范围超过一个 DEM 数据块的范围时，就要求数据块的存储结构能够实现跨“块”读取。

(3) 数字流域模型的参数提取

①常用遥感图像的种类及解译方法。目前，常用的航天遥感系统包括陆地卫星 Landsat 系列(美国)、SPOT 系列(法国)、气象卫星系列、地球观测卫星系列等。常见的遥感图像数据有 MSS 影像、TM 影像、SPOT 卫星影像、AVHRR 影像、MODIS 影像、IKONOS 影像、QuickBird 影像等。遥感卫星地面站接收的数据不能被直接应用，需要通过解

译制成各种各样的专题图才能应用于科研和生产生活。遥感图像解译分为两种：一种是目视解译，另一种是计算机解译。目视解译靠的是解译者的经验，计算机解译靠的是分类样本和解译模型。有些专题图的制作比较简单，只需要将遥感图像进行分类就可以了，如制作土地利用专题图；有的专题图的制作则相对复杂，有时需要综合多个波段的信息才能得到需要的专题图，如制作植被叶面指数的专题图。

②遥感图像TIFF文件格式。TIFF(tag image file format)文件格式是在公共范围内使用的，该文件格式存储数据完整、简单，是遥感领域应用较多的文件格式之一。TIFF文件一般由3个部分组成：文件头、标识信息区和数据区。文件头共占8个字节，包含3个信息(数据存储高低位顺序，2个字节；文件版本号，2个字节；第一个图像文件目录的起始位置，4个字节)。在标识信息区中，开始2个字节存储1个整数，用来记录该文件中标识信息的数量，紧接着就是一条条的标识信息，每一条标识信息都由12个字节组成，本身可分为4部分：标记码、类型码、标识个数、标识内容。标识信息记录了文件的各种信息，如图像宽度、长度、压缩格式等，根据这些标识信息，就可以解读图像数据区的内容了。

③遥感图像地理坐标的配准。原始的遥感图像通常存在严重的几何变形。几何变形的原因分为系统性和非系统性两大类。系统性几何变形是有规律和可以预测的，因此可以应用模拟遥感平台及遥感器内部变形的数学公式或模型来预测，如扫描畸变。遥感图像的扫描畸变由扫描线中心向两侧增大，一般是原始图像中间被压缩，两边被拉伸。根据遥感平台的位置、遥感器的扫描范围、使用的投影类型，可以推算其图像不同位置像元的几何位移。非系统性几何变形是不规律的，它可以是由遥感平台的高度、经纬度、速度或姿态不稳定造成的，也可以是由地球曲率及空气折射的变化引起的，还可能有其他原因，一般很难定量预测。几何校正的目的是校正这些系统性及非系统性因素引起的图像变形，从而与数字流域的地理坐标进行统一，以便通过数字流域上的一个坐标(或多边形)来从遥感专题图上提取相应点(或多边形)的参数信息。

卫星图像的校正有两种方法：第一种是根据卫星轨道公式将卫星的位置、姿态、轨道及扫描特征作为一时间函数加以计算，来确定每条扫描线上的像元坐标；第二种是利用地面控制点或标准图像上的控制点和多项式校正模型进行校正。第一种方法一般由遥感数据的提供者完成，但是由于遥感器的位置及姿态的测量值精度不高，其校正后的图像仍存在不小的几何变形；不仅如此，不同的坐标系和不同的投影方式也使同一地区的两幅图像不能很好吻合，这时就需要用户在使用前进行图像地理坐标的配准。图像配准的过程可以借助软件实现，如ERDAS IMGINE和ENVI等。图像几何校正的步骤如下：

a. 选取地面控制点(GCP)。地面控制点应当具有以下特征：地面控制点在图像上有清晰的定位识别标志，如道路交叉点、河流岔口、建筑边界、农田界限等；地面控制点上的地物不随时间变化，以保证当两幅不同时段的图像或地图可以同时识别该控制点；在没有做过地形校正的图像上选控制点时，应在同一高程上选取；地面控制点应当均匀地分布在整幅图像内，其最少数量由所选取的多项式校正模型决定，例如，一次多项式校正至少需要3个点，二次多项式校正至少需要6个点，三次多项式校正至少需要10个点。

b. 选取多项式校正模型。理论上讲，任何曲面都能以适当高次的多项式来拟合。对于多数具有中等几何变形的小区域卫星图像，一次线性多项式可以校正 6 种几何变形，包括 *X*、*Y* 方向上的平移，*X*、*Y* 方向上的比例尺变形、倾斜和旋转。对于变形比较严重的图像或当精度要求较高时，可用二次或三次多项式，例如，当要把经纬度坐标校正成大地坐标时可以选用二次多项式。

c. 重采样并输出校正后的图像。重新定位后的像元在原图像中的分布是不均匀的，即输出图像像元点对应的输入图像中的点并不恰好落在原始图像的像元点上，这就需要进行亮度插值计算，建立新的像元阵列。

经过地理坐标配准后的遥感专题图就与数字流域模型具有了统一的地理坐标，即数字流域模型上的空间点和遥感图像上相应点的坐标值是完全一样的。提取数字流域模型上某一坐标点(x, y)的某种参数信息时，只需要读取相应遥感专题图上同一坐标点(x, y)的影像灰度值 $V(x, y)$，再把灰度值 $V(x, y)$转化成该参数值就可以了。

d. 遥感图像任意坐标点的信息提取。对于一幅解译好的遥感专题图，一般是用一定的灰度值范围来表示某种类型的地物信息。因此，获取任意点处的参数信息，就必须得到该点在图像上对应处的灰度值。图像栅格坐标系坐标原点在左上角，标记为(0，0)；图像的长度 Image Length 表示整幅图像的栅格行数；图像宽度 Image Width 表示整幅图像的栅格列数。在图像文件的标识信息中有两条标识信息记录了每个栅格的长度和宽度代表的实际地理长度(*ScaleX*)和宽度(*ScaleY*)，也可称为长宽比例；还有两条标识信息记录了图像的栅格坐标原点(0，0)对应到实际坐标系统中的坐标(x_0, y_0)，这样实际坐标系中任意点(x, y)对应到图像的栅格坐标(P_x, P_y)为：

$$P_x = (x - x_0) / ScaleX \tag{4-43}$$

$$P_y = (y - y_0) / ScaleY \tag{4-44}$$

根据点的栅格坐标(P_x, P_y)可以计算出该点的行和列。读取该位置的灰度值，根据灰度值，利用灰度值范围转换信息，得到该点的参数信息。

e. 遥感图像任意多边形区域的信息提取。数字流域模型一般划分为 3 种子单元：网格、山坡和子流域，其中较为复杂的是后两种子单元的信息提取。对于任意多边形，首先找到该多边形包围的栅格，然后根据每个栅格的坐标(P_x, P_y)读取其灰度值，转为参数信息，最后对该多边形内所有栅格的参数信息进行统计，选取最有代表性的信息作为整个多边形的参数信息。

4.6.2　数字流域模型的计算机制

(1)数字流域模型计算任务

数字流域模型就是要利用地形、下垫面参数和降水资料，模拟计算出流域水资源的分配情况以及河道的流量情况。模型的计算任务主要包括 4 部分：与地形和下垫面有关的数据准备；基本流域单元的产汇流计算；水流在河道内的流量演进过程计算；河流交汇点的流量叠加运算。

模型的计算可以分为 3 类：小流域产流计算、流量叠加计算、河道演进计算。其中小流域产流计算可以分为 3 步：数据准备(包括模型参数提取、降水量插值等)、坡面产流计算、第 3 层河网(小流域内的沟道)的演进模型计算。小流域产流计算时，各基本单元子流域之间是相互独立的，可以同时进行。流量叠加计算是在小流域产流计算结果的基础上在河流交汇点进行的流量时序叠加运算，计算过程比较简单，因此耗时少。河道演进计算根据采用的模型方法不同计算的繁简程度会有所差异，常用的水流演进方法是马斯京根法。

(2)数据准备

数字流域模型建立在 DEM 数据基础之上，子流域的划分与河网的提取都是从地形数据获得。坡面产流模型的计算参数，如河道坡度、坡面坡度等也是通过 DEM 地形数据获得的。流域的下垫面参数，如土壤类型、植被盖度、土地利用类型等参数是通过遥感信息提取的。以上这些参数的取得统称为数据准备。

(3)单元产汇流计算

单元产汇流计算的结果是流量叠加计算和河道传输计算的输入，单元产汇流计算包括两部分：单元产流计算和单元汇流计算。

单元产流计算对于 Stralher 沟道分级为 1 级的河流(图 4-28)，需要计算 Source、Left 和 Right 的产流，并根据各自的汇流长度和汇流坡度将它们演进到河段出口进行叠加得到河段产流结果。对于 Stralher 沟道分级为 2 级(如 A、B)以上的河流，只需计算 Left 和 Right 的产流，并根据各自的汇流长度和汇流坡度将它们演进到河段出口进行叠加得到河段产流结果(图 4-29)。

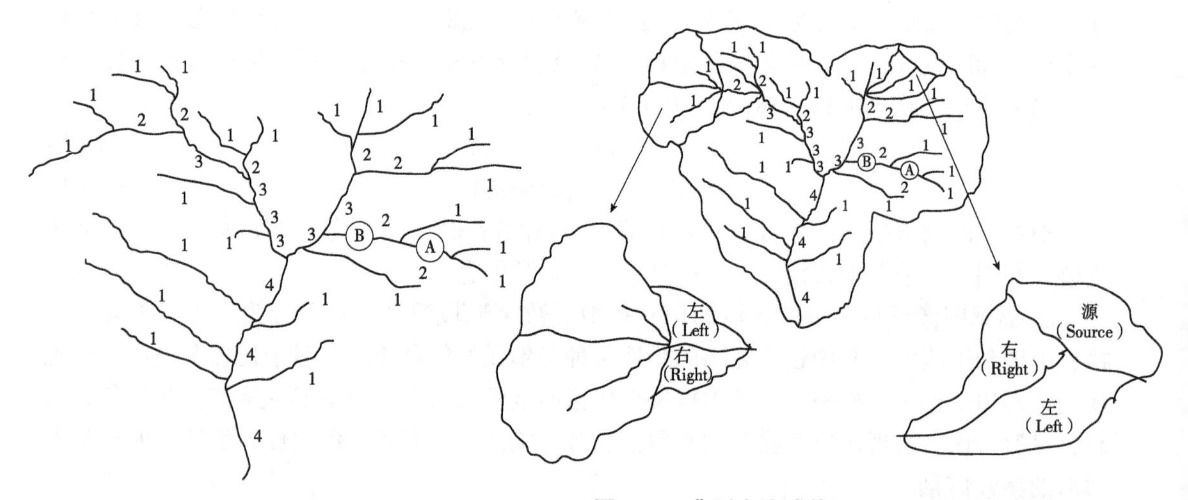

图 4-28　Stralher 沟道分级示意
(刘家宏，2005)

图 4-29　典型小流域单元汇流河网及局部放大
(刘家宏，2005)

单元汇流计算的任务是把单元产流结果根据河网和地形关系整合成单元流域出口点的产流过程线。为达此目的，必须对 Stralher 沟道分级的各级河段进行由低到高的逐级汇流。

(4)流量叠加计算

流量叠加运算是指在河流的交汇点，把两股甚至多股流量系列相加的运算，其方法比较简单，就是在相同的时间点上把流量叠加。

(5)河道传输计算

水流在河道里的传输，其波形会随着时间的推移不断坦化，同时在空间位置上不断向下游推移。这两种现象概括起来称为水流波的坦化和平移。水流波坦化和平移的定量关系由洪峰流量、河流形态、河道坡度、河床糙率等参数决定。目前，已有一些模型模拟它们之间的关系。不论采用何种模型，河道传输计算都可以简单地理解为在河段的上游输入一个流量过程，在河段出口处计算得到一个输出流量过程。这个流量过程是上游流量过程经过河道传输后得到的实际流量过程的一个近似。

4.7　智慧流域

4.7.1　智慧流域的科学基础与理论框架

(1)智慧流域科学基础

智慧流域是综合集成信息技术和现代科学管理方法，实现对以流域水循环为纽带的水资源、社会经济、生态环境相耦合的复杂人水巨系统进行高效管理的认识论和方法论。对智慧流域研究是基于系统科学、复杂巨系统、人类—自然耦合系统、流域自然—社会二元水循环、现代管理、平行系统、水信息学等科学理论，前 4 个理论是智慧流域认识论的基础，后 3 个理论是智慧流域方法论的基础。

(2)智慧流域基础理论

从认识论的角度，智慧流域是利用物联网、互联网、云计算、大数据、虚拟现实、人工智能等新一代信息技术，以流域为基本单元，以水为主题，实现流域综合管理的涉水数据感知透彻化、水信互联全面化、业务应用智慧化和服务提供泛在化，促进流域可持续发展的新理念和新模式。

从技术论的角度，智慧流域是指把新一代信息技术充分运用于流域综合管理，把传感器嵌入和装备到流域各个角落的自然系统和人工系统，并通过普遍联接形成“水联网”，而后通过超级计算机和云计算将“水联网”整合起来，以机理模型和数据驱动模型为核心，以大数据、虚拟现实、人工智能等信息技术为支撑，将其与数字流域耦合起来，完成数字流域和物理流域的无缝集成，使人类能以更加精细和动态的方式对流域进行规划、设计和管理，从而使流域达到的“智慧”状态。

综合认识论和技术论两种认知模式，智慧流域的运行模式是以水服务需求和开放创新为驱动，在数字流域框架内，以物联网、智能技术、云计算与大数据等新一代信息技术为基本手段，以水信感知、泛在互联、循环跟踪、智能处理、动态预报、实时调控、智慧决策为基本运行方式，通过“互联网+”将流域空间中包括以自然—社会二元水循环为纽带的水资源复合系统在内的水物理空间、水信息空间和水社会空间进行深度融合与协同互动，建立水基础设施生态化、动态精细化、集成智慧化的可感知、可协同、可分析、可预判、可管控的智慧流域建设与管理运行体系，使流域达到河流健康、人水和谐的状态。

(3)智慧流域基础架构

①智慧流域的生态架构。智慧流域的建设首先站在发展的视角，立足于科学技术的动力，构建一种智慧流域可以自动迭代升级的生态架构，描绘未来的智慧流域发展蓝图。生态结构由“五层、四体系”组成，全面覆盖了智慧流域“规划设计—实施建设—运行管理—

迭代升级”的生命周期。“五层”包括流域空间层、主动感知层、自主传输层、智能处理层、智慧应用层；“四体系”包括标准规范体系、运行管理体系、产业创新体系、智力提升体系(图 4-30)。

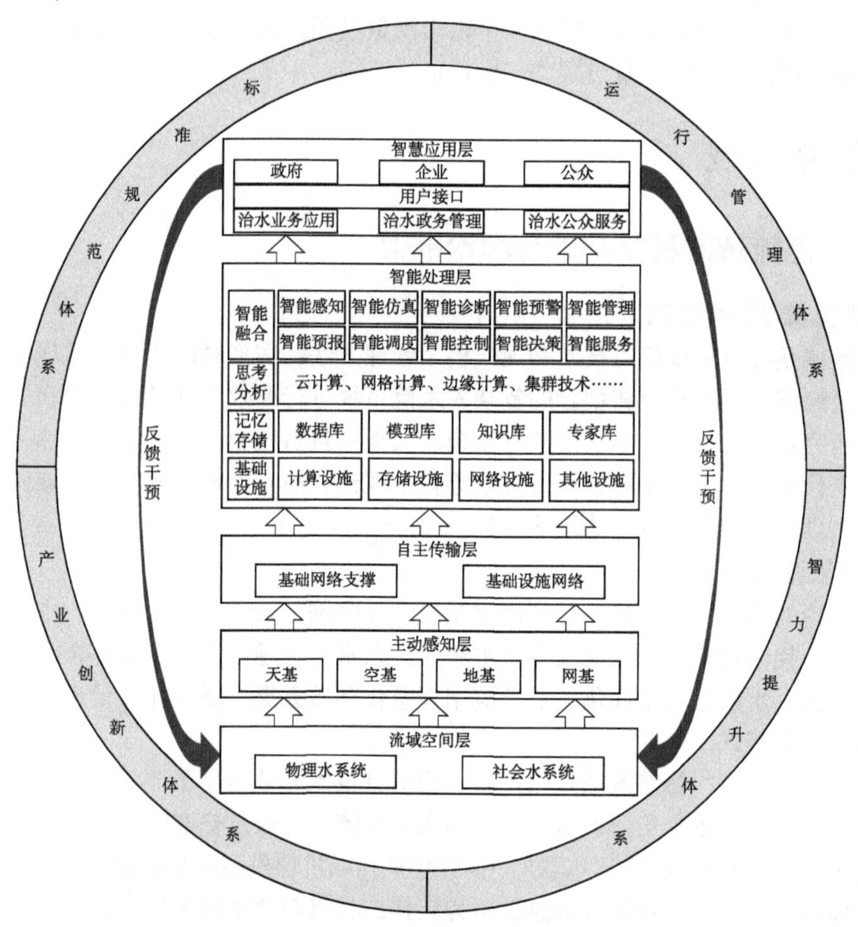

图 4-30　智慧流域的生态架构

(冶运涛，2020)

②智慧流域的系统架构。流域空间层是物理层，是协同感知层的感知和处理对象；自主传输层将协同感知层获取的信息传送至智能处理层的储存空间；信息在智能处理层中进行分析处理；智慧应用层各服务子层调用智能分析层，智慧表达处理结果，并将决策信息通过管理者反馈或反作用于流域空间层。其中，流域空间层、协同感知层、自主传输层、智能处理层构成了智慧流域的物联网、大数据和人工智能的“骨架”，与流域空间层和智慧应用层一并构成了智慧流域管理运行体系。

③智慧流域的功能框架。智慧流域通过各种网络通信手段和终端设备以及云计算平台建设，能够提供模型服务和数据服务，更重要的是智慧流域还能提供流域管理全生命周期的功能服务。智慧流域的功能服务实现了流域管理的智能化管理和自动化控制，发挥了其拟人化操控流程，提供了智慧化的管理手段。流域管理的智能化和自动化要求信息“双向”流动，信息是利用传感设备获取，经过信息处理和决策后，最终将处理后的信息传送给传

感设备或指令执行者，实现对流域的闭环管理和服务。按这种信息传递模式，智慧流域提供的功能服务包括智能感知、智能仿真、智能诊断、智能预警、智能预报、智能调度、智能控制、智能决策、智能管理、智能服务(图 4-31)。

④智慧流域的应用框架。根据智慧流域的概念、内涵与特征，智慧流域的应用架构主要由 7 部分组成：水系统、信息基础设施、精准服务、生态发展、政府、企业、公众，简称 WISE-GBP。政府、企业、公众是流域管理和服务的主体，水系统是流域管理的客体，软硬件基础设施是主体和客体互联的纽带，服务是连接的方式，主客体之间通过综合泛在服务进行协调，形成良好的互动，从而降低行政成本，提高水资源、社会经济、生态环境的综合效益，保障流域的生态发展。WISE-GBP 框架强调综合精准服务的核心地位，基于物联网、云计算、大数据、人工智能等新一代信息技术，将精准服务可以分为数据服务、功能服务、模型服务，通过精准服务，最终提高流域的生态效益。这个框架更加强调政府、企业、公众三者的协作，以及三者与水系统的互动，它们通过基于物联网、云计算、大数据、人工智能的精准服务形成良好的沟通。智慧流域应用框架是全要素、全时段、全覆盖的、智能化的流域管理新模式，它利用智能化手段，围绕提供优质高效服务，充分调动政府、企业、公众三者之间的和谐互动，推动水系统的和谐发展，实现流域管理智能化与业务管理网络化的结合，实现条块资源的整合与联动，建立政府监督协调、企业规范运作、公众广泛参与的联动机制(图 4-32)。

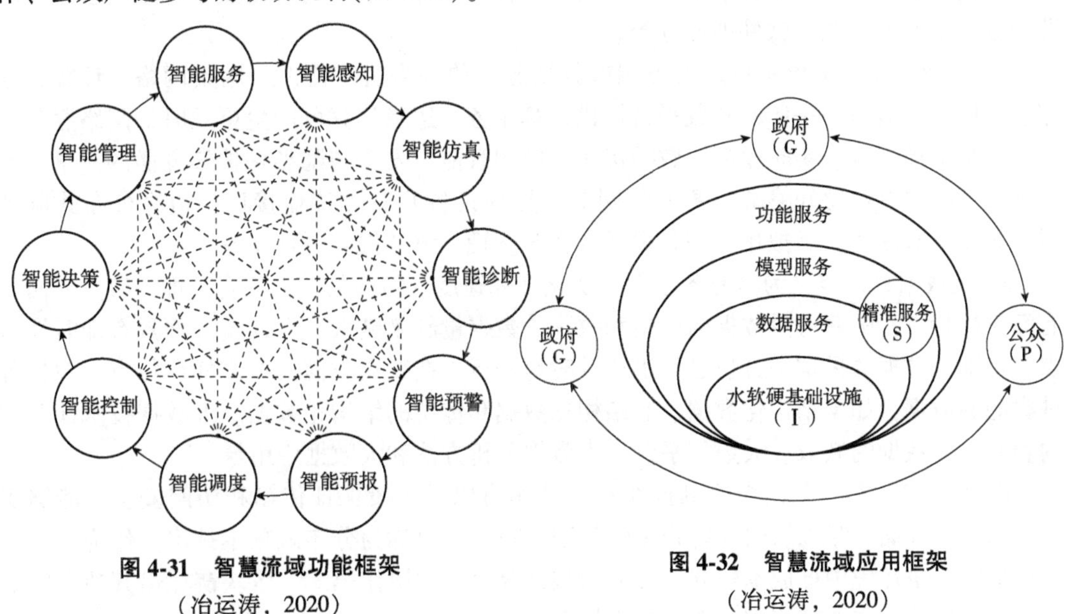

图 4-31　智慧流域功能框架
(冶运涛，2020)

图 4-32　智慧流域应用框架
(冶运涛，2020)

(4)智慧流域关键技术

①数字流域相关技术。数字流域相关技术涵盖流域空间信息的获取、管理、使用等方面。数字流域从数据获取、组织到提供服务的技术包括：空天地一体化的空间信息快速获取技术、海量空间数据调度与管理技术、空间信息可视化技术、空间信息分析与挖掘技术、网络服务技术和数字流域模型技术。

②传感器、感知技术、物联网和移动互联网。传感器是一种能感受规定的被测量并按

照一定的规律(数学函数法)转换成可用信号的器件或装置，通常由敏感元件和转换元件组成。感知技术是由传感器的敏感材料和元件感知被测量的信息，且将感知的信息由转换元件按一定规律和使用要求变换为电信号或其他所需的形式并输出，以满足信息的传输、处理、存储、显示、记录和控制等要求。物联网就是物物相连的互联网，通过智能感知、识别技术与普适计算、泛在网络的融合应用，首先获取物体、环境的动态属性信息，再由网络传输通信技术与设备进行信息/知识交换和通信，最终经智能信息/知识处理技术与设备实现"人—机—物"世界的智能化管理与控制的一种人物互联、物物互联、人人互联的高效能、智能化网络，从而构建一个覆盖所有人与物的网络信息系统，实现物理世界与信息世界的无缝联接。物联网主要由感知层、传输层和信息处理层(应用层)组成，它为智慧流域中实现"人—机—物"三元融合的世界提供最重要的基础使能技术与新运行模式。移动互联网是移动通信技术与互联网融合的产物，是一种新型的数字通信模式。广义的移动互联网是指用户使用蜂窝移动电话、PDA或其他手持设备，通过各种无线网络，包括移动无线网络和固定无线接入网等接入到互联网中，进行语音、数据和视频等通信业务。

③云计算、边缘计算、大数据和区块链。具体介绍如下：

a. 云计算。是一种基于网络(主要是互联网)的计算方式，它通过虚拟化和可扩展的网络资源提供计算服务，通过这种方式，共享的软硬件资源和信息可以按需提供给计算机和其他设备，而用户不必在本地安装所需的软件。云计算涉及的关键技术包括：基础设施即服务、平台即服务、软件即服务等。

b. 边缘计算。是指在靠近设备端或数据源头的网络边缘侧，采用集网络、计算、存储、应用核心能力为一体的开放平台提供计算服务。边缘计算可产生更及时的网络服务响应，满足敏捷连接、实时业务、数据优化、应用智能、安全与隐私保护等方面的需求，涉及的关键技术有：感知终端、智能化网关、异构设备互联和传输接口、边缘分布式服务器、分布式资源实时虚拟化、高并发任务实时管理、流数据实时处理等。

c. 大数据。被定义为具有容量大、变化多和速度快特征的数据集合，即在容量方面具有海量性特点，随着海量数据的产生和收集，数据量越来越大；在速度方面具有即时性特点，特别是数据的采集和分析必须迅速及时地进行；在变化方面具有多样性特点，包括各种类型的数据，如半结构化数据、非结构化数据和传统的结构化数据。大数据技术涉及的内容有：大数据的获取、大数据平台、大数据分析方法和大数据应用等。

d. 区块链。是一种由多方共同维护，使用密码学手段保证传输和访问安全，能够实现数据一致存储、难以篡改、防止抵赖的记账技术，也称为分布式账本技术。作为一种在不可信的竞争环境中低成本建立信任的新型计算范式和协作模式，区块链凭借其独有的信任建立机制，正在改变诸多行业的应用场景和运行规则。

④虚拟现实、增强现实、混合现实、虚拟地理环境和数字孪生。具体介绍如下：

a. 虚拟现实(virtual reality，VR)。是一种可以创建和体验虚拟世界的计算机仿真系统和技术，它利用计算机生成一种模拟环境，使用户沉浸到该环境中，虚拟现实技术具有"3I"的基本特性，即沉浸(immersion)、交互(interaction)和想象(imagination)。

b. 增强现实(augmented reality，AR)。是虚拟现实的扩展，它将虚拟信息与真实场景相融合，通过计算机系统将虚拟信息通过文字、图形图像、声音、触觉方式渲染补充至人的感官系统，增强用户对现实世界的感知。AR技术的关键在于虚实融合、实时交互和三维注册。

c. 混合现实(mixed reality，MR)。结合真实世界和虚拟世界创造了一种新的可视化环境，可以实现真实世界与虚拟世界的无缝联接。

d. 虚拟地理环境(virtual geographic environment，VGE)。最初由地理学和地理信息学研究人员提出，从地理学研究的角度，虚拟地理环境是一个可用于模拟和分析复杂地学过程与现象，支持协同工作、知识共享和群体决策的集成化虚拟地理实验环境与工作空间。虚拟地理环境需要提供对于地理过程时空变化以及人地相互作用机制的表达，包括对地理过程时空模型的表示、组织、管理、可视化以及有关人类行为的表达、管理与知识提取并辅助决策等功能。

e. 数字孪生(digital twin，DT)。是一种实现物理系统向信息空间数字化模型映射的关键技术。它通过充分利用布置在系统各部分的传感器，对物理实体进行数据分析与建模，形成多学科、多物理量、多时间尺度、多概率的仿真过程，将物理系统在不同真实场景中的全生命周期过程反映出来。它借助于各种高性能传感器和高速通信，可以集成多维物理实体的数据，辅以数据分析和仿真模拟，近乎实时地呈现物理实体的实际情况，并通过虚实交互接口对物理实体进行控制。数字孪生主要由3部分组成：物理空间的物理实体、虚拟空间的虚拟实体、虚实之间的连接数据和信息。

⑤应用使能技术。使能技术是指智慧流域系统性集成和应用使能方面的关键技术，归结为三大集成技术(端到端集成、纵向集成、横向集成)和5项应用使能技术(状态感知、实时分析、自主决策、精准执行、效能评估)。

a. 状态感知。是智能系统的起点，也是智慧流域的基础。它是指采用各种传感器或传感器网络，对过程、装备和对象的有关变量、参数和状态进行采集、转换、传输和处理，获取反映智慧流域系统运行状态、产品或服务质量等的数据。由于物联网的快速发展，未来智慧流域系统状态感知的数据量将会急剧增加，从而形成治水大数据。

b. 实时分析。是处理智慧流域数据的方法和手段。它是指采用软件或分析工具平台，对智慧流域系统状态感知数据进行在线实时统计分析、数据挖掘、特征提取、建模仿真、预测预报等处理，为趋势分析、风险预测、监测预警、优化决策等提供数据支持，为从大数据中获得洞察和进行自主决策奠定基础。

c. 自主决策。是智能制造的核心。它要求针对智能制造系统的不同层级的子系统，按照设定的规则，根据状态感知和实时分析的结果，自主做出判断和选择，并具有自学习和提升进化的能力。由于智慧流域系统的多层次结构和复杂性，故自主决策既涉及底层设备的运行操控、实时调节、监督控制和自适应控制，也包括执行和运行管控，还包括各种资源、业务的管理和服务中的决策。

d. 精准执行。是智慧流域的关键，它要求智慧流域系统在状态感知、实时分析和自主决策基础上，对流域水系统运行状态和政府、企业和公众的需求等做出快速反应，对各层级的自主决策指令准确响应和敏捷执行，使不同层级子系统和整体系统运行在最优状态，并对系统内部本身或来自外部的各种扰动变化具有自适应性。

e. 效能评估。是智慧流域系统执行结果或进程的结论性评价，智慧流域系统效能是预期满足一组特定任务要求的度量，它是系统可用度、可信度和能力的函数。可用度是开始执行任务时系统状态的量度，可信度是在执行任务过程中系统状态的量度，能力是系统成功地完成任务的量度。构建合理的指标体系是智慧流域系统效能评估的关键环节，同一智慧流域系统，建立的效能指标体系不同，会导致评估结果出现差异。

(5)智慧流域评估模型

从智慧流域内涵特征和框架结构分析中，提炼出智慧流域的五大关键要素，分别是服务、管理、运营、应用平台、资源、技术。五大要素的英文首字母正好构成单词“SMART”，故称之为SMART模型。

结合智慧流域的发展理念，不难得出五大要素之间的关系。服务是智慧流域建设的根本目标，管理是服务水平提升的核心手段，应用平台是实现流域智慧化运行的关键支撑，资源和技术是智慧流域建设的必要基础。由此确定出SMART模型的层次结构。五大要素以流域发展战略目标为导向，服务位于顶层，体现出智慧流域建设的本质是惠民，要求将公众服务需求的满足放在首位；管理与运营紧随其后，是智慧服务的重要支撑和保障；应用平台是智慧流域实现协同运作的信息化手段；资源和技术位于底层，是智慧流域建设的基础条件。

作为智慧流域评估的理论模型，根据评估侧重点不同，SMART模型可划分为投入层、产出层和绩效层。其中，投入层主要考察智慧流域在资源和技术方面的投入情况；产出层重点考察智慧流域建设过程中所产生的应用平台的支撑能力；绩效层重点考察智慧流域在社会服务、管理与运营等方面所呈现的效果。三大层级可综合评估智慧流域的整体建设水平。

(6)智慧流域建设模式

①面向事件的智慧应用需求。随着水信息化规模的不断扩大，应用系统不断增加，对信息共享、系统互操作性和软件重用方面的要求越来越高，相对独立进行建设的各种智慧信息系统已经不能满足业务融合的需要，暴露出的弊端越来越多。因此智慧流域建设需要在真实需求判断的基础上，进行统筹规划和综合协调，提出了事件驱动模式的智慧流域建设策略。在这样的智慧流域中，由流域发生的真实水事件作为驱动，进而通过智能化的事务管理，协调水系统部署的各个智慧应用，跟随当前时间点上出现的事件，调用可用资源，执行相关任务，使不断出现的问题得以解决，提供综合决策和服务。对于实现事件驱动的智慧流域建设，需要准确把握其目标定位和内涵特征，从设计原则、运营管理等多个角度梳理。

②面向事件的智慧应用设计原则。面向事件的智慧设计原则包括以下方面：需要为面向事件、以数据融合为特征的智慧流域提供科学实用的顶层设计；在统一完善的智慧流域顶层设计框架内，需要进一步加强信息基础设施建设；为确保面向事件的智慧应用服务，需要在建设过程中避免各个智慧系统分头建设的弊端；在建设的过程中，需要不断推动并完善数据融合、共享，应用相关的规范和标准，建立健全评价指标，确保数据共享的政策落实。

③智慧流域的运营模式。智慧流域的建设性质一般兼具有市场化和公益化的特征，且涉及的各类信息化系统和应用千差万别，不能采用简单统一的运营模式，而应该采用多种

运营方式相结合的办法进行管理。如政府自建模式、“建设—移交”模式、“建设—经营—移交”模式、“建设—拥有—经营”模式、“建设—拥有—经营—移交”模式等，需要针对智慧流域不同的建设管理子项目来选择合适的运营模式。

④智慧流域规划建设关键点。智慧流域是未来流域管理的高级形态，是以大数据、云计算、互联网、物联网、人工智能等新一代信息技术为支撑，致力于流域发展的智慧化，使流域具有智慧感知、反应、调控能力，实现流域的可持续发展。从战术层面推进智慧流域建设，还务必掌握其内在的逻辑规律，抓住 5 个关键点：智慧流域建设的基础是万物互联；智慧流域建设分为 4 个阶段，要循序渐进；智慧流域建设要自下而上、由点到面地推进；智慧流域建设要坚持市场导向，要法治化、标准化。

4.7.2　智慧流域智能感知技术体系

(1)智慧流域智能感知对象

水系统是智慧流域的管控对象，也是流域综合管理的对象。水系统是以水循环为纽带的三大过程(物理过程、生物与生物地球化学过程、人文过程)构成的一个整体，而且包含了这三大过程的联系(图 4-33)。

①物理过程。即传统的水循环物理过程，包括地球陆地表面、海洋和大气中的水文过程。

②生物与生物地球化学过程。这些生物也是水系统的地球化学作用过程中不可或缺的环节，而不仅仅是简单地受物理-化学系统的变化的影响。

③人文过程。人类社会不仅是水系统中的一环，其本身也是水系统内变化的重要媒介。人类社会在遭受到水资源可利用量的变化所带来的威胁的同时，也会采取不同的行动以减轻或适应这样的变化。

水循环为地球系统中的各个过程提供了物质交换和能量转换的载体。例如，通过与碳循环及其他生物地球化学循环的耦合，水有助于调节二氧化碳及其他重要气体的释放及储存，维持陆地和水生生态系统的完整性和生物多样性。水文循环控制由大陆到海洋的水性物质运输，云、雪覆盖和水汽的全球分布则调节地球的能量平衡。同时，流域水系统在人类社会中发挥着核心作用。随着水系统与经济、社会、技术等社会过程的联系愈加紧密，这些过程的“全球化”使水系统的全球化更加凸显。例如，一些大型国际组织所实施的与水相关的政策会直接影响全球范围内的取水、配水及调水，进而影响全球范围内的水文情势、污水排放、水体的生物地球化学作用及水生生态系统的完整性。

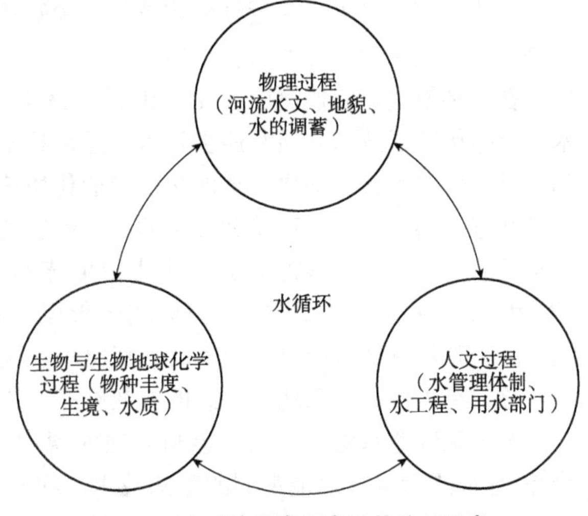

图 4-33　水系统要素概念及其关系示意

(冶运涛，2020)

(2)智慧流域智能感知体系构成

①水系统天基感知。天基感知即航天遥感和卫星导航定位。

航天遥感泛指以各种空间飞行器为平台的遥感技术系统，其以地球人造卫星为主体，还包括载人飞船、航天飞机和空间站，有时也把各种行星探测器包括在内。其中，用于流域对地观测的航天器主要有气象卫星、地球资源卫星、海洋卫星、环境和灾害监测卫星、测绘卫星等。航天飞行器的轨道高度通常可达 910 km 左右，搭载的传感器工作谱段从可见光、红外、微波已发展到几乎覆盖无线电波甚至 γ 射线的整个谱段。航天遥感在水利行业的灾害监测评估、水资源监测和保护、生态环境监测和水土保持、灌溉面积调查、河道与河口变化监测和治理、水利工程监测等方面得到应用。

卫星导航定位是通过终端设备实现卫星导航信号与其他定位相关的传感器信息的接收，进而反映人和物的运动轨迹变化。在全球卫星导航定位方面，除我国的北斗卫星导航系统之外，目前全球运行中的主要有美国的 GPS、俄罗斯的格洛纳斯全球卫星导航系统(Global Navigation Satellite System，GLONASS)、欧盟的伽利略定位系统(Galileo Positioning System，Galileo)。以上四大卫星导航系统各有所长，其中，GPS 可以全球全天候定位，卫星较多且分布均匀，全球覆盖范围高达 98%，可满足军事用户连续精确定位，但相对于其他三大卫星系统来说，民用定位精度稍低；GLONASS 民用精度较高，且随着卫星数量的不断补充，能够达到全球覆盖和定位；北斗卫星导航系统目前已全面完成组建工作并提供正式服务，其设计性能优于 GLONASS，与第三代 GPS 相当，能够为全球用户提供高精度、高可靠性的导航、定位和授时服务；Galileo 是世界上第一个基于民用的全球卫星导航定位系统，性能先进。

②水系统空基感知。空基感知即航空遥感，是指从飞机、飞艇、气球等空中平台进行对地观测的遥感技术。常用的航空遥感平台高度一般分为低空(0.6~3.0 km)、中空(3~10 km)及高空(10 km 以上)。航空遥感传感器包括航空摄影仪(相机)、摄像仪、扫描仪、散射辐射计、雷达等，摄取波谱包括可见光、红外、紫外、微波及多光谱等。航空遥感传感器一般采用了可见光—近红外传感器，少数情况使用热红外传感器。通常所说的航空遥感是指可见光—近红外的航空遥感。

在水利航空遥感监测中，无人机遥感是常用的监测方式。无人机遥感是利用无人技术、遥感传感器技术、遥测遥控技术、通信技术、POS 定位定姿技术、GPS 差分定位技术和遥感应用技术，自动化、智能化、专业化快速获取国自然资源、环境、事件等空间遥感信息并进行实时处理、建模和分析的航空遥感技术解决方案。无人机遥感系统是一种以无人机遥感为平台，以各种成像与非成像传感器为主要载荷，飞行高度一般在几千米以内(军用可达 10 km 之上)，能够获取遥感影像、视频等数据的无人航空遥感与摄影测量系统，由于其具有结构简单、成本低、风险小、灵活机动、实时性强等独特优点，已成为卫星遥感、有人机遥感和地面遥感的有效补充，为遥感应用提供了新的手段。

③水系统地基感知。地基感知即地面观测，是指利用固定地面平台或移动(如车辆、船等)地面平台进行对地观测的感知技术。在水利地面观测方面，主要应用遥测和现代通信技术，实现江河流域降水量、水位、流量、水质等数据的实时采集、报送和处理。流域中所采集的信息包括雨情信息、水情信息、工情信息、旱情信息、水质信息等。目前采用

的是物联网监测技术，主要通过降水、风速、温度、蒸发量、水位(江河湖库、地下水)、流量、土壤墒情、供水、用水、水质、闸门开度、视频图像等各类传感器设备来实现感知数据的获取。通过物联网监测，实现人与人、人与物、物与物之间的连接和交互。通常，物联网监测主要针对河流、湖泊、渠道、管道、水利工程、用水户等动态变化的空间信息和属性信息，通过固定设定在某些特定空间位置的监测站点或依附某些监测对象之上的智能传感器，来捕捉获取动态变化的数据，然后通过一定时间或空间区域的数据积累，来综合反映被监测对象的时空变化趋势。

④水系统网基感知。随着互联网的快速发展，水利行业与互联网的结合越来越紧密。随着水利信息化与公共信息公开化进程的加快，大量的水利信息数据开始来源于互联网，各类自媒体、公开政务以及新闻报道等媒体信息是其重要的组成部分。这些数据往往来源广泛、时效性强。面对这些复杂的网络数据，如何进行合理整合与利用，成为研究者关注的课题。

传统的水利信息数据收集与检索工作通常依靠人工完成。通过人工采集与整理的水利信息往往具有数据精度高、数据格式规整、可信程度高，但数据量小、来源单一、时效性差等特点。与此相对应，网络水利信息数据量大、来源广泛、时效性强，但数据格式复杂多变，收集和整理网络水利信息数据需要耗费大量的人力。因此，传统的人工数据采集与整理方法不适用于网络水利信息。在大数据时代，搜索引擎在信息检索方面起着关键性的作用，为人们快速准确地提供所需要的信息。

网络信息的自动采集获取，目前公认的最有效的方式就是网络爬虫。其对论坛、新闻网站、微博等多种网络信息源定制目标主题，并进行垂直、精准、持续有效的网络信息抓取。网络爬虫的本质是一种可以分析和追踪的网络超链接结构，是按照特定的策略持续进行资源发掘和收集的功能模块。网络爬虫技术是随着搜索引擎发展产生并普及的一种通用的信息采集技术，其最为成功且广泛的应用就是作为搜索引擎网络信息的前沿，负责完成网页信息的采集任务，为搜索引擎提供检索信息的数据来源。可以说，网络爬虫是搜索引擎信息的提供者，其信息采集的性能和策略将直接影响搜索引擎提供的网页质量以及信息更新的时效性。网络爬虫的核心是网页获取、链接抽取、文本抽取，再向上是权重分析、网页去重、更新策略，以及人工智能和分布式集群。一套完善的网络爬虫系统应该具备良好的框架结构、合适的网页获取技术、高度优化的代码以及易于配置和管理4个要素。

(3)智慧流域智能感知体系优化

①流域监测体系优化需求。流域信息数量和质量直接影响人类对流域资源环境的了解和掌握程度，是人类开发利用水资源、保护水环境、制订流域管理方案的主要决策依据。信息技术的迅速发展和治水应用需求的急剧膨胀，使流域信息的重要性愈加突出。流域资源环境监测体系作为流域资源环境信息获取手段，国内外已建立了形式多样的流域资源环境监测系统，以保证对流域资源环境的有效监测和对水安全的高效保障。

建设智慧流域，有效开发、利用和保护流域资源环境，必须首先认识并掌握流域自身所具有的环境特点和变化规律。这就要求我们建立高效的流域资源环境监测体系，准确、可靠、及时地获取流域资源环境信息。大规模流域资源环境监测体系建设和日趋频繁的治水活动对资源流域环境监测的高度依赖，亟须解决监测体系规划、监测任务应对和突发故障解决 3 个方面的流域资源环境监测体系优化问题。

②流域监测体系优化概念和主要方法。流域环境监测体系优化，也称为流域资源环境监测装备体系优化，属于装备体系优化范畴。装备体系优化是充分发挥装备体系效能、提高装备体系业务能力的重要途径。装备体系优化的核心思想是比较和选择。装备体系优化主要为体系结构优化，体系结构优化立足体系宏观层面，针对体系组织结构，装备优化配置立足体系应用层面，针对具体任务。装备体系优化是寻求装备体系在结构、比例、技术水平、数量、编配等方面达到整体最优的过程。装备体系优化是一个复杂的多目标、多约束条件优化问题，装备体系优化主要满足 4 个方面的目标：体系能力结构优化，用于满足各种任务需求；体系组成结构优化，提供满足能力结构要求的合理装备组成；体系规模结构优化，在一定能力需求和经费约束下，寻求体系中各类装备的合理数量和最优比例关系；体系质量结构优化，给出合理的新老装备数量搭配比例。当前用于装备体系优化的 7 种方法：三层综合优化法、探索性方法、可执行模型法、仿真优化法、多层次多阶段方法、多目标协同优化方法和数学规划法。

③流域监测体系优化方法。传统体系优化方法应用于流域监测体系优化，可以采用建模仿真、运筹分析等方法共同完成。对由多个系统组成的流域监测体系建设方案论证之初，首先采用任务—系统—能力矩阵方法，根据任务、系统和能力之间的对应关系，选择满足任务要求的多个子系统，这些子系统按照能力进行搭配组合，形成满足复杂任务要求的多个监测体系建设方案。然后采用多方案优选方法，建立体系效能评估标准；运行仿真模型、解析模型或综合评价模型，对各方案的效能、风险、费用等进行综合评估，从而选择出最优的体系建设方案。

④流域平行监测体系运行。流域平行监测体系运行包括人工监测体系模型构建、可信度验证、计算实验和平行执行共 3 方面。

a. 模型构建。构建人工流域监测体系所需要的模型，不以建模对象的高逼真度作为唯一目的，因此，模型的应用不会受到高逼真度的要求，只要求真实体系和人工体系在功能和行为上的“等价”。流域人工监测体系模型包括 5 类：监测设备类模型、体系结构模型、流域水系统模型、流域任务目标模型和数据规则库。

b. 可信度验证。人工流域监测体系运行前，必须对其模型进行验证，以保证其与真实流域监测体系的等价性。许多方法可以实现标定和校正工作，采用真实流域监测体系运行数据，对人工流域监测体系不断修正和滚动优化，最终使人工体系与真实体系达到输入和输出的“等价”。

c. 计算实验和平行执行。在人工流域监测体系与真实流域监测体系达到输入和输出的“等价”后，人工流域监测体系成为一个可控实验平台，利用该实验平台，通过改变监测装备体系参数，设计各种各样的实验，多次重复该实验并以统计的方法对结果进行分析，实现对流域监测体系变化的定量研究。例如，流域监测体系在装备结构、比例、技术水平、数量、编配等方面的调整带来体系监测能力的变化；预测突发性监测装备体系变化对系统体系监测能力的干扰，以及评估对应的方案和措施。以此作为依据，确定最终的优化决策。

在流域平行监测体系运行过程中，人工流域监测体系等同于真实流域监测体系，真实流域体系中的方案选取或优化改进都是建立在人工流域监测体系评估的基础上，以上一阶段的评估结果作为主要依据。找到真实流域监测体系优化方案，为监测体系建设提供决策依据，或为实际流域监测体系的调整优化提供参考依据。

(4)智能感知传感器资源描述模型方法

①流域智能感知传感器资源分类。智慧流域的实现是建立在传感器资源观测应用之上。为了更好地归纳、表达及共享传感器能力特征，首要任务是建立流域传感器分类，从不同的角度出发，就会有不同的分类方式。从所需实时监测的应用领域角度来看，流域传感器资源可以分为大气、水文、环保等种类。从观测测量标准角度可以分为遥感和现场类型，遥感传感器是非接触式、遥远测量和记录被探测物体的电磁波特性的工具；现场传感器则是接触式测量目标所产生的地面振动波、声响、红外辐射、电磁或磁能的工具。从观测距离的不同，可以分为航空、航天和地面传感器，地面传感器用于测量传感器周围区域的物质属性，而航天遥感传感器通过目标物体反射或辐射的射线来测量离传感器有一定距离的物质属性，航空传感器观测应用则比较灵活。从观测平台移动性角度，可以分为固定传感器和移动传感器。固定传感器如气象观测站中的风速、温度和湿度传感器；移动传感器如车载、船载、机载和星载传感器。

航天、航空及地面观测手段，一方面大大地增强了从微观到流域再到大尺度水循环的观测能力；另一方面使分布式地面观测成为可能。同时，各类传感器之间互相组网，优势互补，构成传感器 Web，可使传统的地面点观测变成面观测。

②流域传感器资源描述元模型框架。元级框架采用一种统一的抽象语法与标准的分层元级结构，实现了传感器资源描述模型的建模概念、元素、结构和它们之间的关系的描述。它是一种典型的4层建模结构，依次为 M_3 层、M_2 层、M_1层和 M_0层，每一层都是上一层的实例，同时又是下一层的抽象。基于元级的传感器资源描述元模型框架分为4层：元元模型层、元模型层、模型层和现实世界层(图4-34)。

③流域传感器资源元数据模型构件。在目前的流域感知网环境下，有许多流域传感器资源没有被充分利用，原因是：流域传感器资源通过专有的描述格式被分布式地部署，只被部署人员识别与利用；在如应急响应等特定流域管理任务中，用于对于流域传感器规划与调度主要依赖于先验知识、被动的专家经验或不全面的知识库系统。

④流域传感器资源共享元数据模型。根据流域传感器的资源描述元模型构件组成可知，流域传感器资源共享元数据模型表达框架包括：通用型、约束型、属性型、联系型、存档型、地理位置型、接口型以及过程型元数据，即八元组。通用型元数据主要有流域传感器分类与标识信息。约束型元数据主要有流域传感器观测的有效时间、流域传感器共享级别与合法性等。属性元数据主要有流域传感器固有特征和观测、通信、计算能力等。联系型元数据主要有流域传感器负责单位或个人、流域传感器在线引用等。存档型元数据主要有流域传感器或流域传感器数据服务发布时间、流域传感器在线文档链接等。地理位置型元数据主要有流域传感器及其搭载平台所在时空坐标系、流域传感器观测系统的动态或静态空间观测位置。接口型元数据主要是流域传感器可得性服务，如流域传感器规划服务与流域传感器观测服务。过程型元数据主要有流域传感器观测数据所涉及的处理，包括输入、输出、参数和处理方法等。整个流域传感器资源共享元数据模型主要采用描述型、结

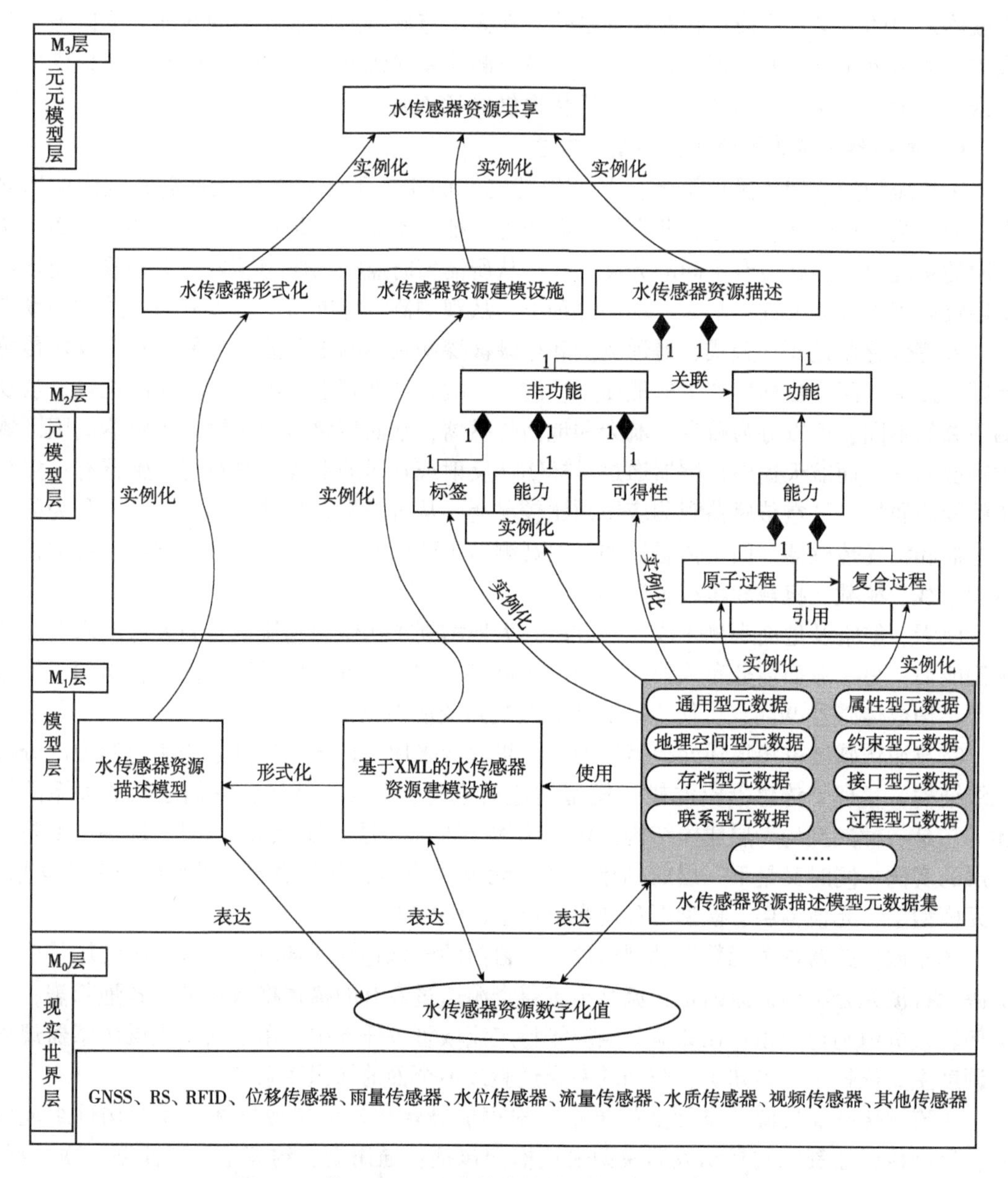

图 4-34　基于 MOF 元级的传感器资源描述元模型框架

构型和管理型等元数据类型进行表达。

⑤流域传感器资源描述模型。流域传感器资源描述模型是连通用户与流域传感器资源实例的中间“桥梁”，该描述模型的内核是流域传感器资源共享八元组元数据模型，是将八元组元数据集形式化表达的结果，主要应用流域传感器建模语言和传感网通用数据模型编码，具体流程为：八元组元数据模型通过采用开放地理空间信息联盟(OGC)的 SWE 组发布的通用数据模型进行封装和编码。对于封装好的元数据模型，则通过 SensorML 标准描述框架进行形式化表达。基于该描述模型，编制其元数据搜索引擎，用户可以精确地发现并共享这些流域传感器资源。

(5)智能感知传感器服务技术

在智慧流域感知网建设过程中，异构海量流域传感器的部署接入是第一步，然后是建立标准化共享的流域传感器服务。开放地理空间信息联盟(OGC)的 SWE 组发布了致力于提高流域传感器等设备服务标准化的一系列标准服务接口规范，如 SOS、SPS、SES(图 4-35)。

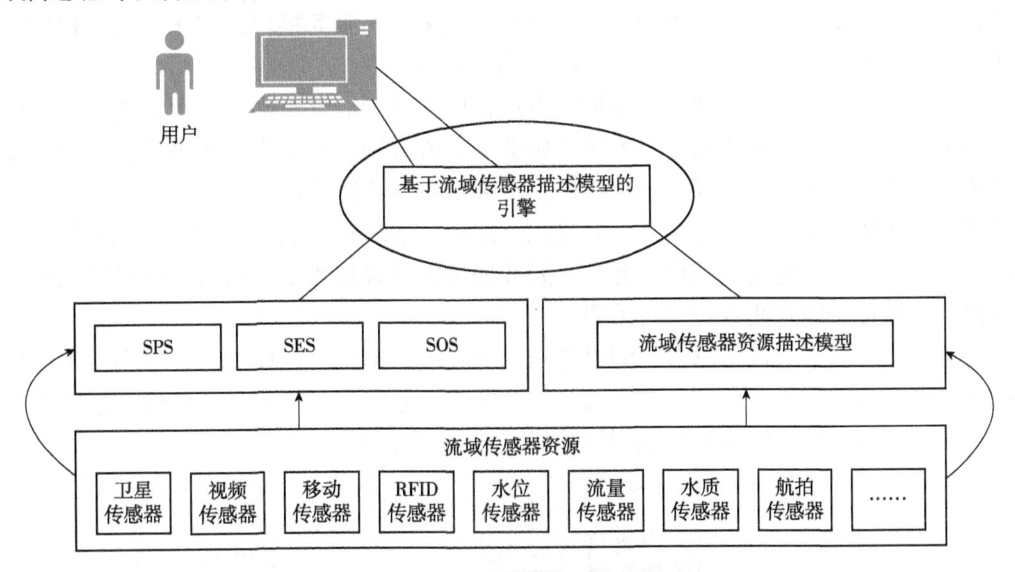

图 4-35　传感器资源模型框架

①流域传感器共享服务流程。它提供流域传感器资源及其观测系统的描述，由此支持流域传感器资源及其观测的发现，同时提供实时观测数据获取的标准接口，促进流域传感器观测广泛共享。

a. 智慧流域传感器观测服务流程。先通过流域传感器元模型对流域传感器信息进行表达，并注册到 SOS；再通过观测与测量(O&M)规范实时地对最新的观测数据进行统一编码，发送到 SOS 进行存储；然后，用户可以通过目录服务接口，发送搜索请求，目录服务响应出一个能满足搜索需求的 SOS 服务列表；最终，用户绑定到 SOS，并取回观测与测量(O&M)格式统一编码的传感器观测数据。

b. 智慧流域传感器规划—观测服务流程。是在流域传感器观测服务流程的基础上，通过 SPS 对要指派的流域传感器按需进行任务定制，当流域传感器观测到符合需求的场景时，流域传感器将观测数据存储到数据库，并链接到 SOS；同时 SPS 通过通信机制，网络通知服务(WNS)通知用户数据已经可进行获取，进而能够即时响应任务请求，结合 WNS 实现异步。

c. 智慧流域传感器规划—观测—警告服务流程。是在流域传感器规划—观测服务流程的基础上，用户通过预订 SES，接收合适的 SES 信息，其中流域传感器观测结果发送到 SES，SES 根据阈值对数据进行过滤，当过滤的数据符合用户需求时，以预警的形式通过 WNS 将结果传递给用户。

通过以上 3 种感知服务流程可以实现海量异构流域传感器集成管理、观测数据广泛共享，并能根据需求提供个性化的数据规划与事件告警服务。

②流域传感器共享服务接口与操作。随着流域的发展，大量的流域传感器用于流域的感知，流域感知已进入了多平台、多流域传感器和多角度观测的阶段。当前流域传感器种类繁多，既包括简单水位、雨量流域传感器等基本原位流域传感器，也包括视频流域传感器、导航定位流域传感器、RFID 等复杂流域传感器。观测数据服务接口的目的在于提供一种标准的流域传感器观测数据和流域传感器描述信息的服务接口，用于管理和检索来自异质流域传感器或流域传感器系统的元数据和观测数据。

通过这个服务接口，流域传感器拥有者可以以一种标准且互操作的方式进行单一或多个流域传感器注册，流域传感器、流域传感器平台或流域传感器系统的描述信息发布以及流域传感器观测数据的上传和共享等操作；流域传感器数据使用者则能够高效地访问流域传感器或流域传感器系统描述信息，并过滤、发现、请求和获取自身所需的观测数据。在使用该标准时，需要使用流域传感器共享元数据标准和观测数据元数据标准对流域传感器元数据和流域传感器观测数据进行编码。

智慧流域环境下流域传感器观测服务是一种开放的接口，该标准是客户端与观测数据存储仓库交互的中间代理。该标准定义了一个网络服务接口，该接口允许流域传感器观测据、流域传感器元数据的查询和观测属性的表征(图 4-36)。

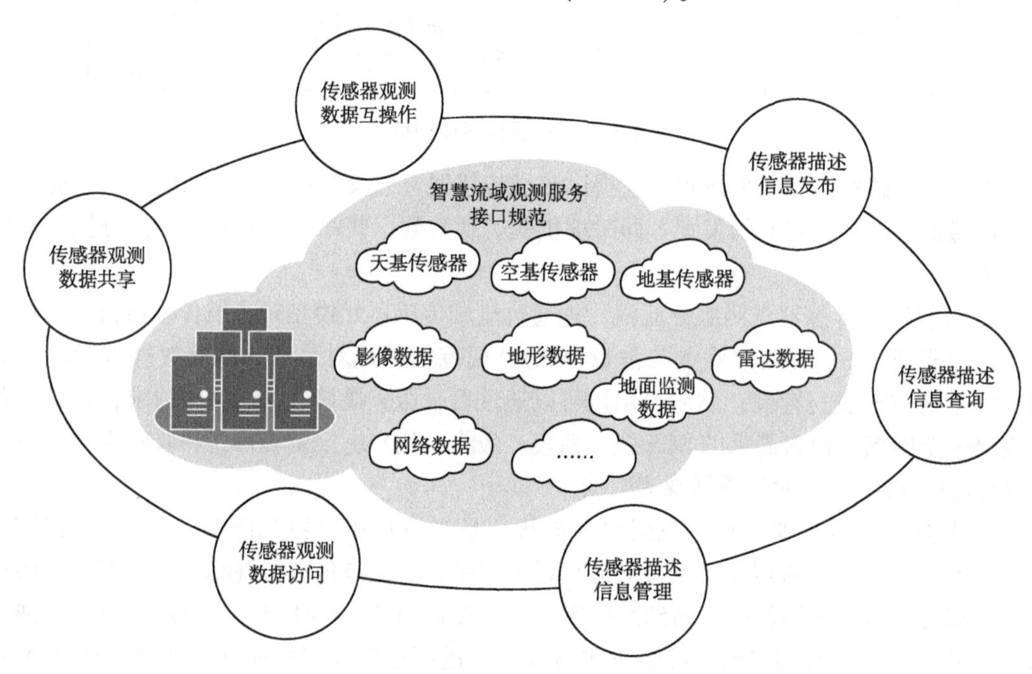

图 4-36　智慧流域综合管理传感器服务适用范围

4.7.3　智慧流域智能仿真技术体系

(1)流域智能仿真平台开发基础

数据库包括专业数据和地理数据。专业数据如通过观测、计算、试验等所得的各种流域水文水资源数据，地理数据则有空间数据和属性数据两大类。可采用 1∶1 万、1∶5 万数字等高线图、正射影像图和 1∶25 万全图层数字地图拼接、组合，经过纹理贴图、矢量数据叠加，生成各种精度、多种用途的三维仿真地形图；另外，根据结构图和图片资料，可生成各种地物的三维仿真模型，这些均为系统虚拟仿真提供基础空间数据。为进行信息的综合与查询，需要将三维场景中的各个三维实体进行编码列表，输入其相应的属性信息，如实体标识名、属性说明、图片、多媒体等信息存入数据库中，组成其属性数据，为各子系统的开发提供数据支持。

开发基础的模块和构件，建立各类专题模型，根据模型库的规则存放，例如，区间的产汇流数学模型，以干流和区间来流为基础的长河道一维非恒定水动力模型，可以研究洪水远距离的传播过程，也可为实体模型和二维或三维数字模型提供边界条件；与实体模型范围一致的二维或三维水动力数学模型则可与实体模型耦合运行，互为补充和支持。对于重要的河段或水利工程枢纽区的水流泥沙问题，应根据相似理论建立实体模型进行专门研究。

(2) 基于范式融合的流域智能仿真框架

①平行系统。首先通过参数、算法、模型等在虚拟空间构建人工系统；其次将人工系统作为虚空间的实验室，在其中采用计算实验方法研究各种可能的现实情景，对影响复杂系统行为的各种可能因素进行定量分析；最后，通过多种数据感知与数据同化方法实现人工系统与实际系统的平行执行，实时测量实际系统的状态数据，更新人工系统的参数、算法、模型，确保人工系统计算实验结果的可靠性，并通过计算实验分析支持实际系统的优化管理与控制。平行系统的思想与方法已经在多个领域得以研究和应用，例如，平行智能交通系统、平行应急管理系统，以及平行军事体系的研讨和应用(图 4-37)。

②数字孪生。数字孪生的核心是模型和数据，数字孪生模型是五维结构模型，包括物理实体、虚拟模型、服务系统、孪生数据和连接。

a. 物理实体。是客观存在的，它通常由各种功能子系统(如控制子系统、动力子系统、执行子系统等)组成，并通过子系统间的协作完成特定任务。各种传感器部署在物理实体上，实时监测其环境数据和运行状态。

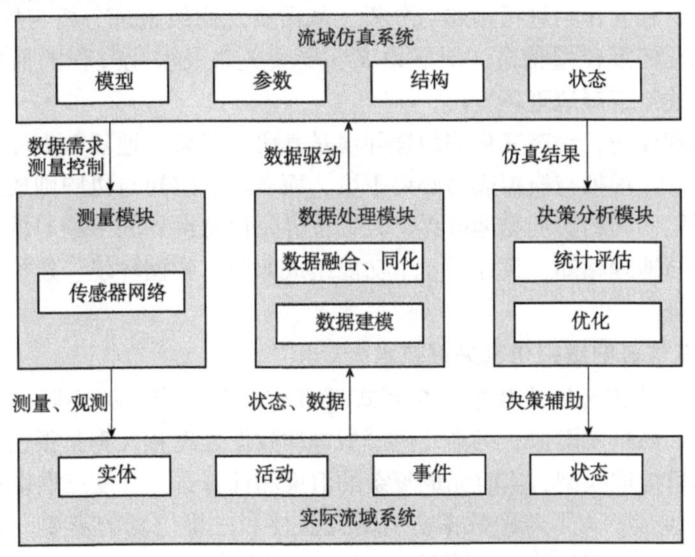

图 4-37　基于平行系统的流域智能仿真框架

b. 虚拟模型。是物理实体忠实的数字化镜像，集成与融合了几何、物理、行为及规则4层模型。其中，几何模型描述尺寸、形状、装配关系等几何参数；物理模型分析应力、疲劳、变形等物理属性；行为模型响应外界驱动及扰动作用；规则模型对物理实体运行的规律/规则建模，使模型具备评估、优化、预测、评测等功能。

c. 服务系统。集成了评估、控制、优化等各类信息系统，基于物理实体和虚拟模型提供智能运行、精准管控与可靠运维服务。

d. 孪生数据。包括物理实体、虚拟模型、服务系统的相关数据，领域知识及其融合数据，并随着实时数据的产生被不断更新与优化。孪生数据是数字孪生运行的核心驱动。

e. 连接。将以上4个部分进行两两连接，使其进行有效实时的数据传输，从而实现实时交互以保证各部分间的一致性与迭代优化。

基于上述数字孪生五维结构模型，实现数字孪生驱动的应用，首先针对应用对象及需求分析物理实体特征，以此建立虚拟模型，构建连接实现虚实信息数据的交互，并借助孪生数据的融合与分析，最终为使用者提供各种服务应用。

③虚拟地理环境。虚拟地理环境的特征在于将人、机、物三元融合的地理环境作为天然的研究对象，借助由计算机生成的数字化地理环境，并通过多通道人机交互、分布式地理建模与模拟、网络空间地理协同等手段，以实现对复杂地理系统的感知、认知和综合实验分析。基于虚拟对象的种类，可以将虚拟地理环境分为相似与增强的现实地理环境、再现与复原的历史地理环境、预测与规划的未来地理环境。需要强调的是，虚拟地理环境产生于地理环境与虚拟环境，但是其主体是地理环境，主要功能是辅助实现地理环境的感知、认知、理解与探索。地理环境是自然要素(如土壤、水)与人文要素(如人类社会、经济活动)的综合体，承载着地理场景与地理现象，用于表达地理空间分异与格局、地理演化过程及地理要素之间的相互关系。地理环境具备时空局部静态、时空全局动态及系统性的特征；对地理环境的表达与分析，不能仅停留在对于空间分异的描述，还需要对要素及对象的演化过程、相互作用进行描述与分析，从而实现高级地理分析与探索。而传统GIS多关注地理空间几何及位置信息，对于语义、要素关系及演化过程的抽象与表达有所欠缺，无法全面描述与解释地理环境。

发展虚拟地理环境，动态变化的地理环境是其研究对象，地理数据库与地理过程模型的融合是基本理念，虚拟与模拟成为必要手段，而表达、感知与协同则成为连接虚拟世界与真实世界的桥梁，辅助实现物理世界、人文世界及信息世界的协调与统一。虚拟地理环境面向地理认知与地理感知，设计了4个功能组成部分：数据环境、建模与模拟环境、表达环境、协同环境。

(3)流域智能仿真的虚拟仿真关键技术

①大型地形场景实时生成技术。交互式三维仿真系统应具有实时、逼真、精确的性能，但地表模型、高精度影像、三维几何模型等的数据处理和计算量很大，如何在这样一个庞大的数据库里提取模型，实时完成复杂的渲染和计算，是开发三维仿真系统的关键。

a. 大地形的生成。为了兼顾数据资料的完备性和三维仿真的需要，对流域大范围地形，可采用各种不同比例尺的DEM资料生成，如全流域采用1∶25万，重点河段采用1∶5万，重要部位采用1∶1万，工程枢纽区采用1∶(500~2000)的DEM资料生成三维立体地形。三维地形用不规则三角网模拟，在流域研究中，人们关心河流胜于高山，但在生成三维地形时如采用等间距平分高差的原则决定三角网密度，则陡峭的山峰模拟将非常逼真，而河谷水系将会模糊不清。所以在大地形生成时应将三角形数量按高差的等比序列分配，低谷河道分配的高差小而山峰分配的高差大，形成高山只具轮廓、河道细微表现的地形。

b. 多重细节技术。在生成虚拟场景时，如果将场景中的所有模型都按建模的精细程度进行渲染和处理，则系统的计算量极大而难以实时演示。在虚拟现实的大范围场景内，三维模型的数量很多，但大部分离视点很远，实际观察到的模型只是一个轮廓，即可以用粗略模型代替；而在小范围场景内采用精细的三维模型，其数量不多，总的计算量不大，这样就解决了视点在不同范围内模型计算量的不平衡问题。

②流域动态环境建模技术。对静态场景的模拟相对简单，而要科学直观地模拟流域内的各种运动状态则需要采用动态模拟技术，如对水流、河床冲淤、枢纽运行状态等的模拟。常用的动态建模技术主要有刚体运动技术、实体变形技术、材质和纹理贴图技术、自定义的运动和变形、粒子系统等。

a. 刚体运动技术。通常采用空间变换或运动路径描述来实现刚体的运动。空间变换可以实现物体的移动、旋转、比例变化等运动，运动路径则可以使物体沿特定路线运动。对于物体本身各部分的运动则可以采用动作自由度的方法来实现复杂动作的描述。如工程模拟中机械的多自由度运动、闸门的启闭、水轮机的转动等均可用刚体运动技术实现。

b. 实体变形技术。这是构造几何体形状变化动态效果的常用技术，它一般构造一系列关键形状，关键形状之间的变化采用插值技术来生成，这样就可以平滑地模拟出几何体的形状变化，如河床的冲淤变化等。

c. 材质和纹理贴图技术。该技术是将材质、纹理贴图与实体表面相关联，通过连续变换纹理或纹理错位的重叠面放映方式，表现由相应纹理所表现的动态效果。对于水流等流体的模拟常用纹理贴图技术加以表现，这样可以在系统消耗不大的情况下比较逼真地模拟水面的动态效果。另外，通过透明材质和纹理的使用，也可模拟水体的透明性，表现水下实体以及水体体积等特性。

d. 自定义的运动和变形。要实现更加复杂的运动和变形，则要借助软件开发来实现，首先要设计出一个适用的几何体，然后通过模型计算和参数求解，生成需要的几何体并通过参数控制几何体的运动和变形。如对水面起伏流动的模拟，可以根据河道的沿程水位生成由三角网组成的片状水面并粘贴水波纹理，三角网的平面坐标由最高水位的水边线确定，节点高程由测站水位实时动态内插。将生成的水面嵌于地形中，低于地形的部分消隐。通过节点高程的不断更新，形成水面流动的真实效果。

e. 粒子系统。是一种模拟不规则的模糊物体的方法，它能模拟物体随时间变化的动态性和随机性。粒子系统的基本思想是将许多简单的微小粒子作为基本元素来表示不规则物体，这些粒子都赋予一定的“生命”，在生命期中它们的“出生”“运动”“生长”及“死亡”都通过随机过程进行控制。在流域模拟中的典型应用是模拟孔口出流等水流运动。

③虚拟仿真模拟控制技术。实现三维场景的显示与控制需要相应图形开发软件的支持，常用的有 OpenGL、Direct 3D、Vega、OpenGVS、WTK 和 Java 3D 等。OpenGVS 提供

了构建虚拟场景的总体框架和大量的 C 函数接口，本身实现了许多图形显示的经典算法，从而避免了重复开发工作。OpenGVS 下的控制程序设计可分为 3 个部分：程序初始化、图形处理循环和程序退出。程序初始化是对场景三维可视化所涉及的各种实体进行初始化赋值并载入的过程，主要包括：创建图像通道并定义透视投影视图体的大小；载入地形地物实体，将其置于特定的空间位置；设定光照和雾化效果的具体参数后加入场景；初始化摄像机位置和视角。通过初始化工作，程序就具备了图形渲染的数据基础，可渲染出最初的场景静态效果图。而要实时生成图形，进行动态交互仿真，就需要根据交互操作实时改变绘图参数，并根据参数的改变渲染出相应图形，这正是程序的图形处理循环部分所要完成的任务，也是三维交互系统设计的核心所在。实时系统的图形处理是按帧循环的，每帧都首先根据交互操作的要求进行实体状态更新，如改变摄像机的位置视角、各种地物的运动状态、光照雾化的效果参数等，然后按照更新后的实体状态绘制输出。其中对实体更新变化过程的控制正是实现三维仿真模拟的接口，如场景漫游就是通过更新摄像机位置和视角来实现的，基于科学计算的三维交互仿真也是通过对相应实体运动变化控制函数的设计而完成的。

(4) 流域智能仿真的实时模拟技术

①实际系统的状态监测和数据采集。实际系统的状态监测和数据采集是实现智能仿真的重要步骤。传统仿真系统采用静态数据驱动的建模与仿真方法，而没有采用动态数据驱动的建模仿真，与实际系统是串行化执行的。除了系统领域的应用需求没有达到外，还包括实际系统的监测与数据采集没有得到很好的解决。随着计算机技术、传感器技术、大数据技术的发展，实际系统的监测和数据采集能力得到了提升，但是部分情况下依然存在仿真系统难于获得实际系统的实时监测数据的支持，例如，由于研发单位与应用单位的协调问题使数据难于流通。

②实时监测数据的动态注入。在获得实际系统的实时监测数据之后，使用监测数据驱动系统的建模和仿真运行，是实现流域智能仿真的关键一步。解决该问题需要首先根据具体的模型、参数、结构等仿真系统特性来分析和设计实时数据运用和接入方法；其次需要采用数据融合、数据同化等技术和算法。

③仿真模拟的高性能计算。随着水利信息化的发展，行业内对高效率流域模型计算的需求也越来越迫切。例如，洪水预报、山洪预警以及水库的实时调度等都要求在短时间内做出正确的决策，这对流域模型计算的效率提出了更高的要求。目前，除计算方法的改进之外，计算机硬件的性能提升也是提高水利计算效率的重要方法，尤其是 GPU 并行优化技术的出现，为水利计算效率的提升提供了一条可行之道。

(5) 流域智能仿真的实时交互技术

平行智能仿真平台的交互性包括虚拟场景漫游控制的交互、原型观测信息实时查询、实体模型试验和数学模型计算成果的演示及交互反馈和控制。地形景物的海量数据可采用多层细节和纹理技术来实现；演示实体模型试验成果的关键是数据的传输和插值；数学模型包括计算与反馈，其交互性凌驾于系统真实性和实时性之上，这对研究平台的实时性及实体模型和数学模型的应变性都提出了更高的要求。

①庞大的计算量和存储量。对三维地形部分，首先根据 DEM 数据生成实体模型的制

模断面、数学模型的计算断面和三维仿真系统的地形。在仿真系统中，可采用多层细节和分区域建模的方式，减少系统的存储量和渲染量；采用基于图像的建模方式完成普通地物的模拟；采用限制视图体大小和雾化消隐等方法减少三维可视化的渲染量。在数学模型方面，通过改进数学模型的算法，优化硬件配置，如采用多机并行计算等提高运行效率。实体模型则需要自动获取试验进程中的各种参数，如水位流量的时空变化及河床变形等。

②研究结果与实时显示的时间匹配。首先以数学模型计算的结果为基础，根据实体模型试验的结果实时修正，将两者的研究结果集成，得出一定时间步长的空间信息，然后对研究结果进行时空插值，即可解决两者的时间匹配问题。

③多种开发语言间信息的实时传输。采用管道传输机制、输入输出重定向技术和事件触发技术实现实体模型试验、数学模型计算和显示进程间的信息传递。建立两类管道：一类用于在图形交互操作中产生的控制信息的传输；另一类用于研究结果的传输。

复习思考题

1. 流域生态系统自然要素监测有哪些指标？
2. 流域生态系统社会经济监测有哪些指标？
3. 数字流域模型的计算可以分为哪几类？
4. 智慧流域数字孪生模型包括哪几部分？
5. 流域水文过程模拟包括哪几部分？
6. 举例阐述概念性水文模型。
7. 分布式与半分布式水文模型有什么区别？

第5章

流域系统规划与实施

【本章提要】主要介绍流域系统规划基本理念；流域系统规划的概念、特征、分类、主要步骤和实施管理；流域生态环境、资源开发、高质量发展综合措施等内容。

5.1 流域系统规划基本理念

5.1.1 “山水林田湖草沙”生命共同体理念

随着现代工业与经济的发展，我国目前面临着严重的生态环境问题。我国十分重视生态文明建设，为解决生态赤字逐渐扩大的问题，应努力践行“绿水青山就是金山银山”理念，尊重自然、顺应自然、保护自然，实现绿色发展、循环发展和低碳发展。开展“山水林田湖草沙”生态保护与系统修复是生态文明建设的重要内容，是贯彻绿色发展理念的有力举措，也是破解当前生态环境保护与经济发展难题，实现生态发展、生活富裕、生态良好的文明发展道路的必然选择。

“山水林田湖草沙”生命共同体理念认为生态要素之间存在普遍联系，“田”是人类生存、维系生命的根本；“水”可以滋润田地，没有水“田”也不能生产粮食，田依靠水，水滋养田，才可以产出供人类生存的粮食；“林草”是陆地生物总量最高的生态子系统；“山”是生境基质，可以凝聚水分，涵养土壤。要进行系统治理，还要加一个“沙”字。“山水林田湖草沙”系统是一个整体，如果其中一个要素遭到破坏，其他要素也会受到影响，进而发生一系列的连锁反应。生态保护修复工作最终的目的是根据“山水林田湖草沙”系统中各要素所处的不同层次和位置，确保生态系统各要素的生态调节功能得以充分发挥，要遵循生态系统的整体性、系统性及其内在规律，推动形成“山水林田湖草沙”系统保护和修复的新格局，在全面建设社会主义现代化国家的新征程中开好局起好步。

5.1.1.1 人的命脉在田

(1)农业的发展进程与演变

中国的农业产业发展具体是指由传统农业向现代农业发展的过程。传统农业产业是指在自然经济条件下，主要依靠人力、畜力、手工工具等手工劳动方式，采用历史沿袭下来的耕作方法和技术，发展以自给自足的自然经济占主导地位的农业。现代农业产业是广泛应用现代科学技术、现代工业提供的生产资料和科学管理方法的社会化农业。农业的发展分为封闭经济条件下的农业和开放经济条件下的农业两大阶段，大致以 1978 年为分界线。

我国温度带基本可以分为中温带、暖温带、亚热带、热带及青藏高原垂直温度带，这 5 个带的耕作制度分别为：一年一熟、两年三熟或一年两熟、一年两熟或一年三熟、一年三熟及一年一熟。

我国农业生产主要有 5 种农业特色：在东部季风区主要为耕作业；云贵高原为坝子农业；河套平原、宁夏平原及河西走廊为灌溉农业；湟水谷地、雅鲁藏布谷地为河谷农业；新疆塔里木盆地、准噶尔盆地为绿洲农业。

(2) 农业在人类社会发展中的作用

农业发展促进了文明形成。农业是人类社会的衣食之源，是生存的基础；农业是其他物质生产部门存在和发展的必要条件；农业是支撑国民经济持续发展和进步的保障。“民以食为天”，农业在国民经济上的基础地位表现在粮食生产上，如果农业不能提供足够的粮食和必需的食品，那么人民的生活就不会安定，生产就不能发展。农业作为国家的第一产业，在国民经济中是一个重要的产业部门，支撑着国民经济的建设和发展。

(3) 人类生存与现代农业

人类的生存与发展必然伴随环境的破坏。土地荒漠化和水土流失现象屡见不鲜，土壤肥力下降、耕地面积减少、质量下降，可耕作土地变得越来越少。滥用化肥造成土地日益贫瘠，还有耕地的人为荒废和非法占用，都会导致粮食产量下降或引发粮食危机。为了人类的生存，我们要爱护土地资源，珍惜每一亩良田，合理耕种，多用有机肥料，以保持土壤的养分含量，从而避免粮食危机的发生。

现代农业具有较高的综合生产率，相比传统农业来说具有较高的土地产出率和劳动生产率，极大地解决了人们对土地的大量需求。现代农业是一个可持续发展的产业，广泛采用生态农业、有机农业、绿色农业等生产技术和生产模式，实现淡水、土地等农业资源的可持续利用，达到区域生态的良性循环，农业本身成为一个良好的可循环的生态系统。

现代农业除了具有农产品供给功能以外，还具有生活休闲、生态保护、旅游度假、文化传承等功能。生活休闲功能是指从事农业生产不再是传统农民的谋生手段，而是一种现代人选择的生活方式；旅游度假功能是指在城市郊区，以满足城市居民节假日在农村进行采摘、餐饮休闲的需要；生态保护功能是指农业在保护环境、美化环境等方面具有不可替代的作用；文化传承则是指农业还是我国 5000 年农耕文明的承载者，在教育、发扬传统等方面可以发挥重要的作用。

5.1.1.2 田的命脉在水

(1) 水利的发展进程与演变

水利是国民经济的公益性、基础性和战略性支撑行业。经济社会发展对水利发展存在多种需求，并随着经济社会发展水平的提高而发生结构性变迁。从中国现代化建设的历史全局着眼，可将新中国水利发展划分为 7 个阶段。

第一阶段(1949—1977)：大规模水利建设时期。这一阶段开展了大规模的水利基础设施建设，特别是集中力量兴建防洪灌溉基础设施。防灾减灾、粮食安全、饮水保障等安全性需求得到了一定程度的保障，但是起点低、需求巨大，供求之间的整体差距仍然很大。这一阶段属于水利开发的起步阶段，水利投资增长速度较快，为中国水利设施的建设奠定了基础，但是由于建设强度高、时间紧迫，水利建设缺乏有效规划，水利工程设施质量普遍不高。同时重工程建设、轻工程管理，水利发展呈现粗放式发展。

第二阶段(1978—1987)：水利建设相对停滞期。这一阶段，中国水利基础设施建设的步伐明显放缓，水利投资甚至出现负增长，农田水利的发展几乎陷入停滞，水利设施建设的重点从防洪灌溉转向供水。水资源短缺和水生态环境恶化的问题日益显现，水利发展的供给与安全性需求之间的差距开始拉大，为经济社会的进一步发展埋下了隐患。相对于同时期的国民经济其他基础设施建设，这一阶段的水利建设相对停滞。

第三阶段(1988—1997)：水利发展矛盾凸显期。这一阶段，农田水利重新得到重视与发展。以1988年《中华人民共和国水法》的颁布为标志，水管理法制建设取得显著进展。水利投资也随着国家财政能力和弥补历史欠账等因素，呈现快速增长。供水和水电等获得了快速发展，经济性需求得到一定程度保障。但是由于水利建设整体步伐较为缓慢，积累的历史欠账不断增多，安全性需求与供给之间的差距越拉越大，导致各种水问题在20世纪90年代后期集中爆发。水旱灾害呈现增加趋势，水资源短缺的问题日益突出，农村饮水安全问题非常突出，水生态环境加速恶化。当时的长江洪水、黄河断流和淮河污染等标志性事件，表明中国已经面临全面的“水危机”。相对于经济社会发展的要求，水利发展显著滞后已经成为中国可持续发展的主要瓶颈。

第四阶段(1998—2010)：水利改革发展转型期。为应对日益严峻的“水危机”，以1998年为转折点，水利建设迎来了改革开放以来的第一个高潮。这一阶段水利投资快速增长，年均增长率为10.3%。防洪建设成就突出，农田水利建设得到进一步加强，农村饮水安全保障工作加快推进。水环境治理的力度不断加大，水环境恶化的趋势得到一定程度遏制；水生态修复工作持续推进，水生态恶化的趋势有所减缓。但是由于水情复杂、历史欠账、基础薄弱等原因，安全性需求的保障水平总体不高，特别是在防灾减灾和农田水利方面仍有较大差距。在水利发展的经济性需求方面，受水资源短缺和水质恶化的影响，水资源供求矛盾比较突出。水系景观、水休闲娱乐、高品质用水等舒适性需求开始涌现，带动了相应供给的较快增长，但是水利发展的供给总体上与舒适性需求的快速增长不相适应。这一阶段开启了治水模式的历史性转型。水利发展大量引入新理念、新思路和新手段，从传统水利开始转向现代水利和可持续发展水利，水利发展的重点从开发、利用和治理转向节约、配置和保护。

第五阶段(2011—2020)：水利加快发展黄金期。随着2011年中央一号文件的出台及中央水利工作会议的召开，中国水利迎来了加快发展的历史性战略机遇，水利建设掀起了新一轮的建设高潮。这10年是水利加快发展的黄金期，水利投资年均增速高达11.6%。水利改革发展全面提速，水利建设明显滞后的局面从根本上扭转。到2020年，基本建成防洪抗旱减灾体系及水资源合理配置和高效利用体系，饮水安全问题得到全面解决，水环境得到明显改善，水生态恶化趋势基本被遏制。水利发展的安全性需求得到较高程度的保障。随着最严格水资源制度的实施以及节水型社会建设的深入开展，水资源利用全面从以需定供转向以供定需。用水效率大幅度提升，水资源供求矛盾趋向于缓解。更多的城市和地区开展水系景观建设，水休闲娱乐消费在更多地区普及，东部地区和发达城市更重视供水品质的提高。

第六阶段(2021—2030)：水利全面协调发展期。这一阶段，防灾减灾、农田水利和饮水安全的保障水平将得到进一步提高，应对气候变化的能力不断增强。由于水利投资总量规模持续扩大，投资增长率增速有所减缓，估计年均增速为8.5%，弹性系数为1.42，仍然是较高的增速。水污染压力明显趋缓，水环境得到全面改善；生态修复工作全面推进，水生态状况趋向好转。到2030年，水利发展的安全性需求得到较高程度的保障。全国用水将实现零增长，2030年水资源供求基本平衡。全国范围内将开展大规模的河道整治和水系景观建设，水休闲娱乐业快速发展，城乡供水水质标准逐步提高。水利工作全面实现科学发展，水利建设和治理水平与经济社会发展水平相适应，水利与人口、经济和社会基本实现协调发展。

第七阶段(2031—2050)：人水关系趋向和谐期。这一阶段，水利发展的安全性需求和经济性需求均已得到较高程度的保障，主要面临的任务是进一步提高保障标准，以及应对气候变化的影响。水利发展的突出问题演变成为如何满足人民日益增长的舒适性需求，特别是良好的生态环境需求。促进人与自然和谐共生，全面修复和保护水生态环境，将成为这一阶段治水的核心任务。至2050年，水利工作将有力支撑绿色现代化，中国将实现山川秀美、人水和谐。在这样一个综合治理的新时期，水利工作必须在新的历史条件和国情水情背景下，做出正确的战略选择。未来一段时期的水利发展必须要统筹兼顾，注重兴利除害结合、防灾减灾并重、治标治本兼顾，促进开发、利用、治理与节约、配置、保护等各项水利工作的协调发展，促进流域与区域、城市与农村、东中西部地区水利协调发展。

(2)农田水利工程在农业生产中的作用

农田水利工程是以农业增产为目的的水利工程措施，即通过兴建和运用各种水利工程措施，调节、改善农田水分状况和地区水利条件，提高抵御自然灾害的能力，促进生态环境的良性循环，使之有利于农作物的生产。农田水利工程的建设原理是防止灌溉土地盐碱化、沼泽化和水土流失，研究水利土壤环境的改善，以及咸水、废(污)水的改造与利用等技术措施。

①农田水利工程建设有助于实现农业可持续发展。可持续发展在农业中的应用，对于社会主义新农村建设具有重要意义。促进农业全面发展是保障社会平稳发展的重要内容，农业是国家经济的基础，只有不断发展农业，才能保障其他行业的平稳发展。农田水利工程建设是实现农业可持续发展的重要保障。农业发展为社会发展奠定了良好的基础，“以人为本”是加强农田水利工程建设的出发点。加强农田水利工程建设，对于改善农业生产环境，提高农业生产力，提高农民生活水平具有积极影响。加强农田水利工程建设是为了实现提高农业生产水平和推动农业发展，最终目的是促使农业发展与社会发展相协调、相适应。

②农田水利工程建设有助于解决“三农”问题。“三农”问题是制约社会发展的根本性

问题，要想有效解决“三农”问题，其中一项重要内容就是不断完善农村基础设施建设。农村基础设施建设也是社会主义新农村建设的重要内容，是推动城乡统筹发展的基本前提，因此，加强农田水利工程建设具有重要的战略意义。自改革开放后，我国不断加强农村基础设施建设，取得了一定的成果，但现代农业基础设施薄弱，这对现代农业建设提出了更高的要求，需要加强农田水利工程建设，提高农业生产力，加速农业现代化建设，用现代科学技术提高农业发展。农田水利工程在改善农业生产环节，推动农业现代化发展等方面起到了重要的作用，为农业现代化发展奠定了物质基础。因此，加强农田水利工程建设有助于加速农业现代化建设。改善农业生产环节有助于推动农业生产，降低生产成本，提高农民经济收入。农田水利工程建设提高了农业生产效率，同时在防洪、防旱、水土涵养等方面起到了重要作用，在改善生态环境方面也有积极作用。

③农田水利工程建设有助于生态农业的健康发展。农村基础设施的完善是推动农村经济发展的重要前提。改革开放后，国家不断加大对农村建设的投入，对于推动农村经济发展具有积极影响。加强农田水利工程建设有助于推动农业生产的发展，提高了农业生产力，推动了社会主义新农村建设。加强农田水利工程建设为发展生态农业奠定了良好的物质基础。农田水利工程的建设有助于农业结构的优化和调整，在推动农村经济发展的同时，提高了农民的经济收入。将农田水利工程建设纳入农村基础设施建设范围，逐步完善农村的排水、水利、环保等基础设施建设，改善农民生产和生活环境，有助于推动生态农业的发展和农业产业结构的调整。

(3)现代农田水利

在现代农业发展过程中，农田水利技术的发展与应用是提高农业产量、保证农业可持续发展的重要支撑。探索有中国特色的农田水利现代化道路，对于维护我国的粮食安全，提高农业用水效率，解决“三农”问题具有积极的促进作用。探索中国特色农田水利现代化道路需要注意处理好 5 种关系：

①农田水利发展和国情的关系。目前我国实行家庭联产承包责任制，各户地块小而分散，不利于大面积农田水利建设，在进行农田水利现代化建设时，必须立足于这一基本国情，探索此国情条件下农田水利现代化建设新模式。

②农田水利发展中现代与传统的关系。我国具有悠久的灌溉历史，形成了具有中国特色的灌溉耕作体系，在现代农田水利建设中，需要正确吸收传统灌溉耕作的长处，结合现代农田水利技术，使传统与现代密切结合，发展具有中国特色的农田水利体系。

③农田水利发展和环境的关系。农田水利的发展必须兼顾环境的改善，将环境友好作为农田水利发展的重要内容纳入农田水利建设体系，农田水利发展必须走“绿色水利”发展之路，不仅“利田”，而且要“利水”，实现“水利型社会”与“利水型社会”兼顾。

④农田水利发展和农民的关系。农田水利建设的受益者是农民，在农田水利现代化建设过程中，积极发挥农民的主动性和能动性，将农民作为重要的参与主体是非常重要的，建立农民与农田水利发展的良性互动关系至关重要。

⑤农田水利发展与各种促进机制和关系。农田水利的健康发展需要各种机制的促进，改革创新各种机制是农田水利发展的重要内容，通过机制的改革和创新促进现代农田水利的可持续发展。

5.1.1.3　水的命脉在山

(1) 山丘的形成与演变

我国位于亚欧大陆东部，太平洋的西岸，是一个大陆型海洋国家，我国东西、南北跨度极大，国土面积极为辽阔。从板块构造学说的角度来看，我国地处亚欧板块、印度洋板块和太平洋板块的消亡边界附近，板块之间的碰撞挤压对于我国宏观地形的形成有着重要的影响。主要表现在以下方面：

①地貌类型复杂多样，类型齐全。其中山地占 33%，高原占 26%，盆地占 19%，平原占 12%，丘陵占 10%。高原类型包括冰雪融冻的高原、喀斯特高原、黄土高原；平原类型包括内陆盆地(塔里木盆地)、外流盆地(四川)；丘陵类型包括花岗岩丘陵、红土丘陵、岩溶丘陵。

②整体地势西高东低，呈阶梯分布，大致可分为三级阶梯。一级阶梯：西段昆仑山—阿尔金山—祁连山以南、岷山—邛崃山—横断山脉以西的青藏高原，平均海拔 4500 m；二级阶梯：青藏高原外缘至大兴安岭—太行山—巫山—雪峰山之间，海拔 1000~2000 m，包括内蒙古高原、黄土高原、云贵高原、塔里木盆地、准噶尔盆地和四川盆地；三级阶梯：二级阶梯以东，高度降至 500 m 以下，主要由平原和丘陵组成，包括东北平原、华北平原、长江中下游平原，大陆向海延伸，为宽广的大陆架浅海，水深一般在 200 m 以内，大陆架上海岛众多，包括台湾岛、海南岛、舟山群岛等。这样的地势加强了东部地区的季风强度，抑制了西部地区南北冷暖气流的交换，增大了气候的地域差异。

③山地占全国陆地面积的 1/3。兰州—昆明以西多高山和极高山，以东多中山和低山，少数超过 300 m；但也有例外，如秦岭最高峰——太白山 3771.2 m，台湾中央山脉主峰——玉山 3952 m；地势高低悬殊，有地球最高峰——珠穆朗玛峰 8848.86 m，也有海平面以下艾丁湖-154 m；雅鲁藏布江大峡谷的南迦巴瓦峰 7782 m，峡谷的底部出口巴昔卡仅有 155 m，高差超过 7500 m；金沙江沿岸的玉龙雪山(海拔 5596 m)与虎跳峡水面(海拔 1700 m)，高差也接近 4000 m。

从地形角度来看，我国的地形特征可以描述为：地形类型复杂多样，以山地、高原地形为主，山区(丘陵、山地以及崎岖的高原)面积广大，地势西高东低，呈三级阶梯状分布。从地形单元来看，我国主要的高原地形区包括青藏高原、黄土高原、内蒙古高原和云贵高原，主要的盆地地形区包括塔里木盆地、准噶尔盆地、柴达木盆地和四川盆地，主要的平原地形区包括东北平原、华北平原和长江中下游平原，主要的丘陵地形区包括山东丘陵、辽东丘陵和东南丘陵(包括江南丘陵、两广丘陵和浙闽丘陵)。

我国是一个山地分布十分广泛的国家，从山地走向来看，我国主要山地的走向分为两类：第一类是东西走向的山脉，包括北列的天山和阴山，中列的昆仑山和秦岭，南列的南岭；第二类是东北—西南走向的山脉，包括西列的大兴安岭、太行山、巫山和雪峰山，中列的长白山和武夷山，东列的台湾山脉。此外，我国还分布有南北走向的山脉，如横断山脉、贺兰山和六盘山等；西北—东南走向的山脉，如阿尔泰山、祁连山、小兴安岭和大别山等；还有巨大的弧形山脉，如喜马拉雅山脉。

(2) 河流特征

由于亚洲的地形结构呈中部高、四周低，所以亚洲河流具有以下特征：

①河流呈辐射状。青藏高原和帕米尔高原处于中南部，亚洲的大部分山脉从这里分散出去。因而亚洲水系分布受地貌结构的制约，也呈不匀称的辐射状；以荒漠为中心，由帕米尔高原、阿尔金山脉、蒙古高原东缘、阿尔泰山山脉、哈萨克丘陵、图尔盖高原以及伊朗高原南缘的山脉，围成广大的内陆水系。内陆流域外围是外流水系，由朱格朱尔山、斯塔诺夫山脉(外兴安岭)、雅布洛诺夫山脉、萨彦岭、哈萨克丘陵等围成的向北冰洋倾斜的北冰洋流域；大兴安岭、横断山脉以东为太平洋流域；喜马拉雅山脉、兴都库什山脉和托罗斯山脉以南属印度洋流域。另外，还有少数短小河流分别注入黑海和地中海。

②长河数量多。亚洲区域辽阔，许多河源远离海洋形成长河。流程在 4000 km 以上的河流共 7 条：鄂毕河、叶尼塞河和勒拿河是北冰洋流域的最长河流；黑龙江、黄河、长江和湄公河是太平洋流域的大河。即便中亚的内陆河——锡尔河也比欧洲的多瑙河长一些。

③内陆流域广大。亚洲内陆流域面积约为 1770×10^4 km^2，占全洲总面积的 40%，这个比率在世界各大洲中仅次于大洋洲。广阔的内陆流域主要受地形和气候影响，同时，与第四纪地质史也有密切关系。内陆水系多分布在中亚、西亚闭塞的山间高原、盆地与低地，这些地区多是年降水量小于 300 mm 的干旱荒漠和半荒漠地带。第四纪大冰期后，鄂毕河、叶尼塞河改道北流，过去向南流的旧河道逐渐干枯，成为遗迹，促使中亚地区向干燥的内陆荒漠转化。亚洲地形类型复杂，地势起伏极端。高原、山地、丘陵、平原、盆地都有分布，但高原山地所占的比重极大，约占全亚洲的 3/4。海拔 200 m 以下的仅占总面积的 1/4。平均海拔约 950 m。亚洲的地势中部高，多山和高原；四周低，多丘陵和平原。在山地和高原外围分布的若干平原大多是由河流冲积而成的。亚洲的气候具有强烈的大陆性、典型的季风性和类型的复杂性等特征。除了温带海洋性气候和冰原气候外，世界上主要的气候类型在亚洲都有分布。受气候和地形的影响，亚洲河流的补给一般有高山融水补给和雨水补给。亚欧大陆是世界上最大的大陆，太平洋是世界上最大的洋，因而亚洲的季风性很强，所以亚洲也是世界上季风气候分布最广的地区。

(3)水资源特征

水资源是可供人类直接利用，能不断更新的天然淡水(主要指陆地上的地表水和地下水)。也有人将水资源定义为自然界任何形态的水，包括气态水、液态水和固态水。地球上水的总储量很大，为 13.86×10^8 km^3，但淡水储量只占 2.5%。水既是人类从事生产活动的重要资源，又是自然环境的重要因素。它不同于土地资源和矿产资源，有其独特的性质，只有充分了解它的特性，才能合理、有效地利用，防止因水资源过量利用而造成地表、地下水体枯竭。水资源的特征表现为：

①循环性和有限性。地表水和地下水不断得到大气降水的补给，开发利用后可以恢复和更新。但各种水体的补给量是不同的和有限的，为了可持续供水，水的利用量不应超过补给量。水循环过程的无限性和补给量的有限性，决定了水资源在一定数量限度内才是取之不尽、用之不竭的。

②时空分布不均匀性。水资源在地区分布上很不均匀，年际年内变化大。为满足各地区和各部门的用水要求，必须修建蓄水、引水、提水、水井和跨流域调水工程，对天然水资源进行时空再分配。

③用途广泛性。水资源用途广泛，不仅用于农业灌溉、工业生产和城乡生活，而且用于水力发电、航运、水产养殖、旅游娱乐等。

④经济的两重性。水资源既可造福人类，又可危及人类生存(如由于水资源开发利用不当造成水体污染、地面沉降等人为灾害)，决定了其在经济上的两重性，既有正效益也有负效益。因此，水资源的综合开发和合理利用应达到兴利、除害的双重目的。

5.1.1.4　山的命脉在土

(1) 土壤的形成过程

土壤的形成过程是指在土壤物质分解、合成、转化、移动和聚积等过程的影响下，土壤层次发生分化，土壤形态和内在性质也发生有规律变化的过程。由于地球表面成土条件的多种多样，不同土壤类型的形成又有其特殊的成土过程。根据土壤形成中的物质能量迁移、转化特点，划分出以下基本成土过程：

①原始土壤形成过程。是指从裸露岩石表面及其风化物上低等植物着生到高等植物定殖之前形成土壤的过程，包括岩生微生物(蓝藻、绿藻、甲藻、硅藻等)的“岩漆”阶段、地衣阶段和苔藓阶段。在这 3 个阶段的发展中，细土和有机质不断增多，为高等植物的生长准备了肥沃的基质。这一成土过程主要发生在高山区。

②有机质积累过程。是指在木本或草本植被覆盖下，土体上部进行的有机质积累过程。它是自然土壤形成中最为普遍的一个成土过程。根据地表植被类型的不同，分为漠土有机质积累过程、草原土有机质积累过程、草甸土有机质积累过程、林下有机质积累过程、高寒草甸有机质积累过程和湿生植被的泥炭积累过程等。

③黏化过程。是土壤剖面中黏粒形成和积累的过程，主要发生在温暖、湿润的暖温带和北亚热带气候条件下。由于化学风化作用盛行，使原生矿物强烈分解，次生黏土矿物大量形成，表层的黏土矿物向下淋溶和淀积，形成淀积黏化土层。

④钙积过程。是干旱、半干旱地区土壤碳酸盐发生移动和积累的过程。在季节性淋溶条件下，降水将易溶性盐类从土体中淋失，而钙、镁只部分淋失，部分仍残留在土壤中。因此，土壤胶体表面和土壤溶液被钙或镁所饱和，在雨季向下移动的钙淀积在剖面的中部或下部，形成钙积层。

⑤盐渍化过程。由地表季节性的积盐和脱盐两个方向相反的过程构成，主要发生在干旱、半干旱地区和滨海地区，可分为盐化和碱化两种过程。盐化过程指地表水、地下水和母质中的易溶性盐分，在强烈的蒸发作用下，通过土体中毛管水的垂直移动和水平移动，逐渐向地表积聚的过程；碱化过程是交换性钠不断进入土壤胶体的过程，其前提是土壤溶液的钠离子浓度较高，它使土壤呈强碱性反应，并形成碱化层。

⑥白浆化过程。是在季节性还原淋溶条件下，黏粒与铁、锰淋溶淀积的过程，主要发生在冷湿的气候条件下。在地下水季节性浸润的土壤表层，铁、锰和黏粒随水流失或向下移动，在腐殖质层(或耕层)下形成粉砂量高，而铁、锰贫乏的白色淋溶层；在剖面中、下部则形成铁、锰和黏粒富集的淀积层。

⑦灰化过程。是土体表层 SiO_2 残留，Al_2O_3 和 Fe_2O_3 淋溶、淀积的过程。在寒带或寒温带针叶林植被下，由于凋落物富含单宁和树脂类物质，在真菌作用下生成有机酸，它使原生矿物和次生矿物强烈分解。随着有机酸溶液的下渗，土体上部的碱金属和碱土金属淋

失，难溶的 Al_2O_3 和 Fe_2O_3 也从表层下移，淀积于下部，只有极耐酸的 SiO_2 残留在土体上部，形成一个强酸性的灰白色淋溶层，称为灰化层。

⑧潜育化过程。是土体在长期渍水的条件下，由于空气缺乏发生的还原过程。有机质在嫌气分解过程中产生还原物质，高价铁、锰转化为亚铁和亚锰，形成一个蓝灰色或青灰色的还原层次，称为潜育层。

⑨富铝化过程。是指土体的脱硅、富铝铁过程。在热带、亚热带高温多雨气候条件下，风化产物和土体中的硅酸盐类矿物被强烈水解，释放盐基物质，产生弱碱性条件，可溶性盐类、碱金属(如钠、钾，它们的氢氧化物易溶于水，呈强碱性)和碱土金属(如镁、钙，它们的氧化物都呈碱性)盐基及硅酸大量流失，而铁、铝等元素却在碱性溶液中沉淀，形成土体中铁、铝氧化物的富集，使土体呈红色。

⑩草甸化过程。是指土壤表层的草甸有机质聚集过程、受地下水影响的下部土层的潴育化过程，以及底层的潜育化过程的重叠过程。

⑪熟化过程。是在耕作条件下，通过耕耘、培肥和改良，促进水、肥、气、热诸因素不断协调，使土壤向有利于作物高产方面转化的过程。通常把种植旱作条件下的定向培肥土壤过程称为旱耕熟化过程；把淹水耕作，在氧化还原交替条件下的定向培肥土壤过程称为水耕熟化过程。

(2)土壤侵蚀的主要类型与过程

土壤侵蚀是指土壤及其母质在水力、风力、冻融或重力等外营力作用下，被破坏、剥蚀、搬运和沉积的过程。按外营力种类可以分为水力侵蚀、风力侵蚀、重力侵蚀、冻融侵蚀、冰川侵蚀、混合侵蚀、化学侵蚀等。

①水力侵蚀。是指在雨滴击溅、地表径流冲刷和下渗水分作用下，土壤、土壤母质及其他地面组成物质被破坏、剥蚀、搬运和沉积的全部过程。常见的水力侵蚀形式包括雨滴击溅侵蚀(简称溅蚀)、坡面侵蚀(简称面蚀)、沟道侵蚀(简称沟蚀)、山洪侵蚀等。

a. 溅蚀。是指在雨滴击溅作用下土壤结构破坏和土壤颗粒产生位移的现象，可进一步分成干土溅散、湿土溅散、泥浆溅散、地表板结 4 个阶段。

b. 面蚀。是指分散的地表径流冲走地表土粒。可分为层状面蚀、沙砾化面蚀、鳞片状面蚀和细沟状面蚀。

c. 沟蚀。是集中的地表径流冲刷地表，切入地面带走土壤、母质及基岩，形成沟壑的过程。由沟蚀形成的沟壑称为侵蚀沟，侵蚀沟发展分为溯源侵蚀、纵向侵蚀、横向侵蚀、停止等阶段。

d. 山洪侵蚀。是山区河流洪水对沟道堤岸的冲淘、对河床的冲刷或淤积过程。

②风力侵蚀。指土壤颗粒或沙粒在气流冲击作用下脱离地表，被搬运和堆积的一系列过程，以及随风运动的沙粒在击打岩石表面过程中，使岩石碎屑剥离出现擦痕和蜂窝的现象。风和风沙流对地表物质的吹蚀和磨蚀作用，统称为风蚀作用。其中，风将地面松散沉积物或基岩风化产物吹走称为吹蚀；风沙流以其沙粒冲击、磨损地表物质称为磨蚀。在风沙流运行过程中，由于风力减缓或地面障碍等原因，风沙流中沙粒沉降堆积的过程称为风积作用。风力和风沙对地表物质、基岩的吹蚀和磨蚀后所形成的地貌称为风力侵蚀地貌，常见的风力侵蚀地貌主要有风蚀蘑菇、风蚀洼地、风蚀城堡等。风力侵蚀地貌主要分布在

干旱、半干旱地区，如我国柴达木盆地的西北部、塔里木盆地东部的罗布泊地区，还有新疆东部以及准噶尔盆地的西北部等。这些地区位于亚洲中部，距离海洋远，水汽难以到达，降水较少，昼夜温差大且植被覆盖率低，所以风力强盛。

③重力侵蚀。是一种以重力作用为主要外营力引起的土壤侵蚀类型(表 5-1)。它是坡面表层土石物质及中浅层基岩，由于本身所受的重力作用(很多情况还受下渗水分、地下潜水或地下径流的影响)，失去平衡，发生位移和堆积的现象。根据土石物质破坏和位移方式的不同，主要分为四大类(泻溜、滑坡、崩塌、蠕动)若干小类(图 5-1)。

a. 泻溜。是崖壁和陡坡上的土石经风化形成的碎屑，在重力作用下，沿着坡面下泻的现象。

表 5-1　重力侵蚀的动力学机制

类　型	公　式	各字母含义	临界条件和发生条件
单体碎屑	$T=G\sin\theta$ $N=G\cos\theta$ $T_f=N\tan\phi$	θ：坡角 T：下滑力 N：对坡面压力 T_f：坡面阻力 ϕ：内摩擦角(临界坡脚)	$\theta>\phi$：下滑 $\theta<\phi$：稳定 $\theta=\phi$：极限平衡
块体整体位移	$\tau_f=N\tan\phi+CA$ $K=(N\tan\phi+CA)/T$	τ_f：摩擦阻力(抗滑强度) K：为稳定系数 T：下滑力	$K=1$：极限平衡 $K>1$：稳定(工程上一般采用的 K 值为 2~3) $K<1$：不稳定

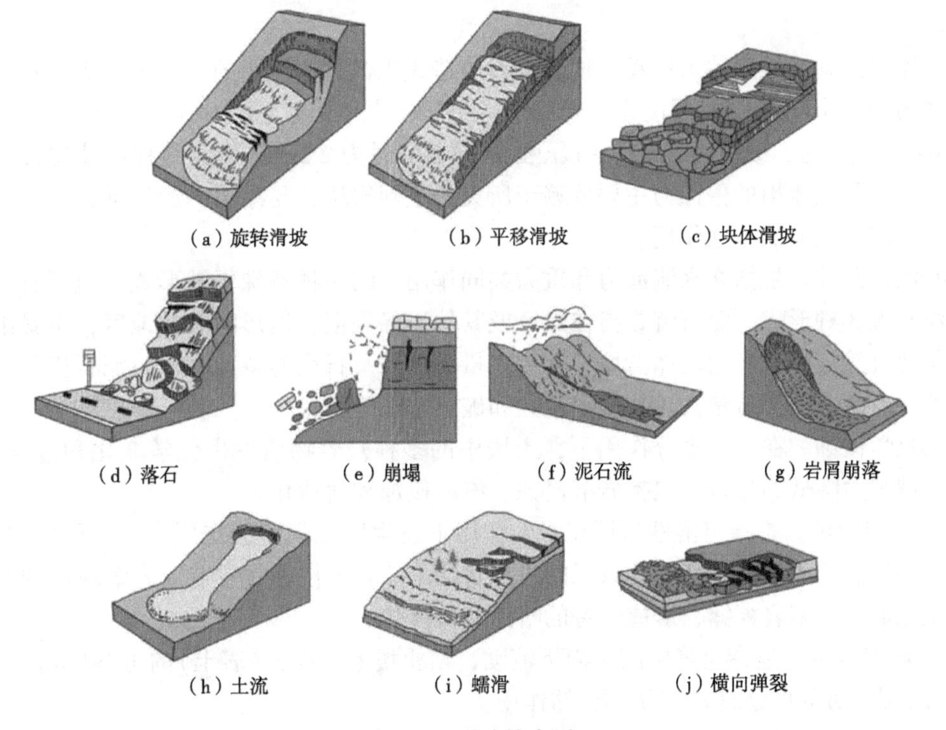

图 5-1　滑坡的类型

b. 滑坡。当雨水渗透至土层底部，在不透水层或基岩上形成地下潜流。由于土体不断吸水增重，土体沿着一定滑动面发生的位移现象，称为滑坡。滑坡一般具有滑体、滑动面或滑动带、滑床 3 个要素。

c. 崩塌。是指陡崖岩、土体遭受地震、降水入渗以及人为作用影响而失去平衡，在重力作用下脱离陡崖、下坠堆积或在坡地滚动，直至地面阻力超过其滚动力为止的地质现象。崩塌多发生在坚硬、半坚硬或软硬互层的岩(土)体中、发生在土体中的称为土崩、发生在岩体中的称为岩崩，规模巨大涉及山体的称为山崩。

d. 蠕动。是指斜坡上的土体、岩体及其风化碎屑物在重力作用下，顺坡向下缓慢移动的现象，包括松散层蠕动和岩体蠕动。松散层蠕动是指颗粒本身由于冷热、干湿变化引起体积膨胀、收缩，同时又在重力作用下产生的，包括土层蠕动和岩屑蠕动。岩体蠕动是指斜坡上的岩体在重力作用下，发生十分缓慢的塑性变形或弹性变形，主要出现在页岩、片岩、千枚岩、黏土岩等柔性岩层组成的坡地上。

④冻融侵蚀。是指由于土壤及其母质孔隙中或岩石裂缝中的水分在冻结时，体积膨胀，使裂隙随之加大、增多所导致整块土体或岩石发生碎裂，消融后其抗蚀稳定性大为降低，在重力作用下岩土顺坡向下方产生位移的现象，可分为冻拔和冻劈。

a. 冻拔。在寒冷地区，当土壤含水量过高时，土壤由于冻结膨胀而升起，连带植物抬起；春季解冻时，土壤下沉而植物留在原位造成土壤根部裸露死亡。

b. 冻劈。在岩石孔隙或裂缝中的水在冻结成冰时，体积膨胀，对岩石裂隙壁产生很大的压力，使裂隙加深加宽；当冰融化时，水沿扩大了的缝隙渗入更深的岩体内部，同时水量也可能增加，这样冻结融化频繁交替进行，不断使裂缝加深扩大，导致岩体崩裂成岩屑。

⑤冰川侵蚀。是由冰川运动对地表土石体造成机械破坏作用的一系列现象。从理论上讲，冰的硬度小(0 ℃时，硬度为 1.0~2.0；−15 ℃时，硬度为 2.0~3.0；−40 ℃时，硬度为 4.0；−50 ℃时，硬度为 6.0)，抗压强度低(0 ℃时为 2 kg/cm^2)，纯粹的冰侵蚀力非常有限。而实际上冰川的侵蚀力主要依赖于所夹的坚硬岩块，与冰川一起运动，在强大的挤压下而表现出巨大的侵蚀作用。

⑥混合侵蚀。是指在水流冲力和重力共同作用下的一种特殊侵蚀形式，包括石洪、泥流和泥石流 3 种形式。泥石流是指在山区或其他沟谷深壑、地形险峻的地区，由暴雨、暴雪或其他自然灾害引发的山体滑坡并携带大量泥沙以及石块的特殊洪流。泥石流具有发生突然性以及流速快、流量大、物质容量大和破坏力强等特点。

⑦化学侵蚀。在下渗水分作用下，土壤中的多种营养物质发生化学变化和溶解损失，导致土壤肥力降低的过程，包括岩溶侵蚀、淋溶侵蚀和盐渍化。

a. 岩溶侵蚀。是指可溶性岩层在水的作用下发生以化学溶蚀作用为主，伴随有塌陷、沉积等物理过程而形成独特地貌景观的过程及结果。岩溶侵蚀常常造成岩溶地区的土层变薄、土地退化、基岩裸露，形成奇特的喀斯特石漠化。

b. 淋溶侵蚀。是指土壤内的水向下流动，使土壤上层部分(表土)的可溶性物质(矿物质、有机物)随着水分流失(至底土)的作用。

c. 盐渍化。是指土壤底层或地下水的盐分随毛管水上升到地表，水分蒸发后，使盐分积累在表层土壤的过程，也称盐碱化。盐渍化对农业危害极大，可导致区域内物种多样性退化，生态环境恶化。

(3) 山与土壤的关系

山与土壤之间的关系是相辅相成、密不可分的。山的命脉在土。正因为有了土壤，微生物、植物乃至动物才有了繁衍生息的自然生态环境，山也成为有生命的“青山”。山主要通过地形、坡度、坡向等对土壤的形成产生影响。地形对土壤形成的影响主要是通过引起物质、能量的再分配间接作用于土壤。在陡峭的山坡上，由于重力作用和地表径流的侵蚀力往往加速疏松地表物质的迁移，所以很难发育成深厚的土壤；而在平坦的地形部位，地表疏松物质的侵蚀速率较慢，使成土母质得以在较稳定的气候、生物条件下逐渐发育成深厚的土壤。在山区，由于温度、降水和湿度随着地势升高的垂直变化，形成不同的气候带和植被带，导致土壤的组成成分和理化性质均发生显著的垂直地带分化。此外，坡度和坡向也可改变水热条件和植被状况，从而影响土壤的发育。例如，由于阳坡接受太阳辐射多于阴坡，其温度状况比阴坡好，但水分状况比阴坡差，植被盖度一般是阳坡低于阴坡，从而导致土壤中物理、化学和生物过程的差异。

5.1.1.5　土的命脉在林草

(1) 植被的分布与结构

由于热量和水分状况在地球表面分布的规律性，致使植被在地理分布上也表现出相应的地带性规律，包括纬度地带性、经度地带性和垂直地带性，三者称为三向地带性。

①纬度地带性。是以热量为基础，同时因为受地球形状影响，太阳辐射强度从赤道向两极递减，因此产生的由赤道向两极的地域分异规律。受纬度地带性的影响，全球植被呈一定的规律分布，北半球自北到南依次出现：寒带苔原→寒温带针叶林→温带落叶阔叶林→亚热带常绿阔叶林→热带雨林；欧亚大陆中部和北美中部，自北向南依次出现：苔原→针叶林→落叶阔叶林→草原→荒漠；南美太平洋沿岸由北向南更替的植被为：亚热带荒漠→矮灌木与旱生灌木→常绿硬叶林→落叶阔叶林→冻原。

②经度地带性。是在同一水平地带内的湿度，常因大气环流和距海洋的远近而具有很大差异，也称为海陆分布。经度地带性在我国温带地区表现较为明显，自东向西和自东南向西北依次分布：落叶阔叶林(或针阔叶混交林)→草原(草甸草原→典型草原→荒漠草原)→荒漠(草原化荒漠→典型荒漠)。纬度地带性和经度地带性二者合称为水平地带性。

③垂直地带性。山地森林的分布受到海拔的影响，通常海拔每上升 100 m，年平均气温下降 0.5~0.6 ℃。同时，降水量、风速、光照等因素也发生规律性改变。气候条件的这种垂直梯度变化导致森林在垂直分布上出现相应变化。反映植被在垂直方向上变化的简单图式称为垂直带谱。如在潮湿热带地区，随着海拔的升高逐渐更替出现：热带雨林→山地雨林→常绿阔叶林→针阔混交林→寒温带暗针叶林→高山灌丛、高山草甸。

森林植被的结构指组成林分的林木群体各组成成分的空间和时间分布格局，即组成林分的树种、比例、密度、配置、林层、根系等在时间和空间上一定的水平分布和垂直分布状况，包括随机分布、均匀分布和集群分布。随机分布是指彼此独立的个体，各自在空间内都是随机定位或个体分布完全取决于机会；均匀分布是指种群个体呈等距的规则分布；集群分布是指种群个体呈成群、成簇或斑块状的集聚，是最常见的结构形式。

(2)植被的功能与属性

地球上的生物多样性大部分存在于森林、稀树草原、草原、荒漠、河流、海洋等自然生态系统中，农田、风景林、药材基地、果园等环境中也保存了部分生物多样性，各种基因库、植物园、动物园、种质资源库也作出了一定的贡献。

①森林植被通过林冠层和植被枯落物对降水进行再分配。在有植被覆盖的地区，总有部分降水被植被截留：部分降水附着在植物表面，最终被直接蒸发，其他部分虽能到达地面，但由于截留作用其能量已被消耗，不会对土壤造成侵蚀，这是植被对降水的第一次分配。林地中的枯枝落叶层如同海绵能够吸水，并能暂时蓄积水分，可延缓降水进入土壤的时间，减少地表径流，减轻降水对土壤的侵蚀，这是植被对降水的二次分配。

②植被具有固结土壤的作用。植被主要通过发达的根系固持网络土壤和其地上部分，各种植物的根系都有固持土壤的作用，乔灌木树种依靠其深长的垂直根系和扩展较广的侧根系，能以相当大的深度和幅度固持土体，加之树木之间根系相互交错，构成地下"钢筋"，固土作用就更大。

③植被可以改良土壤。植被主要通过生理活动改善土壤的形成条件，实现对土壤物质的某些更新和增加。植被通过其强大的根系从深层土壤吸收无机盐分，制造有机物质。同时，每年有70%的有机物质以枯枝落叶的形式归还土壤，这为土壤肥力改善创造了条件。另外，植被的根系在从土壤中吸收养分建造自身的同时，又向土壤分泌有机酸和其他有机化合物，促进了土壤中无机物和有机物的分解和溶解，为土壤的微生物活动创造了良好的条件，经过微生物的分解，使土壤腐殖质含量增加。

④植被可以减少太阳辐射，调节环境温度。植被群落的结构越复杂，对温度的影响越大。由于植被的遮阴作用，白天林内的温度较低，林内的风速较小，加之枯枝落叶层的覆盖，可以减少林内土壤水分的蒸发。另外，植物本身的蒸腾作用可以增加空气中的水汽含量，因此林中的空气湿度较无林地高。

⑤植被能够维持大气组分平衡。植被吸收二氧化碳，释放氧气，有害气体虽对植物生长不利，但在一定条件下，许多植物对它们具有吸收和净化作用。植物，特别是树木，对烟尘、粉尘有显著的阻挡、过滤和吸附作用。此外，绿地能够显著减少空气中的含菌量。

⑥植被的枝叶可以降低风速，根系可以固土固沙。如果林带和林网配置合理，可将灾害性的风变成小风。凡是植树种草的地区，风沙灾害就大大减轻。

(3)植被与土壤的关系

土的命脉在林草，山上的土一方面在植物根系固定下被保持在山体表面；另一方面也通过植物生长实现物质的生物循环和积累，促进土壤的熟化。

森林素有"绿色水库"之称，不仅能涵养水源，调节河川径流，而且能防止水土流失，保护土地资源；草是先锋植物，素有"地球皮肤"的美称。不同类型的根系以相当大的幅度和深度固持土体起抗风、保水、固土作用。根系分泌物是土壤微生物营养物质的来源并促进土壤团聚体形成。残落在土壤中的死亡根系，是土壤中重要的有机质来源，能够促进良好土壤结构的形成。根系死亡后留下的孔道能够改善土壤的通气性，并有利于重力水的下排。

土壤为植物提供根系的生长环境，来为其保温、保湿，同时能够辅助根部实现对植株的固定作用。土壤是很好的“储藏室”，可以储存水分、空气、矿质元素，这些是植物生长所必需的，植物能够直接从土壤中摄取。土壤内含有大量其他生物，如微生物和无脊椎动物。微生物能够分解有机质(植物无法直接吸收有机物)使之变成植物能够直接利用的无机物，为植物的生长提供营养；无脊椎动物如蚯蚓，能够通过其生理作用(运动等)达到翻土的目的，使土壤孔隙加大，增大土壤空气含量，同时蚯蚓粪便能够为植物提供直接营养。

5.1.1.6　治沙和沙产业

(1)泥沙的形成

泥沙是指在土壤侵蚀过程中，随水流输移和沉积的土体、矿物岩石等固体颗粒。泥沙颗粒的大小通常用泥沙的直径来表示，但由于泥沙形状不规则，直径不易直接测定，理论上采用等容粒径，即与泥沙颗粒体积相等的球体来表示。等容粒径简称粒径，常用单位是毫米。泥沙的产生的原因主要分为两种：自然因素和人为因素。

①自然因素。主要有地形、降水、土壤(地面物质组成)、植被 4 个方面：

a. 地形。地面坡度越陡，地表径流的流速越快，对土壤的冲刷侵蚀力就越强。坡面越长，汇集地表径流量越多，冲刷力也越强。

b. 降水。产生水土流失的降水一般是降水强度较大的暴雨，当降水强度超过土壤入渗强度时才会产生地表(超渗)径流，对地表造成冲刷侵蚀。

c. 土壤。多为质地松软、遇水易蚀、抗蚀力很低的土壤，如黄土、粉砂壤土等，是产生水土流失的对象。

d. 植被。黄土高原地区植被稀少，降水直接击打地面，因而易发生土壤侵蚀。

②人为因素。是人类对土地不合理的利用破坏了地面植被和稳定的地形，造成严重的水土流失，主要表现在两个方面：毁林毁草、陡坡开荒破坏了地面植被；开矿、修路等基本建设不注意水土保持，破坏了地面植被和稳定的地形，同时，将废土石随意向河沟倾倒，形成新的泥沙来源。根据泥沙运动情况，可将泥沙区分为推移质、跃移质和悬移质。由于跃移质是推移质和悬移质之间的物质，因此有时把跃移质合并在推移质中，而只将泥沙区分为推移质和悬移质两种。

a. 推移质。它以沙波形式运动，运动可用艾里定律来说明，即河底滚动的推移质的直径与水流速度的平方成正比，推移质的质量与水流速度的六次方成正比。河流上游河段的流速变化很大，洪水时常能推动巨大的砾石，洪水稍微退落，推动力迅速减弱，巨砾当即停留不动，故上游河段及其附近河槽，常见巨砾堆积。含沙量每立方米达数百以至1000 kg以上的高含沙水流有两种基本的流态：一种是高强度紊流，另一种是湍流。高含沙水流携带大量泥沙，当进入下游河段，比降减小，流速变缓时，就容易大量淤积。在山区，还有一种含沙量极高的突发性高速水流，即泥石流。它挟带大量的泥沙和石块，含沙量高达1300～2300 kg/m^3，破坏力很强。

b. 悬移质。悬移质运动是泥沙运动的重要方式，其运动形式是随水漂流，引起泥沙悬浮的主要因素是紊动作用。悬移质运动时受到两种力的作用：一种是重力，使泥沙向河底沉降；另一种是水流推动力，使泥沙沿河向下游运动。泥沙向下游运动的速度与水流速度有关，泥沙输送量可间接代表泥沙向下游运动的速度，流量越大，可带走的泥沙量越多。泥沙的运动常受河底地形和水流内摩擦等因素的影响而产生涡流。悬移质在沉降过程中被涡流带回上层，使泥沙上下漂移，沉降速度变慢，因此细颗粒泥沙往往被带到下游很远的地方。

(2) 泥沙的两面性

泥沙是具有两面性的。

一方面，泥沙在河流下游的两岸逐渐形成冲积平原。河流在上游一般位于山区或高原，多为急流，从上游侵蚀了大量泥沙，到了下游平原区，多为缓流，因流速不再足以携带泥沙，这些泥沙便沉积在下游，逐渐形成冲积平原。冲积平原分布区域地势低平，起伏和缓，海拔大部分在 200 m 以下，相对高度一般不超过 50 m，有的仅 10~20 m；坡度一般在 5°以下，有的不到 1°或 0.5°。冲积平原分布于不同高度、纬度和河流的不同部位(上、中、下游)。以中国为例，位于第一地形台阶青藏高原面上的有雅鲁藏布江上游的马泉河串珠状宽谷冲积平原，海拔在 4550 m 以上；位于第二地形台阶高原面上的有黄河中游河套冲积平原、关中渭河冲积平原，高 1300~3000 m；但更多的是分布于东部最低一级地形台阶上的河流中下游的平原，如东北平原、黄淮海平原、长江中下游平原、珠江三角洲平原等，多在 200 m 以下。冲积平原随所处的纬度不同，其物质组成地貌形态等亦有不同。例如位于北纬 42°以北的俄罗斯平原(即东欧平原)，北部受冰川、冰缘等作用影响，平原面布有冰碛、冰砾阜地形，组成的物质较粗，磨圆度不好；南部不受冰川、冰缘作用的影响，仅发育，物质组成较细，分选和磨圆度较好。地处寒温带的松嫩平原，山区森林覆盖面积较广，水流较弱，限制了河流的下切作用和流水的下渗能力，因此在平原面上多湿地、沼泽、湖泊，平原的物质组成较细。位于赤道附近的南美洲亚马孙平原，全年高温多雨，无论是河网密度、流域面积和水量均居世界首位，平原上有大片湿地、沼泽。

另一方面，在河流方面泥沙的淤积会抬高河床，从而提升河流决口的危险，例如，黄河泥沙不仅在下游河段的河床中淤积，在黄河中游的宁蒙河段也发生严重的季节性淤积。宁蒙河段区间的鄂尔多斯高原是黄河中游的暴雨多发区。每到雨季，这里经常发生暴雨，洪水携带大量泥沙直接冲入黄河，淤塞河床，迫使黄河主流北移，直接威胁铁路、公路安全，存在极大危害。此外，泥沙淤积对坝区也会产生危害，主要体现在以下 4 个方面：淤堵底孔，减小泄流能力；电厂取水口前河床淤积抬高，形成冲刷漏斗，引入的沙量增加，对水轮机和流道产生严重磨损；泄洪建筑物放水时，常于旁侧形成回流，影响电厂和其他建筑物正常运行；在通航建筑物上下游引航道内有异重流淤积和口门回流淤积。

(3) 治沙理念的转变

传统的治沙理念主要分为 4 种：沙障治沙、水力治沙、风力治沙、化学治沙。

①沙障治沙。沙障又称机械沙障、风障，是用柴草、秸秆、黏土、树枝、板条、卵石等物料在沙面上做成的障蔽物，是降低风速、固定沙表的有效工程固沙措施。沙障的主要作用是固定流动沙丘和半流动沙丘。

②水力治沙。以水为动力，按照需要对沙子进行输移。

③风力治沙。以风为动力，利用空气动力学原理，以工程措施作为辅助，按照人们的需要创造条件变害为利。

④化学治沙。是指在风沙危害地区，利用化学材料与工艺，在易产生沙害的沙丘或沙质地表建造一层能够防止风力吹扬又具有保持水分和改良沙地性质的固结层，以达到控制和改善沙害环境，提高沙地生产力的技术措施。

由于水流的紊动能小，输沙的水流速度必须大于泥沙的起动流速。因此，传统的水流挟沙、输沙是低能效的输沙模式。随着科学技术的发展，利用空气的上升流加强水体紊动，加速排沙成为全面治理泥沙的新方法，此方法可从根本上克服水流输沙低能效的弱点。

以黄河调水调沙为例，实测资料表明未有大幅增沙的现象，究其原因还是挟沙和输沙本身从水流摄取的能量不足。为了有效推进防沙治沙工作，必须把循环经济理念贯彻其中。

首先，规划好土地利用，从源头上减少沙化可能。政府部门要通过管理工作，避免未沙化土地、潜在沙化土地沙化。例如，通过合理的土地规划以协调土地利用与生态建设；通过加强对用地项目审批的管理，从源头减少土地开发使用的供应量；通过采取工业向园区集中、农民向城镇集中、土地向业主集中等措施，实现土地的集约利用；通过建设项目环境影响评价，严格控制可能带来沙化的建设项目开工投产。

其次，严禁破坏与损毁土地。循环经济强调再利用，提高产品和服务的利用效率，减少一次性用品的污染。在防沙治沙工作中，政府部门、用地单位要采取有效措施，严禁破坏与损毁土地，严格控制沙区资源不合理利用。注重用地与养地相结合，使土地资源能够持续多次使用。

最后，治沙带动产业发展。循环经济强调在输出端资源化，要求物品完成使用功能后重新变成再生资源。在防沙治沙工作中，自然资源部门开展的土地整理、矿山恢复治理，水利部门进行的水土保持，林业和草原部门进行的退耕还林、退牧还草等各类国土整治、生态恢复措施，使沙“资源化”，推动产业发展。

总之，在防沙治沙工作中发展循环经济是一项系统工程，不仅需要林业、自然资源、水利、农业等各有关部门通力合作，也需要广大公众积极参与。

5.1.1.7　生命共同体各要素的关系

(1)相互依存关系

“山水林田湖草沙”生命共同体是一个多层次、关系复杂且有序的系统，不同要素之间存在强烈的联动作用，单个要素的变化都会在其他要素中得以反映。

(2)串联纽带关系

水循环是生命共同体的串联纽带，如同人体的血液。陆地水循环将各要素串联起来形成流域生命共同体，因此流域水循环及其伴生的物理、化学、生态过程与机制，是构建“山水林田湖草沙”生命共同体的科学基础。

(3)链式传导关系

在自然条件下，各要素作用机制是由上而下的，但人类活动造成局部存在逆向作用过程。在重力作用下，流域内的水自高向低流动，依次连接山体、草原、森林、农田，最终汇集于河流、湖泊。人类开发利用水资源，改变了自然水文过程，人工能量的加入使要素的作用关系在特定区域内出现逆向过程。

(4) 终端映射关系

河与湖是生命共同体表征的终端映射区，如同人体的血液指标是健康状况的表征。河与湖处在区域最低处，在流域水循环的作用下，山、林、田、草等要素的状态及其表征都会在水体上得到体现。系统治理要通过河湖水体和地下水保护修复来倒逼流域生态系统保护，通过河湖水体和地下水质量状况来检验流域生态系统保护与治理成效。

5.1.2 "绿水青山就是金山银山"理念

生态文明是指人们在改造客观物质世界的同时，积极改善和优化人与自然的关系，在建设有序的生态运行机制和良好的生态环境过程中所取得的物质、精神、制度方面成果的总和。建设生态文明，实质上就是要建设以资源环境承载力为基础、以自然规律为准则、以可持续发展为目标的资源节约型、环境友好型社会。

按照可持续发展理论，从资本的角度来看，所有人类社会的发展和财富价值的创造都可以看作是由物质资本、自然资本、人力资本和社会资本 4 类资本决定的。其中物质资本（厂房、机器、现金及运输工具等人造资本）和自然资本（矿产、森林、土地、水及大气等生态环境要素）是极其重要的两类资本。可以说，自然资本是可持续发展的基础，物质资本使可持续发展得以实现。现实中，这 4 类资本之间存在着动态的互补性和替代性。所谓互补性，是指在人类社会的发展和财富价值创造中，4 类资本相互补充，共同发挥作用。所谓替代性，是指在人类社会的发展和财富价值的创造中，不同资本在一定程度上是可以相互替代的。例如，先进的经济体制、社会制度可以在一定程度上弥补物质资本乃至人力资本的短缺，实现人类社会的发展和财富价值的创造；又如，丰富的人力资本可以在一定程度上弥补自然资本和物质资本的不足，实现人类社会的发展和财富价值的创造。但是，这种替代又是有限度的，不同类别的资本替代限度可能有所不同，而且随着时间的推移，这种替代限度也会发生改变，任何一类资本都不可能完全取代其他类别的资本。当一类资本的取得或增长长期以其他资本减值为代价时，不仅总资本的增加是难以实现的，而且这种资本增加也是不可持续的。物质资本和自然资本之间的这种关系在实现可持续发展过程中表现尤为突出。从减贫和发展角度看，可持续发展的前提和基础是发展，离开了发展，可持续就失去了意义，更谈不上可持续发展。在解决人类代际公平问题的同时，必须关注当代人生存和发展的问题，重视解决代内公平的问题，保护和发展两手都要硬。

建设生态文明关系经济社会的和谐发展，既影响发展的全局，也决定发展的可持续；建设生态文明关系人类的命运，既影响人类的现在，也决定人类的未来；建设生态文明是关系人民福祉，关乎民族未来的大计，是实现中华民族伟大复兴的重要内容。新时代推进生态文明建设，必须树立和践行"我们既要绿水青山，也要金山银山。宁要绿水青山，不要金山银山，而且绿水青山就是金山银山"的"两山"理念。

"既要绿水青山又要金山银山"理念是将生态文明建设、生态环境保护与发展、生态环境保护与扶贫减贫、生态环境保护与减小收入差距、实现代内公平与代际公平有机统一，以物质资本和自然资本和平相处、处于有效替代的范围之内为前提，既强调生态保护，也强调发展。可以说，"既要绿水青山又要金山银山"理念，是边发展边保护思想的重要体现。

“宁要绿水青山不要金山银山”的理念，是针对传统发展过程中出现的先发展后保护、只发展不保护现象提出来的，强调的是在发展过程中特别是当发展与生态环境保护出现矛盾时，宁可牺牲当下粗放的发展也要保护生态环境，优先解决人类代际公平问题，当发展带来的环境负担超出环境客观承载力和恢复能力时，就必须要通过调整发展方式来保障环境安全和永续发展。

现实中，实现发展与可持续发展的有机统一，一个有效的路径就是处理好代际公平与代内公平的辩证统一。“绿水青山就是金山银山”理念强调将这两个看似矛盾冲突的公平问题统一解决，既实现代内公平又同时实现代际公平。在发展过程中要注重处理好人与自然的和谐共生问题，倡导推动实施具有可持续发展效果的新发展模式。可以说，“绿水青山就是金山银山”理念既是当下实现可持续发展的必要条件，也是人民对美好生活追求的重要体现。从可持续发展理论来说，“绿水青山就是金山银山”理念强调各类资本特别是自然资本和物质资本之间存在着动态的互补性和替代性；强调保护和发展可以并行不悖，能够实现有机统一，实现保护就是发展，发展就是保护。发展与可持续发展之间、代际公平和代内公平之间不是此消彼长的，而是可以高低同步、同时解决的，解决的途径关键是要找到有效的“两山”转换途径。

怎么发展，从根本上讲就是“靠山吃山，靠水吃水”，要科学合理地进行生态资源的配置，需要在转换思维、创新机制方面狠下功夫。例如，通过空间置换方式，大力开展生态旅游。

如何保护，从根本上是一句老话：“留得青山在不怕没柴烧。”绿水青山是很多贫困地区的安家立命之本，可以说留住了绿水青山就是留住了生存的本钱，留住了希望。因此，绿水青山就是金山银山，绿色既是理念又是举措，以空间换时间，切实防止走粗放增长的老路，越过生态底线竭泽而渔。借助“互联网+”“生态+”，通过不断发展新业态，保持“绿水青山”不变色，创造无限的“绿色金山银山”。把生态产业化作为发展新动力和发展新出路，使良好生态环境成为富民强国的增长点。

“两山”理念所蕴含的新发展理念既不同于单纯保护生态环境下的发展，更不同于不计生态代价、单纯资源开发式的发展。它将生态环境保护与资源利用、生态环境保护与经济发展有机统一，强调将资源资产—资本—财富有机统一，通过有效转换实现资源资产变资本、资本变财富，最终实现可持续发展的目标。这有别于传统的单纯开发式发展中基于增量收益发展的做法，更加强调资产性收益，强调增量收益与存量收益并重发展。按照绿色发展的理念，树立大局观、长远观、整体观，坚持保护优先，坚持节约资源和保护环境的基本国策，把生态文明建设融入经济建设、政治建设、文化建设、社会建设各个方面和全过程，建设美丽中国，努力开创社会主义生态文明新时代。

建设生态文明、保护生态环境，是当代中国一项重大而紧迫的任务。当前，我国的经济建设取得了举世瞩目的发展成就，但我国的生态环境形势仍然十分严峻。一方面，我国人均资源紧张，人均耕地、淡水、森林仅分别占世界平均水平的 32%、27.4%和 12.8%，石油、天然气、铁矿石等资源的人均拥有量也明显低于世界平均水平；我国沙化土地面积为 173.97×10^4 km^2，占国土面积的 18.12%；水土流失土地的总面积已达 356×10^4 km^2，占国土面积的 37.1%；平均每年农田受旱面积近 27×10^4 km^2，受涝耕地面积 10×10^4 km^2，损

失粮食 100×10^8 kg 左右。另一方面，由于长期实行粗放型经济增长方式，我国承受着传统发展模式给资源环境带来的压力。历史与现实都警示我们，必须超越传统工业文明的发展模式，摆脱先污染后治理的老路，走出一条生产发展、生活富裕、生态良好的文明发展道路。

5.2　流域系统规划

5.2.1　流域系统规划的概述

5.2.1.1　流域系统规划的概念

流域系统规划是以一个完整的自然流域为单元，以水为核心，系统研究各类资源的相互关系、合理开发、保护与综合利用及相关产业结构的优化和布局，为实现流域生态、社会与经济的协调发展而编制的综合规划。流域系统规划不仅是单纯的流域内的土地规划或水资源开发利用规划，而是在充分分析流域内环境、经济以及社会现状，并充分考虑区域未来发展需要的条件下，在各类分类规划基础上进行综合、重组和系统化，从而确定流域全局的发展方向、控制目标、分阶段实施步骤，以及对规划实施效果的预测和评价。通过流域系统规划，合理开发利用流域水、土及其他各类自然资源，优化流域产业结构和布局，从而在科学管理流域环境的同时实现发展社会经济的目的。

流域系统规划是区域性规划的一种特殊类型，围绕着流域规划所涉及的水资源保护和开发利用、水污染防治、水土流失治理，以及人口、社会经济发展等一系列问题，均应成为流域规划的内容。流域所涉及的自然资源、社会经济等方面的问题有着不可分割的内在联系，各问题之间相互影响、相互制约。因此，做好流域规划对流域内经济社会的发展至关重要。

5.2.1.2　流域系统规划的特征

(1) 多目标性

流域是由水、土、植被等多种资源组成的总体，各类资源开发利用的目标各不相同，这决定了流域规划的多目标性。以水资源开发利用为主的流域系统规划，其开发利用目标涉及航运、发电、灌溉、水土保持等。以小流域综合治理为目标的规划，其目标不仅涉及水土流失的治理，还要兼顾能源发展、乡村振兴、畜牧业发展等目标。

流域是一个完整的生态系统，系统内各类资源之间往往由于水的载体或媒介作用而相互联系、互相影响。因此，流域内的生态问题通常是多方面的，如洪涝灾害、水污染、土壤污染、水土流失等。流域内生态问题的多样性，也决定了流域规划目的的多样性，如防洪排涝、水污染治理、防止水土流失、土地资源修复等。

以往流域规划多从资源的开发利用角度考虑，以提升经济效益为目的。随着人口不断增加，经济的迅速发展，过度开发利用带来的环境问题逐渐被重视。因此在研究流域规划时，规划目标由以往强调经济发展转变为社会、经济、生态效益协同发展。

(2) 多行业性

从行业角度看，流域规划涉及水电、林业、农业、牧业、渔业、运输、旅游、文化等各行各业。对于大流域系统规划而言，水电作为一种重要的可再生绿色能源，其开发能够弥补传统火力发电的不足，有助于减少温室气体的排放，对于促进能源再生以及减少碳排放具有十分重要的作用。然而由于水电工程体量大、建设周期长，对于其周围的生态环境产生一定程度的破坏，可能引发水土流失、库岸淹没等问题。此外，水电施工改变了原有的水生环境，使水温、水质、流速等发生变化，导致水污染现象，破坏野生动物的生存环境，对于渔业生产具有十分重要的影响。因而，规划中所涉及的行业既有相辅相成的一面，又有互相矛盾的一面，工作面宽而且量大，要把这些行业真正协调起来是一项艰巨的工程。对于小流域水土流失综合治理规划而言，以水土保持、水利行业为主导，但同时也要涉及林业、牧业、草业、农业、能源、交通等行业，特别是近些年来各地、各流域都依据自己的特色产品，发展了包括流域水土流失综合治理在内的规划，发展乡村旅游、农家乐等文旅项目，极大地促进了各行各业的融合，推动了区域生态、社会、经济的共同发展。

(3) 多机构性

一个完整的自然流域在区域上往往包含多个行政单元，因而以流域为单元的流域系统规划通常涉及各个层级的政府机构。不同地区由于自然条件、产业结构的差异，社会经济条件差异明显，政府的关注重点也有所不同。在系统规划过程中，需要综合权衡各地区发展现状，尽可能多地考虑和满足各地区发展需求，争取各级政府尽可能地相互配合。

流域系统规划不但涉及自然资源情况，还涉及社会经济状况，涉及水利、自然资源、林业、环境保护、农业等众多部门。此外，不断增加的环境问题，也越来越多的跨越部门的界限。例如，水的问题(水量或水质)涉及水利、林业、环境保护、渔业等部门。在规划过程中，应该正确处理资源开发建设部门与国民经济部门之间的关系，最大限度地协调好各类矛盾，加强不同部门之间的协作。

(4) 综合性

一个流域的系统规划内容庞杂，是以水为核心但覆盖流域地区的经济社会发展、资源的合理利用开发以及环境生态状况的控制与调整的综合性规划。从自然系统方面讲，它涉及水文与水资源学、水利学、地理学、生态学、土壤学、地质地貌学、气候学、水土保持学、农学等各类学科。从更宽领域来看，除了前面的自然学科，还涉及各种与社会、经济、人文等相关的学科。单纯依靠个别或者少数学科知识解决不了整个流域的问题，需要综合各类学科。跨学科的综合，并不是一件容易的事情，既有综合方法上的困难，也有学科之间的差异性。在实际规划中，应充分利用各学科知识，结合生产实践的要求，实现流域的系统规划。

5.2.1.3　流域系统规划分类

(1) 按规划对象分类

①流域土地利用规划。流域土地利用规划是在对流域土地资源(包括自然资源和社会资源)进行全面调查研究的基础上，对流域内农、林、牧等各业用地的数量和位置等进行合理安排，制定一定时期有效综合开发利用土地资源的经济发展规划，是流域系统规划必不可少的重要组成部分。不合理的土地利用是造成流域环境问题的主要原因之一，通过土

地利用规划，对当前利用不合理的土地进行有计划的结构调整，争取流域整体经济效益、生态效益和社会效益的最大化，是流域土地利用规划的目标。

②流域水资源规划。流域水资源规划是对流域内水资源的开发、利用、治理、配置、节约和保护等方面在更高层次上的定量分析和综合集成，其目的是合理分配和调度流域水资源，使水资源的开发利用获得最大的经济、社会和生态效益，是流域系统规划的基础内容。流域水资源规划包含水资源开发利用规划和水资源保护规划两部分内容。水资源开发利用规划强调水资源的合理利用，通过规划研究开发利用方式，提出水资源开发措施，确定开发利用工程的类型、布局、位置、规模等。水资源的开发利用不应只以单纯的供水为目标，规划时还应考虑兼顾蓄水、削减洪峰、发电、拦沙等作用。水资源保护规划侧重对水资源的保护，在分析当前流域水资源或者水环境状况基础上，提出控制污染、保护水质和水资源的各种对策，保护流域内水资源达到一定目标或水质标准，为水资源管理部门提供管理和决策依据。

③流域产业规划。流域产业规划针对流域当前产业现状和发展条件，在充分考虑国内外及区域经济发展态势对当地产业发展影响的前提下，从流域实际状况出发，提出流域产业发展的总体战略，对流域产业结构、发展布局进行规划调整和整体布置。流域产业规划以促进产业发展、提升经济效益为核心，以集中优势资源构建特色优势产业体系、推动优势资源转化为主导，在流域资源规划基础上合理优化产业格局，同时应注重协调生态保护、民生问题、基础设施建设、政策制度等各方面的关系。在对流域产业发展总体规划的基础上，还应分行业或区域进行局部规划，如农业规划和工业规划。

④流域城镇规划。流域城镇规划作为流域城镇治理的第一环节，在具体实践中发挥着引导和指向作用，规划的科学性和合理性是推动城镇发展的前提。流域城镇规划在分析各城镇历史沿革及现状条件的基础上，从流域尺度来集成规划城镇体系，明确各城镇的性质、级别、类型和发展方向，优化调整流域城镇体系结构和空间布局，在系统上使城镇与外部环境之间以及城镇之间能够最大限度地相互适应并协调发展，达到指导流域城镇发展的目的。

(2)按规划方式分类

①命令式规划。命令式规划通常由权威性机构(主要是高层政府部门)组织规划、参与并决策，确定规划的目标、指南及过程，指导流域未来发展，又称政府途径的规划。例如，在规划中制定关于水环境、土壤环境和空气质量的约束性指标(城市空气质量优良天数比例、地表水和地下水达到或好于Ⅲ类水体比例、受污染耕地安全利用率、污染地块安全利用率等)，及时将相关责任传递到地方主体，督促地方主体落实整改措施，推动流域环境质量改善。再如，当前在大江大河流域规划中，需要结合《国民经济和社会发展第十四个五年规划和2035年远景目标纲要》提出的“加强长江、黄河等大江大河和重要湖泊湿地生态保护治理”，这就要求在规划中坚持保护优先，坚持“山水林田湖草沙冰”一体化保护和系统治理，加强重要江河流域生态环境保护和修复，统筹水资源合理开发利用和保护。命令式规划强调政府决策，优点是目标明确、效率高、一致性强。缺点在于它是命令式或具有强制性，在规划阶段排斥当地大众的参与，对于当地特点通常不考虑或考虑较少，实施起来有一定难度。适用于具有高度集权的地区或国家。

②参与式规划。参与式规划把大部分规划权力交给低层次或基层政府及组织，是由基层政府和部门、基层社区、民间团体、环保组织等共同参与、制定和决策流域规划的过程。参与式规划更多地强调共同决策，鼓励基层大众或各种团体的参与，在规划时能够充分结合当地特点，实施起来相对比较容易，且在实施过程中能够根据实际情况对规划进行一些必要的调整。然而，由于参与者众多，牵涉到多方的不同利益，需要考虑的内容更多，许多不太重要的细节也会被过分关注，增加了复杂性，规划耗费的时间相对较长，容易造成资金与资源的浪费。此外，在规划过程中，基层大众或团体由于不了解或误解已存在的高层次的规划指南与过程，容易导致制定的规划与高层次规划产生一定的偏离。

③民主集中制规划。民主集中制规划以民主集中制为根本原则，实行组织、参与、决策既合理分工又相互协调的规划体制，保证各级政府、部门和组织团体都依照法定权限和程序在规划中行使各自的权力，形成流域系统规划的强大合力。民主集中制规划将命令式规划和参与式规划有机结合起来，权威机构领导与基层分工负责相结合，形成具有等级性的规划结构。这种规划结构的特征表现为：一是由基层大众选出权威机构领导统一行使规划权力，掌握流域规划的总体方向，体现民主的广泛性和平等性；二是其他参与部门或单位由权威机构产生，对权威机构负责并受其监督，体现权力的制约与监督；三是结构方面，遵循在权威机构的统一领导下，充分发挥地方和组织团体积极性、主动性的原则，将当地特点考虑进来，体现了集权与分权、民主与集中相结合的科学性与合理性。这是一种较新的规划途径，具有较为广泛的适用性。

(3) 按规划起因分类

①发展型规划。发展型规划是对流域内丰富资源进行充分的开发利用，促进流域经济、社会、生态发展而作的规划。发展型规划应避免依托单一资源或产业的发展模式，着力挖掘自身特色资源，积极谋求多元化发展路径，结合流域资源探寻“旅游+”“健康+”等发展路径，多维度促进流域发展。此外，规划应顺应时代发展趋势，牢固树立和贯彻落实新发展理念，将生态优先、绿色发展作为流域规划的首要前提，根据流域的经济发展基础、资源环境容量，以环境承载力为依据，统筹各类规划，推进“多规合一”，统筹生产、生活、生态，着力推动生产方式和生活方式的绿色化，最终形成系统性的流域治理和管理规划。

②反应型规划。反应型规划是针对已经出现的问题而进行的流域规划。该类规划一般是由于问题的出现或“悲剧”事情的发生而诱发的，对流域当前出现的问题“对症下药”，制定能够有效解决流域问题的规划。由于问题通常具有突发性、灾害性，这就要求一个有效的机构配置和决策机构，能够利用不同技术迅速对问题产生的原因进行分析，找到能够快速、有效解决问题的途径。以江西鄱阳湖流域为例，该流域水资源丰富，素有鱼米之乡之称，然而却饱受洪涝、干旱、水土流失等问题的困扰。该地区相关科技人员经过研究发现，鄱阳湖的生态问题来自赣江，而赣江的问题大部分来自“山上”生态环境的破坏。江西将这些规律总结为“治湖必须治江，治江必须治山”，依据该指导性原则，成立江西省山江湖开发治理委员会办公室，并制定了《江西省山江湖开发治理总体规划纲要》，开展针对整个鄱阳湖流域的治理。

③预防性规划。是为了预防问题的发生所制定的流域规划。预防性规划本着居安思

危、防患于未然的忧患意识，重点在于预防。在流域现状分析基础上，采用先进的方法和手段，对流域内部可能存在的风险进行全面评估，识别流域的潜在危险，制定一系列预防性措施，防止或减缓灾害的发生对流域经济、社会、生态环境造成的冲击。例如，对于一个没有被污染的流域，经过风险评估后发现，该流域未来发生污染的可能性较大，为了避免未来污染对流域生态环境造成负面影响，通过研究而制定预防流域污染发生的相关规划。

5.2.2 流域系统规划编制的主要步骤

流域系统规划编制是一个需要反复协调的决策过程，一个实用性高的最佳规划方案应该坚持生态、经济与社会同步发展的原则，尽可能满足各方需求，社会各阶层各部门协调统一。实际上，规划编制的整个过程就是从整体出发、从实际出发，寻找一个统筹兼顾的解决方案的过程。

在流域系统规划编制之前，应全面收集流域系统规划区的各类资料，包括图形资料、自然条件资料、社会经济条件资料等，并根据需要进行现状调查，然后根据资料现状调查，分析评估流域的现状、存在问题和制约因素，确定规划目标和方案，对各方案综合优化，确定最终方案(图 5-2)。

5.2.2.1 基础资料收集

流域的科学规划需要建立在丰富的数据及定量分析的基础上。在编制规划前，应尽可能收集流域内相关资料，包括水文、气象、地质地貌、土壤、植被等有关自然环境条件以及人口、行政区划、行业发展等社会经济资料。收集的数据资料应尽可能采用统一标准存储。

(1)图形资料

编制规划需要用到规划底图，因此图形资料是流域系统规划中普遍使用的基础资料。在准备工作阶段注意收集规划流域的地形图、航片、卫片等图形资料。此外，还应收集流域已有的土壤、植被分布图、土地利用现状图、各专业区划、规划图等相关图件。中流域尺度(至少县级)采用资源卫星资料、小比例尺航片[1：(25 000～50 000)]和地形图(1∶50 000 以上)；中流域尺度以下(县级以下)规划采用近期大比例尺地形图、航片[1：(5000～10 000)]和高精度遥感影像，小流域尺度适宜使用近期大比例尺地形图、航片和无人机航拍影像资料。考虑到具体情况，基础图件的比例尺可以适当调整。

对收集的各类图件的精度和质量应根据资料来源、测绘成图单位、时间和方法进行必要的检查与鉴定。若图纸采用不同高程系统，应根据有关公式进行换算，使之趋于统一。

(2)自然条件资料

通过查阅规划流域农、林、牧、水、土地、气象、统计等实测资料，收集所在流域、地区或邻近地区、区域的自然条件资料。

①气象资料。包括年平均气温、年内各月平均气温、极端最高气温及极端最低气温(出现的年月日)、气温年较差、气温日较差、≥10 ℃的活动积温、霜期(初霜期、终霜期、无霜期)；土温、土壤上冻及解冻日期、最大冻土深度、完全融解日期等；年平均降水量及其在年内各月分配情况、年最大降水量(出现年)、最大暴雨强度(mm/min、mm/h、

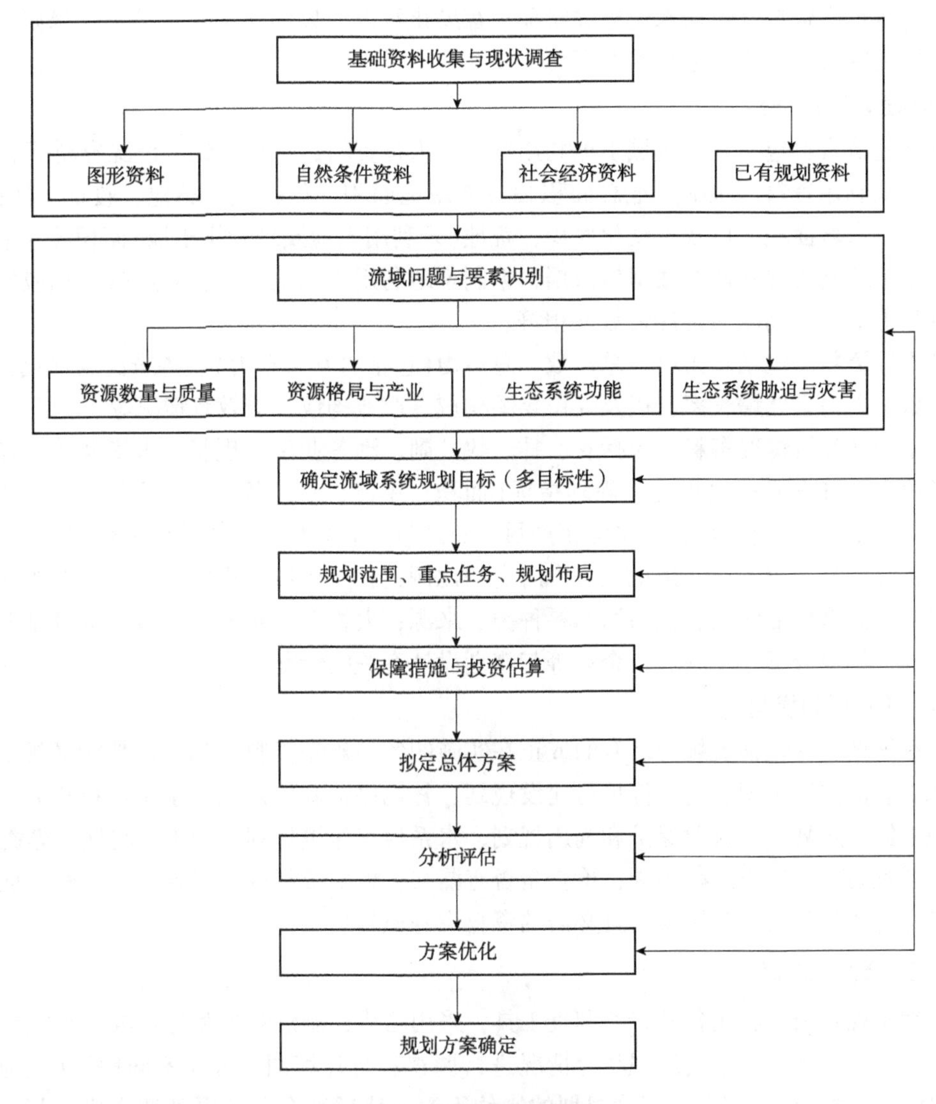

图 5-2　规划编制流程

mm/d)；年平均空气湿度、风向、频率和风速、日照，以及农业灾害性天气资料(沙尘暴、干旱、干热风、霜冻、台风、冰雹等)。

②土壤调查资料。包括成土母质、类型、分布、特性、肥力状况，以及土层厚度、结构和性状等；土壤分布图、土壤肥力图、土地利用分区图及其相应的文字说明；土壤水分季节性变化情况、地下水深度、水质及利用情况等。

③水文地质调查资料。包括水源类型及水量情况、历史洪水和枯水调查资料、水位、流速、流量、库容、含沙量等水文要素资料；径流资料(径流深、径流系数、径流率、汇水面积等)；地下水的来源、流向、流速和埋藏深度、水质等；沿海地区潮水涨落规律及潮位变化特征等。

④植被资料。包括植被面积、种类、分布、盖度、等级、生产情况等；主要森林和草原资源资料、建群种类型及其分布、覆盖率。

⑤自然灾害资料。包括水土流失状况、荒漠化状况、风灾、旱灾、涝灾、暴雨、沙尘暴、土壤侵蚀模数、土地退化状况等。

(3) 社会经济资料

社会经济资料包括规划流域土地利用资料、人口资料、生产和经济情况资料等。

①土地利用资料。包括土地总面积和各类用地面积，如耕地、林地、牧地、居民点、交通运输、水域面积，以及荒漠化面积、荒地(未利用土地及难利用土地)面积等。上述数据均应以土地利用现状调查数据为依据，编制土地利用现状统计表，并反映在相应的土地利用现状图上，做到图与统计表数据相符。

②人口资料。包括总人口、总户数、总劳力(包括男女劳动力)、各居民点户数、每户平均人数、人口自然增长率，以及人口年龄构成、职业构成、受教育情况等。

③生产和经济情况资料。包括农、林、牧、副、渔各业生产现状、水平及其存在的问题，各业生产和农业现代化远景规划指标(面积、单产、总产等)、发展水平及发展速度(如耕地面积、人均耕地面积、平均亩产量、总产量、人均粮食、人均收入情况)；种植作物种类，农、林、牧各业在当地经济中所占的比例；农业机械化程度及现有农业机械的种类、数量；群众生活状况、生活用燃料种类、来源；大牲畜及猪、羊头数；家庭副业及其生产情况；集体合资办的副业、企业等与规划设计有关的情况。

(4) 已有规划资料

已有规划资料包括流域内已有的或正在实施的各类规划资料，如主体功能区规划、重点生态功能保护区规划、生态保护与建设规划、林地保护利用规划、水土保持规划、饮用水水源地保护规划、水资源保护和利用规划、水系生态建设规划、国土空间规划等资料。

资料收集完毕后应进行整理，检查是否有漏缺，甄别资料的可靠性、可用性，明确有重要参考价值的资料，对缺少的且必需的资料应补充收集。

5.2.2.2　现状调查

在编制规划前，利用各种野外调查工具，采用路线控制法和典型地段样方调查法，对区域的土壤、植被、土地利用现状等情况进行调查和野外填图，勾绘不同地块(土地利用类型)图斑，填写调查因子，明确规划的制约因素。然后综合分析野外调查成果与收集的资料，编写调查报告，进一步明确规划的有利和不利条件，综合考虑其远景规划，以便为统一确定各项工程的范围和各单项工程的具体实施地点提供依据。最后把调查成果资料在室内加以汇总整理、综合分析，绘制各类专业图件。

调查内容包括详细调查实施范围内的自然生态(地理)状况、社会经济状况、生态功能等。自然生态状况包括本地气候条件、地形地貌、水文特征、地质环境、土壤和水体的理化性质、环境质量状况等；构成生态系统的群落特征包括动植物群落物种组成及特征，特别是地带性植被建群物种、本地关键物种、指示物种、旗舰物种、先锋物种、入侵物种等重要物种的种类、数量及生境情况；生态系统属性和具有时间序列的历史数据。社会经济状况包括本地自然资源权属和利用状况、社会经济发展水平、人类活动范围和强度、相关生态保护修复工程、“山水林田湖草沙”生态系统建设与保护情况等。生态功能包括水源涵养、水土保持、生物多样性维护、防风固沙等。

5.2.2.3 流域问题与要素识别

识别流域问题是流域规划工作的第一步，其主要任务是弄清规划范围内存在的主要问题。流域问题的识别需要在前期大量资料收集、野外调查的基础上，归纳整理并做出分析预测。由于流域的综合性，问题的识别通常不是一次性完成的，需要在规划中随着工作的深入进行进一步的研究。

针对规划流域的范围，识别流域要素的组成、数量、质量与空间分布格局，生态系统胁迫要素与灾害、生态系统功能、流域资源格局与产业结构等方面主要问题。从土地利用结构和方式、生产生活造成的水土资源破坏与环境污染、自然资源开发强度、产业结构、气候变化、生物多样性等方面识别流域生态系统存在的问题并分析原因。从流域内的地形地貌、地质、气候、土壤、植被、水文等流域组成要素的结构与组成、数量与质量、时空分布、结构功能稳定性等方面识别流域要素空间格局等方面存在的问题并分析原因。从水源涵养、水土保持、生物多样性维护、防风固沙等方面识别生态系统服务存在的问题并分析原因。

5.2.2.4 确定流域系统规划目标

针对目前流域存在的问题，制定相应的目标。根据目标的数量，流域系统规划的目标一般可以分为单一目标和多目标两种。单一目标是针对流域中某一功能过程或价值，或为解决流域中某一问题而制定的，例如，控制流域水土流失、改善流域中水的质量等均可以作为流域规划的单一目标。然而，流域系统中某一问题往往由于水的载体或媒介作用而影响其他功能过程，进一步引发其他生态问题。因此，流域系统规划的目标也是多方面的，也就是多目标规划。流域系统规划往往以多目标规划为主。

除了流域的问题(已经存在或预测未来的)，流域系统规划目标的确定往往还取决于其他因素，包括流域的空间尺度、规划的时间尺度，以及国家发展战略对流域发展的期望等。一般来讲，随着流域空间尺度的增大，流域问题涉及的范围更广，既有自然环境方面的，也有社会经济方面的，这样流域规划的目标可能更多。此外，规划的目标还取决于规划是否是长期的(大于10年)或中期的(5~10年)或短期的(2~3年)时间尺度。长期规划通常具有宏观层面的战略指导性目标，短期规划一般具有较具体且能够量化的行动目标。

5.2.2.5 确定流域系统规划方案集

针对流域内存在的问题或拟定的规划目标，在前期调查研究与资料分析的基础上，设计各种可行的规划方案。规划的多目标性意味着规划方案的多样性和复杂性，在方案设计过程中，要综合考虑各种规划目标的要求，既要考虑国家经济发展目标，又要符合环境质量标准，还要与资源条件相适应，同时还应考虑政策法规等各方面的限制。制定的规划方案或措施应该受到法律的制约，不能够超出法律的保护范围。

5.2.2.6 评价流域系统规划方案

由于流域系统规划涉及范围广、牵涉部门众多、与多方利益密切相关，不同方案的考虑角度、侧重点、投入产出比等必然有所差异。因此，需要对不同的方案进行综合评价。

方案评价是指应用科学技术手段与方法对当前规划方案可能产生的生态、经济与社会方面的影响进行综合分析。规划方案涉及环境、经济、社会、政治等众多因素，并且涉及不同地区、不同部门之间的利益关系，因此方案评价工作非常复杂。

方案评价的内容包括经济(经济增长速率、投入产出比等)、社会(人口、就业、社会稳定性等)、资源与环境(资源可持续性、环境变化趋势等)、实践性(时间安排上的合理性、规划的可实施性、经济的可能性等)等。

方案评价的分析方法既有定性的，也有定量的，还有定性与定量相结合的。定量分析方法包括环境计量法、系统动力学以及计算机模拟等，将不同的影响置于同一量化体系内，能够为后续方案比较提供参考。例如，环境、工程评价等可通过适当的影响指标参数或变量来定量衡量。而对有些社会、政治等方面的影响评价，往往难以进行定量分析，只能通过定性分析来实现。在方案评价中，通常采用定量与定性相结合的分析方法，以充分反映各方案的利弊以及对目标的满足程度。

5.2.2.7　推荐合适规划方案

在完成对各方案的综合分析评价后，应综合权衡各方案的利弊，选择一种合理可行的方案。事实上，能够使各方效益都达到最大化的方案是不存在的，规划者只能选择一种大多数利益相关者能接受的方案。选出的方案通常需要广泛征求社会意见与建议，并在此基础上对方案进行进一步的调整与优化，然后提交至决策机构审批。审批后的规划具有法律的正当性，是流域规划顺利实施的根本保证。

5.2.3　流域系统规划的实施与管理

5.2.3.1　流域系统规划资金保障

流域系统规划的实施与管理是一个长期的事业，离不开长期的财政支持。资金筹措上，采取国家投资、地方投资和群众自投资金相结合的方式保障资金来源。将规划所需各项资金纳入中央和地方政府财政预算，合理划分中央与地方财政事权和资金责任，切实保障财政资金投入，拓宽投融资方式，依法依规采取贷款、发行债券等渠道筹集资金，创新市场运作，探索“点绿成金”的绿色发展新模式。在资金使用上，建立一套完整的财务运行、管理制度，专款专用是保证流域系统管理持续进行的关键环节。

5.2.3.2　流域系统规划利益协调

实现可持续发展是流域发展的根本目标，可持续发展的本质是把环境、经济和社会价值同等看待。在流域系统规划的实施与管理过程中，应正确处理当前利益与长远利益的关系，对环境、社会和经济的同等性、互补性和相互依赖性有统一的认识和综合的考量。这就需要充分协调各种利益冲突，寻找较合适的方案。

5.2.3.3　流域系统规划实施进度

流域系统规划的挑战之一在于如何使制定的规划能够实施，而不是将规划束之高阁。在实施过程中，既要考虑规划的任务，又要考虑流域人力、物力等条件，通过多方权衡和全面分析，做出切合实际的省时、省力、省资金的安排。

(1)加强组织领导，强化政府宏观调控

政府应负责组织各有关部门根据规划要求编制年度计划，监督和检查计划完成情况。建立流域系统规划和管理问责制度，协调和解决规划实施中的相关问题。同时，将实施情况纳入政府工作目标和政府主要领导干部的政绩考核，使规划切实得到实施。

(2)建立健全评价监督体系

流域内所有重大决策、工程项目都必须按照有关法律法规执行环境影响评价、项目预审、工程监理、决策咨询、部门会审、公众参与、责任追究等制度。对项目实施情况进行动态监测，并及时汇总、上报，然后对实施情况进行动态分析评估，并根据流域社会经济发展趋势和生态环境变化情况对规划的内容进行调整或补充。

(3)坚持公众监督

坚持公开透明、公众参与。完善公众参与机制，鼓励公众通过法定程序和渠道有效参与规划实施的决策和监督过程。广泛听取民间团体、环保组织和公众的意见和建议，定时向社会公布规划的实施进展情况，接受公众监督。

5.3　流域系统综合治理措施

5.3.1　流域系统生态环境综合治理措施

5.3.1.1　基本原则

①预防为主，保护优先。预防是指针对自然因素和人为因素对可能产生流域灾害的地段采取预防性措施。在水土保持措施规划、设计、布局过程中，要对各种因素引起水土流失的地区采取预防性水土保持措施，防止发生新的土壤侵蚀和水土流失。

②因地制宜，因害设防。我国幅员辽阔，各地的自然、社会和经济条件千差万别，因此，在流域治理措施中必须认真研究各地、各流域具体情况，在各类型区划和相关文件指导下，认真研究项目的可行性，针对流域灾害的空间分布和灾害重点设计不同的治理措施，形成既满足当地自然条件又满足防治目标的方案。

③全面规划，综合治理。水土保持综合治理措施要做到工程措施、林草措施、农业技术措施相结合，造林种草与封育治理措施相结合，生态效益、经济效益、社会效益统筹兼顾，沟坡兼治，先易后难，各种措施相互配合，形成完整的防护体系。

④尊重自然，恢复生态。在治理过程中应遵循干扰最小原则，能够借助自然恢复生态的地段，不应采取人工措施，能采用乡土植物尽量不采用外来物种，尽量恢复与当地自然环境相协调的植物群落。

⑤长短结合，注重效益。在水土保持措施的选择与配置上，要考虑不同措施发挥作用的时限和当地群众的利益，进行短中长期搭配，注重每项措施的实际效益。

⑥经济可行，切合实际。严格按照自然规律和社会经济规律办事，在采取治理措施时，不能脱离当地的社会经济实际情况，要求各种措施在技术上是先进的，在经济上也是合理的，具有实施的技术力量，投资处于当地社会经济承载力允许的范围。

5.3.1.2　总体设计

治理工作与生态环境相协调，多层次优化利用资源，综合规划，统一治理，优化配置，全面发展。①根据小流域水土资源现状及社会经济条件，正确确定生产发展方向，合理安排农、林、牧用地的位置和比例，积极建设高产稳产基本农田，提高单位面积粮食产量，促进陡坡退耕，为扩大造林种草面积创造条件；②水土保持工作要为调整农业生产结构，促进商品生产的发展和实现农业现代化服务；③在布置治理措施时，要使工程措施与林草措施及农业耕作措施相结合，治坡措施与治沟措施相结合，在地少人多的地区，林草措施面积比例可以小些；④讲求实效，注意提高粮食产量和经济收入，注意解决饲料、肥料和人畜饮水问题。

5.3.1.3　流域系统生态环境保护技术措施

(1)工程措施

工程措施是流域系统治理与开发的基础，能为林草措施实施及农业生产创造条件，是防止水土流失，保护、改良和合理利用水土资源，充分发挥各种资源经济效益，建立良好生态环境的重要治理措施。流域系统生态环境保护工程措施包括坡面治理工程和沟道治理工程。

①坡面治理工程。坡面在山区农业生产中占有重要的地位。斜坡是泥沙和径流的策源地，在沟坡兼治过程中，坡面治理是基础。坡面治理工程的主要目的是用改变地形的方法防止水土流失，将雨水或雪水就地拦蓄，使其渗入农田、草地或林地，减少或防止形成坡面径流，增加农作物、牧草以及林木可利用的土壤水分；在有发生重力侵蚀危险的坡地，可以修筑排水工程或支撑建筑物防止滑坡；同时，将未能就地拦蓄的坡地径流引入小型蓄水工程。坡面治理工程包括梯田、斜坡固定工程、坡面集水蓄水工程。

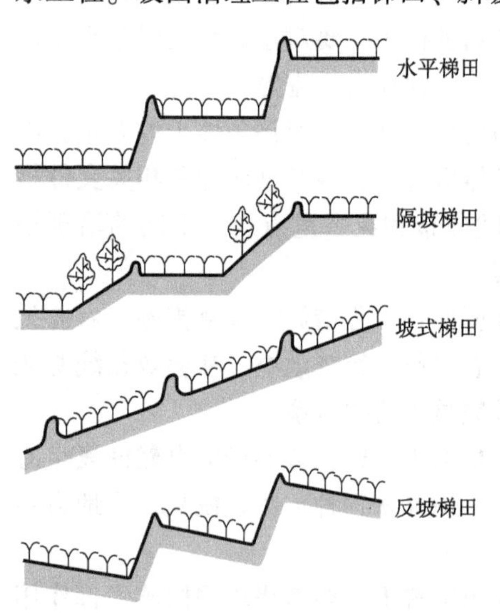

图 5-3　各类梯田示意

a. 梯田。是山区、丘陵区常见的一种基本农田，它因地块顺坡按等高线排列呈阶梯状而得名(图 5-3)。修筑梯田是治理坡耕地水土流失的有效措施，其蓄水、保土、增产作用十分显著。梯田的通风透光条件较好，有利于作物生长和营养物质的积累。按田面坡度不同而分为水平梯田、坡式梯田、复式梯田等。梯田的宽度根据地面坡度、土层厚度、耕作方式、劳力数量和经济条件而定，与灌排系统、交通道路统一规划。修筑梯田时宜保留表土，梯田修成后，配合深翻、增施有机肥料、种植适当的先锋作物等农业技术措施，以加速土壤熟化，提高土壤肥力。

b. 斜坡固定工程。主要包括以下措施：

挡墙：是指支撑路基填土或山坡土体、防止填土或土体变形失稳的构造物。挡墙可防止崩塌、小规模及大规模的滑坡前缘再次滑动。挡墙的构造有以下几类：重力式、半重力式、半倒“T”形、半扶壁式、支垛式、棚架扶壁式(图 5-4)。其中，重力式挡墙靠自身重力平衡土体，一般形式简单、施工方便、圬工量大、对基础要求较高，适用于坡脚较坚固、允许承载量较大、抗滑稳定性好的情况。

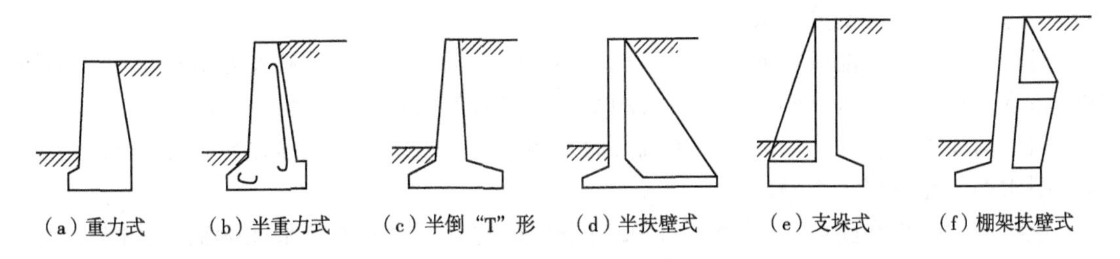

图 5-4　挡墙侧断面示意

抗滑桩：是穿过滑坡体深入于滑床的桩柱，用以支挡滑体的滑动力，起稳定边坡的作用，适用于浅层和中厚层的滑坡，是一种抗滑处理的主要措施(图 5-5)。使用抗滑桩，土方量小，施工需有配机械设备，工期短，是广泛采用的一种抗滑措施。但是在应用抗滑桩时应注意以下问题：抗滑桩防治的滑坡必须具有明显的滑动面，滑动面以上为非塑性地层，能被桩固定，滑动面以下为较为完整的基岩或密实的土层，能够提供足够的嵌固力；尽量在滑坡静止期间打桩；对于地质条件简单的中小滑坡，应在坡体中下部滑动面接近水平的地方打桩，防止因抗滑桩布置得太靠上或太靠下而使其不能发挥作用。根据滑坡体厚度、推力大小、防水要求和施工条件等，选用木桩、钢桩、混凝土桩或钢筋(钢轨)混凝土桩等。

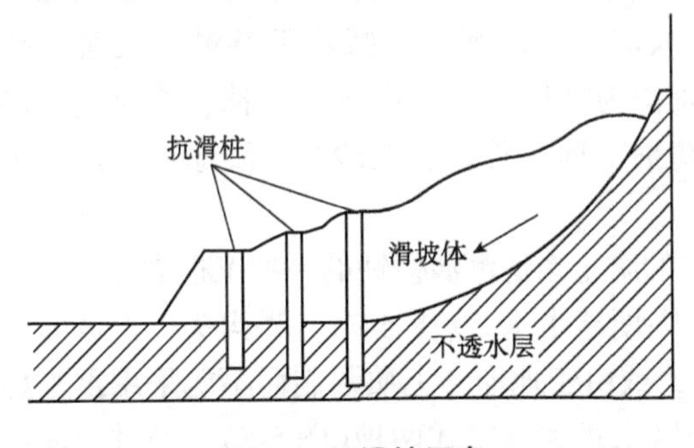

图 5-5　抗滑桩示意

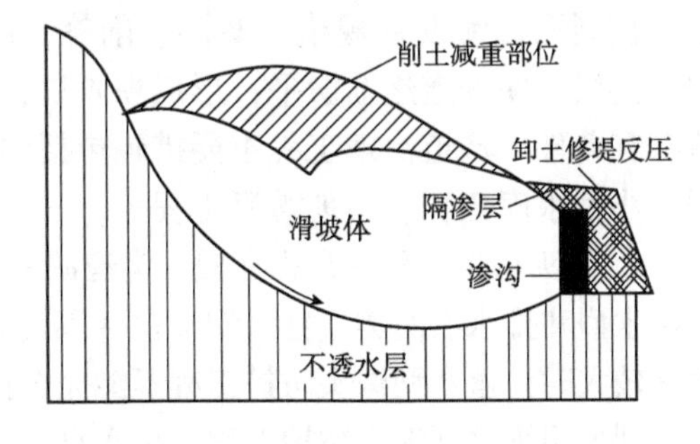

图 5-6　削坡、反压填土示意

削坡：主要用于防止中小规模的土质滑坡和岩质坡面崩塌(图 5-6)。削坡可减缓坡度，减小滑坡体体积，从而减小下滑力。滑坡分为滑动部分和阻滑部分。

反压填土：是在滑坡体前面的阻滑部分堆土加载，以增加抗滑力。填土可筑成抗滑土堤，然后分层夯实外露坡面，可用干砌片石或种植草皮防护，堤内侧需修渗沟以排除滑动部分土体的水分。土堤和老土间需修隔渗层，防止上部滑动体水分进入抗滑土堤，并应先做好地下水引排工程。

护坡：是为了防止边坡崩塌而进行的坡面加固工程措施。常见的护坡工程有干砌片石和混凝土砌块护坡、浆砌片石和混凝土护坡、格状框条护坡、喷浆和混凝土护坡、锚固法护坡以及植物护坡等。

c. 坡面集水蓄水工程。集水技术是一种在干旱地区充分利用降水资源为农业生产和人畜生活用水服务的技术措施，又称雨量增值或降雨增效，是干旱地区发展径流农业的基础。坡面集水蓄水主要包括以下措施：

水窖：修建于地面以下并具有一定容积的蓄水建筑物称为水窖。水窖由水源、管道、沉沙、过滤、窖体等部分组成。

涝池：又叫蓄水池或塘堰，指干旱地区为充分利用地表径流以拦蓄地表径流为主而修建的蓄水工程，是山区抗旱和满足人畜用水的一种有效措施。蓄水量为 50~1000 m^3。

山边沟渠工程：为防治坡面水土流失而修建的截排水设施，有截水沟、排水沟、蓄水沟、引水渠、灌溉渠等类型。

鱼鳞坑：是指在陡坡地(坡度大于 45°)进行植树造林而采取的整地措施，多挖在土石山区较陡的梁峁坡面或支离破碎的沟坡。由于这些地区不便于修筑水平沟，因而采取挖鱼鳞坑的方法分散拦截坡面径流。

水平沟：在坡面不平、覆盖层较厚、坡度较大的丘陵坡地，沿等高线修筑水平沟，用来拦截坡地上方降水径流，使其变为土壤水。

水平阶：是指沿等高线自上而下、里切外垫修筑而成的一台面，台面外高里低以尽量蓄水，是减少水土流失的坡面防护工程。

②沟道治理工程。是为固定沟床、拦蓄泥沙、防止或减轻山洪和泥石流灾害而采取的水土保持工程措施。其作用包括固定与抬高侵蚀基准面，防止沟床下切，控制沟头前进和沟壁扩张；抬高沟床，稳定坡脚；防止沟岸扩张及滑坡；减缓沟道纵坡，减小山洪流速，减轻山洪或泥石流灾害；稳定沟岸崩塌及滑坡，减小泥石流的冲刷及冲击力，防止溯源侵蚀，控制泥石流发育规模；蓄洪、削峰，减少入河、入库泥沙，减轻下游洪沙灾害；拦泥、落淤，使沟道逐渐淤平，形成坝阶地，变荒沟为良田，可为山区农、林、牧业发展创造有利条件。沟道治理工程主要措施包括沟头防护工程、谷坊、拦砂坝、淤地坝、护岸工程、小型水库工程、山地灌溉工程等。

a. 沟头防护工程。是指在侵蚀沟道源头修建的防止沟道溯源侵蚀的一种工程措施，可分为蓄水型和排水型两类。蓄水型又包括围埂式和围埂蓄水沟式(图 5-7)。当沟头以上坡面来水量较大时，蓄水型沟头防护工程不能完全拦蓄，或由于地形、土质限制而不能采用蓄水型时，则采用排水型沟头防护工程，排水型又分为跌水式和悬臂式两种(图 5-8)。经过治理可基本控制沟头前进，若沟头防护工程与抬高沟道侵蚀基准面同时进行，效果更佳。

b. 谷坊。是在易受侵蚀的沟道中，为了固定沟床而修筑的土、石建筑物。谷坊横卧在沟道中，高度一般为 1~3 m，最高 5 m。主要作用：抬高侵蚀基准，防止沟底下切；抬高沟床，稳定山坡坡脚，防止沟岸扩张；减缓沟道纵坡，减小山洪流速，减轻山洪或泥石

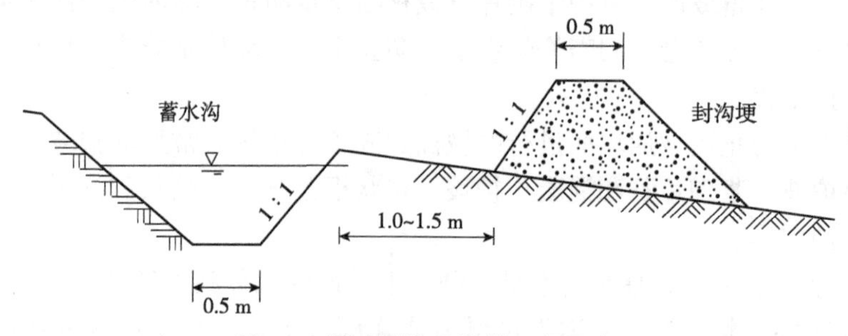

图 5-7　蓄水型沟头防护工程示意

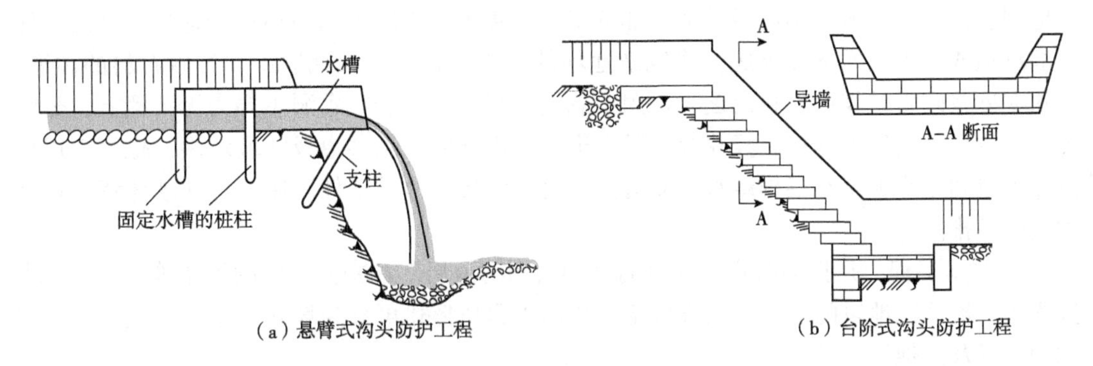

（a）悬臂式沟头防护工程　　（b）台阶式沟头防护工程

图 5-8　排水型沟头防护工程示意

流危害；拦蓄泥沙，使沟底逐渐台阶化，为利用沟道土地发展生产创造条件。根据谷坊所采用的建筑材料可分为：土谷坊、石谷坊、插柳谷坊、枝梢谷坊、木料谷坊、竹笼装石谷坊、混凝土谷坊、钢筋混凝土谷坊等。根据谷坊使用年限可分为：永久性谷坊(如浆砌石谷坊、混凝土谷坊和钢筋混凝土谷坊等)、临时性谷坊(如插柳谷坊、枝梢谷坊、木料谷坊等)。根据谷坊的透水性能还可分为：透水性谷坊(如干砌石谷坊、插柳谷坊等)、不透水性谷坊(如土谷坊、浆砌石谷坊等)。谷坊形式的选择取决于地形、地质、建筑材料、劳力、技术、经济，防护目的和对沟道利用的远景规划等因素。由于在一条沟道内往往需节节修筑多座谷坊，形成谷坊群，方能达到预期效果，因此，所需建筑材料较多。一般须先考虑劳力和经济因素，选择能就地取材的谷坊类型。如果当地有充足的石料，可修筑石谷坊，在黄土区则可修筑土谷坊。对于为保护铁路、居民点等有特殊防护要求的山洪、泥石流沟道，则需修筑坚固的永久性谷坊，如混凝土谷坊等。

c. 拦砂坝。是在沟道中以拦蓄山洪及泥石流中固体物质为主要目的而修筑的拦挡建筑物。在水土流失区，当河沟上游土壤流失物以沙石为主时，洪水期水流将携带大量沙石抬高河床，或外溢掩埋河沟两岸农地。为减少径流中的沙石量和调节雨季洪水流量，在有季节性水流的河沟内，选择口小肚大的部位建坝。通常经数年时间即可淤满坝库。这种情况在花岗岩水土流失区最常见。淤满后的坝库即成沙库，平整后加黏土和有机质改良，可开辟成为农地。根据拦沙坝所处位置的地形、地质条件，以及设计和施工要求，可采用不同的坝体形式。常用的坝体形式有重力坝、拱坝、平板坝、爆破筑坝及格栅坝等。按建筑材料分，常用的坝体形式有浆砌石重力坝、混凝土(含钢筋混凝土)坝、钢结构坝、干砌石坝及土坝等。

d. 淤地坝。是指在水土流失地区的各级沟道中，以拦泥淤地为目的而修建的坝工建筑物，其拦泥淤成的地称为坝地。一条沟内修建多个淤地坝是我国黄土高原水土流失严重地区重要而独特的治沟工程体系。修建淤地坝的主要目的是滞洪、拦泥、淤地、蓄水、建设农田、发展农业生产、减少入河泥沙。筑坝拦泥淤地对于抬高沟道侵蚀基准面、防止水土流失、滞洪、拦泥、淤地，减少泥沙、改善当地生产生活条件、建设高产稳产的基本农田、促进当地群众增收等方面有着十分重要的意义，是小流域综合治理的一项重要措施。在水土流失严重的地区，由于淤地坝投资小、见效快、坝地利用时间长、效益高，深受群众欢迎。根据集流面积、库容、流域水文条件等决定工程结构。控制流域面积较大的大型淤地坝，由坝体、泄水洞和溢洪道 3 部分组成；集流面积较小的中小型淤地坝，则由坝体和溢洪道或泄水洞两部分组成。修筑淤地坝的工程材料一般就地取用。有砂石料的沟道，用水泥砂浆砌石筑坝；石料缺乏时可用预制钢筋混凝土块。泄水洞主要为无压涵洞，分级卧管，少量采用压力管道、竖井等。溢洪道可采用开敞式溢洪道或陡坡溢洪，也可采用挑流鼻坎或利用沟坡岩石层排洪水入支沟。有时受地形、地质条件限制，可在坝体背水坡砌护溢洪道排洪。

e. 护岸工程。是指为防止河流侧向侵蚀及因河道局部冲刷而造成的坍岸等灾害，使主流线偏离被冲刷地段的保护性工程设施。护岸工程按形式可分为坡式护岸、坝式护岸、墙式护岸以及其他形式护岸。

坡式护岸：是指将建筑材料或构件直接铺护在堤防或滩岸临水坡面，形成连续的覆盖层，防止水流、风浪的冲刷、侵蚀。这种防护形式顺水流方向布置，断面临水面坡度缓于 1∶1，对水流的影响较小，不影响航运，因此被广泛采用。例如，长江中下游河势比较稳定，在水深流急处、险要堤段、重要城市、港埠码头广泛采用坡式护岸。湖堤防护也常采用坡式护岸。

坝式护岸：指依托堤身、滩岸修建的丁坝、顺坝及丁、顺坝相结合的“T”字形坝，起到导引水流离岸，防止水流、风浪、潮汐直接冲刷、侵蚀堤岸的作用，是一种间断性的、有重点的护岸形式。这一形式在黄河上多有应用；在长江江面宽阔的河口段也常用丁坝、顺坝保滩促淤，保护堤防安全；美国密西西比河干支流也修建了许多丁坝。

墙式护岸：靠自重稳定，要求地基满足一定的承载能力。

护岸工程措施可顺岸设置，具有断面小，占地少的优点，常用于河道断面窄、临河侧无滩而又受水流淘刷严重的堤段，如城镇、重要工业区等。海堤防护多采用坡式、墙式以及坡式、墙式上下结合的组合形式。其他护岸形式，如桩式护岸，通常采用木桩、钢桩、预制钢筋混凝土桩和板桩为材料构成板桩式、桩基承台式以及桩石式护岸，常在软弱地基上修建防洪墙、港口、码头、重要护岸时采用。

f. 小型水库工程。水库是指在山沟或河流的狭口处建造拦河坝形成的人工湖泊。兴建水库一般是为工业、农业和生活提供用水，水力发电，发展养殖业和娱乐业等。我国兴建的水库有以灌溉为主要功能的水库，也有以供给城市用水为主要功能的水库，但绝大多数都具有综合功能，对水资源有高效利用的价值。在我国干旱、半干旱的水土流失地区，以灌溉为主同时考虑综合利用的小型水库是主要的水库类型。小型水库主要由坝体(拦截河流或山溪流量、提高水位、形成水库)、放水建筑物(涵洞)、溢洪道(排除库内多余的洪水)三部分组成，通常称为水库的“三大件”。

g. 山地灌溉工程。是指为山区、丘陵区农业生产灌溉服务的一系列工程。该类工程主要包括水源工程、泵站、提引水工程、输水配水工程。灌溉水源是用于灌溉的地表水和地下水的统称。地表水包括河川径流、湖泊和汇流过程中拦蓄起来的地面径流；地下水主要是指可用于灌溉的浅层地下水。我国可以利用的灌溉水量在时空分布上很不均匀。在时间上，年降水量的 50%~70%集中在夏季或春夏之交，径流量的年际变化较剧烈，且时常出现连续枯水年或连续丰水年的现象。灌溉取水方式有无坝引水和有坝引水两种。无坝引水是指当河流枯水期的水位和流量均能满足自流灌溉要求时，即可选择适宜的位置作为取水口，修建进水闸引水自流灌溉，形成无坝引水。有坝引水是指当河流水量丰富，但当水位不能满足自流灌溉要求时，需要在河流上修建壅水建筑物，抬高水位。在灌区位置已定的情况下，此种形式与有引渠的无坝引水相比，虽然增加了拦河坝工程，但引水口一般距灌区较近，可缩短干渠长度，减少工程量。

(2) 林草措施

林草措施可以使小流域的治理与开发融为一体。在小流域中，建设乔、灌、草相结合的生态经济型防护林体系，是实现流域可持续治理与开发的根本措施。在小流域建立生态经济型防护林体系，不仅可以发挥森林特有的生态屏障功能，还可为社会提供多种林产品，增加经济效益。应根据区域自然历史条件和防灾、生态、经济建设的需要，将多用途的各个林种结合在一起，并布设在各自适宜的地域，形成一个多林种、多树种、高效益的整体水土保持体系的合理配置，要体现各个林种所具有的生物学稳定性，发挥其最佳的生态经济效益，从而达到持续、稳定、高效的流域人工生态系统建设目标。为此，要根据以下几点原则进行配置：

a. 以流域山系、水系、主要道路网的分布以及土地利用规划为基础，根据当地发展林业产业和人民生活的需要、水土流失的特点、水源涵养与水土保持等防灾和改善各种生产用地水土条件的需要，进行各个水土保持林种的合理布局和配置。

b. 在规划中要贯彻“因害设防，因地制宜”“生物措施与工程措施相结合”的原则；在林种配置形式上，以及在与农田、牧场及其他水土保持设施的结合上，要兼顾流域水系上、中、下游，流域山系的坡、沟、川，左、右岸之间的相互关系，同时应考虑林种占地面积在流域范围内的均匀分布和达到一定覆盖率。

c. 根据林种的经营目的，要确定林种内树种、其他植物及其混交搭配，形成合理的林分结构，以加强林分生物学稳定性和形成开发利用其短、中、长期经济效益的条件；根据防止水土流失、改善生产条件、经济开发需要、土地质量、植物特性等，林种内植物立体配置可考虑引入乔木、灌木、草类、药用植物和其他经济植物，其中要注意当地适生植物的多样性及其经济开发价值；在水土保持措施与农牧用地、河川、道路、“四旁”、庭院、水利设施等结合中要注意加强植物的立体配置，形成层层设防、层层拦截的水土保持生物措施体系。

水土保持林是以调节地表径流，控制水土流失，保障和改善山区、丘陵区农林牧副渔等生产用地、水利设施，以及沟壑、河川的水土条件为经营目的的森林。分布较广的水土保持林林种主要有坡面水土保持林、侵蚀沟道水土保持林、水库及河岸防护林、平原防护林等。

①坡面水土保持林。坡面水土保持林包括坡面荒地水土保持林、坡耕地水土保持林。

a. 坡面荒地水土保持林。包括坡面防蚀林、护坡能源林、护坡放牧林、护坡用材林、护坡经济林、护坡种草工程。

坡面防蚀林：主要配置在陡坡地，目的是防止坡面侵蚀、稳定坡面、阻止侵蚀供进一步扩张，控制坡面泥沙下泄，为整个流域系统恢复林草植被奠定基础。在陡坡配置时要考虑坡度和地貌部位，一般配置在坡脚以上至陡坡全长的 2/3 处。沟坡较缓时可以全部造林和带状造林，要选择根系发达、萌蘖能力强、枝叶茂密、固土作用大的树种。

护坡能源林：是为了在解决农村生活用能源的同时，控制坡面水土流失而营造的坡面水土保持林。主要配置在距村庄近、交通不便、利用价值不高或水土流失严重的地区。要选择耐干旱瘠薄、萌蘖能力强、耐平茬、生物量高、热量高的树种。

护坡放牧林：是以放牧为主要经营目的，同时起着控制水土流失作用的坡面水土保持林。应选择适应性强、耐干旱瘠薄、适口性好、营养价值高、萌发力强、生长迅速、耐啃食、树冠茂密、根系发达的树种。根据地形条件，采用短带状沿等高线布置，每带长 10~20 m，每带由 2~3 行灌木组成，带间距 4~6 m，水平相邻的带与带之间留缺口，以便牲畜通过，周围要配置护坡放牧林。

护坡用材林：主要配置在坡度较缓、立地条件较好、水土流失相对较轻的坡面上，以获得一定量的木材为目的，同时保持水土稳定坡面。典型的配置形式有乔灌水平行带混交、乔灌隔行混交、乔灌纯林。

护坡经济林：是为了获得林果产品，取得一定的经济效益，通过高质量整地提高土壤肥力、截流降水、保持水土。在土厚、水肥条件好、坡度相对较缓的荒草地背风面阳坡面，选择耐旱、耐瘠薄、抗风、抗寒的树种进行种植，在此基础上，可结合果农间作，在林地内种植适宜的绿肥或种草，以改善地力，促进丰产。

护坡种草工程：是指在边坡坡面播撒草种恢复草被或刈割生长过盛草被的一种传统边坡植物防护措施，多用于边坡高度较低、坡度较缓的土质路堑和路堤边坡防护工程，能够促进山区、丘陵区畜牧业发展，同时起到水土保持的作用。选择相对平缓的坡地、坡麓或沟塌地，最好多草种混播。典型配置形式有：刈割型、放牧型、放牧兼刈割型、稀疏灌木林或树林地下种草。

b. 坡耕地水土保持林。是在同一地块相间种植农作物和林木，广义上可理解为山地农林复合经营。主要有以下几种形式：

水流调节林带：目的是分散、减缓地表径流速度，增加渗透，变地表径流为壤中流，阻截坡地上部来的雪水和暴雨径流，可以改善小气候条件，在风蚀地区能够控制风蚀。

植物篱：通过植物篱的拦截作用，使植被上方泥沙经过拦蓄、过滤沉积下来，经过一定时间形成垄状，因此又称生物梗。由乔灌草形成的植物篱又称生物坎。植物篱具有投入少，效益高、具有多种生态经济功能的特点，但布设植物篱会占据一定面积的耕地，有时存在与农作物争肥争水的现象，即有“胁地”的问题。植物篱通常沿等高线布设，行向与径流线垂直，适用于地形较平缓、坡度较小、地块较完整的坡耕地。在缓坡地形条件下，植物篱间距是其宽度的 8~10 倍。典型的配置方式有以下几种：灌木带、适用于水蚀区，即在缓坡耕地上沿等高线带状配置灌木，坡度越小带越宽，一般为 10~30 m，由 1~2 行组成；宽草带，在黄土高原缓坡丘陵区耕地上沿等高线每隔 20~30 m 铺设一条宽草带，带宽 2~3 m；乔灌草带，在黄土斜坡上，根据坡度和坡长每隔 15~30 m 营造乔灌结合的生物带，带宽 5~10 m；灌木林网，主要布置在北方干旱、半干旱的水蚀、风蚀交错区，林网的主林沿等高线布设，副林垂直于主林带，形成长方形的绿篱网格。

梯田地坎防护林：目的是充分利用埂坎，提高土地利用率，防止梯田坎梗被冲蚀破坏，改善小气候，发展经济。梯田包括土坎梯田和石坎梯田。

②侵蚀沟道水土保持林。包括土质侵蚀沟道水土保持林和石质山地沟道水土保持林。

a. 土质侵蚀沟道水土保持林。营建的目的是结合土质沟道防蚀的必要性进行林业利用，获得林业收益，保障沟道高效生产。根据利用方式又可以分为以下几种：以利用为主的侵蚀沟是在现有耕地范围以外发展丰产用材林，在较为开阔的沟道建设果园；治理与利用相结合的侵蚀沟是在沟底活跃地段，进行沟底固定，沟底停止下切时，进行高插柳栅状造林；对距居民远、现无力投工治理的侵蚀沟道，采用封禁恢复自然植被或人工播种的恢复手段。

b. 石质山地沟道水土保持林。在南方山区主要是为了减轻面蚀，重点预防滑坡、泥石流；在北方石质山区主要是为了涵养水源，防止山洪。

③水库及河岸防护林。包括水库及湖泊周围的防护林和河岸防护林。

a. 水库及湖泊周围的防护林。主要目的是固定库岸、防止波浪冲淘破坏、拦截并减少进入库区的泥沙、减少水量蒸发、延长水库使用寿命、美化环境。在水库沿岸，要配置以防风为主的防护林；由疏松母质组成并有一定坡度的库岸，在正常水位或略低位置配置防浪灌木，在正常水位与高水位之间配置乔灌混交林，高水位采用耐干旱树种，林缘配置若干灌木，防止泥沙和牲畜进入。

b. 河岸防护林。包括护滩林和河川护岸林。护滩林是通过在洪水时期可能短时间浸水的河滩外缘栽植乔木，达到缓流挂淤、保护河滩的目的。典型的配置方式有：雁翅式造林和沙棘护滩工程。

④平原防护林。实际是以农田防护林和草牧场防护林为主体框架，包括固沙林、水土保持林、盐碱地林、小片用材林、能源林及“四旁”绿化与其他林种相结合的防护林业生态工程。

(3)农业措施

在水土流失的农田中，采用改变小地形、增加植被覆盖度、地面覆盖和增加土壤抗蚀力等方法，达到保水、保土、保肥、改良土壤、提高产量等目的的措施称为水土保持农业措施。以改变小地形为主的水土保持耕作措施有沟垄耕作、等高耕作等；以增加农地覆盖为目的的措施有平茬，秸秆覆盖、地膜或砂卵石覆盖田面等，可防止土壤水分蒸发，增加降水入渗。增加土壤抗蚀力的措施有免耕、少耕、改良土壤理化性质等。随着水土流失治理与自然资源综合开发利用的结合，在一些小流域治理中已建成了以生态农业为基础，以高效、优质、可持续发展为目的的农林复合型、林牧复合型和农林牧复合型的复合型生态经济系统。

以改变小地形为主的农业技术措施包括等高耕作、等高带状间作、水平沟种植、垄作区田、蓄水聚肥耕作、坑田、水平犁沟；以增加地面覆盖为主的农业技术措施包括留茬覆盖、秸秆覆盖、砂田、草田轮作、宽行密植、草田带状间作、少耕覆盖、面耕、间(混、套、复)种；以增加土壤入渗为主的农业技术措施包括深耕松土、施肥改土、等高耕作、水平沟种植、蓄水聚肥耕作。

5.3.1.4　流域系统灾害防治技术措施

(1)地质灾害防治

地质灾害是地壳表层在大气圈、水圈和生物圈相互作用的影响，受自然地质作用和(或)人类活动影响，给人类生命、物质财富造成损失或使生态环境遭受破坏的灾害事件。地质灾害主要是指崩塌、滑坡、泥石流、岩溶地面塌陷和地裂缝等，它们是由原地壳表层地质结构的剧烈变化而产生的，通常被认为是突发性的。但是，不能简单地把洪水归类于地质灾害。但长时期、大范围且爆发频繁的洪灾是与地质环境密切相关的，是人类社会工程、经济活动或防洪治水方略与地质环境演变方向长期不相适应产生的结果。

地质灾害防治应从地质灾害勘察开始。地质灾害勘查不同于一般建筑地基的岩土工程勘察，在勘察中应注意如下几方面：一是，由于目前尚未研究得出具有普适性的稳定性计算方法，现有的方法都有较多的假定条件，因此要重视区域地质环境条件的调查，从区域因素中寻找地质灾害体的形成演化过程和主要作用因素。二是，要充分认识灾害体的地质结构，从其结构出发研究其稳定性，但稳定性评价和防治工程设计参数有较大的非唯一性，应根据灾害个体的特点与作用因素综合确定，进行多状态的模拟计算，重视对变形原因的分析，并把它与外界诱发因素相联系，研究主要诱发因素的作用特点与强度(灵敏度)。三是，勘查工作量确定的基本原则是能够查明地质体的结构特征和变形破坏的作用，而不拘于一般的勘察规程。四是，勘查阶段结束不等于勘查工作结束，后续的工作(如监测或施工开挖)常常能补充、修改勘查阶段的认识，甚至完全改变以前的结论，因此，地质灾害勘查具有延续性特点。在此前提下，勘查工作量越少越好，使用的勘查方法越少越好，勘查设备越简单越好，勘查周期越短越好。此外，要在已发生地质灾害的区域通过水土保持工程措施与生物措施相结合的治理途径，进行综合防治。还应进行综合防治，并加强监测，常用的监测方法如下：

①埋桩法。适合对崩塌、滑坡体上发生的裂缝进行监测。在斜坡的横跨裂缝两侧埋桩，用钢卷尺测量桩间距离，可以了解滑坡变形滑动过程。对于土体裂缝进行监测时，埋桩不能离裂缝太近。

②埋钉法。在建筑物裂缝两侧各钉一颗钉子，通过测量两侧两颗钉子之间的距离变化来判断滑坡的变形滑动。这种方法对于强降水可能引发的地质灾害预报是非常有效的。

③上漆法。在建筑物裂缝的两侧用油漆各画上一道标记，与埋钉法原理是相同的，通过测量两侧标记之间的距离来判断裂缝是否存在扩大。

④贴片法。横跨建筑物裂缝粘贴水泥砂浆片或纸片，如果砂浆片或纸片被拉断，说明滑坡发生了明显变形，须严加防范。与上述3种方法相比，这种方法不能获得具体数据，但是可以非常直接地判断滑坡的突然变化情况。

地质灾害监测方法除了采用以上简单方法外，还可以借助简易、快捷、实用、易于掌握的位移、地声、雨量预警装置和简单的声、光、电警报信号发生装置，提高预警的准确性和临灾的快速反应能力。

(2)有害生物防治

有害生物防治是指为了减轻或防止病原微生物、害虫危害作物而人为采取的技术手段，包括化学防治、物理防治、生物防治。化学防治有害生物比较容易，但长期使用易产生药害，尤其长期施用一种药物能使有害生物产生抗药性，污染环境，杀伤天敌。因此，应对有害生物进行综合防治，即对有害生物的防治应以不互相冲突的形式协调地使用所有可能利用的手段，一般应在经济的容许范围内，以有效利用病原和害虫种群的天然控制机制为基础，辅以各种防治手段，要以降低病原和害虫密度，并使其变动幅度维持在小范围内为目标。

5.3.1.5　流域系统环境治理技术措施

以流域系统水环境治理为主。在流域系统水环境早期治理阶段，由于治理理念较为滞后，采取的治理技术种类单一，虽然取得了一定的治理成果，但部分流域系统水环境问题尚未得到有效解决。其主要原因如下：①流域管理机制不健全。流域系统环境问题涉及建筑、水利、环境保护、农业等多个部门，职责不清，缺乏统筹协调治理机制。②外源污染问题未解决。存在未截污或截污不彻底等问题，而且部分城市在早期发展阶段，往往布置雨污合流管网，将生活污水、工业废水与雨水混合排放，虽然采取了一些治理技术措施，但没有从源头上解决问题，使流域系统水环境污染问题反复出现。③流域支流污染严重。由于治理范围有限，且出于成本因素考虑，治理重心主要放在改善流域干流的水质条件，在一定程度上忽视了流域支流的污染问题，导致流域系统水环境问题治理不全面。④畜禽养殖污染重。流域内畜禽养殖业普遍存在管理问题，散养户未配套治污设施，养殖废水直排河涌。⑤工业废水偷漏排。由于处理成本高、监管滞后，工业废水偷排、漏排现象时有发生。⑥流域水资源开发利用率较高，径流被严格控制，部分河段水量较小，水环境容量较低。⑦河流自净能力遭破坏。部分流域周边环境复杂，人口密度过大，工业分布较多，污径比高，入河污染负荷远超河流自净能力。同时，部分流域内分布大量暗涵，暗涵阴暗潮湿、长期缺氧。

根据我国国情，为了在流域系统水环境综合治理过程中取得良好的治理成效，实现改善水环境、修复水生态、保障水安全、保护水资源的目标，必须坚持以习近平生态文明思想为指引，坚持从实际出发、统筹兼顾、因地制宜的原则，制定流域系统水环境综合治理技术路线。基于流域系统水环境规划思路和区域发展规划，遵守相关法律法规和指导性文件，制订切实可行的水环境整治工作计划与具体的治理技术方案，坚持水污染、水生态、水资源“三位一体”共治理念，从源头控制、过程控制、原位修复3个方面选用合理的技术措施。当治理达到一定程度，水环境容量变得充足时，能够为发展区域经济、谋划产业布局、调整产业结构提供可能的水环境空间，最终通过系统管理巩固治理成效，与治理技术措施协同实现流域系统水环境综合治理目标。

(1) 源头控制措施

在综合治理流域系统水环境时，应用源头控制技术的目的在于将污染物在产生污染的源头及时进行收集和处理，从源头上解决问题，避免污染物进入水体，污染水环境。以污染源的类型划分，源头控制分为点源污染控制和非点源污染控制。

①点源污染控制。生活污染源和工业污染源产生的城市生活污水和工业废水是典型的点源污染，通常经城市污水处理厂由固定的排污口或经管渠输送入水体。这种水体污染物含量高，成分复杂，变化规律依据工业废水和生活污水的排放规律，具有季节性和随机性。点源污染的主要特点是集中排放、易于监测和污染控制、便于管理。点源污染控制技术有以下几种：一是节水控源。在污染产生流域推广节水控源措施，如开展户内分级用水、再生水利用等。通过源头减污和污水回用，使实际外排污水量和污染负荷同时减少，缓解污水管网和污水处理厂的压力，有利于维护城市的生态水量以及流域生态恢复。二是完善排水管网。城市地区在查明城市排水管网现状的基础上，进行管网优化方案设计，分区、分段、分块完善管网，解决雨水和污水出路问题，改变内部分流、出口处合流的问

题。三是雨污分流、动态调蓄。暴雨初期径流含有较多的受雨水冲刷的地表污染物，初期降水径流的污染程度通常较高，直接排放会对流域水环境造成严重污染，有必要采取雨污分流措施，将高浓度的初期降水径流污水截流入污水处理厂进行处理，低浓度的中后期降水径流污水则流进河道，最大程度降低水体污染负荷。四是污水深度处理。针对流域水资源短缺和使用量大的现状，合理提高污水处理厂出水水质标准，达到景观环境用水标准后排放，将其作为流域生态补水水源之一。

②非点源污染控制。非点源污染是相对于点源污染而言的，是指无明确发生时间和地点，溶解态或固态污染物(如化肥、农药、盐分、重金属、病菌、泥沙等)从非特定区域通过一定的介质(空气、水等)分散传输进入受污染地域，引起的水体、大气和土壤污染。狭义上的面源污染是指在降水径流的淋洗和冲刷作用下，污染物进入江河、湖泊、水库和海洋等水体引起的污染。面源污染起源于分散多样的区域，地理边界和发生位置难以识别和确定，具有随机性、广泛性、滞后性、模糊性、潜伏性、控制难度大等特征。非点源污染主要来源包括农业活动、水土流失、分散污水、大气沉降、暴雨径流、农村固废等。非点源污染的源头控制是从污染源头控制和减少氮、磷流失，其中以农业活动最为严重，主要通过生态农业工程、耕种措施和田间管理、施肥措施及产业结构调整等技术控制氮、磷的排放量和流失量。随着城市化进程逐步加快，不透水性地表占比逐渐增大，地表累积的污染物被降水径流冲刷后汇入水体，是城市非点源污染的主要来源，而初期降水径流污染是污染控制的关键。下面分别从农业和城市的角度出发，列举几种非点源污染的控制技术。

a. 生态农业工程。生态农业是按照生态学、生态经济学和工程学原理，把传统农业技术和现代农业技术相结合，充分利用当地自然和社会资源优势，因地制宜地规划和组织实施的综合农业生产体系。以发展大农业为出发点，按照"整体、协调、循环、再生"的原则，实现农林水、牧副渔统筹规划，协调发展，促进农业生态系统物质、能量的多层次利用和良性循环，实现经济、生态和社会效益的统一。生态农业在技术措施方面强调人工设计的生态工程，实现生产过程中资源的深度开发、环境保护、生态调控和生态循环；强调采用节能、节水、节省资源投入、用养结合的保护性技术措施，提高生态效益、增强农业发展潜力。

b. 耕种措施和田间管理。不同的耕种措施和田间管理对农田养分吸收、利用、淋溶和流失起着重要作用。科学的耕种措施和合理的田间管理可以减少土壤侵蚀，提高养分利用率，减少非点源污染。采取合理密植、套作、间作和轮作等种植措施，科学布局，提高复种指数，减少土地全年和单位裸露面积，可以有效控制土壤侵蚀强度，减少非点源污染。传统耕作农田由于翻耕，土壤矿化作用强烈，硝酸盐的淋失明显高于保护性耕作农田。采取保护性耕作方式(少耕、免耕)，可以改善土壤物理结构、土壤入渗性能和生产潜力，减少农田土壤及养分流失。地表径流强度和径流量在很大程度上决定了土壤养分和农药的流失量，灌溉用水量与养分流失量之间呈现一定的正相关关系。因此，开展节水灌溉、控制农田灌溉水量，以水定肥、以肥调水、水肥结合，可减少农田养分和农药的流失，降低非点源污染的可能性。

c. 施肥措施。氮、磷肥的表面流失和渗漏流失直接导致地下水污染和江河湖泊的富营养化。因此，完善施肥措施是非点源污染源头控制的重要途径。采用平衡施肥，根据不同作物品种，通过测土配肥，合理确定肥料中氮、磷、钾的比例以及有机、无机肥配合施用，提高肥料的肥效，减少化肥用量，降低氮、磷流失。采用养分控/缓释技术，使养分的供给和作物的需求保持一致，提高养分利用效率，减少非点源污染。土壤中养分的利用率与施用深度和方式密切相关，旱地土壤提倡深施至 10~12 cm 土层，通过改变施肥方式，减少养分淋失，提高养分利用效率。

d. 海绵城市。是具有自然积存、自然渗透、自然净化“海绵体”特性的城市，降水时可就地或就近吸收、存蓄、渗透、净化降水，补充地下水，缓解城市洪涝，干旱时可将蓄存的水释放出来加以利用。海绵城市遵循“渗、滞、蓄、净、用、排”的六字方针，把降水的渗透、滞留、集蓄、净化、循环使用和排水密切结合，统筹考虑内涝防治、径流污染控制、雨水资源化利用和水生态修复等多个目标。海绵城市的建设不仅可以减少径流，减轻暴雨期间城市排水管网和排涝设施的压力，还可通过源头控制，减少初期降水径流污染，达到减排的效果。

(2) 过程控制措施

污染物的源头控制虽然是控制污染物有效方式，但往往存在一些累积在流域地表的污染物(如农药、化肥等)受到降水的冲刷作用，随着径流的形成和泥沙的输移在陆地坡面产生污染负荷，并随径流与泥沙的输移在流域内增加和衰减，最终到达河流。因此，过程控制的重点主要基于径流产生和输移环节中进行削减，恢复遭受严重破坏的生态系统，在污染物到达河流前实现净化。为了实现这一目标，可以采取人工湿地、生态护岸、植被缓冲带等技术措施。

①人工湿地。是修复水生态、削减污染、增加生态空间、改善生物多样性的重要手段，对于恢复流域水生态系统、为水体提供生态流量、促进区域再生水循环利用和推进生态文明建设具有重要意义。人工湿地是指模拟自然湿地的结构和功能，人为地将低污染水投配到由填料(含土壤)与水生植物、动物和微生物构成的独特生态系统中，通过物理、化学和生物的协同作用使水质得以改善的工程；或利用河滩地、洼地和绿化用地等，通过优化集布水等强化措施改造的近自然系统，实现水质净化功能提升和生态提质。

a. 人工湿地的分类。人工湿地按照填料与水的位置关系分为表面流人工湿地和潜流人工湿地。

表面流人工湿地：指水面在土壤表面以上、水从进水端流向出水端的人工湿地(图 5-9)。表面流人工湿地中的氧主要来自水体表面扩散、植物根系传输和植物光合作用，具有建造简单、投资较少的特点。同时也存在若干缺点，例如，负荷较低，占地面积大；温度较高时易滋生蚊蝇，卫生条件较差；温度较低时会发生表面结冰，导致系统的处理效果大幅下降；不能充分利用填料及丰富的植物根系，因而在实际工程中应用较少。

潜流人工湿地：按照水流方向分为水平潜流人工湿地和垂直潜流人工湿地。水平潜流人工湿地指水面在填料表面以下、水从进水端水平流向出水端的人工湿地(图 5-10)。系统存在有氧和无氧区域，水力负荷和污染负荷较大，净污效果好；卫生条件较好，很少有恶臭和蚊蝇滋生现象；但控制相对复杂，脱氮除磷效果欠佳。垂直潜流人工湿地指水垂直流过填料层的人工湿地，按水流方向不同，又可分为下行垂直流人工湿地和上行垂直流人工湿地(图 5-11)。优点是占地面积较其他湿地形式小，污水处理效率高，整个系统可以完全

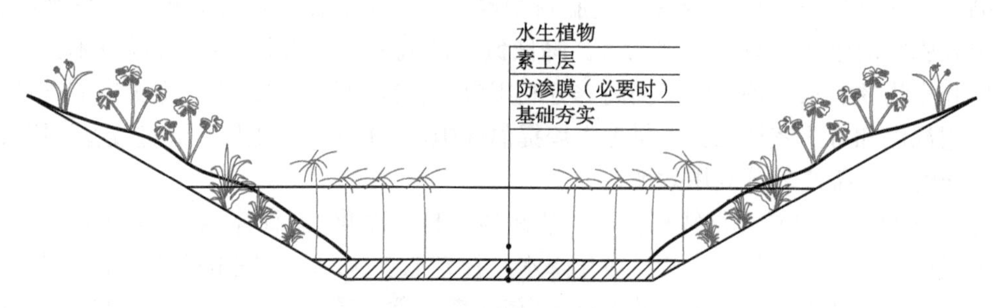

图 5-9　表面流人工湿地剖面示意

（生态环境部，2021）

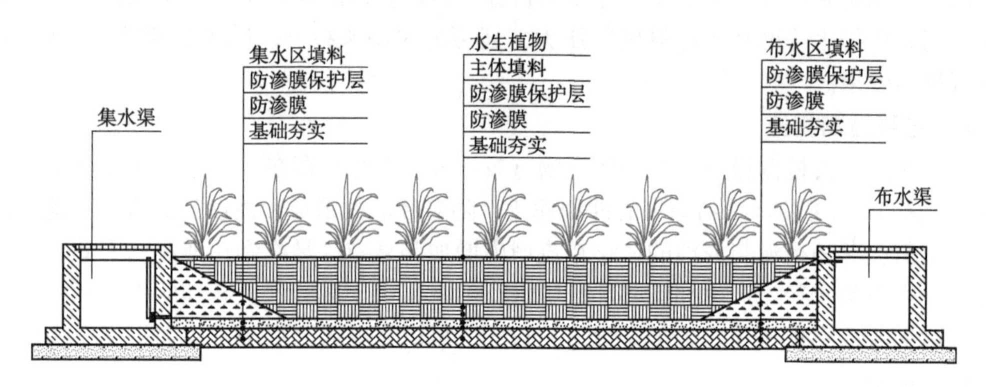

图 5-10　水平潜流人工湿地剖面示意

（生态环境部，2021）

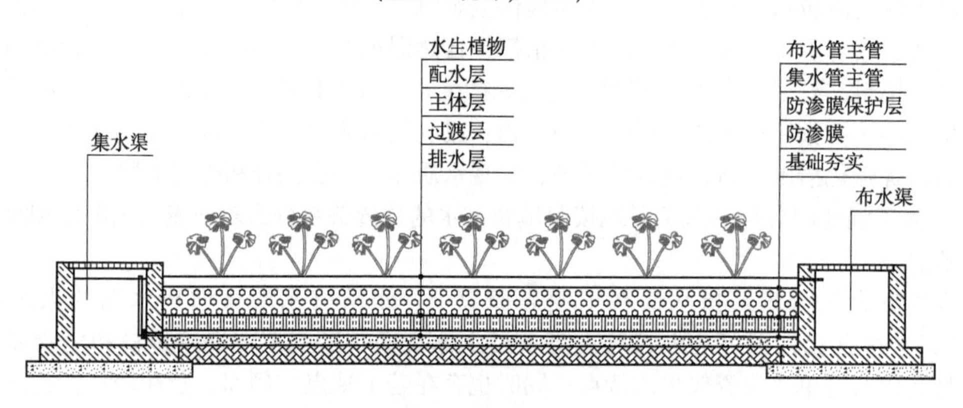

图 5-11　垂直潜流人工湿地剖面示意

（生态环境部，2021）

建在地下，地上可以建成绿地和配合景观规划使用；具有较好的传氧能力，这类人工湿地的硝化能力远高于平行流系统，可用于处理氨氮含量较高的污水。为防止堵塞，填料级配复杂，建造要求高；落干/淹水时间较长，操作控制相对复杂；夏季有蚊蝇滋生现象。

b. 人工湿地系统的组成。包括收集和预处理系统、配水和集水系统、主体处理工艺。当湿地的进水量波动大、泥沙含量多或悬浮物浓度高（如潜流湿地进水悬浮物浓度高于 20 mg/L）时，宜设生态滞留塘、生态砾石床、沉砂池、沉淀池或过滤池等；当进水中存在漂浮物时，宜设置格栅。根据出水水质要求，可设计一级或多级植物池，污水经过多次正向、逆向反复过滤。人工湿地系统由多个湿地单元构成时，可采取并联、串联、混合等组合方式。

c. 人工湿地系统的处理工艺。主体处理工艺的选择应基于因地制宜原则，可主要考虑以下条件：在重点排污单位出水口下游，宜选择潜流人工湿地或潜流表流结合型人工湿地，用地紧张时选择潜流人工湿地；在河流支流入干流处、河流入湖(库)口、重点湖(库)滨带、河道两侧的河滩地等，宜选择表面流人工湿地，但用地紧张或河湖水质较差且对水生态环境目标要求较高时，可考虑建设潜流人工湿地；在大中型灌区农田退水口下游，可选择以表面流人工湿地为主建设人工湿地群；在蓄滞洪区、采煤塌陷地及闲置洼地，可因地制宜建设旁路或原位表面流人工湿地；在城镇绿化带，可考虑建设潜流人工湿地；在城镇边角地等地形受限处，可建设与地形相适应的表面流人工湿地。

d. 人工湿地植物的选择。选择原则包括：宜选择适应当地自然条件、收割与管理容易、经济价值高、景观效果好的本土植物；宜选择成活率高、耐污能力强、根系发达、茎叶茂密、输氧能力强和水质净化效果好等综合特性良好的水生植物；宜选择抗冻、耐盐、耐热及抗病虫害等具有较强抗逆性的水生植物；禁止选择水葫芦、空心莲子草、大米草、互花米草等外来入侵物种；人工湿地可选择一种或多种植物作为优势种搭配栽种，增加植物的多样性，形成怡人的景观效果；应根据人工湿地类型、水深、区域划分选择植物种类。

②生态护岸(滨岸带生态修复)。滨岸带是水体的最后一道污染物截留防线，具有截污、过滤和改善水质等重要的生态功能。生态护岸技术主要涉及不同类型生态堤岸的构建和堤岸生态系统群落结构的优化，同时满足防洪和污染控制要求。生态护岸技术主要具有滞洪补枯、水源涵养、培育共生生态、提高自净能力和生态景观等多种功能。根据水体不同堤岸形态、周边土地利用方式、地理位置要求，生态修复应在适当拓宽河道基础上，采用以下工艺进行滨岸带生态修复。

a. 自然堤岸修复工艺。在自然堤岸形态的基础上拓宽河道，放缓堤岸坡面，并恢复挺水、沉水植物带的生态功能。

b. 生态混凝土护岸。生态混凝土是由低碱度水泥、粗骨料、保水材料等按照特殊工艺制成的混凝土。生态混凝土具有一定的抗压强度和大量的连续孔隙，具有良好的透气性、透水性，能保护堤岸，防止其受到侵蚀。在多孔混凝土孔隙中或在其表面铺设土层，播种小型植物。由于多孔混凝土良好的透水性能和透气性能，可以使植物舒适地生长，从而建成亲近自然型的植被生态混凝土护坡，同时起到净化水质的功能。

c. 石笼护岸工艺。石笼护岸是用镀锌、喷塑铁丝网笼或竹笼装碎石(还可装肥料和适于植物生长的土壤)垒成台阶状护岸或砌成挡土墙，并结合植物、碎石以增强其稳定性和生态性。石笼护岸工艺尤其适用于碎石或沙子来源广泛但缺少大块石头的地区。石笼网眼的径长一般为 60~80 mm，也可根据填充材料的尺寸进行调整。其表面可覆盖土层，为水生植物、动物和微生物提供生存空间。石笼护岸工艺比较适用于流速大的河道断面，具有抗冲刷能力强、整体性好、应用灵活、能随地基变形而变化的特点。根据河岸周边实际情况及功能需求，石笼还可以采用生态石笼和阶梯式石笼两种工艺。

d. 栅栏护岸工艺。栅栏护岸是采用各种废弃木材(如间伐材、废弃的枕木等)和其他一些木质材料为主要护岸材料的护岸结构。该护岸结构是先在坡脚处打入木桩，加固坡脚，然后在木桩横向上拦设木材或已扎成捆的木质材料(如荆棘、柴捆等)，建成栅状围栏，围栏可根据景观要求建成各种形状。围栏后堆积石料或回填土料，栅栏与石料或回填土料的搭配进一步加固了坡脚，也为水生植物、动物和微生物提供了生存环境。围栏以上的坡面可种植草坪植物并配置木质台阶，实现稳定性、安全性、生态性、景观性与亲水性的和谐统一。

e. 柳树护岸工艺。柳树护岸技术是通过使用柳树与土木工程和非生命植物材料的结合，降低坡面及坡脚的不稳定性和减少侵蚀，并同时实现多种生物的共生与繁殖的技术。柳树因具有耐水性强、并可通过截枝进行繁殖的优点，成为生态护岸结构中使用最多的天然材料之一。柳树护岸充分利用柳树的根系发达、枝叶茂密生物学特性，既可以达到固土保沙、防止水土流失的目的，又可以增强水体的自净能力。同时，岸坡上的柳树所形成的绿色走廊还能改善周围的生态环境，为人类营造美丽、安全、舒适的生活空间。柳树护岸的主要形式有：柳树杆护岸、柳排护岸、柳梢捆(柴捆)护岸、柳梢篱笆护岸、石笼与柳杆复合型护岸、柳杆护脚护岸、柳枝工混合护岸。

此外，还有木桩—石材复合型生态护岸、水泥生态种植护岸、多孔质护岸、自然堤岸与生态混凝土复合护岸工艺等。在具体应用时，应根据相应特点综合考虑。对各工艺的物种选择要求在参考当地优势种的前提下，选择景观效果较好、净污能力强、适应能力强的植物，合理搭配各物种间的空间分布，在保证水体自身防洪能力的前提下，将其河道改造成具有景观效果的生态河道。

③植被缓冲带。作为流域生态系统的重要组成部分，植被缓冲带是陆地与水体系统之间的界面或生态群落交错区，是滨岸带外围的保护圈，也是污染物进入滨岸带前的缓冲区域和地表径流进入水体前的重要屏障。植被缓冲带具有水土保持和水质净化功能，植被对水或土壤中化学元素(主要是 N 和 P)的吸收与转化，有助于降低河流水污染，同时植被对泥沙起着有效拦截的作用。植被缓冲带的构建应充分考虑缓冲带位置、植物种类、结构和布局及宽度等因素，充分发挥其生态功能。

a. 植被缓冲带的构建和布置。在确定植被缓冲带位置时应调查水体所属区域的水文特征、洪水泛滥影响等基础资料，宜选择在泛洪区边缘。从地形的角度来说，植被缓冲带一般设于下坡位置，与地表径流的方向垂直。对于长坡，可以沿等高线设置多道植被缓冲带以削减水流的能量。溪流和沟谷边缘宜全部设置植被缓冲带。植被缓冲带的宽度应考虑缓冲带基质类型与植被类型的相互作用，注重基质类型对植被的固定作用以及植物与基质对地表径流中污染物的协同拦截作用。

b. 植被缓冲带植物配置。首先植被缓冲带种植结构设置应考虑系统的稳定性，植物配置应具有控制径流和污染的功能，应根据植被缓冲带实际功能和污染物类型等综合因素来确定乔木、灌木、草本等植被类型和具体品种，需要考虑植被的维护与管理，应充分利用乔木发达的根系稳固河岸，防止水流的冲刷和侵蚀，并为沿水道迁移的鸟类等野生动物提供食物，还应通过草本植物增加地表粗糙度，增强对地表径流的渗透能力和减小径流流速，提高缓冲带的沉积能力。另外，植物配置也需兼顾旅游和观光价值，合理搭配景观树

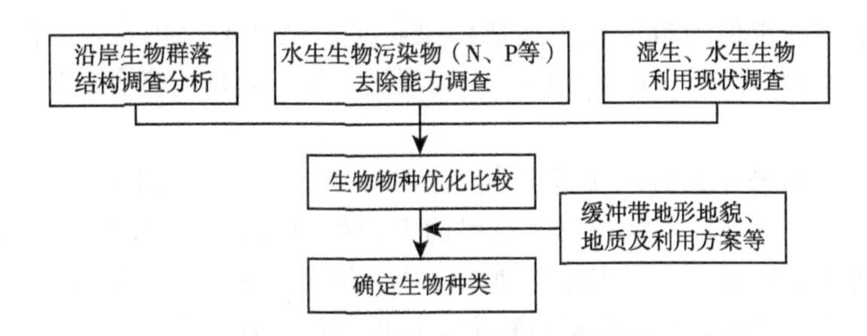

图 5-12　缓冲带植物配置一般流程

（张列宇，2016）

种，在经济欠发达地区宜选择具有一定经济价值的树种。缓冲带植物配置一般流程可参照图 5-12。

(3) 原位修复技术

当前，在我国部分城市的流域水环境中，由于河流水体长时间承受高负荷污染物的冲击，各类污染物浓度较高，远超水环境自净能力，使水体生态系统遭受严重破坏，并出现富营养化、缺氧、水体黑臭等一系列问题，严重威胁水生生态系统的稳定性以及民众的用水安全。当污染物无法在源头被收集处理，也没有通过有效方式控制其进入河流时，为了有效解决这一问题，必须全面推行人工净化工程，贯彻原位修复的水环境治理理念，采取多元化的人工干预手段，将水体内各类污染物的浓度总量控制在合理范围，实现改善水环境与恢复水生态的治理目的。原位修复技术分为物理修复、化学修复、生物—生态复合修复，不同技术类型的修复原理存在明显差异。

①物理修复。是指水体中污染物经稀释、扩散和沉降等物理作用而浓度逐渐降低的过程。其作用机理是可沉性固体经沉降逐渐下沉至水底形成污泥；悬浮物、胶体和污染因混合稀释浓度降低。常用的物理修复技术包括曝气增氧、底泥疏挖、原位覆盖等。

a. 曝气增氧。主要指人工向水体充入空气或氧气以加速水体复氧过程，提高水体的溶解氧水平，恢复和增强水体中好氧微生物的活力，使水体中的污染物质得以净化。常规的复氧技术分为固定式曝气复氧和移动式曝气复氧，其中固定式曝气复氧方法包括：雾化曝气管曝气复氧、橡胶坝跌水曝气复氧和混合水下曝气器曝气复氧。移动式曝气复氧方法主要包括曝气复氧船曝气复氧。该技术是通过提升水体溶解氧含量来加快微生物降解效率，这项技术一般与微生物原位投放技术组合应用。该技术具有设备简单、机动灵活、安全可靠、见效快、操作便利、适应性广、对水生生态系统不产生任何危害等优点，非常适合于景观水体和微污染源水的治理。缺点是水体曝气增氧成本较高。

b. 底泥疏挖。该技术是通过挖除表层含有高浓度氮磷营养盐、重金属和难降解有机物的污染底泥，从而去除底泥污染的修复手段。当底泥污染物的浓度高出本底值 3 ~ 5 倍时被认为其对人类及水生生态系统存在潜在危害，可考虑进行疏挖。底泥疏挖有如下特点：尽可能保留了原有生态特征，为疏挖区的生态重建创造了条件，充分保护了生物多样性；去除了湖泊底泥中所含的污染物，减少了底泥中高浓度污染物向水体的释放；疏挖泥层厚度一般小于 1 m，按清除内源性污染、控制大型水生植物的生长以及有利于生态恢复的要求确定疏挖深度，并将疏挖精度控制在 5 ~ 10 cm；采用专业环保疏挖设备进行施工，严格监控施工进程，避免因疏浚扰动造成污染物扩散及颗粒物再悬浮，防止出现二次污染；根据底泥和水污染性质和程度不同，对底泥进行特殊处理，避免疏挖污染物对其他环境造成污染。

c. 原位覆盖。该技术通过在流域水体污染底泥表面设置一层或多层覆盖物，阻隔底泥中的污染物向上层水体释放。沉积物—水界面覆盖控制材料的控释机理主要有以下几点：通过覆盖层，将污染底泥与上层水体物理性隔开，防止底泥中的污染物进入上层水体；通过吸附作用，污染物被固定在覆盖层材料上，从而降低溶解态污染物的浓度；稳固污染底泥，防止其再悬浮或迁移。选择覆盖材料时主要考虑：覆盖材料的粒径，粒径越小，阻隔能力越强，污染物的穿透能力越低；覆盖材料中有机质含量、比表面积和孔隙率；覆盖材料的密度，该特性与其抗水流扰动、稳固污染底泥的能力相关。覆盖物可以选择天然覆土、沙子、砾石、改性黏土、土工膜、生物炭、沸石和方解石等。目前，原位覆盖技术的施工方式主要有以下几种：机械设备表层倾倒法、移动驳船表层撒布法、水力喷射表层覆盖法、驳船管道水下覆盖法。原位覆盖技术要根据水体的污染情况确定覆盖材料、覆盖范围以及覆盖层厚度。原位覆盖技术可以有效控制底泥中氮、磷等营养盐、重金属及 PCBs、PAHs、苯酚等持久性有机物的释放，对污染底泥的修复效果非常明显，工程造价低。不足之处在于，原位覆盖技术对受污染区域的水深有一定要求，因为铺设覆盖层会在一定程度上增加水体中底质的厚度，使水深相应地减小，影响水底的坡度。因此，在水深较小的河海岸边以及水道航线区域，不建议实施原位覆盖操作。此外，铺设覆盖层需要一定的稳定条件，若施加在水流较快的区域，则会影响覆盖层的完整性，减弱覆盖的效果。

②化学修复。指污染物质由于氧化还原、酸碱反应、络合聚合、分解化合和吸附凝聚等化学或物理化学作用使污染物从底泥中分离、转化成低毒或无毒形态而降低浓度。如水中铁、锰等金属离子氧化生成难溶物质，析出沉降；在一定酸性环境中，某些元素形成易溶性化合物，随水漂移而稀释；在中性或碱性条件下，某些元素形成难溶性化合物而沉降。天然水中的胶体和悬浮微粒吸附和凝聚水中污物，随水流移动或逐渐沉降。化学修复包括化学絮凝、化学固定、化学除藻等技术。化学絮凝处理技术是指通过投加化学药剂去除水层污染物，以达到改善水质的目的。向污染水体中投入适量的混凝剂，脱稳颗粒直接或间接地相互聚结，生成呈絮状的大颗粒而进行卷扫、沉淀分离，从而去除水体中的污染物(如悬浮物、NH_3—N、有毒有机物等)。常用的絮凝剂包括金属盐类絮凝剂、高分子絮凝剂和微生物絮凝剂，其中金属盐类絮凝剂主要为硫酸铝和三氯化铁，高分子絮凝剂主要为聚合氯化铝、聚合硫酸铁和聚丙烯酰胺。化学固定技术是向土壤中添加固定剂，通过对重金属的沉淀、化学吸附与离子交换络合、表面沉淀，有机络合，氧化还原等一系列反应，降低重金属的活性和生物有效性，减小重金属污染危害的技术。常用的固定剂包括无机固定剂、有机固定剂、有机—无机复合固定剂。无机固定剂有石灰、钢渣、高炉渣、粉煤灰等碱性物质，还有磷酸盐以及天然、天然改性或人工合成的沸石、膨润土等矿物。有机固定剂主要为有机肥料、绿肥、草炭和作物秸秆等。有机-无机复合固定剂包括城市固体废弃物、黄酸盐吸附剂、污水污泥、石灰化生物固体等。化学除藻技术是通过投加化学药品破坏水体中的胶原体，从而达到除藻的目的，根据添加剂的不同可分为除藻剂除藻、混凝沉淀剂除藻、化学氧化剂除藻。常用的除藻剂有铜盐、高锰酸钾、纳米 TiO_2 等；常

用的混凝沉淀剂有聚合三氯化铝、聚合三氯化铁等，最近几年天然絮凝剂也得到广泛研究；用于除藻的化学氧化剂有 O_3、H_2O_2、Cl_2、ClO_2 等。

③生物—生态复合修复。可以概括为利用植物、动物和微生物中的一类或几类对水体中的污染物进行吸附、降解、转化，以实现水环境净化和生态修复目的的技术。植物、动物和微生物在水体生物修复中起着不可或缺的不同作用。生物修复主要可分为植物修复、动物修复、微生物修复等。植物修复是以植物能够忍耐和超量积累某种或某些化学元素的理论为基础，通过植物及其共存微生物体系清除环境中污染物的一种环境污染治理技术。植物修复机制包括生物物理和生化过程，如吸附、运输和易位，以及植物酶的转化和矿化。动物修复是通过动物的摄食行为或富集能力去除氮磷、重金属和有机物污染物，以达到底泥净化目的的一种生物学修复手段。微生物修复即利用微生物代谢、吸附等作用将底泥中的污染物进行消减或减毒的修复技术。生态修复技术主要通过设置水下载体、种植挺水植物、构建生态浮床等技术措施组成生物膜系统，从而强化水质净化效果、提高景观质量和为生物栖息提供场所，最终形成多目标生态修复集成技术。常见的水体生态修复集成技术工艺有生物膜、水生动植物修复、生态浮床等技术。生物—生态复合修复技术具有处理效果好、工程造价相对较低、不需耗能或低耗能、运行成本低廉，同时不用向水体投放药剂，不会形成二次污染等优点，同时可以与绿化环境及景观改善相结合，创造人与自然相融合的优美环境。

a. 生物膜。是指微生物(包括细菌、放线菌、真菌及微型藻类和微型动物)附着在固体表面生长后形成的黏泥状薄膜。生物膜技术为水体有益微生物生长提供附着载体，提高生物量，使其不易在水中流失，有助于保持其世代连续性；载体表面形成的生物膜，以污水中的有机物为食料加以吸收、同化，因此对水体污染物具有较强的净化作用。可作为生物膜载体的材料很多，其中人工水草具有高比表面积、表面附着性强和耐磨损等特点。

b. 水生动植物修复。水生动植物是河流生态系统的基本构成元素。水生植物对水体内外源污染物质具有吸收净化作用；同时其光合作用产生氧气，通过茎、根输送并释放到水体，在根毛周围可以形成好氧区域，提高水体溶解氧含量，为微生物等供给降解污染物所需的氧量，具有净化水质、削减风浪、美化水面景观、提供水生生物栖息空间等多种功能。水生动物的主要功能是平衡水生生态系统，提高系统的稳定性，对于溶解氧含量较高、相对封闭的景观河道特别适用。水生动物包括浮游动物、水生脊椎动物和底栖动物，它们以水体中的游离细菌、浮游藻类、有机碎屑等为食，可以有效减少水体中的悬浮物，提高水体的透明度。

c. 生态浮床。是指将植物种植在浮于水面的床体上，利用植物根系直接吸收和植物根系附着微生物的降解作用有效进行水体修复的技术，是将风能曝气、风能照明、植物吸收、除藻及提高水体底层光照条件等多种水治理技术综合的水处理技术。一方面，该技术利用表面积很大的植物根系在水中形成浓密的网，吸附水体中大量的悬浮物，并逐渐在植物根系表面形成生物膜，膜中微生物吞噬和代谢水中的污染物成为无机物，使其成为植物的营养物质，通过光合作用转化为植物细胞的成分，促进其生长，最后通过收割浮床植物和捕获鱼虾减少水中营养盐；另一方面，浮床通过遮挡阳光抑制藻类的光合作用，降低浮游植物生长量，通过接触沉淀作用促使浮游植物沉降，有效防止水华发生，提高水体的透明度。同时，浮床上的植物可供鸟类栖息，下部植物根系可成为鱼类和水生昆虫的栖息环境。生态浮床技术的优点：可充分利用我国广阔的水域面积，将景观设计与水体修复相结合；可选择的浮床植物种类较多，载体材料来源广，成本低，无污染；浮床的浮体结构新颖，形状变化多样，不受水位限制，不会造成水体淤积。但生态浮床仍存在一些问题和不足，如不易进行标准化推广应用，难以推行机械化操作，生态植物的补种与清理较困难等。

5.3.2　流域系统自然资源开发综合措施

5.3.2.1　自然资源特征

资源是人类赖以生存的物质条件。按照经济学对“资源”的理解，资源包括自然资源、资本资源和人力资源。通常，自然资源是指自然界中人类可以直接获得的、可用于生产和生活的物质。自然资源的范畴与生产力水平有关，在不同的生产力水平下，构成自然资源的物质要素的种类和数量是不同的。从这个意义上讲，资源是指在一定时间、空间条件下，能够产生经济价值，以满足人类当前和将来需要的自然环境要素的一部分。随着人类对自然界认识水平的不断深化，生产力水平的不断提高和科学技术的不断进步，利用和改造环境能力的不断增强，自然资源所包含的物质内容也会不断扩大。不同类型的自然资源有其不同的特性、结构、功能、分布和储量。但从总体上看，所有自然资源都有以下这些特征。

①整体性。自然资源是生态环境的重要组成部分，也是一个庞大和复杂的生态系统。人类活动对其中某一自然资源的扰动，都会引起其他自然资源的连锁反应，致使生态系统整体结构和功能发生变化。因此，在开发利用自然资源的过程中，应统筹规划、合理安排，以保持生态系统的平衡。

②区域性。自然资源的分布和组合具有很强的区域性。不同区域中的自然资源，其结构、数量、质量、特性都具有很大的差别，而这种差异又制约着所在区域经济的布局、结构和规模。因此，在开发利用自然资源时，要求人们按照自然资源的区域性特点和当地的经济条件，对自然资源的类型、分布、数量和质量等基本情况进行全面的调查与评价，因地制宜地安排各业生产，有效发挥自然资源的潜力。

③两重性。一方面，自然资源是人类社会生产的物质基础，如果没有自然资源，人类的劳动过程就不能进行，社会生产活动就不能实现；另一方面，自然资源又是生态环境的重要组分，如果在开发利用自然资源的过程中，破坏了生态环境，人类也将难以生存和发展。人们必须正确认识和遵循自然资源的两重性特点，既要合理开发和利用，又要加强保护和管理，并注意恢复被扰动的自然资源的状态，使其不仅可持续稳定地为人类利用，而且持续高效地为人类生存提供良好的生态环境。

④有限性。自然资源的有限性是指在一定时间和空间内，自然资源可供人类开发和利用的数量是有限的。人类在开发利用自然资源时，必须注意自然资源的这种特性，使开发利用它们的数量保持在一个适度的水平上，以保证其有足够的余地再生补充，从而使之得以持续利用。否则，就会使自然资源和生态环境遭受破坏。

⑤多用性。自然资源具有多种功能和用途，在对自然资源进行开发利用时，必须从生态效益、经济效益和社会效益等多方面进行综合研究，从而制定最优方案实施开发利用。

5.3.2.2　自然资源开发基本原则

根据自然资源的共同特征，在进行流域资源开发时必须遵循以下原则：

①坚持以人为本、人与自然和谐相处。把保障人民群众的切身利益作为规划修编的出发点和落脚点，优先解决人民群众最关心、最直接、最现实的饮水安全、防洪安全等问题；遵循自然规律、市场规律和发展规律，维护河流健康，促进人与水的和谐。

②坚持统筹协调、开发与保护并重。统筹考虑流域经济社会发展需要和水资源与水环境承载能力，统筹安排流域防洪、供水、发电、航运、生态环境保护等任务，正确处理流域与区域、上下游、左右岸以及行业之间的关系，兼顾经济、社会和生态效益。

③坚持综合治理、强化管理。合理安排流域治理、开发和保护的重大布局，研究制定流域综合管理政策措施，强化资源统一管理和统一调度。

④坚持因地制宜、远近结合。根据流域自然条件、经济社会发展水平以及水资源开发利用程度，抓住流域治理和水资源开发利用与保护的主要矛盾，结合流域特色，按照轻重缓急，合理确定近期与远期的规划目标、任务、重点和实施方案。

5.3.2.3　自然资源开发总体设计

(1) 以水为核心安全合理利用自然资源

流域因水而成，是人类文明诞生和发展的主要地区。但是，流域周边地区也存在相对较高的洪涝灾害风险，自古以来人类为了治水做了大量努力，近现代流域规划诞生以来一直高度关注安全问题。因此，在流域自然资源开发利用过程中，应以洪涝灾害防治为基础，守住安全底线。同时，将“可持续最大取用量”作为流域自然资源利用计划的上限，避免自然资源过度开发。此外，以改善水环境为根本目的，在全流域强制性的保护和减排指标基础上，依据经济发展水平制定差异化的排放标准、绿色技术革新标准。

(2) 以多目标多用途开发促进区域协调发展

流域管理通过实施防洪、航运、电力供应、社区服务等项目改善航运条件，优化流域农业和工业发展条件，促进流域土地资源合理利用，将极大提升流域的经济实力，有效推动快速城镇化和产业转型。对土地资源、生物资源、文化资源、水资源进行统一开发管理，发展生态旅游和休闲娱乐功能，吸引多元投资，真正实现提高流域人民生活水平的目标。

5.3.2.4　流域系统水资源开发措施

作为流域生态系统发育的关键要素，水资源的开发利用决定着包括人文系统在内的整个流域生态系统发育的基本走向和命运。我国是世界上流域系统水资源开发利用最早的国家之一，拥有位居世界第一位的丰富水能资源，理论蕴藏量约 6.9×10^{8} kW · h，年发电量约 6×10^{12} kW · h，经济可开发装机容量约 4×10^{8} kW · h，年发电量约 1.75×10^{12} kW · h。

随着社会对水资源开发需求的日益增长，流域水资源的综合开发利用成为国家和地区水资源安全及其可持续开发利用的关键所在。根据水资源开发利用目的和使用功能大体可以划分为以下两大类：第一类为生存需求用水。通常这一类用水包括了所有城乡居民的日常生活用水、农业生产用水、为了保障上述人类生存活动的生态系统发育用水和其他用水等；第二类为发展需求用水。通常这一类用水包括了工业生产用水、水力发电用水、航道运营用水和其他用水等。

我国自1908年第一座水电站建成投产以来，经历了长期的以建设大小水电站为主的水资源开发利用，到现在我国流域系统水资源综合开发利用程度已经达到较高的水准。据统计，除了北方相对缺水的松辽流域和新疆的内流水系外，目前我国黄河、海河和淮河三大流域的水资源综合开发强度均已超过60%。其中，淮河流域水资源综合开发强度最高，达到了67.2%；海河流域紧随其后，其水资源的综合开发强度为66.1%；黄河流域位居第三，其水资源的综合开发强度达61.9%。但也由于开发强度过高，使这些流域的水资源的可持续开发能力被破坏。因此，我们不能一味地对水资源进行开发利用，而应按照“全面节流，多方开源、力行保护、强化管理、优化配置”的水资源开发利用方针，在开源、节流、保护和管理方面积极采取措施。

(1)全面节流、以供定需

建设节水型社会是保证经济社会可持续发展的基本方针。贯彻可持续发展理念，必须把节水作为战略性措施来抓。要坚持不懈地抓好农业节水和电力、工业、化工、冶金、造纸、纺织、机械、食品等一般工业以及农村工业的节水工作；要加强节水宣传和管理，增强全民水患意识和节水意识，使节水变为居民的自觉行动，建成节水型社会；要适当调整水价和水资源费标准，利用经济杠杆推动节水工作的开展，要认真调整产业结构和布局，限制高耗水产品的生产，大力推广先进的节水设施和节水技术，全面提高水资源的利用效率；在产业结构、产品结构、农业种植结构以及加强城镇生活用水管理上，把节水当作一项革命性的措施来抓。

①农业节水措施。增加对水利科技的投入，加快节水技术创新与推广，抓好建设节水工程和加强管理，提高农业灌溉水的利用效率，使其有效利用系数提高到节水水平；加强农艺节水措施，大力推广覆盖栽培、秸秆还田，增施有机肥，加厚活土层，提高集雨保水能力；适应当前设施农业、生态农业、特色农业的发展，积极引进培育耐旱作物品种，应用先进的栽培技术；推进农业结构调整，以发展节水高效的特色农业为突破口，推广优质粮食、棉花、果菜、花卉、牧草种植；实行水旱互补，发展现代旱作农业，除采取传统的改土培肥、抗旱保墒、地膜与秸秆覆盖等常规农业技术措施外，还需进行以坡梯和土埂畦田为重点的旱地基本农田建设，并通过各种措施降低无效蒸发，提高土壤有机质含量；选育高产节水优良品种，研究推广化学节水技术措施。

②工业节水措施。调整改造存量，控制优化增量。一是强化电力、化工、冶金、造纸等行业用水大户的重点节约用水，加大节水改造力度；二是把节约用水纳入行业发展规划，将节约用水与产业结构整体相结合，重点调整七大耗水行业的发展与布局，严格控制发展高耗水的产业，限制高耗水项目和规模；三是新建、改建、扩建的建设项目，必须采用先进的节水设施和节水工艺，做到与主体工程同时设计、同时施工、同时投产。

③城镇生活节水。在加强节水宣传、增强居民节水意识的同时，大力开发、推广、使用节水设施和器具。新建民用建筑要普遍安装符合节水要求的用水设施，经水行政主管部门和建设部门验收合格后方可投入使用。适当调整、提高生活用水水价，使供水部门实现“保本微利”，制定浪费水惩罚的政策、法规，要通过经济手段促进城市节水。加快城市地

表水源工程建设，减少地下水使用量；公园、绿地等市政设施，新建、在建楼宇附属绿地和花园用水尽量利用处理后的污水，并应配备节水灌溉设施；新建大型宾馆、饭店、文化体育设施以及办公楼、住宅区，必须按照有关配套建设中水设施的规定建设，未按规定设计节水设施的，建设部门不得颁发建设工程施工许可证。要在全部机关、学校、部队等用水单位强化节约用水意识，在全社会形成节水风尚。城镇供水系统要适当加大投入，降低管网漏失率。经营纯净水、洗浴、洗车的单位或个人必须重视节水和循环用水，并到水行政主管部门和供水部门办理用水手续；对浪费水和非法经营的要坚决依法取缔。各地应根据情况制定限额用水、超量加价的收费办法；用水紧张时，经政府部门批准，可以关闭高耗水的特殊用水行业。

(2) 流域内开源工程

坚持防汛抗旱两手抓，提高短期天气预报的精度并做好洪水预报，在保安全的前提下，优化工程调度，适当提高水库汛限水位，增加蓄水。充分利用汛期洪水资源，综合利用水库、河渠、闸涵等水利工程，蓄、泄、引、补多措并举，有机结合，最大程度发挥洪水资源的效益，增大地下水的回补量，增加水资源可利用量。

(3) 水资源保护工程

水资源保护工程主要是指为了防治水污染、使水质达到规定要求的目标，满足水体功能要求而建设的削减污水排放、处理污水等工程。

(4) 水资源优化配置工程

水资源优化配置应遵循可持续发展原则：丰水年多用地表水养蓄地下水，使地下水得到休养生息、地下水供水条件得到恢复和改善；枯水年份，在保持年际间动态平衡的前提下，根据地下水条件适当增加地下水开采量，遇特枯年份可适当超采地下水；各类引水工程实施后，城市和重点工业区原用的当地地表水尽量可能供给农业；充分考虑农村人畜用水、农业用水、生态环境用水的补充与协调。

5.3.2.5　流域系统能源开发措施

(1) 太阳能资源

我国地处北半球，太阳能资源非常丰富，大多数地区年平均日辐射量在 4 kW · h/m^2 以上，西藏日辐射量最高达 7 kW · h/m^2。年日照时数大于 2000 h 的地区占 2/3 以上，与同纬度的其他国家相比，与美国相近，比欧洲、日本优越得多。按全年日照时数考虑，我国各地太阳能分布情况可分为 5 类，见表 5-2。

对于太阳能利用比较常见的用途是太阳能的热利用，根据温度可将热利用系统分成低温太阳能热利用系统、中温太阳能热利用系统和高温太阳能热利用系统。低温太阳能热利用系统其温度在 80 ℃以下，其中主要包括太阳能热水器和太阳能冷却器。中温太阳能系统是利用覆有吸热涂层的真空管集热器实现 80~250 ℃中温太阳能热利用，其储热比低温太阳能热利用系统困难得多。被动式太阳能房屋、太阳能干燥、太阳能海水淡化、太阳能冷却等中温太阳能利用系统主要为工业生产提供中温热，如木材干燥、纺织漂白、染色、热压和塑料制品的化学蒸馏。高温太阳能利用系统(350 ℃以上)主要用于大规模火力发电。

表 5-2 我国太阳能资源区划

类别	年日照时数(h)	年总量[$\times 10^4$ J/($m^2 \cdot a$)]	主要地区
1	3200~3300	670 400~838 000	青藏高原、甘肃北部、宁夏北部、青海西部、西藏西部等地
2	3000~3200	586 600~670 400	河北西北部、山西北部、内蒙古南部、宁夏南部、甘肃中部、青海东部、西藏东南部和新疆南部等地
3	2200~3000	502 000~586 600	山东、河南、河北东南部、山西南部、新疆北部、吉林、辽宁、云南、陕西北部、甘肃东南部、广东南部、福建南部、江苏北部和安徽北部等地
4	1400~2200	419 000~502 800	湖南、湖北、广西、江西、浙江、福建北部、广东北部、陕西南部、江苏南部、安徽南部、黑龙江等地
5	1000~1400	335 200~419 000	四川、贵州

太阳能热利用技术正向低成本、高效能方向迈进。但是，从长远来看，太阳能应成为人类的基本能源，开发利用太阳能资源具有巨大的潜力。在利用太阳能进行火力发电时，由于投资成本高、技术复杂，其应用还处于试验阶段。除以上主要用途外，太阳能还可用于光合生物电(太阳能生物电)和光化学氢生产，然而该技术仍处于试验阶段。通过不断提高系统中关键设备的性能，降低生产成本，有利于推进太阳能热利用的规模化和产业化。此外，利用太阳能还可进行光伏发电，碳中和背景为光伏行业替代传统能源提供了非常广阔的发展空间，我国人口基数大，能源消耗多，客观上也为光伏发电提供能源提供了机遇。但是，目前光伏发电面临一个明显难题——输电难和储电难，由于发电和用电的错峰导致必须进行储电，使目前的储电效率并不高。

(2)风能资源

风能是太阳能在地球大气中的一种转换形式，是由地球的自转和公转以及太阳对大气层造成的温差和地球表面不规则而产生的。约有 2%的太阳能转变为风能和波浪能。风能不会污染环境，也不会影响生态平衡。不过空气密度仅为水的 1/816，所以它的能量密度低。我国是受季风影响强烈的国家之一，不仅风能储量大，而且分布极为广泛。我国的风能资源分布情况如下：

在第一阶梯地形上，青藏高原中部和西部 100 m 高度的年平均风速均在 7 m/s 以上。气象站历史观测资料也表明，青藏高原是中国 3 个大风多发区之一，年大风日数(出现瞬时风速达到或超过 17 m/s 的日数)多达 75 d 以上。显然，青藏高原地形隆起导致的大气抬升运动使高原顶部气流加速通过，形成了青藏高原上较大风速。

在第二阶梯上，100 m 高度年平均风速 7 m/s 以上的地区主要分布在内蒙古高原、黄土高原和云贵高原。内蒙古高原和黄土高原位于非季风区，风向稳定，尤其是内蒙古高原地形相对平坦，也是中国 3 个大风多发区之一，从而形成了连片的风速高值区；云贵高原位于青藏高原东南侧的季风区，主要受夏季风影响，在盛行风向上无高大地形阻挡，但因为是高海拔大起伏山地，风速高值区呈零散分布。青藏高原大地形的阻挡使中低层大气的西风分解为南、北两支，两支气流绕过青藏高原以后在东经 110°以东汇合，在高原东侧形成大气静态稳定性较高的“死水区”，四川盆地、秦巴山区、鄂渝湘山区等就位于“死水区”，因此年平均风速较低。

第三阶梯位于季风区，东北平原受强劲的冬季风和春季频繁活动的北方气旋影响，年平均风速较大；岭南丘陵地区主要受夏季风和局地丘陵地形影响，形成了零散分布在山顶的较大风速；华北和中东部地区广阔的平原在一定程度上受到其上游地形的影响，平均风速较低，但地表热力作用相对较强，风切变较大，因此风速随高度增加较快。

海上年平均风速明显大于陆地，其中台湾海峡和台湾岛的近海风能资源最为丰富，年平均风速为 7.5~9.5 m/s；台湾海峡以北的近海海域年平均风速为 6.5~8.0 m/s；广东、广西和海南岛近海海域的年平均风速为 6.0~7.5 m/s。台湾海峡在季风气候背景下，秋冬季盛行东北风，春夏季盛行西南风，尤其在冬季，强劲的东北风受到同是东北—西南走向的台湾山脉的阻挡而发生绕流，在海峡内部形成“狭管效应”，使近海海面风速明显增加，形成了我国近海风速的高值中心。

目前风能资源开发利用的途径主要有风力提水、风力发电、风能加热等。

a. 风力提水。风力提水自古至今一直得到较普遍的应用。至 20 世纪下半，为解决农村、牧场的生活、灌溉和牲畜用水以及为了节约能源，风力提水机有了很大的发展。现代风力提水机根据用途可以分为两类：一类是高扬程小流量的风力提水机，主要用于草原、牧区，为人畜提供饮水；另一类是低扬程大流量的风力提水机，主要用来提取河水、湖水或海水，用于农田灌溉、水产养殖或制盐。风力提水机在我国用途广阔，如黄淮河平原旱涝碱综合治理工程就大规模采用风力提水机来改良土壤。

b. 风力发电。科学合理地利用风能资源进行发电，能够有效缓解当前紧张的能源供给形势，并且能够有效推动我国经济的发展。当前，在国家政策措施的推动下，经过十年的发展，我国的风电产业已从粗放式的数量扩张，向提高质量、降低成本的方向转变，风电产业进入稳定持续增长的新阶段，风力资源正在由替代能源向主力能源转变。

c. 风能加热。是将风能转换为热能，目前有 3 种转换方法：第一种方法是先进行风力机发电，再将电能通过电阻丝发热转化为热能。虽然电能转换为热能的效率是 100%，但风能转换为电能的效率却很低，因此从能量利用的角度看，这种方法是不可取的。第二种方法是由风力机将风能转换为空气压缩能，再转换为热能，即由风力机带动离心压缩机，对空气进行绝热压缩而释放热能。第三种方法是将风力机直接转换为热能。显然第三种方法的致热效率最高。风力机直接转换热能也有多种方法，最简单的是搅拌液体致热，即风力机带动搅拌器转动，从而使工作液体（水或油）变热。液体挤压致热是用风力机带动液压泵，使液体加压后再从狭小的阻尼小孔中高速喷出而使工作液体加热。此外，还有固体摩擦致热和涡电流致热等方法。

目前，我国在风能资源的开发利用上还存在着较多现实性问题，最主要是风能资源的地理分布与电力负荷不匹配。风能在沿海地区的储量较大，但是沿海地区的陆地面积相对较少，导致风电场的建设远远达不到标准；北方地区的风能资源丰富，但是电力负荷却很小。要想有效提升风能资源的利用率，就需要及时有效攻克远距离输电所带来的技术难题，同时，还应加快海上风能的开发利用。

(3)生物质能资源

2021 年，中国产业发展促进会生物质能产业分会发布的《3060 零碳生物质能发展潜力蓝皮书》指出，我国主要生物质资源年产生量约 34.94×10^8 t，生物质资源作为能源利用的开发潜力为 4.6×10^8 t 标准煤。截至 2020 年，我国秸秆理论资源量约 8.29×10^8 t，可收集资源量约 6.94×10^8 t，其中，秸秆燃料化利用量 8821.5×10^4 t；畜禽粪便总量 18.68×10^8 t（不含清洗废水），沼气利用粪便总量 2.11×10^8 t；可利用的林业剩余物总量 3.5×10^8 t，能源化利用量 960.4×10^4 t；生活垃圾清运量 3.1×10^8 t，其中垃圾焚烧量 1.43×10^8 t；废弃油脂年产生量约 1055.1×10^4 t，能源化利用量约 52.76×10^4 t；污水污泥年产生量干重 1447×10^4 t，能源化利用量约 114.69×10^4 t。

生物质发电被认为是“零排放”的电力能源。生物质发电技术主要有 3 种形式：生物质直接燃烧发电、沼气发电和生物质气化发电。生物质直接燃烧发电技术是指将秸秆、树枝类木质纤维素等直接送入特殊燃烧室内燃烧，利用燃烧过程中产生的热气流或高压蒸汽发电。直接燃烧发电技术具有处理系统直观、风险小和投资少等优点。近年来，我国在生物质直接燃烧发电产业化方面取得了很大的进展，目前，生物质直接燃烧发电作为最常用的生物质发电技术，技术已基本成熟，将是未来生物质发电产业中发展规模最大的部分。沼气发电是利用有机废弃物，经过厌氧发酵处理使其产生沼气，并以此来驱动沼气发电机组进行发电，该技术综合能源利用率达 80%以上。生物质气化发电是指基于热化学转换原理将固态生物质气化，生成可燃性气体，再通过外燃机或内燃机做功发电。生物质气化发电技术成熟、灵活，对环境友好，大大减少了 CO_2 和 SO_2 等污染物排放，并且发电规模较小时经济性较好，成本低、易回收。

生物质液体燃料作为可替代石油燃料的能源产品，主要包括燃料乙醇、生物柴油、生物质裂解油等。目前，制取燃料乙醇的主要方法是生物质发酵，不同的生物质原料采取的生产工艺有所不同，碾磨、液化以及糖化工艺主要用于含有淀粉的生物质(一代燃料乙醇)，预处理和水解用于木质纤维素类生物质(二代燃料乙醇)。生物柴油是以废弃油脂、油料作物等为主要原料，通过物理及化学反应制备得到的绿色能源。目前，具有实际工业应用价值的生物柴油制备方法主要是酯交换法，其优点在于环境污染小、反应条件温和、工艺成熟、通用性好、费用较低、产品性质稳定、转化率高等。热裂解技术是在惰性气体条件下，利用热能使生物质大分子化学键断裂，不断转变为小分子的过程。快速热裂解技术具有操作简单和转化高效等优点，在生物质领域得到了很好的发展与应用。我国建成的生物质热解装置能源转化效率可达 60%以上，但由于大部分热解装置都以生物油为目标产品，而生物油的推广应用还存在一定困难，从而使目前已建成的装置均未实现长期连续稳定运转。

研究表明，虽然我国生物质资源的开发潜力达 4.6×10^8 t 标准煤，但当前实际被转化为能源进行应用的尚不足 6000×10^4 t，其间存在巨大浪费，对生物质资源的能源化利用要引起足够重视。当前我国生物质产业发展还面临部门协调不充分、责任主体不明确、补贴支持乏力、相关标准不健全、监测体系不完善、产品消纳途径不畅通等一系列问题，需要在政策、技术和市场等多个层面逐一破解。

5.3.2.6　流域系统农牧业开发措施

(1) 农业开发措施

我国是农业大国，但我国农业发展和粮食生产目前仍存在很多问题，具体表现为土地特别是耕地资源不断减少，耕地质量退化；农产品生产成本不断上升，收益持续下降，农业的比较优势弱；化肥使用品种及数量不当，优良品种推广面积有限，水资源缺乏及污染严重问题。因此，为了提高我国农业发展水平，在流域农业开发利用过程中要进行农业经营模式、农业分工模式和法人治理模式的转型。

(2) 畜牧业开发措施

我国畜牧业的发展历史悠久。近年来，我国畜牧业快速发展，其在农业总产值中的比重大幅上涨，使我国的农业结构发生了改变。畜牧业的市场供应总量从之前的短缺逐渐变为基本平衡。同时，随着市场监管力度的加强，畜牧业相关的产品质量也得到了应有改善，其产品结构获得了一定程度的优化，虽然我国已经成为畜产品的生产大国，但仍需寻求新模式，推进我国畜牧业的发展。在畜牧业开发过程中应采取新型的管理模式，在改善传统经营模式的不足的同时引导畜牧业向生态化方向发展；应通过改进相关的机械设备，进一步增强畜牧业的基础设施建设，促进畜牧业整体生产力的提升，进行标准化生产；应增加畜牧生产环境治理资金投入，同时要大力宣传相关法律法规，不断提升养殖业者的环境保护意识，促进行业向生态化方向发展。

5.3.2.7　流域系统工商业开发措施

在流域系统工商业开发过程中，要紧紧围绕城市空间布局和生产力布局调整，推动流域发展思路，合理产业布局，加强政策引导和资源整合，形成整体效应，打造流域品牌；通过推动企业技术进步、加快第三产业发展的方式，努力谋求经济增长方式从粗放型向集约型的转变，提升产业层次，优化产业结构，提高产业水平，在降低土地和能源消耗的情况下实现经济的增长；大力整顿与规范市场秩序，着力改善市场投资环境，不断提高对经济运行状况的驾驭能力，实现全流域经济稳步协调发展。

5.3.3　流域系统高质量发展措施

5.3.3.1　基本原则

(1) 坚持生态优先、绿色发展

大自然是人类赖以生存发展的基本条件。必须牢固树立和践行“绿水青山就是金山银山”理念，尊重自然、顺应自然、保护自然，提升生态系统多样性、稳定性、持续性；坚持精准治污、科学治污、依法治污，持续深入打好蓝天、碧水、净土保卫战；加快推动产业结构、能源结构、交通运输结构等调整优化，推动经济社会绿色化、低碳化发展，加快节能降碳先进技术研发和推广应用，倡导绿色消费，推动形成绿色低碳的生产方式和生活方式。

(2) 坚持量水而行、节水优先

把水资源作为最大的刚性约束，坚持以水定城、以水定地、以水定人、以水定产，合理规划人口、城市和产业发展；统筹水资源、水环境、水生态治理，推动重要江河湖库生态保护治理，基本消除城市黑臭水体；统筹优化生产、生活、生态用水结构，大力推动用水方式由粗放低效向节约集约转变。

(3) 坚持因地制宜、分类施策

流域上中下游不同地区自然条件千差万别，生态建设重点各有不同，要提高政策和工程措施的针对性、有效性，分区分类推进保护和治理；从各地实际出发，因地施策促进特色产业发展，带动全流域高质量发展。

(4) 坚持统筹谋划、协同推进

坚持山水林田湖草沙一体化保护和系统治理，加强全流域和生态系统的整体性开发，统筹水电开发和生态保护，合理规划上中下游、干流支流、左右两岸的保护和治理，推进堤防建设、河道整治、滩区治理、生态修复等重大工程，完善碳排放统计核算制度，提升生态系统碳汇能力，积极稳妥推进碳达峰碳中和；统筹水资源分配利用与产业布局、城市建设，加快推进城乡一体化进程；发挥生态文明引领作用，以文化旅游带的发展带动流域经济的发展；协力推进流域系统高质量发展，守好改善生态环境生命线。

5.3.3.2　总体设计

我国是世界上河流最多的国家之一，根据河流的干流和支流所流过的整个区域的面积大小，可分为长江流域、黄河流域、珠江流域、海河流域、淮河流域、松花江流域、辽河流域、太湖流域。不论自然地理特征还是经济发展，各流域都存在显著的差异。因此，在流域高质量发展过程中，应坚持“宜水则水、宜山则山，宜粮则粮、宜农则农，宜工则工、宜商则商”的理念。

以黄河流域为例来说，河流发源地区具有自然生态系统脆弱、生态安全屏障功能重要的特点，应以自然生态保护为主，发展生态旅游和生态农牧业，同时，依托丰富的太阳能资源、风能资源、水能资源和生物资源，建立绿色能源系统，并结合自然资源的绿色开发，形成绿色基础产业。流域经济带可以依托雄厚的科技创新资源、制造业和服务业基础，以及悠久的历史文化积存，推动科研和教育的发展，并发挥历史文化优势，形成以文化旅游为重点的现代化服务业体系。中原城市群应继续强化交通枢纽的地位，形成新型生产网络系统；并依托农业大省的优势，做大做强食品加工业。

5.3.3.3　流域城乡一体化发展措施

我国在改革开放后，特别是在20世纪80年代末期，由于历史上形成的城乡之间隔离发展，各种经济社会矛盾出现，城乡一体化思想逐渐受到重视。进入21世纪，我国已进入了工业反哺农业、城市支持农村的新阶段，正式提出“推进城乡一体化建设，统筹城乡发展”的要求。城乡一体化是中国现代化和城市化发展的一个新阶段，是把工业与农业、城市与乡村、城镇居民与农村村民作为一个整体，统筹谋划、综合研究，让农民享受与城镇居民同样的文明和实惠，使整个城乡经济社会全面、协调、可持续发展。

经过一段时间的努力，城乡一体化建设已经取得了一定的成果。2020年全国居民人均可支配收入 32 189 元，按常住地分，城镇居民人均可支配收入 43 834 元，农村居民人均可支配收入 17 131 元。城乡居民人均收入比为 2. 56。我国已从高速发展时期步入了高质量发展时期，仅仅看城乡居民人均收入比并不能说明高质量发展，还需要对城乡收入的内部结构进行研究，例如，城乡居民收入中，农民的财产性收入低，这也导致即便城乡居民人均收入比下降，但城乡收入的绝对值基数差距仍在扩大。此外，在医疗、教育、娱乐、基础设施等方面城乡之间还存在很大的差距。因此，应继续推动城乡一体化发展。

(1) 增强城乡发展的整体性

城市与乡村拥有诸多方面的互补性和共生性，农村的发展离不开城市的辐射和带动，城市的发展也离不开农村的促进和支持。推进城乡发展一体化是要坚持城乡并重，把工业与农业、城市与乡村、城镇居民与农村居民作为一个有机整体统筹推进，促进城乡在发展理念、规划布局、要素配置、产业发展、公共服务、生态保护等方面相互融合、共同发展。在整体推进的同时，还要突出差异性和互补性。不能按建设城市的办法来改造农村、用城市的生活模式去占领农村，尤其是新农村建设更应保持地域特色、保留民俗风貌。做到“进城”和“下乡”各得其所，形成优势互补、相互依存的城乡一体化生产生活格局。

(2) 夯实城乡设施基础

推进城乡发展一体化，必须夯实基础。首先，城乡差距最直观的表现莫过于基础设施。应坚持“城乡共建、城乡联网、城乡共享”的原则，推进城市的道路、供水、污水管网、垃圾处理、电力、电信、环境保护、信息化等基础设施的建设。要合理划定城市发展边界，避免城市无限扩张、取代乡村，通过城乡基础设施一体化建设，在空间形态上使城市更像城市、农村更像农村。其次，要推进城乡公共服务均等化。当下，应在推进城乡要素平等交换和公共资源均衡配置上取得重大突破，加快户籍、土地、社保、就业、教育等一系列制度改革，让城乡居民人人享有均等化的基本公共服务。最后，城乡要协调，治理须协同。要持续深入推进农村社区建设，把更多的城市郊区和城乡接合部的村庄规划建设为设施比较完善的农村社区，让广大农村居民也能享受到优质高效的社区服务。

(3) 发挥生态文明思想的引领作用

在流域城乡一体化建设过程中，生态文明建设是至关重要的一环。首先，政府应根据当地的实际情况，做好城乡规划，使人居环境布局合理化，保证绿色自然区及其他生态地建设充分化，真正实现生态宜居。同时，网络中介平台也为开发、推介生态自然区提供相应平台，促使乡村生态文明建设反作用于经济与文化，在充分利用乡村资源发展旅游业和绿色农业的同时，培养农民等主体形成尊重自然的生态理论价值观，推动乡村可持续发展，促进城乡一体化建设。

5. 3. 3. 4　流域文化旅游带发展措施

文化是旅游的灵魂，旅游本身就是一项广义的文化活动，是一种健康的文化享受。当今，随着人们对精神、科学文化需求的提高，以观赏大自然美景、游览珍贵历史文化瑰宝、获得生动的自然知识和人文知识为主的文化旅游成为一种时尚。因此，对旅游资源的文化内涵与特色的开发与保护是旅游业可持续发展的重要措施。

文化旅游带是通过以点串线成带的形式，整合各类资源，相互促进互补，实现自然、人文与生活的有机融合，从而满足游客对出行的多元化需要。文化旅游带的开发有利于整合流域资源，融合不同流域的文明，带动经济发展，从而有助于消除各地区发展的不平衡、不充分，实现流域系统的高质量发展。目前，我国文化旅游带发展面临着以下严重的问题：①整体生态环境的恶化和污染。我国正工业化、城市化和现代化发展的过程中，对旅游资源的掠夺性开发，造成了部分资源的破坏，使旅游资源越开发减少。②发展观念落后，环境保护意识缺乏。不良行为使许多名胜古迹的原始风貌和寿命受到严重威胁，加重了旅游区的生态负担，使景区的生态平衡遭到破坏。③旅游资源管理体系不完善。文化旅游带的开发必须综合考虑环境、文化、社会、经济等因素，管理体系不完善使旅游景点超负荷现象屡见不鲜。

(1) 对旅游资源进行规划与管理

良好的旅游环境是旅游业发展的基础。美化景观、促进人类与环境的有机结合是旅游业开发的主要内容之一。因此在旅游资源开发过程中应注意对资源进行合理规划与有效管理。做好旅游开发规划，不仅是开发成功的保障，也是预防资源和环境遭到破坏的重要措施。因此，在编制流域旅游区总体规划时，必须对旅游区的地质资源、生物资源和涉及环境质量的各类资源进行认真的调查，以便针对开展旅游活动所带来的环境损害进行足够的准备，并采取积极措施消除或减少污染源，加强对环境质量的监测。旅游区的有关建设必须遵循适度、有序、分层次开发的原则，不允许任何形式的有损生态环境的开发活动，保证旅游环境质量的高品位。

(2) 完善旅游资源管理体系

环境保护部门对于拟建或在建的每一个项目都有要进行环境影响评价，对不符合环境标准的项目应坚决予以取缔。把景区接待人数限制在容量之内，防止过多的游人进入对资源环境造成过大压力，破坏景区生态平衡。另外，景区内应规划出重点保护核心区、缓冲区、外围区，应建立尽可能完善的规范旅游企业经营和景区资源管理的法律法规，加大执法力度，使旅游资源的管理真正走上规范化、理性化的道路。

(3) 开展生态旅游

生态旅游起源于人们对旅游资源可持续利用的思考。发展生态旅游不仅可以发挥我国自然旅游资源丰富的优势，获取可观的经济效益，而且可以促进基础设施建设，增加就业，带动区域经济发展，更重要的是通过生态旅游可以对旅游者进行科普教育与可持续发展教育，提高旅游者的环境保护意识。

复习思考题

1. 简述“山水林田湖草沙”各要素的内涵及各要素之间的关系。
2. 简述“两山论”的内涵。
3. 简述流域系统规划的特征。
4. 简述流域系统规划的内涵及其多目标性。
5. 简述流域规划的主要步骤。
6. 简述流域系统综合治理措施。

第 6 章

流域系统管理与评价

【本章提要】主要介绍流域系统管理制、流域系统项目实施管理，以及流域系统效益评价。

6.1 流域系统管理机制

6.1.1 步骤和技术路线

对流域系统实施综合管理是实现资源与环境综合利用和保护的重要手段。由于流域系统综合管理涉及的管理部门众多，学科领域广泛，目标考核又比较笼统，因而导致具体方案可操作性不强。鉴于此，美国环境保护署湿地、海洋和流域办公室与美国印第安环境办公室合作进行了关于发展流域综合分析与管理的联合项目，提出了流域系统综合管理实施的一套方法与步骤，并编制了《流域分析与管理实施的手册》(*Watershed Analysis and Management Guide for Tribes*, WAM)。这一手册主要从流域问题出发，阐述了一套综合评估与决策实施的方法，体现了流域系统综合管理的思想，在流域系统综合管理实施中具有普遍适用的指导意义。

WAM 实施的原则：①重视流域当地社团和部族资源开发利用的传统方法、策略及历史文化，在实施流域分析和管理时强调社团和部族代表的参与；②采用灵活的方法，便于已有项目的集成，便于适应流域的区域性特点；③应用生态学观点，将资源看作一个系统，而不是强调某一资源的价值；④分析和管理应具有可实施性，强调评估和分析工具的可操作性，采取费用效益评估获得定量化的结果；⑤强调分析和评估过程的多学科性；⑥强调流域分析和管理的长期性及建立职能健全、高效的委员会。

WAM 提出的流域管理实施分 5 个步骤(图 6-1)：第一步是通过对流域、部族、社团进行调查发现关键问题，确定委员会的人员组成，收集解决有关问题所需信息；第二步是利用一系列的技术模型对流域过程进行模拟，获得有价值的信息，从不同学科角度对问题进行分析；第三步是建立综合模型，对不同学科模型进行集成，综合评估；第四步是根据评估结果确立流域发展计划和管理策略；第五步是实施计划并进行跟踪监测，了解流域发展计划和管理方案的实施情况，确保计划和方案的实施，并发现其中的问题，对计划和方案

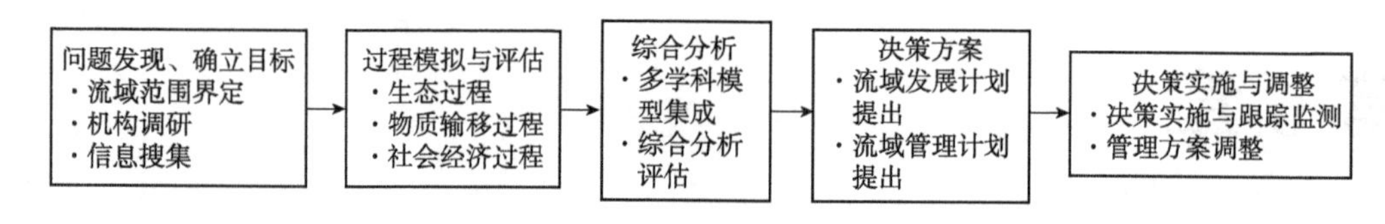

图 6-1 流域系统管理实施步骤

进行进一步调整。

从上述流域系统综合管理程序中可以看到，流域信息是认识及分析流域问题的基础，流域模型是流域综合管理的重要技术支撑，流域管理委员会是流域系统综合管理的组织者和决策者，因此，流域信息、流域模型、流域管理委员会是流域系统综合管理的核心。信息和模型为流域系统综合管理部门科学决策提供了依据，流域管理委员会能够实现不同部门间的协调，确保政府、企业、公众的广泛参与，保障决策过程的高度综合。系统全面的信息、科学精准的模型、健全完善的职能和制度，三者协同，保障流域发展计划和管理策略顺利实施(图 6-2)。

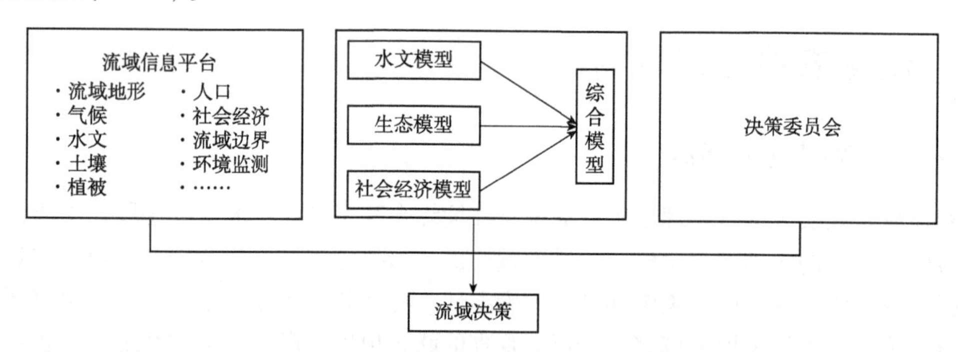

图 6-2 流域系统综合管理决策技术框架

(杨桂山等，2004)

6.1.2 流域系统管理机构

6.1.2.1 国外的流域管理机构

随着科学技术的发展，世界各国的流域管理都在朝着开发利用与保护相结合的多目标方向发展。总体来看，世界上流域管理机构大体可分为 3 种：流域管理局、流域协调委员会和综合性流域机构。

①流域管理局。以 1933 年美国建立的田纳西流域管理局(TVA)为典型。该机构是由国家通过立法赋予了高度自治、财务独立的法人机构，具有统一全流域的规划开发利用与保护的广泛权限，由国会直接拨款，直接向总统负责。这种管理模式已成为经济欠发达地区谋求发展的一种模式，第二次世界大战后，受到发展中国家的认可，印度、巴西、阿富汗、墨西哥、哥伦比亚、斯里兰卡等都相继采用了这种模式，建立了以改善流域经济为目标的流域管理局，但由于这种机构权力较集中，因而与地方利益冲突激烈。

②流域协调委员会。由国家立法或由国家有关机构和流域内地方政府代表，遵循协调一致或多数同意的原则，通过建立的流域协调委员会。这类协调委员会权力有限，其中一

类仅限于协调内区域跨界水事矛盾和制定流域规划，如美国由州际协议产生的委员会；另一类除上述权限外，还有修建与管理水工程、分配水量等权限，该类委员会一般由国家地方组织，如澳大利亚的墨累河—达令流域委员会、美国的特拉华流域委员会等。

③综合性流域机构。职权不像流域管理局那样广泛，也不像流域协调委员会那样单一，如1974年英国成立的泰晤士河水务局，具有广泛的水管理职责，对流域内水量、水质实行统一管理，负责全流域的水文、供水、防洪、水产等事务，有权确定流域水质，颁发取水和排水排污许可证，制定流域管理规章制度，是一个拥有部分行政职能的非营利性经济实体。目前，大部分国家都采用这种流域管理模式。

尽管各国存在政治体制、经济结构、自然条件、水资源开发利用程度等诸多差异，但各国将流域作为独立存在的水系有着共同认识，并逐步努力实现从流域层面建立统筹兼顾的管理制度。

6.1.2.2 我国的流域管理机构

我国是开展流域管理比较早的国家，现全国有7个流域管理机构，即水利部长江水利委员会、水利部黄河水利委员会、水利部淮河水利委员会、水利部珠江水利委员会、水利部海河水利委员会、水利部松辽水利委员会、水利部太湖流域管理局，并且在全国各地还成立了一些支流流域机构，这些流域机构对我国的水资源保护、开发和利用发挥了重要作用。

(1)我国流域管理机构的角色定位

流域管理机构作为流域的统一监督管理机构，基于流域跨多个行政区、经济活动复杂等特点，承担着比一般区域行政机关更为复杂的环境管理任务，因此，流域管理机构更应当定位于协调者、决策者和裁决者的角色设定。

①协调者。流域内活动的复杂性以及流域生态系统的整体性决定了参与流域涉水利益主体的复杂性和多元性。流域内的涉水利益主体除了法律规定的相关部门，还有相关的公众、企业、环境保护组织等。不同的主体其实都是独立的利益实体，有着各自的利益诉求，而利益的多元化则容易引发利益的冲突。然而在公共领域，要想在参与者之间达成共识，参与者必须经过理性商谈。因此，在流域管理的利益冲突面前，上述利益实体必须进行协商才能达成决策共识。为了保障商谈自由、平等和理性，设立一个独立于其他部门的、中立的机构组织并协调商谈就具有了必要性。协调机构应当建立行之有效的沟通协调机制，建立信息公开平台，及时共享商谈所需的信息，使决策参与者在信息对称的情况下平等、理性地进行商谈。作为一个区域统一监督管理单位，流域管理机构无疑最适合也应当具备这样的角色职能。流域管理机构无论是制定流域管理政策或规划，还是在具体的执法过程中都应充分考虑上述主体之间的利益，建立行之有效的沟通协调机制。

②决策者。流域管理涉及多种权力关系，不仅涉及流域与区域、部门与部门、地方与地方，还涉及中央与地方的权力关系。在这种复杂的权力网络之下，如何高效地行使流域管理权力成了一个比较困难的问题。将流域管理权力分散给各个机构，固然在一定意义上可以保证管理决策的专业性，但导致了权力的碎片化以及流域管理权力运行的低效。因为在我国流域资源环境要素分散治理的模式下，涉及流域整体利益的事项，如流域整体规划等，分散的权力实体往往想为自己争取更多的利益，即使进行协商或协调，最终很有可能会存在协商不成的结果，这就导致了权力运行的低效。因此，在流域决策中，必须确立一

个处于权力网络中心的决策者，明确在一些具体事项上，其他权力实体的决策效力低于该主导决策者的决策。而为了防止该主导决策权为一些权力实体的私利所用，只有使流域管理机构作为决策机构，使其主导涉及流域整体利益的事项，才能实现流域整体利益，提高流域管理权力运行的效率。

③裁决者。由于水资源对人类生存的重要性和对经济发展的基础性，流域内极容易发生矛盾和冲突。除了污染导致的民事纠纷，还有上下游之间、区域之间因跨区域水污染、取水排水关系紧张等引起的纠纷。为了维护流域秩序，需要一个独立、中立的裁决者对流域纠纷进行处理。我国《水污染防治法》第二十八条规定："跨行政区的水污染纠纷，由有关地方人民政府协调解决，或者由其共同的上级人民政府协调解决。"《水法》第五十六条也规定："不同行政区域之间发生水事纠纷的，应当协商处理；协商不成的，由上一级人民政府裁决，有关各方必须遵照执行。"综上所述，我国目前流域环境纠纷实行的以区域为主的解决机制，这种机制与区域管理一样无法摆脱区域利益的约束，并不能真正从流域整体利益出发解决环境纠纷。因此，应从流域系统管理特征出发，赋予代表流域整体利益并独立于区域或部门的流域管理机构以裁决职能，从而使其真正能够维护流域秩序。

(2) 我国流域管理及协调机构分类

①由部委设立的流域协调机构。生态环境部牵头的流域水污染防治部际联席会议，如全国环境保护部际联席会议、三峡库区及其上游水资源保护领导小组等。上述联席会议在加强各部门、各地方流域管理的协调方面发挥了重要作用。

②由部委设立的流域管理机构。水利部七大流域管理机构下属的流域水资源保护局主要负责水资源保护等有关法律法规在流域内的实施和监督检查等。

③由地方政府设立的流域协调机构。如京津冀水污染防治协作机制，包括海河流域水系保护协调小组及京津冀凤河西支、龙河水环境污染联合执法机制等。这些机制在协调处理水污染纠纷、简化跨区域污染处置程序和提高行政效率方面发挥了积极作用。

④由地方政府设立的流域管理机构。如辽宁省辽河保护区管理局，区域内省水利厅、生态环境厅、自然资源厅、交通运输厅、农业农村厅等部门相关职能划入该管理局。

(3) 我国流域管理机构的职能

从机构设置来看，流域管理机构是水利部的派出机构，是中央直属的事业单位，在《水法》《防洪法》和《水污染防治法》等法律文件以及水利部的授权下，对各流域水资源进行统一监督管理。根据上述法律的规定，流域管理机构共有 13 项主要职权，其中《水法》对流域管理机构的授权是流域管理机构的核心职权，流域管理机构的职能主要有：编制规划、审查并管理水利工程建设、拟定水功能区划并监测水功能区水质、制定年度水量分配方案和调度计划、制订水量分配方案和水量调度预案、管理取水许可、审批水资源项目和监督、检查、处理违法行为等职权。此外，流域管理机构还具有参与制订流域管理实施细则、制定防洪方案、管理防洪设施建设以及建立流域水利管理协调机制等职权。

此外，《水法》第十三条规定"国务院有关部门按照职责分工负责水资源开发、利用、节约和保护的有关工作。县级以上地方人民政府有关部门按照职责分工负责本行政区域内水资源开发、利用、节约和保护的有关工作"。该法规范了国务院水行政主管部门及相关部门、流域水行政主管部门、地方水行政主管部门在流域水资源管理中的各自职责和权限，建立了具有中国特色的流域水行政管理体系。因此，流域系统管理机构职能还包括自然资源部、生态环境部、国家市场监管总局、农业农村部、财政部、国家发展和改革委员会等相关部门职权。

6.1.3　流域系统管理手段

6.1.3.1　流域系统管理法律手段

法律是由政府采用的用来控制或约束人们活动的一项制度，是一切工作的准则，流域管理工作需要强有力的法律支持。国外流域系统管理的一个鲜明特点是注重流域立法，把流域的法制建设作为流域管理的基础和前提，利用法律手段进行流域管理。实践证明，只有以法治为保障，流域管理的各项措施才能得到切实的贯彻实施，才能达到流域管理的目的。

国际上流域管理的法律体系主要包括流域管理的专门法规和在各种涉水法规中有关流域管理的条款。流域管理的专门法规，如美国的《田纳西河流域管理法》《下科罗拉多河管理法》，西班牙的《塔霍—赛古拉河联合用水法》，日本的《河川法》，英国的《流域管理条例》等。还有大量分散在各个有关涉水法规中的流域管理规定，如欧洲议会 1968 年通过的《欧洲水宪章》、英国的《水法》、法国的《水法》、西班牙的《水法》等，均明确规定水资源管理应以自然流域为基础、按流域建立恰当的水资源管理机构。

国际上许多流域管理机构享有必要的司法权，包括各种管理行政诉讼权、行政复议权、仲裁权、行政调解权等。流域机构需要具有必要的司法权，就是由于行政司法融行政程序和司法程序于一体，既吸收了行政程序简易和高效的优点，又具有司法程序公正合理的特征，既避免了行政程序的专断性，又克服了司法程序的烦琐性。因此，充分利用法律、法规赋予流域机构的司法权，可极大提高工作效率，加大流域管理力度。

6.1.3.2　流域系统管理行政手段

流域管理的行政手段包括流域规划、预防监督、管理、协调、服务、处罚等，其中以规划、预防监督和管理为主。

(1) 流域规划

流域管理机构通过制定规划，确保人们对流域环境、社会和经济等各方面需求的平衡。流域规划一般包括下列内容：流域管理的目标、要解决的主要问题、采取的主要措施及时间安排等。由于流域只是区域或更大流域的一部分，规划中还应包括对其他地区可能的影响及对策。

流域综合管理规划往往由一系列专题规划组成，各专题规划之间、专题规划与地方发展规划(如土地利用规划、城市发展规划等)之间存在着复杂的关系。专题规划之间往往有相互冲突的现象，需要制定各专题规划的组织加强交流与合作，吸收对方的合理建议，形成总体目标一致、相互协调的规划系统。显然，对水资源及防治水害的规划在流域规划中占主导地位，但流域规划和区域规划都必须与国民经济和社会发展规划、土地利用总体规划、城市总体规划和环境保护规划等相协调。在具体的规划编制方面，不同级别规划必须由相应级别的机构承担。

(2) 流域预防监督

预防监督是流域管理的重要行政手段，实践证明，预防监督执法是控制水土流失、减轻自然灾害最经济、最合理的办法。美国、日本、澳大利亚等国家实行"谁造成水土流失谁治理"原则，规定凡是新建工程、修路、采石、森林采伐、开垦荒地等都要求在建设项目的同时，采取水土保持措施，并须经过水土保持部门的审查、同意，否则不予立项。

(3) 流域管理

流域管理的内容复杂、涉及面广，客观上需要赋予流域管理机构以行政管理职能。主要管理手段如下：

①参与流域水资源保护相关立法，制定流域管理的技术规程，规范流域水土等主要自然资源的权属及使用许可证制度。

②编制流域综合规划和区域综合规划。

③组织流域内水资源的功能区块划分，确定流域内行政区域间水质管理标准。

④审定流域内江河湖泊的纳污能力，并负责提出污染物排放总量控制意见，对流域内行政区的入河污染物排放总量控制实行监督管理。

⑤对重要江河、湖泊的水工程建设是否符合流域综合规划进行审查并签署意见。

⑥负责培训相应管理人员，并针对性地组织科研、技术改造等基础性项目。

⑦流域管理的各方投资机构，对违反流域管理相关法律法规的行为加强监督检查并依法进行查处。

6.1.3.3 流域系统管理财政和市场手段

流域系统管理是一个长期的事业，实施流域系统管理离不开长期的财政和市场支持。缺乏这种经济机制，再好的法律也无法施行，再好的机构也无法运作，合作也只是一个愿望。可见，建立一个稳定的、长期的财政和市场机制是持续进行流域系统管理的保障。

坚持较高的投入是保证流域系统管理快速、健康发展的重要前提，税收是被广泛采用的一种重要机制，通过法律程序明确把一定比例的财政税收用于流域系统管理，形成可行、稳定的财政机制，如加拿大不列颠哥伦比亚省欧肯那根湖流域，政府规定将流域用水税收的3%用于该流域的管理。

市场调控也是一种诱导性、可量化、可操作性强和普适性的管理机制。市场调控机制包括水环境资源的产权化、市场化配置，如水环境容量和水资源的有偿使用、水使用权的市场交易、排污权的市场交易等。通过水环境资源使用的产权化和市场化配置等市场化手段，可以达到水环境资源在各产业、行业、部门和使用主体间的合理配置；通过水环境资源收益在流域、区域两个层级按比例分配，达到平衡流域与区域间利益的目的。

此外，由于流域系统管理的社会效益较大，是一项很重要的公益事业，还应重视流域管理资金的社会捐赠筹集。

6.1.3.4 流域系统管理科技手段

科学技术手段的发展，特别是多学科综合研究对于流域系统管理有着非常重要的作用。流域系统管理需要坚实的信息与科学基础，其中完善的流域系统监测网络和现代信息技术应用对进行流域生态、社会和经济的综合管理与决策至关重要。

流域综合管理经历了不同的发展模式，从早期的以水力发电和防洪为主的水开发为中心的模式，20 世纪 50~80 年代的多目标管理，到现今的流域综合管理(考虑生态、社会和经济)的转变，都是以科学研究的不断进步为基础的。科学研究既研究流域系统中的各个过程，又研究各个过程的相互作用，从而使我们对系统整体性、复杂性的认识逐渐完善。这些科学研究的数据与结果为制定流域系统的综合管理政策提供了依据。

技术的发展对流域综合管理的作用也是不可忽视的。流域系统管理的本质在于综合，既有部门的综合，也有科学及信息的综合。将不同学科的数据或获取的信息综合起来支持流域规划、综合评估甚至科学研究，是实现流域综合管理与决策的重要环节。例如，目前广泛应用的地理信息系统(GIS)技术就是对不同信息进行综合、处理、模拟的重要平台和工具。

此外，在同一时间内开展综合性的研究有助于认识流域内各个过程的相互作用，对制定流域综合管理措施起着独特的作用。

6.1.3.5　流域系统管理公众参与和合作手段

利益相关方的积极参与、信息互通、规划和决策过程透明，是流域系统管理实施的关键。公众参与和合作机制对流域系统的综合管理的重要性越来越受到关注。流域系统管理具有综合性和广泛的社会参与性。跨行业、跨学科的综合涉及生态、经济与社会的方方面面，仅靠一个部门或一个学科是不可能完成综合的。各个横向和纵向部门的合作以及社会各界的参与是实现流域系统综合的关键。公众的广泛参与，对一切造成或可能造成水环境污染或破坏的行为提出意见、要求和建议，施加影响，进行监督管理，有助于对流域系统中各方面问题的认识，也有助于流域综合规划或措施的实施。由于对流域管理涉及上下游多方的利益，在公众参与流域管理的实践中，需要更多考虑流域的整体性和利益关系的复杂性，开展包括面向社会的宣传教育、提高各阶层对水重要性的认识和关心程度，鼓励公众参与水资源项目的规划、执行和评价工作，以法律形式明确流域机构的地位及公众参与制度，完善和发展与流域管理相适应的管理体制(包括吸收公众参与)。

(1)参与和合作机制的保障

对流域系统管理参与和合作机制进行保障是实施流域系统管理的重要前提，如果没有这种机制，那么把流域作为一个生态系统来进行综合管理就不可能实现。具体保障如下：

①法律保障。首先，应尽可能以法律形式明确规定部门之间的合作关系，明确规定社会各界的参与机制与权限。对于如何解决合作过程中的利益冲突、决策程序、各利益相关者的权利等问题也应在法律上有明确的定义。

②参与模式的选择。过去在流域方面大多数模式是命令式，随着公众参与意识的不断增强以及政府的不断放权，参与式模式得到广泛的应用。越来越多的实践证明，以上两种模式的综合应用也许是最佳的途径。总之，应该根据流域特点选择一种适当的公众参与模式以确保流域综合管理具有广泛的参与和合作。

③发挥领导的作用。流域综合管理涉及众多部门和广大公众，需要有一位强有力的领导，具有协调能力，并能解决利益冲突。这个领导可以是一个人，也可以是一个机构。如果有专门的综合流域管理机构，则该机构作为牵头机构；如果没有专门的综合流域管理机

构，则应指定一个机构作为牵头机构。

④增加公众的流域生态环境意识。公众的环境意识是促使其参与流域综合管理的原始动力，应通过各种方式(如学术报告、电视宣传片、网络、野外考察等)教育公众。

(2)公众参与流域管理的基本程序

从世界各国的实践来看，公众参与流域管理的基本程序如图 6-3 所示。

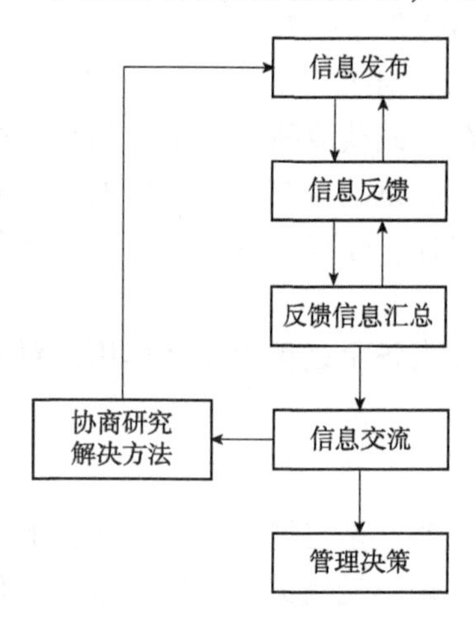

图 6-3 流域管理公众参与基本程序
(杨桂山，2004)

①信息发布。是公众参与的第一步，也是至关重要的一环。如何管理项目的公众参与活动必须在项目的准备阶段进行。通过大众传媒发布的信息通常包括项目概况、目的，以及拟实施的管理项目可能存在的不良影响。

②信息反馈。是管理者与参与者的有效沟通形式，主要通过热线电话、公众信箱等方式，回答公众提出的问题，记录公众提出的建议。信息反馈还可以通过社会调查的方法进行，如访谈、问卷等。

③反馈信息汇总。对于反馈的信息要认真进行整理汇总，建立数据库，运用合适的统计方法进行综合分析。

④信息交流。信息交流的主要形式是会议讨论，会议可根据议题的复杂程度、公众参与的深度、本地居民的结构和素质不同而采取不同的形式，如非正式小组会议、总体公众信息会议和专家讨论会等。由于信息双向交流的效果将随讨论会的扩大而减弱，因而应尽可能控制参加人数，小型讨论会对交换意见和制定计划比较合适，而大型讨论会则主要适于提出总的意见和观点。需要强调的是，为了稳定流域综合管理经费的来源、增强流域管理志愿者的信心，投资者和志愿者应是信息交流的主体。

6.2 流域系统项目实施管理

6.2.1 流域系统项目实施资金安排

对于复杂的流域系统项目，宜调动政府和市场两方积极性和各自在资源调动、专业能力等方面的优势，采取市场化运作机制，以适宜的主体打通项目与优质产业的现金流。

(1)项目实施内容

以流域综合治理项目为例，其投资建设内容通常根据河流生态环境特征及对其统筹保护的需求确定，包含水源地保护、河道整治、节水改造、防护林和涵养林建设等，各类子项目相互影响、相互依存。同时，流域综合治理牵涉的外部因素较多，事关农业生产、国土空间的利用与整治开发、城镇沿河生态环境保护、水利及防洪事业等经济社会发展的若干目标与任务，牵一发而动全身。作为一种公共产品与服务，流域综合治理项目能够有效改善沿线区域经济社会发展环境，赋能流域可持续发展，但项目本身却缺乏直接收益(现金流入)，基本上不具有“自我造血”能力。由此可见，流域综合治理项目具有很强的系统性和公共产品属性，其自身资金平衡能力的缺乏与突出的外部性特征之间存在明显的矛盾。

(2)资金安排模式

为打通流域治理项目财务平衡缺口与经济效应盈余的鸿沟，解决流域治理资金平衡难题，我国各级政府陆续开始探索流域生态补偿机制，即由流域治理的直接或间接受益者向其贡献者实施补偿，旨在建立流域内“成本共担、效益共享、合作共治”的长效机制。流域生态补偿机制的探索形式主要包含中央地方政府间的纵向补偿和流域上下游间的横向补偿等。其中，以中央政府转移支付(投资补助)为典型形式的纵向补偿较为常见，但纵向补偿往往只能解决部分投资资金来源，对项目后续偿债和持续运营少有兼顾。部分地区已尝试探索流域内省域间、省内市域间横向补偿机制，如下游对上游基于水质水量的生态水费支付机制，以及地区间要素、产业的支持等形式，但比较成熟、稳定实施的机制还比较少。

(3)资金模式探索

在生态补偿机制部分缺位的情形下，提升流域综合治理项目自身“造血能力”被认为是另一条可探索的路径，然而在实践中也面临着重大挑战。近年来，在流域治理实践领域，各地政府及相关主管部门为应对上述挑战进行了广泛探索，其中永定河流域综合治理的若干做法较为引人关注。由沿线4省市政府联合出资并引入社会资本为战略投资方设立的永定河流域投资有限公司，作为流域综合治理与生态修复的投融资与建设运营主体，利用中央财政投资补助资金和地方政府股东出资作为资本金，撬动政策性、开发性金融资源落实流域治理任务，同时依托区域生态环境改善带来的资源增值收益、经营性产业投资运营收益、政府购买服务等方式提供的补贴等，形成综合现金流，全面提升融资能力，解决治理项目资金平衡问题。

总体而言，流域系统项目基本上都是比较复杂的系统工程，涉及多头管理，资金投入较大，在项目实施具体过程中，应充分调动政府、市场两方积极性和各自在资源调动、专业能力等方面的优势，采取市场化运作机制，以适宜的主体打通治理项目与优质产业项目的现金流，有助于项目总体资金平衡。

6.2.2　流域系统项目实施进度控制

项目在实施过程中，应确定每年应完成的管理措施数量，即进度指标。根据确定的进度指标及用工和资金概算定额，计算每年所需的劳力和资金；根据计算所得值，进行劳力和资金的准备；根据投入的人力、物资和经费等方面的成本核算，控制流域系统项目实施进度。

(1)人力成本核算

在经费来源有保证的条件下，对流域内项目可能投入的人力成本进行计算，除当地人力外，还可考虑适当从外地雇佣人力，有的流域管理项目可以采用机械代替人力。经核算后，拟投入的人力成本应能满足流域管理的需要。

(2)物资成本核算

投入流域管理项目的物资不仅要求数量足够，而且要求质量、规格等能符合要求，根据物资拟供应数量来安排各项措施的年度进度。

(3)经费核算

每年提供的经费首先应满足流域系统项目实施需用物资，以免影响进度；其次能满足投入人力的补助，以调动积极性。根据各项措施的工程量，来安排经费投入分配。

通过上述人力、物资和经费三方面的核算，对流域系统项目实施进度控制。如存在不能满足要求的情况，应在流域系统项目实施过程中进行调整，调整后的管理进度既应满足生产需要，又应有充足的人力、经费和物资供应，使项目顺利实施。

6.2.3 流域系统项目实施质量监控

通过指标管理的方法对流域系统项目实施进行质量监控。指标应具备目标明晰、手段直接、管理易操作、成效易考核等优点，通过指标来实现流域系统项目实施的质量监控。

6.2.3.1 指标构建原则

流域管理指标源于流域综合规划，其选取主要遵循以下基本原则：

①公平性。管理指标必须体现公平性，要本着兼顾流域上下游、左右岸及各行业可持续发展的基本指导思想，约束牺牲其他地区利益集中发展局部地区的管理行为。

②代表性。管理指标必须在一定程度上能够反映流域系统保护、开发利用等涉水管理要素指标，包含的信息量大，具有代表性。

③实用性。管理指标具备易操作、易考核的特点，方便具体实施。

④宏观性。管理指标应代表流域管理的重点问题、重要环节和核心领域，把握流域综合管理大局，指导流域、区域相结合的管理方式，有总体宏观控制的概念，具体操作可由流域、区域协调分级分解完成。

6.2.3.2 质量监控指标选取

质量监控指标是系统实施质量监控的重要手段，根据上述的流域管理指标选取原则，以珠江流域管理为例，依据《珠江流域综合规划(2012—2030年)》相关成果，在已提出的水资源开发利用、水环境与生态保护控制目标的基础上，从珠江流域管理需要出发，从防洪减灾、水资源开发利用与水环境与水生态保护3个方面提出下述管理监控指标(许进，2013)。

(1)防洪减灾

①堤防建设标准。堤防建设标准是防洪管理的重要指标，堤防建设标准高于或低于规划标准都会对流域管理造成不利影响。堤防建设标准高于规划标准会造成河道紧束、洪水归潮，加大了洪水泄量，威胁下游安全；堤防建设标准低于规划标准难以保护规划保护的防洪对象，可能造成人民生命财产的损失，因此，需要严格控制堤防建设标准。

②防洪功能区划控制。指流域防洪规划或流域综合规划划定的流域防洪功能区划，以防洪保护区、洪泛区与蓄滞洪区的区划面积与控制高程为依据。防洪区划控制是定性的控制性指标，其明确了流域防洪的重点保护对象。根据珠江流域实际，流域现状已无明显的洪泛区，未来防洪功能区划控制的关键是约束蓄滞洪区的各项行为活动，规范防洪保护区岸线利用活动，避免无序开发和不合理利用，影响防洪安全。

(2) 水资源开发利用

①取水总量。指规定流域内的年取水总量，以实测取水口年取水总量结合上报取水总量确定。取水总量控制红线是最严格水资源管理制度的“三条红线”之一，也是保障流域水利可持续发展的重要手段，必须通过有效的管理措施，严格控制流域取水总量。

②用水定额。指单位效益的用水水平，控制管理时以单位工业增加值用水量为依据。用水效率控制也是最严格水资源管理制度的“三条红线”之一，是建设节水型社会的必然要求。在有限的水资源条件下，节水是有效利用水资源、保障国民经济发展的重要手段。

③控制断面流量。对于流域重要控制断面和区域界限的控制断面实行流量监测与控制，是保障流域上下游水资源开发利用互赢互利、上下游发展统筹协调的重要措施，也是促进流域可持续发展的必然要求。

④供水保证率。指流域内各行业用水的供水保证率，以水利工程年供水保障程度为主要依据。合理的供水保证率是提高粮食产量、促进经济社会发展的必要保障。

(3) 水环境与水生态保护

①入河污染物总量与水功能区达标率。入河污染物总量是指规定水域的限制入河排污总量，水功能区达标率是指流域达标水功能区数量占评价水功能区总量的比例。入河污染物总量控制管理是以上报的年排污总量与排污口监测的排污量相结合为主要依据，水功能区达标率控制管理是以上报的水功能区达标率与流域监测、抽查的水功能区达标情况相结合为依据。排污总量是最严格水资源管理制度的“三条红线”之一，水功能区达标率是最严格水资源管理考核制度的重要考核指标。

②控制断面生态流量与水质标准。流域重点控制断面的生态流量要求与水质类别，控制管理时以重点控制断面实测的非汛期日平均流量与水质类别为依据。合适的生态流量与水质要求是流域水环境与水生态保护的直接要求。对流域重要控制断面与区域界限的控制断面实行水量、水质监测与控制，是实现流域上下游、左右岸协调发展的重要保障。

③水土流失治理程度。指流域水土流失治理面积占水土流失总面积的比例。流域系统通过上述流域管理控制性指标的构建和考核，对流域系统项目实施过程中的质量进行监控。其他流域系统可以参考该流域管理方式，依据流域管理指标选取原则，结合各自流域管理工作和实施过程实际，构建适合本系统的流域管理指标体系，通过指标控制和考核方式，实现质量监控目标。

6.3　流域系统效益评价

6.3.1　流域系统效益评价概述

6.3.1.1　流域系统效益的概念

流域系统效益可以分为直接效益和间接效益，评价内容包含生态效益、经济效益和社会效益 3 个层面，综合表现为实物产出增加、环境条件改善和社会条件进步。流域系统效益评价是实现流域科学规划与管理的重要组成部分。

(1) 生态效益

生态效益指在人类干预和控制下的流域系统对环境系统有序结构维持和动态平衡的输出效益之和，包括调节气候、涵养水源、改良土壤、减少灾害、保护生物多样性等。生态效益在三大效益中处于基础地位，其增加或减少会引起经济效益和社会效益的升降。因而综合效益的增加应当是在生态效益逐步提升基础上的增长过程。从这个角度看，环境的日益恶化导致人类的生存空间越来越受威胁，人类将越来越重视生态效益。

(2) 经济效益

经济效益是指人类对流域系统进行经营活动时所取得的、已纳入现行货币计量体系并可在市场上通过交换而获利的一切收益，也称直接效益，它包括以流域资源为原料的一切产品生产收益和非原料收益。没有经济效益，则会降低人类保护生态、维护环境的积极性。因而，经济效益是综合效益中最活跃、与人类社会最直接相关的部分，是综合效益增长的动力。

(3) 社会效益

社会效益是流域系统为社会提供除经济效益外的一切社会收益，它体现在对人类身心健康的促进方面、对人类社会结构改进方面和对人类社会精神文明状态的改善等方面。社会效益是综合效益提高的出发点和目标。无论是生态效益还是经济效益，其最终目的是提高社会效益，不断满足人们对美好生活的向往，实现社会的高质量发展。

在这三大效益当中，生态效益是保护经济效益的基础，也是实现社会效益的保障；经济效益是手段，只有经济发展了，物质文化、生活水平才能提高，才能更好地保护生态环境；社会效益是目标。因此，三大效益同时存在、有机结合，对三大效益的评价也应是有机的统一，缺一不可。

6.3.1.2 流域系统效益评价的发展历史

流域系统效益评价源于森林综合效益评价，该评价很多方面借鉴了森林综合效益评价的经验和方法，其评价的内容及指标设置随着历史的发展有着很大变化和发展。20 世纪 80 年代，流域系统效益评价的内容虽然包含了经济效益、生态效益和社会效益，但实际的评价却主要局限于经济效益评价，即直接产出物的实际效益，如农业收入、林业收入、畜牧业收入等，指标体系主要包括投入产出率或产投比、成本利润率、投资回收期、劳动生产率、土地生产率等。由于生态效益和社会效益难以直接计量，所以只进行了定性的说明，而很少进行定量化计算。

到了 20 世纪 90 年代，随着国际社会对生态环境的重视，人们逐渐认识到经济效益与生态效益的辩证关系，一味地强调经济效益，忽视生态效益，将使整个人类的发展不可持续。此阶段流域系统效益评价已不再局限于经济效益评价，许多学者开始把注意力集中到流域系统的生态效益评价上，生态效益评价的指标体系主要包括流域治理度、侵蚀模数、森林覆盖率、地表径流拦蓄量、光能利用率、土壤有机质含量等指标，已进入生态效益定量化评价阶段。此时，有学者利用拦蓄泥沙效益、调节洪水效益等指标反映流域系统生态效益，但存在效益指标单位不统一的问题，无法将生态效益和经济效益统一起来。

进入 21 世纪后，生态效益评价已较成熟，对水源涵养、土壤保持、固碳释氧、环境净化等生态效益评价已比较系统和精确。随着社会经济的不断发展，流域系统的健康越来越受关注，流域管理已由传统单纯“生产、防洪、排涝”的建设观念向“安全、舒适、优美”的建设观念转化，对流域系统管理也提出了更高的要求。流域不仅要具备生产、防洪、排涝、供水等基本水利功能，还要注重流域生物多样性保护等生态功能，流域管理已从传统开发向环境生态友好转化。虽然近年来社会效益评价理论及其指标体系构建都取得了很大进展，但社会效益评价仍处于起步阶段。

目前，人们对流域系统还缺乏科学、系统的认识，认为流域生态保护仅仅是生态流域中河道的护岸及岸上大面积人工草皮、大量珍贵树木及人造景点所构成的空间，侧重于河道水域系统，不仅忽视周围及其内部生物群落的存在与整个流域系统的联系，而且忽视生物群落的恢复；仅注重流域中水量、水质，而忽视周边的土壤环境、水生生物，更不会将整个流域中河水、河坡、河岸(堤)、生物作为生态系统整体进行恢复建设。许多学者对生态城市、淡水生态、农业生态环境及森林生态系统健康、生态环境的脆弱性、水利现代化等进行了深入评价，并建立了综合评价的指标体系，但将流域系统作为整体进行综合评价尚处于初级阶段。

6.3.1.3　流域系统效益评价的难点

由于各地区自然、经济和社会条件的差异，各评价单位或个人的观念不同，评价指标的构成和权重差异很大。长期以来，人们对流域系统效益与价值的认识模糊，尽管从理论和实践上已证实了流域系统在保护和改良土地资源、涵养水源、提高生产和改善环境等方面的作用。但是，由于目的和考虑问题方式的差异，在计算流域效益的指标体系和方法上始终未能达成一致，从而影响对流域系统综合效益的评价，进而影响政府有关部门和决策者对流域系统的投资态度。只有把流域系统的生态效益、经济效益和社会效益进行统一，并用经济学观点进行分析，才能解决流域系统综合效益评价体系不统一、实物价值与生态价值相分离的局面。

6.3.2　流域系统效益评价方法

流域系统效益评价常用的方法主要包括直接市场法、替代市场法、效益费用分析法、条件价值法、专家咨询评分加权法、能值分析法等。

6.3.2.1　直接市场法

直接市场法是用市场价格度量环境和资源价值的价值评价方法。采用这种方法的前提是市场价格必须正确反映资源的稀缺性。如果存在价格扭曲，就必须对价格进行必要的调整。市场价值法的具体评价方法如下：

(1)生产率变动法

生产率变动法又称生产函数法，是利用生产率的变动来评价各类活动对环境状况的影响，进而评价环境价值的方法。该方法把环境质量作为一个生产要素，环境质量的变化导致产品价格和产量的变化，利用市场价格就可以计算出自然资源变化导致的经济损失或实现的经济效益。

(2)人力资本法和疾病成本法

人力资本法是专门评价流域变化对人类健康影响的方法，其内容包括死亡、疾病或病休造成的收入损失、医疗开支增加，以及精神或心理上的代价。疾病成本法利用损害函数反映环境污染对健康的影响，也称“剂量—反应模型”。剂量是指环境的污染物浓度，反应是指其对健康的影响，它可以用离岗的天数、活动受限制的天数以及死亡等指标来衡量，这些指标的货币化就是疾病造成的健康损害。

(3) 机会成本法

机会成本法是用收入或收入损失替代流域环境价值的方法。此外，属于市场价值法范畴的还有有效成本法、防护费用法、重置成本法和影子价格法等。

6.3.2.2 替代市场法

在环境价值评价时，应用市场价值法的必要前提是环境变化既可以度量又可以赋予市场价格。然而在现实中，环境的有些变化无法直接用市场价格计量，此时要采用间接的市场价格来替代，这就是替代市场法，其具体方法主要包括享乐评价法、工资差额法、旅行费用法等。

(1) 享乐评价法

享乐评价法采用资产价格的变化来评价环境价值。以住房为例，其价格包括3部分内容，即住房建造的价格、住房所处地区生活条件(如交通、商业网点、社会化服务)的价格、住房周围环境状况(如空气质量、噪声高低、绿化条件以及户外景观等)的价格，如果前两个方面基本相同，只有后一部分存在差异，就可以用住房价格的差异作为环境价值评价。该方法的应用主要有两个步骤：一是建立住房舒适性评价方程；二是建立支付意愿方程。

(2) 工资差额法

工资差额法采用工资水平的差异来评价环境价值。其依据是工作场所环境条件的差异，如噪声的高低，是否接触污染物等。在其他条件相同时，劳动者会选择工作环境较好的职业。为了吸引劳动者从事环境条件比较差的职业，厂商不得不从工资、工时、休假等方面补偿环境污染给劳动者造成的损失，所以工资差异也可用来评价环境价值。

(3) 旅行费用法

旅行费用法是通过观察人们的市场行为来推测其偏好，寻求利用相关市场的消费行为来评估环境物品的价值，它通过旅行费用(如交通费用、门票和旅游点的花费等)代替进入景点的价格，并通过这些费用资料求出环境物品的消费者剩余。因此，旅行费用法的最大贡献是揭示并计算出某一环境物品的消费者剩余。旅行费用法可在以下方面帮助决策，如确定公园和娱乐区的门票价格，在不同景点之间分配娱乐和保护预算，判断是否值得将景点作为娱乐区进行保护等。

6.3.2.3 效益费用分析法

作为现代福利经济学中的常用方法，其目标是提高资源配置效率。效益费用分析的计量尺度是货币值，但它的分析对象并不局限于实际发生的费用。一般来说，对社会经济有贡献的各种活动，用社会交易中准备放弃的等价商品和劳务的货币值来计量；对经济福利有害的各类活动，用需要补偿的等价商品和劳务的货币值来计量。效益费用分析有静态分析和动态分析之分。静态分析是指不考虑时间因素对效益和费用的影响，当时间因素可以忽略不计时，静态分析是十分有用的，在时间因素很重要的情形下，必须采用动态效益费用分析。具体的做法是将未来各年的价值转化为现值，使各年的效益和费用具有可比性。这种转化称为贴现，用于贴现的利率称为贴现率，选择适宜的贴现率对于提高动态分析的准确性具有重要作用。效益费用分析在应用上需要具备两个条件：①环境变动的正负效应具有可测性，即环境改善或恶化所带来的正负效应是可以度量的；②诱发环境状态变化的费用具有可测性。这些数据有的可以从相关的财务或统计报表中直接获取，有的可以通过问卷调查间接获取。效益费用分析法的应用并不难，难的是对效益和费用的界定和计量，这是环境价值评价的关键所在。

6.3.2.4　条件价值法

条件价值法也称意愿调查评估法，是典型的陈述偏好法。条件价值法通过调查，推导出人们对环境资源假想变化的评价。当缺乏真实的市场数据甚至无法通过间接观察市场行为来赋予环境资源以价值时，只能依靠建立一个假想的市场来解决。条件价值法试图通过直接向有关人群样本提问，来发现人们是如何给一定的环境变化定价的。由于这些环境变化及其反映它们价值的市场都是假设的，故其又称为假想评价法。

在条件价值法中有两个广泛应用的概念，即对某一环境改善效益的支付意愿和对环境质量损失接受赔偿的意愿。条件价值法通常将一些家庭或个人作为样本，询问他们对于一项环境改善措施或一项防止环境恶化措施的支付意愿，或者询问住户或个人对忍受环境恶化而接受赔偿的意愿。与直接市场法不同，条件价值法不是基于可观察的或间接的市场行为，而是基于调查对象的回答。他们的回答告诉我们在假设的情况下他们将采取什么行为。调查过程一般通过直接询问或问卷的方式进行。直接询问调查对象的支付意愿或接受赔偿的意愿是条件价值法的特点。条件价值法已经演绎出若干种技术，其中一些常见于市场评价中，所有这些技术都试图弄清人们对待环境状况所赋予的货币值。

(1) 价值评估技术

条件价值法所采用的评估方法大致可分为 3 类：直接询问调查对象支付或接受赔偿的意愿；询问调查对象对表示上述意愿的商品或服务的需求量，并从询问结果推断支付意愿或接受赔偿的意愿；通过征询有关专家意见来评定环境资产的价值。表 6-1 概括了几种常用的价值评估技术。

表 6-1　常用的价值评估技术

分　类	方　法
直接询问支付或接受赔偿的意愿	投标博弈法
	比较博弈法
询问选择的对象	无费用选择法
	优先评价法
征询专家意见	专家调查法（Delphi 法）

注：引自马中，1999。

①投标博弈法。要求调查对象根据假设情况说出他对不同质量水平的环境商品或服务的支付意愿或接受赔偿的意愿。投标博弈法被广泛应用于对公共商品的价值评估。在实际应用中，投标博弈法又可分为单次投标博弈和收敛投标博弈。在单次投标博弈中，调查者

首先要向被调查者解释要估价的环境商品或服务的特征及其变动的影响，例如，砍伐或保护天然林可能产生的影响以及保护天然林的具体办法，然后询问被调查者为了改善保护该天然林他最多愿意支付多少钱(即最大支付意愿)，或者反过来询问被调查者，他最少需要多少钱才愿意接受该森林被砍伐的事实(即最小接受赔偿意愿)。在收敛投标中，被调查者不必自行说出一个确定的支付意愿或接受赔偿的数额，而是被问及是否愿意对某一商品或服务支付给定的金额，根据被调查者的回答，不断改变这一数额，直至得到最大支付意愿或最小的接受赔偿意愿。

②比较博弈法。又称权衡博弈法，它要求被调查者在不同的物品与相应数量的货币之间进行选择。在环境资源的价值评估中，通常给出一定数额的货币和一定质量水平的环境商品或服务的不同组合。该组合中的货币值实际上代表了一定量的环境商品或服务的价格。给定被调查者一组环境商品或服务以及相应价格的初始值，然后询问被调查者愿意选择哪一项，被调查者要对二者进行取舍。根据被调查者的反应，不断提高或降低价格水平，直至被调查者认为选择二者中的任意一个为止。此时，被调查者所选择的价格就表示他对给定量的环境商品或服务的支付意愿。此后，再给出另一组组合，如环境质量提高了，价格也提高了，然后重复上述步骤。经过几轮询问，根据被调查者对不同环境质量水平的选择情况进行分析，就可以估算出他对边际环境质量变化的支付意愿。

③无费用选择法。通过询问个人在不同的商品或服务之间的选择来估算环境商品或服务的价值。该法模拟市场上购买商品或服务的选择方式，给被调查者两个或多个方案，每个方案都不需被调查者进行支付，从这个意义上，对被调查者而言是无费用的。在含有两个方案的调查中，需要被调查者在接受一笔赠款或被调查者熟悉的商品和一定数量的环境商品或服务之间做出选择。如果某个人选择了环境商品，那么该环境商品的价值至少等于被放弃的那笔赠款或商品的数值，可以把放弃的赠款或商品作为该环境商品的最低估价。如果改变上述的赠款数或商品，而环境质量不变，这个方法就变成一种投标博弈法了。但是，其主要区别在于被调查者不必进行任何支付。如果被调查者选择了接受赠款(或商品)，则表明被评价的环境商品或服务的价值低于设定的接受赠款额。

(2)条件价值法使用注意事项

在设计意愿调查方案时，需要特别注意 3 个统计方面的问题：

①样本数量的确定。通常要求样本数要足够多，以便能反映被调查区域人群的情况。实际数量是由所预期的反应多样性程度、希望的准确性等级及估计不回答的比例来决定的。一般情况下，在进行正式调查之前要进行预调查，以便最终确定样本数量和调查问题或问卷的设计。

②对异常答卷的处理。通常情况下，要把那些特别极端的答案从有效问卷中剔除，因为这些异常答卷可能是不真实的或是对问题的错误回答。这可以用诸如 5%～10%的中心剔除点等方法来去除那些极端的回答，或者用回归方法绘制出价曲线。

③信息的汇总。把估计出的平均支付意愿或接受赔偿意愿乘以相关的人数，即可简单得出总支付意愿或总接受赔偿意愿。然而，如果作为样本的人群不能代表总人群的情况，那么就要建立支付意愿或接受赔偿意愿的出价与一系列独立变量(如收入、教育程度等)之间的关系式，用以估算总人口的支付意愿或接受赔偿意愿。

(3) 条件价值法的准确性

关于评价者如何了解获得的答案或信息的准确性，可以通过比较条件价值法的结果以及根据其他价值评估技术得到的结果特别是内涵财产价格法和旅行费用法来验证意愿调查法的准确性。当然，这种检验的前提是对比评价的结果具有可信性。

(4) 条件价值法的优缺点

条件价值法是一个很有用的方法，然而它需要精心设计，而且由于所需的数据信息多，严格的调查需要花费大量的时间和资金，并要对这些调查结果进行专门的解释和评价。条件价值法在空气和水质量问题、舒适性问题、资源保护问题以及环境存在价值等方面已经开展了大量的实证性评价工作，可以用于解决其他许多方法无法解决的问题，这正是它应用得越来越广泛的原因。实际上，条件价值评估法的缺点在于未对实际的市场进行观察，也未通过要求消费者以现金支付的方式来表征支付意愿或接受赔偿意愿来验证其有效需求。

6. 3. 2. 5　专家咨询评分加权法

首先由专家确定综合评价指标，然后确定评价要素社会、生态、经济各自所占的权重，同时确定要素中每个评价因子的权重，最后通过公式进行计算。专家咨询评分加权法具有定性与定量相结合的优点，对于一些难以定量的效益来说，不失为一种可行的方法，特别是对于确定各效益的权重具有重要意义。对于流域效益的评价问题，专家的选择必须具备两项条件：一是对流域资源及其未来的前景目标有基本认识；二是对于实现这一目标的经济手段或效果状况有基本认识。从这个角度出发，缺乏资源和体验的经济学专家与缺乏经济学知识的资源专家，都是不适合的，这一点在应用时必须给予高度重视，否则将降低调查结果的可信度。

6. 3. 2. 6　能值分析法

20 世纪 80 年代后期，以美国著名系统生态学家 Howard 为首的科学家，在能量系统分析的基础上创立了能值的理论和分析方法，从本质上揭示了环境与经济、资源与商品和劳务的内在联系，为森林、流域、自然保护区等的综合效益评估提供了新思路和新方法。

6. 3. 3　流域效益评价方法的选择

在实践中，我们不可能针对一个问题采用所有的价值评估方法，而需要对现有方法进行选择，在选择评价方法时主要应考虑以下两个方面：

(1) 信息的可得性

对于可交易的物品和服务来说，数据相对容易获得，可以采用直接市场法。对于缺乏市场或者市场发育不完善的商品和服务，尽管也可以采用直接市场法，但需要进行必要的调查以获得评估所必需的数据。当难以获得数据信息时，往往采用历史上记载的有关数据及有关专家的意见代替。对于那些不在市场上交换的商品或服务，或者在直接信息非常缺乏的情况，适于采用意愿调查法。意愿调查价值评估法以调查为基础，要求调查者具有较高的调查与统计技巧。

(2) 经费与时间

选择什么样的价值评估方法还要考虑评价经费与时间。当经费和时间供给充足时，可以采取一些复杂的方法。例如，采用条件价值法、旅行费用法等。当经费与时间有限时，可以借用其他项目或评价成果的数据、具有可比性的其他国家或地区的数据、当地专家的意见、历史记录、对有关人群进行调查所获得的比较粗略的数据，并运用一些比较简单的方法进行评估。

根据上述选择的依据，充分分析评价区域的实际情况，结合评价中数据信息的具体现实和评价经费的约束，权衡利弊，选择合适的流域系统效益评价方法进行评价。

6.3.4　流域系统效益评价指标体系构建

6.3.4.1　指标体系构建原则

流域系统效益评价指标体系的构建应以经济学、生态学、生态经济学、环境经济学、社会学理论为基础，以流域的可持续发展为导向，结合流域系统的特点，建立一套科学的、完整的指标体系。指标设置是否恰当直接关系最终结论的准确性，是评价工作中一个至关重要的过程。

评价指标的选择既要遵循经济分析的一般原则，又要结合流域系统的特点和流域的实际情况进行大胆探索，从而使流域效益评价的方法更加科学、更加准确、更具特色。要建立一套科学、合理并具有可操作性的流域效益评价体系，必须遵循以下基本原则：

①系统性原则。把流域效益综合评价作为一个系统，其效益评价指标体系应是一个具有多属性、多层次、多变化的体系。表现在空间层次上以及流域综合评价建设类型上。因此，评价标准和指标体系不仅能够反映流域综合评价的发生发展规律，而且能够反映对区域功能的促进，即流域综合评价系统与环境、社会经济系统的整体性和协调性。

②科学性原则。要建立在科学的基础上，具有充分的科学依据，并能反映评价对象的本质内涵。每个指标应含义明确、简便易算，评价方法易于掌握。

③可行性原则。要具有可测性和可操作性，所需数据易于采集和统计，必需的计算方法容易操作，避免选择计算复杂、采集困难的指标。

④可比性原则。尽可能采用国际国内通用的名称、概念和计算方法，以便在不同区域对同一类型效益计量评价时进行比较。

⑤全面性原则。作为一个有机的整体，应能够反映和测度被评价系统的主要特征和状况，以全面正确地评价其综合效益。

⑥独立性与稳定性原则。在全面性的基础上，应力求简洁、实用，指标间应尽可能独立、不重叠，尽量选择那些有代表性的综合指标和主要指标，辅以若干辅助指标。同时，指标体系内容不宜变动过多、过频，应保持其相对的稳定性。

6.3.4.2　指标筛选及指标体系的确定

目前，筛选指标的方法主要有专家咨询法、理论分析法和频度分析法等。按照流域系统的功能，并可以结合实际情况，可采取这 3 种方法的综合，首先采取频度分析法，综合国内外相关研究，对各种指标进行统计分析，选择那些使用频度较高的指标，同时，结合流域的目的和功能进行综合分析、比较，选择那些针对性较强的、具有代表意义的指标。在此基础上，进一步征询有关专家意见，对指标进行调整，最终得到流域系统效益评价指标体系，见表 6-2。

①目标层。包括生态效益、经济效益和社会效益 3 部分。从指标体系的构建角度看，子系统指标既要起到总纲的作用，又要涵盖系统的各个方面。

②指标层。指目标层下的具体指标。复合生态系统中的各要素不仅以各自的特点不同程度地影响着流域生态、经济和社会环境，而且结合在一起对流域环境施加综合影响，共同塑造着流域的生态、经济和社会环境。指标层包含了综合效益的各个方面，根据环境治理的目标、范围不同，确定具体的指标内容和数量。

表 6-2　流域系统效益评价指标体系

目标层	指标层	指标性质
生态效益	涵养水源效益	定量
	保育土壤效益	定量
	固碳释氧效益	定量
	改善大气质量效益	定量
经济效益	旅游产出效益	定量
	渔业产出效益	定量
	林产品产出效益	定量
	畜牧业产出效益	定量
社会效益	劳动就业效益	定量
	社会进步效益	定量
	环境美化效益	定量
	产业结构合理效益	定量

6.3.5　流域系统效益评价指标核算

6.3.5.1　生态效益

(1) 水源涵养效益

水源涵养的功能主要体现在植被下的土壤具有巨大的蓄水能力，并补给植被、河流。要充分发挥其涵养水源的功能，减少地表径流，主要取决于表层土壤结构和土壤渗透速率。

当前，对水源涵养价值的评估方法大多是基于流域的水源涵养总量及水的价格。因此，问题的关键就在于如何有效确定水源涵养总量，合理确定单位水资源价格。单位水资源价格多采用等效益替代法进行确定，即把拦蓄降水效益等效于一个蓄水构筑物的蓄水效益，采用该蓄水构筑物的单位修建费用或单位造价(元/m^3)作为拦蓄降水的价格，从而可以间接计算拦蓄降水的价值。对于森林水源涵养价值的估计常用以下几种方法。

①水量平衡法。此方法基于森林水源涵养总量取决于森林地带的降水量和森林地带的蒸散量。即

$$P=R+E \tag{6-1}$$

式中，P 为年平均降水量(mm/a)；R 为年平均径流量(mm/a)；E 为年平均蒸散量(mm/a)。

国内外森林水源涵养研究的理论和实践表明，水量平衡法是计算森林水源涵养量的最佳方法，其前提条件是获得准确测定的蒸散量资料。

②森林土壤蓄水量法。此方法认为森林土壤的蓄水能力取决于森林土壤的非毛管孔隙度，大量研究证明，森林土壤表层的枯枝落叶分解后形成腐殖质，增加了土壤有机质，改善了土壤结构，增大了非毛管孔隙度。其计算公式如下：

$$A_{WP}=10\,000 \cdot P_n \cdot D \tag{6-2}$$

式中，A_{WP}为土壤蓄水能力；P_n为非毛管孔隙度；D 为土壤平均厚度。

需要说明的是，上述计算所得到的是森林的静态蓄水能力，而不是森林的年蓄水量。这是因为当土壤蓄水处于饱和状态时，水分将向下渗透并不断蓄水，处于动态饱和状态，动态蓄水能力与渗透速率有关，这种情况在黄土高原区表现得更为突出，很难对土壤蓄水量进行精确计算。

(2)土壤保育效益

植被的存在可以极大地减少土壤侵蚀量、保护和提高土壤肥力水平。因此，植被保育土壤的价值可从减少土地损失、减少土壤肥力损失和减少泥沙淤积和滞留等方面加以考虑。该类价值计算主要通过计算土壤流失、土壤肥力丧失和泥沙淤积造成的经济损失，以此替代植被保育土壤的价值。目前，国内外用来评估植被保育土壤价值的方法包括潜在土壤侵蚀损失法、替代法和综合费用效益法。

①潜在土壤侵蚀损失法。首先计算植被的保土量，即潜在的土壤侵蚀量，它等于无植被地的土壤侵蚀量减去有植被地的土壤侵蚀量，然后将表土平均厚度折算为保土面积，采用适当的土地价格计算出保育土壤的价值。计算公式如下：

$$V_s=S_i \cdot (D_0-D_i) \cdot P_i \cdot t_i/d_i \tag{6-3}$$

式中，V_s 为植被保土价值；S_i 为植被面积；D_0 为无植被地上土壤侵蚀模数；D_i 为有植被地的土壤侵蚀模数；P_i 为单位面积土地的租赁价格；d_i 为植被土壤平均容重；t_i 为表土平均厚度。

其次，土壤侵蚀伴随大量的营养物质损失，主要是土壤中的有机质、氮、磷、钾等。根据植被的保土量，结合植被土壤中的有机质、氮、磷、钾含量，估算出植被每年减少的养分损失量。可通过增加施用化肥的费用“影子价格”来估算。

$$V_f=D \cdot S \cdot \sum P_{1f} \cdot P_{2f} \cdot P_{3f} \tag{6-4}$$

式中，V_f 为植被减少土壤肥力损失价值；D 为单位面积水土流失量；S 为植被面积；P_{1f}为植被土壤中氮、磷、钾含量；P_{2f}为纯氮、磷、钾等折算成化肥的比例；P_{3f}为各类化肥的销售价。

②替代法。该方法的基本思路与潜在土壤侵蚀损失法类似，其步骤是先计算出植被保土量并折算成土地面积，然后乘以适当的造地成本，得到植被的保育土壤价值再计算出流

失土壤带走的有机质、氮、磷、钾等营养物质含量，乘以化肥的平均价格，得到植被的保肥价值，最后加上植被的防淤价值，此三项之和就是植被的保土价值。

③综合费用效益法。通过无植被防护条件下土壤侵蚀的损失费用和有植被防护条件下增获的效应来评价植被防止土壤侵蚀的生态功能价值。

(3) 固碳释氧

森林通过光合作用能够吸收和固定大气中的二氧化碳，同时释放并增加大气中的氧气，这对维持地球大气动态平衡、减少温室效应从而维护人类的生存基础来说，有着不可替代的作用。目前，国际上计算固碳价值的方法主要有碳税法、造林成本法以及温室效应损失法，计算释氧价值的方法主要有工业制氧法。

①碳税法。目前，国际上的碳税包括以筹资为目的的单方国家税、以筹资为目的的国际税、以刺激为目的的单方国家税、以刺激为目的的国际税。实践中，人们多倾向采用瑞典的税率，《中国生物多样性国情研究报告》也采用了瑞典碳税率。

②造林成本法。其基本思路是先求出单位面积森林蓄积的固碳量，再求出单位森林蓄积的平均造林成本，然后按碳氧分配系数计算出森林固碳的价值。用造林成本法计算森林供氧价值的基本步骤：求出单位森林蓄积的释氧量，进而求出每释放 1 t 氧气需要的森林蓄积量，再求出单位森林蓄积的平均造林成本，然后确定碳氧分配系数和权重系数，最后计算森林的供氧价值。在实践中，也有通过实验测定研究对象不同树种在不同覆盖率下每年固定二氧化碳和提供氧气的能力来计算。

以上方法都已有实践，造林成本法的指导思想是通过植物吸收固碳，降低二氧化碳浓度；而碳税法是人为采取经济措施，迫使排放削减。如何确定碳税率和造林成本是一件困难的事。固碳效益计算公式如下：

$$V_{CO_2}=A\cdot D\cdot R\cdot C_c \tag{6-5}$$

式中，V_{CO_2}为固碳效益；A 为活立木蓄积量；D 为单位体积活立木蓄积量中干物质的质量；R 为单位质量干物质吸收的二氧化碳量；C_c 为碳税率(元/t)。

(4) 改善大气质量效益

森林对大气中的二氧化硫、氟化氢、氯气和其他有害气体有一定程度的抵抗能力，还具有阻滞粉尘、杀菌及释放负氧离子等作用。树木通过叶片上的气孔和枝条上的皮孔吸收和转化有害物质，在体内通过氧化还原过程将其转化为无毒物质(即降解作用)，或积累于某一器官内，或由根系排出体外。一般生长在污染地区的植物其叶片中的含硫量比周围正常的叶子高 1 倍。植物对于大气污染物质的吸收、降解、积累和迁移，无疑是对大气污染的一种净化作用。粉尘是重要的大气污染物之一，森林对它有很大的阻挡、过滤和吸附作用。森林树木形体高大，枝叶茂盛，具有降低风速的作用，能使大颗粒的灰尘因风速减弱而在重力作用下落沉降于地面，树叶表面因为粗糙不平、多绒毛、附有油脂和黏性物质，又能吸附、滞留、黏附一部分粉尘，从而使大气含尘量降低。蒙尘的树木经过雨水冲洗后，又能恢复其滞尘作用。目前，对森林改善大气质量效益的计量方法主要有(以吸收 SO_2 为例)：

①阈值法。对 SO_2 吸收能力的推算以其在林木体内达到阈值时的吸收量来计算。

②叶干重法。树木吸收量等于叶片积累量、代谢转移量、表面吸附量之和。先通过测

定某树种叶片在一定期间含硫量的变化作为吸收量，再根据叶干重占植物的比例计算转移的硫量和叶面表面的蒙尘量。

③面积—吸收能力法。根据单位面积森林吸收 SO_2 的平均值乘以森林的面积，计算出吸收的 SO_2 量。在对大面积森林进行改善大气质量效益计量中，一般采用面积—吸收能力法。

$$V_s = K \cdot \sum f_i \cdot S_i \tag{6-6}$$

式中，V_s为森林吸收污染物的价值；K 为单位治理费用；f_i 为不同树种单位面积吸收的量；S_i 为不同树种面积。

据统计，森林叶面积的总和为森林占地面积的数十倍，因此其吸滞烟尘的能力是很强的。通过对一般工业区的研究发现，空气中飘尘的浓度，绿化地区较非绿化地区少。可见，树木是空气的天然过滤器。在对滞尘计量时，同样采用面积—吸收能力法，阻滞降尘的价值用削减粉尘的平均单位治理费用来计量。

6.3.5.2 经济效益

经济效益指通过流域系统建设改善了生产条件，增加了各产业的经济收入和以盈利为目的利用流域非原料功能的收益。

(1)旅游产出效益

流域系统建设的实施改善了环境条件，为人类提供了旅游休闲、文化娱乐等非实物型生态服务，为旅游业发展提供了基础。近年来，流域生态旅游产生了多方面的效益。对旅游效益的计量可以采用费用支出法计算流域的旅游产出效益，可用旅游者去某一景点的实际总支出来表示，包括往返交通费、餐饮费、住宿费、门票费、摄影费、购买纪念品的费用以及有关的服务支出等。虽然不能非常全面地反映流域生态系统的旅游产出效益，但是可以用旅游者的消费支出来近似表示旅游产出效益的价值。

(2)渔业产出效益

随着工农业的发展、人口的增加、城市的增多及建设的日趋大型化，废水等污染物排放量逐年增加，大量的工农业废水和生活污水排入天然水域，对水环境构成巨大威胁，引起局部水域环境质量下降，造成鱼、虾、蟹、贝类产卵场、索饵肥育场生态环境的改变甚至消失，传统水产养殖场荒废，水产品质量下降。通过流域系统建设的实施，改善水域生态环境，促进渔业生产，提高渔业产出效益。渔业产出效益的计算方法主要是通过市场价值法计算渔业产量，再乘以各种渔业产品价格进行综合估计。

(3)林产品产出效益

林产品的产出效益包括林木产出效益和林副产品产出效益。

①林木产出效益。林木即森林立木，是林业生产经营的重要成果，是森林资源的重要组成部分，其价值理应得到合理的承认。但长期以来，受“自然资源无价”观念的影响，森林立木被无偿或低价取用，对森林资源进行掠夺性开发，导致森林资源锐减和生态环境恶化。对林木资源进行评价，一方面可以帮助实现林木资产的保值增值；另一方面可以使林业能更好地进入社会主义市场经济运行体系，推进林业可持续发展。林木价值评估有两种方法：一种是对现有林木价值的评估；另一种是对活立木年生长价值的评估。从价值的可

比性角度考虑，后一种更能反映公益林的林木产出效益。

立木林价的估计方法主要有以下 4 种：

a. 立木市场价值法。指以评价立木在树种、林龄、直径、树高、形率、数量、采伐方式、地理条件、交易情况等相似的立木交易实例为标准进行评价的方法。

b. 收益还原法。指评价对象估计的连年收获与其费用之差，并换算成现值的方法。

c. 立木期望价法。是指从现在到预计采伐年龄期间能期望收获的现值合计，减去此期间所需经费的现值。

d. 市场倒算法。指以产品在市场上交易的实际价格(即市场价)为基础，间接对林木价格进行估算。

活立木年生长量经济价值评估可使用市场价值法，具体计算有以下两种方法：

第一种方法是基于各种森林类型每年每公顷的生产量、各类林分木材比重以及市场上的活立木林价等因素，经计算可得各类林分每公顷每年活立木生产量的价值(V_W)，计算公式如下：

$$V_W = \sum A_i \cdot W_i \cdot P_i / R_i \tag{6-7}$$

式中，A_i 为各林分面积(hm^2)；W_i 为各林分地上部分树干和干物质生产量(t/hm^2)；P_i 为各类林木的活立木价格(元/m^3)；R_i 为各类林木比重(t/m^3)。

第二种方法是基于流域内各类林分的现有蓄积量、年净生长率以及活立木林价因子，三者相乘即可得到各林分活立木价值。计算公式如下：

$$V_W = \sum S_i \cdot N_i \cdot P_i \tag{6-8}$$

式中，S_i 为各林分活立木蓄积量(m^3/hm^2)；N_i 为各林分年增长率；P_i 为各类林木的活立木价格(元/m^3)。

②林副产品产出效益。流域森林在产出林木的同时，也生产大量的林副产品，包括茶叶、水果等，其效益的核算方法可以采用市场价值法，即用林副产品的产量乘以各产品的市场价格。

(4)畜牧业产出效益

流域畜牧业的发展与当地的经济发展和生态环境有着密切的关系。通过流域系统建设的实施，改善了流域的投资环境，提高了环境质量，使该区成为一个自然条件优厚的畜牧场所，提高了畜牧业的产出效益。畜牧业的产出效益评估可以通过市场价值法来计算，通过畜牧业的市场成交量与市场价格相乘得出畜牧业产出效益。

6.3.5.3　社会效益

流域系统建设的社会效益指各种直接、间接或隐藏的功能和作用，包括增加就业、提高居民生活水平、促进人体的健康状况和精神状况、改善生活环境和社会关系等效益。

(1)劳动就业效益

劳动就业问题是关系社会稳定、经济发展和人们生活的重大问题，是社会效益评价的重要方面。通过流域系统建设的实施，组建相应的管理机构，配备必要的管理人员，带来直接和间接就业效益，前者是指直接提供的就业机会，后者是指项目间接提供的就业机会，为新增就业人员提供各种服务。就业效益指标一般是项目单位投资所能提供的就业机会，就业效益越大，社会效益越大。其效益计算公式为：

$$V_j = R \cdot W \tag{6-9}$$

式中，V_j 为劳动就业效益；R 为增加的就业人数；W 为该地区的平均工资。

(2) 社会进步效益

流域系统建设的实施带动了当地水、电、交通等各项基础设施和学校、医院、娱乐场所等服务设施的发展，从而有助于提高流域人口素质，增加居民收入，改善人们的生活状况和医疗条件，提高人们的物质和文化生活水平，促进社会的文明进步。流域系统效益可以通过人均 GDP、公共图书馆藏书量、医院病床总数、居民享受养老保险参保比例、农村居民恩格尔系数、文盲率等指标的变化量来评估。

(3) 环境美化效益

流域系统建设的实施改善了生态环境，增加了植被的覆盖率，净化了空气，降低了噪声。优美的环境、清新的空气、恬静的氛围，有利于平衡城镇居民紧张的生活节奏，缓解长时间工作带来的紧张和疲乏，使脑力和体力都得到恢复，同时可以使人们从视觉上和精神上感受美丽的自然风景，从而在大自然中获得灵感和创造力，因此环境美化效益是社会效益中一个重要内容。环境美化效益核算采用条件价值法。

一种方法是根据自愿支付现金值将其分为 m 个等级。则按下面公式可计算出流域的环境美化效益。

$$V_m = \sum N \cdot X_i \cdot n_i / n \tag{6-10}$$

式中，V_m 为环境美化效益；N 为流域总人口；n_i 为第 i 等级的人数；n 为调查总人数；X_i 为第 i 个等级自愿支付平均值。

另一种方法是用支付意愿累计频度中位值乘以流域人口，求出流域环境美化效益，目前国内外较多使用这种方法。由于居民文化水平、年龄和工作环境不同，导致审美能力相差很大，因此，在调查时应平衡选取对象，以达到公平、准确。

(4) 产业结构优化效益

区域经济增长优化的一个重要表现是产业结构的转型和优化。产业结构是指区域经济结构中各产业的比例关系。由于特殊的保护政策和自然地理环境，流域产业往往会出现畸形发展，产业发展不平衡，如第一产业比重偏高，第二、第三产业发展不足。在保护与发展并重思想的指导下和流域污染防治的带动下，促进了其他行业的发展，使流域内的经济结构有了明显的改善，经济结构趋于合理化。

6.3.6　流域系统效益综合评价

6.3.6.1　效益综合评价的原则

①依法评价原则。流域系统效益综合评价应贯彻执行我国流域相关的法律法规、政策、标准，分析建设项目与环境保护政策、资源能源利用政策、国家产业政策和技术政策等有关政策及相关规划的相符性，并关注国家和地方在法律法规、政策、标准、规划及相关主体功能区划等方面的新要求。

②广泛参与原则。流域系统效益综合评价应广泛吸收相关学科和行业的专家、有关单

位和个人的意见。

③系统性原则。流域系统效益综合评价各指标之间要有一定的逻辑关系，它们不但要从不同的侧面反映生态、经济、社会子系统的主要特征和状态，而且还要反映生态—经济—社会系统之间的内在联系。

④典型性原则。流域系统效益综合评价要确保评价指标具有一定的典型性，尽可能准确反映特定区域的生态、经济、社会变化的综合特征，即使在减少指标数量的情况下，也要便于数据计算和提高结果的可靠性。

⑤动态性原则。流域效益综合评价中生态—经济—社会效益的互动发展需要通过一定时间尺度的指标才能反映。

⑥简明科学性原则。流域系统效益综合评价各指标体系的设计及评价指标的选择必须以科学性为原则，能客观真实地反映流域生态、经济、社会发展的特点和状况，能客观全面反映各指标之间的真实关系。

⑦可比、可操作、可量化原则。在指标选择上，流域系统效益综合评价特别注意在总体范围内的一致性，指标体系的构建是为流域政策制定和科学管理服务的，指标选取的计算量度和方法必须统一，各指标尽量简单明了、直观性强、便于收集。

⑧综合性原则。流域系统效益综合评价中生态—经济—社会的互动“三赢”是流域生态经济系统建设的最终目标，也是综合评价的重点。

6.3.6.2　效益综合评价的方法

效益综合评价的方法是指使用比较系统的、规范的方法对多个指标、多个单位同时进行评价，也称多指标综合评价方法。在建好指标体系、确定了各指标计算方法的基础上，进一步计算综合得分。鉴于各指标来源不一致，因此，需要首先进行无量纲变换，其次需要确定各指标的权重，最后再进行求和与百分化折算。

(1)无量纲变换

无量纲变换也称数据的规范化，是指不同指标之间由于量纲不同而导致不具可比性。无量纲变换有多种方法，这里以常用的极值法进行举例。计算公式如下：

$$y_{ij}=(x_{ij}-\mathrm{Min}\,x_{ij})/(\mathrm{Max}x_{ij}-\mathrm{Min}\,x_{ij}) \tag{6-11}$$

式中，i 为第 i 项指标；j 为第 j 个参评的项目；x_{ij}为第 j 个参评项目的第 i 项指标数据；$\mathrm{Max}x_{ij}$为该指标数据的最大值；$\mathrm{Min}x_{ij}$为该指标数据的最小值；y_{ij}为第 j 个参评项目第 i 项指标数据的变换值。

(2)确定指标权重

权重指某一因素或指标相对于某一事物的重要程度，其不同于一般的比重，体现的不仅是某一因素或指标所占的百分比，强调的是因素或指标的相对重要程度，倾向于贡献度或重要性。权重的确定分为主观赋权法和客观赋权法。主观赋权法包括层次分析法、模糊法、专家打分法等；客观赋权法主要包括主成分分析法、因子分析法、熵权系数法、灰色关联度等。

(3)计算单项具体指标最终得分

单项具体指标最终得分计算公式如下：

$$Z_{ij} = \sum W_{ij} \cdot y_{ij} \tag{6-12}$$

式中，Z_{ij}单项具体指标最终得分；W_{ij}表示j个参评项目第i项指标的权重；y_{ij}表示第j个参评项目第i项指标数据的无量纲变换值。

(4)计算项目评价指标的综合得分

项目评价指标的综合得分为所有单项具体指标得分的算术和。

$$S_j = \sum Z_{ij} \tag{6-13}$$

式中，S_j 为项目评价指标的综合得分。

6.3.6.3　效益综合评价注意事项

效益综合评价在实际应用中具有明显的作用，例如，能够对研究对象进行系统描述，能够对于研究对象的整体状态进行综合测定，能够对于研究对象的复杂表现进行层次分析，以及能够有效体现定量分析和定性分析相结合。但是要准确运用该方法，还需要注意以下事项：

(1)明确综合效益评价的目的和目标

对流域系统效益进行综合评价，首先要明确效益综合评价的目的和目标，要弄清效益评价主体是什么、评价事物的哪些方面等。其次，要对评价目标进行定性分析，找出影响评价目标的各层次因素，建立评价指标体系。一般来说，至少应从3个层次对评价目标进行因素分析：第一层次是总目标层，它反映的是综合评价最终所要达到的目标；第二层次是中间层次，它是对总目标层主要因素的分解，是具体的评价指标的综合；第三层次是指标层，它由反映评价目标的各个方面的统计指标构成。在具体的效益综合评价中，并不一定非要列出中间层，只要明确了总目标层，可直接列出统计评价指标体系。这种方式为目前众多的效益综合评价所采用。

(2)所选指标与方法相协调

在选取效益综合评价指标时，应与所采用的综合评价方法相协调。各种综合评价方法在实际应用时对于指标的特征和选择要求是不同的，有些综合评价方法本身能够消除指标之间的相互干扰和替代，这时选取指标应多注意全面性；而另一些评价方法却要求评价指标间尽可能不相关，这时就应多注意指标的典型性。在进行效益综合评价指标的选择时，应当尽量选择相对指标来进行评价，同时注意相对指标与总量指标的结合应用。因为，总量指标是外延指标，随着范围的扩大而扩大，相对指标是内涵指标不因为范围的扩大而扩大。在纵向评价客观事物的发展状况时，既要选取总量指标，也要有速度指标。用总量指标评价客观事物的发展状况，可以反映事物发展的实际水平，但如果被评价事物本身具有明显的长期趋势，则在评价不同时期的发展状况时会产生较大偏差。此时，用速度指标来反映事物的发展可以弥补总量指标的局限性，还可以反映被评价事物的发展是否均匀，但它也有局限性，即没有考虑事物发展的实际水平，而且在事物发展起伏较大时，仅用总量指标或速度指标常常会得到截然不同的评价结果。因此，为了客观地评价事物的发展状况，将总量指标和速度指标都纳入评价指标体系是必需的。

(3)全面把握评价过程

要对评价过程进行系统把握，需要注意：①评价过程不是一个指标接一个指标依次完成，而是通过一些特殊的方法同时完成多个指标的评价；②在效益综合评价过程中，要根据指标的重要性进行加权处理，使评价结果更具有科学性；③评价的结果根据效益综合分值进行排序，并据此得到结论。此外，准确掌握和应用效益综合评价方法，要求使用者具备一定的统计学、系统论等相关学科的基础知识。

复习思考题

1. 简述流域系统管理的实施步骤。
2. 简述我国流域管理机构的类型和职责。
3. 流域系统管理有哪些手段？简要介绍公众参与流域系统管理的基本程序。
4. 如何构建流域系统效益指标体系？

第 7 章

流域系统管理实践与经验

【本章提要】主要介绍了国内外流域系统管理的典型实践与成功经验。

7.1 国外流域系统管理实践与经验

7.1.1 欧洲莱茵河流域系统管理

7.1.1.1 莱茵河流域概况

(1) 自然地理情况

莱茵河发源于阿尔卑斯山北麓，源头海拔最高 4275 m，全长 1320 km，流域面积 18.5×10^4 km^2，平均流量 2200 m^3/s。莱茵河流域涉及 9 个国家，干流经过瑞士、德国、法国、卢森堡、荷兰，其中德国境内流域面积最大，其次是瑞士、法国和荷兰。

(2) 社会经济情况

莱茵河流域人口约 5000 万，人口密度为 270 人/km^2，其中约 2000 万人以莱茵河作为直接饮水来源。土地利用结构：农地 53%，林地 33%，居民用地 10%，其他 4%。莱茵河是重要的国际航运河道，是世界上内河航运最发达的河流之一。莱茵河沿岸的德国杜伊斯堡和荷兰鹿特丹分别是世界上重要的河港和海港；同时，莱茵河流域分布有欧洲 5 个大的重要工业区，在欧洲经济产业布局中占据重要地位。

7.1.1.2 莱茵河流域曾存在的主要问题

从中世纪至 20 世纪 70 年代，人们在莱茵河上游修筑了很多大坝、水电站一类的水利工程。农业、城市化和航运等人类的干扰使莱茵河出现了许多问题，如污染、洪灾等。长期以来，莱茵河沿河天然洪泛区遭到人们的侵占，河道被束直而变得狭窄，有效的自然调蓄洪水功能锐降。上游和支流较小的水量增加，都有可能导致河水顺河而下出现较大的洪峰。随着污染的加重、水利工程的修建、洪泛区的消失和地下水位的下降，莱茵河流域的生境遭到巨大的破坏，水生生物多样性急剧下降，沿河的生态系统也急剧破坏，出现了河床降低和沿河地下水位下降、三角洲地区地面下沉、水电站坝前的河道淤积等问题。

7.1.1.3　莱茵河流域系统管理实践

(1) 莱茵河流域国际协调管理

1950 年，由莱茵河流域的沿河五国成立了保护莱茵河国际委员会(ICPR)。ICPR 成立后，人们逐渐重视起全局化协调统一的保护措施，不再片面、单独地开展流域活动，也不再单纯依靠工程技术进行管理。在各国的努力下，莱茵河的保护管理工作取得了很大的进展。2002 年，联合国教育、科学及文化组织将莱茵河中游从宾根(Bingen)到科布伦茨(Koblenz)的 65 km 长的河段列为世界文化遗产。

①保护莱茵河国际委员会的成立和发展。在荷兰的号召下，1950 年 7 月 11 日，莱茵河沿河五国(瑞士、德国、法国、卢森堡和荷兰)共同成立了保护莱茵河国际委员会。

重大活动：

1950 年，五国成立了一个论坛，主要针对莱茵河的污染进行讨论并提出解决建议。

1963 年，在瑞士首都伯尔尼签署保护莱茵河国际委员会的框架性协议。

1976 年，欧洲共同体(EEC)加入，成为签约方。

1976 年，签署了《莱茵河防治化学污染公约》和《防治氯化物公约》。

1987 年，莱茵河部长会议批准“莱茵河行动计划(RAP)”。

1995 年，莱茵河部长会议决定起草关于防洪措施的“防洪行动计划”。

1998 年，在荷兰鹿特丹召开 12 届莱茵河部长会议，批准“防洪行动计划”和“新莱茵河公约”。

2001 年，在斯特拉斯堡召开 13 届莱茵河部长会议。

2005 年，发布“莱茵河可持续发展计划”，其目的在于改善莱茵河生态系统、改善水质、防治洪水和保护地下水。

2020 年，发布“莱茵河 2040 计划”。

②ICPR 的工作目标、职责和方式。具体包括以下方面：

工作目标：保证莱茵河生态系统的可持续发展；保证莱茵河作为饮用水水源，提供健康优质的生产生活用水；保证疏浚环境致害物质，进行全面的防洪和对环境有益的洪水保护；配合其他有关北海海域保护的政策提高北海水质。

工作职责：根据预定的目标准备国家间的对策，组织莱茵河生态系统研究，对每个对策或计划提出建议，协调各签约方的预警计划，评估各签约方的行动效果；根据规定作出决策；每年向各签约方发布年度报告；向公众通报莱茵河的情况和治理成果。

工作方式：ICPR 现有 6 个成员国，最高决策机构为成员国部长参加的全体会议，每年召开一次，决定重大问题，各国分工实施，费用各自承担。主席由成员国轮流担任，任期 3 年。委员会下设立一个常设机构——秘书处，负责日常工作。部长会议制定委员会和成员国的具体任务。执行委员会的决议是各成员国的责任，但委员会的决议并不具法律效力。委员会决议的准备和制定由 3 位专职工作人员和两个项目组完成，特殊任务则由专家组完成。

③ICPR 的管理实践。具体包括以下方面：

协议的签署和实施：控制化学污染公约(1976 年签署)；控制氯化物污染公约(1976 年签署)；防治热污染公约(未签署，但已执行)；1987—2000 年的莱茵河行动计划

(RAP)等。

监测系统建设：ICPR 成立后，强调环境管理和环境争议需要通过环境监测提供技术支持，要求各国建立自己的监测系统和预警预报系统。

污染管理实践：城市污水处理；对农业扩散污染，采取的措施是控制有毒农药的使用和改用低毒高效的农药；航运业污染，采用双层船壁的特殊船只运输危险品，船上的废水、残油和垃圾要经过处理；在河流、水库、湖泊设置大量的监测点，对水质进行严密监测。

防洪管理实践：莱茵河传统的防洪措施一般是加高堤坝和利用大功率的水泵站。1998年，ICPR 批准了“防洪行动计划”。增加城市和农业区的蓄水能力以防止降水流失；防止城市化进一步侵占莱茵河的空间，这一政策将控制在洪泛平原上进行对社会发展没有重大意义的建筑行为，如过度的房地产开发；增加莱茵河支流河床适当的空间，这一对策可以通过建设滞留低田、溢洪道或拆除河床上的建筑物来实现。

(2) 流域产业结构调整

①航道治理与基础设施建设。通过建设实现莱茵河内河航道网与多瑙河的通航，改善航道状况，提高过船能力，提高航道网互联互通能力，所有航道装备导航系统保证夜航和雾航安全。在航道治理的同时，高度重视开发和保护并举，通过莱茵河河水还清工程、垃圾分类集中处理、工业污染和生活污染两手抓、公文使用再生纸、铺草植树等措施提高航道生态环境建设水平。另外，加大基础设施建设，特别是交通和通信工程，为流域社会经济发展提供保障。

②沿河开发的“点—轴”模式。在莱茵河流域，港口城市的“点”是经济区和经济带的“成长核”，线型基础设施(内河网、公路、铁路、管线等干支网络)是经济区和经济带的躯干，是“成长轴”，产业沿轴线和网络扩散形成经济区和经济带的“面”，发达的交通运输在沿河开发中发挥着重要作用。

③产业布局体系优化。莱茵河流域产业布局一方面呈多中心发展，中心城市规模相当，各中心城市致力于富有自身特色的发展，市场经济加上发达的交通运输体系使生产要素高度流动和市场信息高度透明，地区封锁和市场分割难以形成。另外，沿河产业向跨河产业发展，“半网络形”的跨河产业比“树形”的沿河产业更具活力，更有利于港口和城市各项功能科学规划和合理布局。

④地方政府制定政策鼓励产业结构升级。积极出台政策支持清洁生产工艺发展，如清洁工艺占比较大的企业可申请减免税收，通过财政补贴鼓励太阳能和风力发电，积极组织可促进清洁生产开展的环境管理项目，如“生产过程一体化环保项目”“生态经济审核”“现场办公室”等。

7.1.1.4　莱茵河流域系统管理的效果、经验与启示

(1) 管理效果

在2000年莱茵河行动计划实施后，莱茵河的水质已有很大改善，2003年，莱茵河河水已基本变清，排入莱茵河的水也达到排放标准；已解决了重金属的污染。通过一系列的方法和措施，莱茵河的水质得到明显好转，大麻哈鱼又出现了。莱茵河作为跨国性河流，经历了“先污染、后治理”的过程。目前的管理重点是加强对氮磷等营养物质和非点源污染

的控制，投资解决污水处理厂的除氮磷工作，防止北海和莱茵河局部地区的富营养化。

(2)经验与启示

莱茵河作为跨国性河流，在管理上经历了曲折的过程。从莱茵河的管理过程可以看出，河流在丧失其自然功能后其恢复治理过程将十分漫长，代价也异常高昂，河流生态系统短时期难以恢复。单纯依靠工程技术的管理模式是不可行的，尊重河流自然属性是任何流域系统管理的中心法则。随着现代流域系统管理可持续发展思想的逐渐成熟，在社会经济和科学技术发展的前提下，许多新的河流生态系统管理概念不断提出，主要包括动态河流管理(DRM)、农业的新管理概念、城市水管理措施、航运业的革新、增加堤坝外侧地带的调蓄水能力、恢复循环活力管理。未来的流域系统管理应朝着各利益相关方加强合作和法律法规严肃制定方向迈进。

7.1.2　美国密西西比河流域系统管理

7.1.2.1　密西西比河流域概况

(1)自然地理情况

从尺度、生境的多样性以及生物生产力等方面来看，密西西比河是世界上最大的河流系统之一。密西西比河位于北美大陆中南部，是北美大陆上最长的河流，长度3705 km。河流主要发源于美国明尼苏达州北部的艾塔斯卡湖，流经美国中部大陆、墨西哥湾海岸平原及路易斯安那三角洲，最后汇入墨西哥湾。在全世界的大江大河中，密西西比河的长度排在第四位，流域面积排在第五位，平均流量排在第八位。密西西比河流域包括六大支流流域：密苏里河流域、上密西西比河流域、俄亥俄河流域、田纳西河流域、阿肯色—雷德—怀特河流域以及下密西西比河流域。

密西西比河及其支流水系流经美国的31个州，其中有11个州几乎全部落在流域之内；密西西比河流域不仅为人类提供生产及生活的空间，同时也为鱼类及野生动物提供了非常重要的栖息地；它含有北美最大的连续湿地系统，路易斯安那海岸带的湿地面积占美国海岸湿地面积的41%，是全美湿地总面积的25%。大范围的连续湿地构成了资源丰富的密西西比河口，为海洋鱼类、贝类、蟹类及虾类的繁殖提供条件，河口湿地也是迁徙鸟类的越冬区域。河口以上的河流维持着多种多样的湿地、开阔水域以及洪泛平原栖息地，其中包括广大的野生动物残遗物种栖息地。

(2)社会经济情况

密西西比河流域产业发展与沿岸城市兴衰主要经历以下几个阶段：

①水上马车时代(1790—1830)。几乎所有城镇都与水上运输相关，大批港口城市兴起，如圣保罗、圣路易斯、孟菲斯、新奥尔良、匹兹堡、奥马哈等城市。城市职能是货物的转运和仓储，工业局限于农产品加工，有些城市作为农产品集散和加工中心的职能保留至今，如明尼阿波利斯拥有世界最大的谷物交易市场和面粉加工公司；堪萨斯城是世界上最大的谷物贸易市场之一，也是美国重要的牲畜屠宰、肉类加工、农业机械流通市场。

②铁路时代(1830—1870)。铁路联通美国东西，早先发展的港口城市利用周边的矿产资源发展钢铁工业。例如，匹兹堡称为“钢都”，以钢铁工业为依托，迅速发展起重型机

械、化学、电气器材、金属加工等制造业，成为美国重要的制造中心。

③钢轨时代(1870—1920)。铁路的发展改善了内陆地区的交通状况，港口城市的优势逐渐丧失，内陆城市工业迅速发展，以钢铁、烟煤和电力生产为主。

④空中便利设施时代(1920—1960)。新型制造业所需原材料和生产产品不再是笨重、大宗型的，但对运输速度有较高的要求，因而靠近高速公路和航空港的城市获得新的发展机遇。

⑤信息科技时代(1960—)。美国经济更加依赖信息的生产和交换，处理和传播信息不再需要传统的交通运输，港口城市因产业结构老化变得萧条。

7.1.2.2 密西西比河流域曾存在的主要问题

(1)流域洪水

密西西比河流域各地的气候、地形、地貌、土壤及植被等条件存在显著差异，流域各地水文的空间特征也显著不同。干流右侧两个子流域的积水面积虽较大，但因其处于干旱气候区，产流量较少；相反，左侧的俄亥俄河流域及田纳西河流域却有较大的产流量，流域面积虽只占上、中游流域总面积的22%，但来水量却超过总来水量的50%，是密西西比河干流水量的主要组成部分。当流域的降水径流显著增加时，洪水及洪水灾害就不可避免地发生。统计数据显示，在20世纪，密西西比河已经发生了12次不同程度的洪水，造成了很大的损失。

(2)流域生态环境退化及环境污染

一方面，由于受到航运及其他人类开发活动的影响，大部分河流及其洪泛平原发生了极大的改变，水生生物赖以生存的栖息地受到威胁，物种数量迅速减少。大部分流域受到高强度的垦殖，因而许多支流向密西西比河输移大量的泥沙、营养盐及农药残留，导致河流水质下降。另一方面，城市及工业区中的污染物也向河流排放，使河流水质更加恶化。

7.1.2.3 密西西比河流域系统管理实践

(1)建立密西西比河流域管理机构

美国陆军于1802年成立工程师兵团(USACE或COE)，该兵团主要负责水利工程的规划、设计、建设、维护、管理及咨询，隶属于USACE的密西西比河委员会(MRC)成立于1879年。与流域系统管理有关的联邦政府机构主要有美国环境保护局、美国地质调查局等。美国的州及地方政府设置管理机构方式根据各州地理位置、自然状况等条件而定。另外，密西西比州际合作资源协会(Mississippi Interstate Cooperative Resource Association, MICRA)作为流域协会或联合会于1991年由流域内的28个州共同决定成立的；各支流流域机构包括田纳西河流域系统管理局、俄亥俄河流域环境卫生委员会、阿肯色—怀特—雷德河流域机构间委员会、密苏里河流域联合会、下密西西比河自然资源保护委员会、上密西西比河流域协会等。

(2)制定与流域综合管理有关的法律

美国制定了许多与流域系统管理有关的法律条例，涉及洪水防御、灾害保险、水资源规划、环境保护、自然资源管理、湿地保护等方面。

(3) 实施密西西比河流域系统管理

①流域水资源管理。采取的工程性管理措施：河道堤防与护岸工程、闸坝与水库工程、分蓄洪工程、丁坝及导堤工程、其他工程；非工程性管理措施：洪水保险、水工程建设融资、现代化的数据采集与传输技术及数据管理技术、洪水预测预报模型及决策支持系统。主要作用：一是通过对工程措施的合理调度，发挥工程措施的最大效益，减少水害，提高水资源的利用效率；二是通过人类行为控制和管理，控制水害。

②流域生态环境及水质管理。通过引进先进的监测设备与技术，强化监测人员管理，注重监测工作细节，建立监测质量保障体系，提高生态环境及水质的监测质量；积极推进节能减排技术，加强环保意识宣传，提高点源污染治理技术水平；通过减少化肥和农药使用量、控制畜禽养殖污染来控制面源污染物来源，通过循环利用废弃物、改进农业灌溉方式、设置缓冲带等控制或减缓面源污染物的危害。

7.1.2.4　密西西比河流域系统管理的效果、经验与启示

(1) 管理效果

密西西比河流域综合管理主要是以子流域为单元来进行，对于全流域的综合管理，主要是依据相关法律，通过各机构的信息共享与密切合作来实现。密西西比河流域的资源管理着重强调流域的水资源管理。在水资源管理中，一般从流域的防洪出发，兼顾航运、灌溉、发电、农业生产、旅游以及环境保护等方面，单目标或多目标开发利用流域的水资源。

(2) 经验与启示

当前我国涉及流域管理的法律法规数量少，许多新问题没有涉及；法律法规颁布之前的前期研究工作还较薄弱，需进一步加强流域系统管理体制建设；应加强水资源开发利用，考虑流域生态环境保护，控制流域污染物排放，提高流域高质量发展水平。

7.1.3　加拿大欧肯那根湖流域综合管理

7.1.3.1　欧肯那根湖流域概况

欧肯那根湖流域位于加拿大不列颠哥伦比亚省的南部内陆地区，是美国的哥伦比亚河流域的支流，其位于加拿大境内的流域面积约 8000 km^2。欧肯那根湖流域的气候属于半干旱内陆性气候，基洛纳(Kelowna，流域内最大的城市)年平均降水量 450 mm，海拔较高的山丘区年降水量可达 800~1250 mm。降水以冬季降雪为主，每年 4~6 月是融雪季节，水量较充沛。但生长季节(7~9 月)干旱，需水量大，往往造成严重的水量供需矛盾。由于温暖的气候及发达的农业(果园等)，该流域 2006 年的总人口约 33 万，已成为加拿大人口增长最快的地区，是旅游和退休养老的较佳目的地。

7.1.3.2　欧肯那根湖流域曾存在的主要问题

农业的发展、人口的快速增长、水量的不足已引发了一些环境问题。例如，依赖支流完成生活史的大麻哈鱼由于栖息环境质量的退化及河流水量的不足，其种群呈现衰减趋势。另外，未来的气候变化会增大生长季节的蒸发量，从而使该流域的水资源更趋匮乏。因此，目前该流域面临的最大挑战是如何管理有限的水资源以满足生态与社会经济发展的

需要。另外，由于森林采伐、森林灾害以及城市化，非点源污染较为严重。在管理方面，流域包括 13 个市、3 个地区、4 个土著社区和 59 个改善区，这些区域分割管理流域资源，缺乏统一的管理，既浪费了流域资源，又限制了流域的综合利用开发。

7.1.3.3 欧肯那根湖流域系统管理实践

(1) 法律与政策

在加拿大，流域内各种资源管理相关的法律与政策涉及不同层次的政府部门，属于分割管理模式。例如，在国家层次上，有环境保护法、渔业法、环境评估法等，在省级层次上，有水法、渔业保护法、森林与牧业实施法、农业生产分级法等，这些单项的法规用于规范和指导各种自然资源的开发与保护。

20 世纪 70 年代初，针对流域内大范围的水体富营养化问题，联邦政府与不列颠哥伦比亚省政府联合实施了一项综合性的流域研究，该研究涉及生态、社会与经济等诸多领域。通过此综合研究，联邦政府与省政府协商确定了一些具有一定法律效力的规则，用来指导整个流域的水资源管理以实现保护渔业资源、控制洪水、维持与水有关的娱乐活动及合理分配用水等目的。这些规则虽然不具真正的法律效力，但它们的作用是不可忽视的。另外，省政府为了掌握流域内水资源的可分配量，于 1994 年对整个流域做了一次分析与计算，得出整个欧肯那根湖未来分配用水的限量。

(2) 机构体制

为了解决流域水质和水量供应问题，1969 年成立了欧肯那根湖流域水资源委员会，其成立的目的在于更好地确定流域中水的问题，提出解决对策与办法。水资源委员会每年资助一些涉及流域管理与改善方面的项目，参与和协商部门间合作。在 20 世纪 70 年代的综合性流域研究完成后，水资源委员会又与欧肯那根湖流域实施委员会合作，实施综合流域管理法则或建议。该委员会积极资助和参与正在开展的欧肯那根湖流域水资源供需研究。2006 年，欧肯那根湖流域内的 3 个行政地区授权水资源委员会成立欧肯那根湖水保护委员会，作为水资源委员会的咨询机构，其目的是改善有关水资源管理的决策。总之，欧肯那根湖流域管理在机构体制建设上做了不少努力，也取得了较好的成效，但由于它的资源有限，以及协调部门机构的权力不足，因而使它的流域综合管理能力受到较大限制。

(3) 合作机制

由于流域水资源不足，流域内公众对水资源的忧患意识很强。遗憾的是，目前仍没有形成一个具有法律效力的合作机制，能使公众参与有关流域的决策过程。尽管公众能够通过各种媒介表达其关注或利益，但目前的管理模式仍采用命令式。后来成立水管理委员会，由于其成员来自政府、土著社区、环境保护组织、工业及学术界等各领域，在一定程度上弥补了这方面的不足。

(4) 财政机制

水资源委员会以流域内 3 个地区的一小部分税收作为财政来源。这些资金用于维持水资源委员会的运行并每年资助一批流域恢复、监测项目(每年 30 万加元)。显然，仅依靠这种单一的财政机制并不能有效应对未来一些涉及整个流域的综合管理大项目，仍需开拓更多的资金来源。

(5) 科学与技术

20 世纪 70 年代的综合性流域研究持续了 4 年，几乎涉及生态、社会和经济各方面，该流域是加拿大被研究得最多、最全面、最深入的一个较大流域。该研究为后来有关政策的制定与实施奠定了基础，其中获得的许多有用的资料现在仍被广泛采用。该研究确定了水资源在气候变化和人口不断增长前提下的限量，对合理利用和管理水资源起着重要作用。

7.1.3.4　欧肯那根湖流域管理的效果、经验与启示

(1) 管理效果

流域水资源委员会认识到没有一种解决方案可以解决整个流域所有的水问题，也没有一个组织可以单独完成所有的工作。欧肯那根湖流域水资源委员会采用基于生态系统的方法，承认并尊重整个地区不同的经济、社会、精神和环境价值以及对水的使用，提供的多样化服务构成了一种整体的方法，支持在该流域活动的所有组织的水管理。

(2) 经验与启示

流域政策和机构体制建设相对薄弱，难以适应未来面临的水资源挑战，必须通过更多的改革进行完善。整个管理模式仍是命令式，未来应加强公众参与机制建设；地下水相关法律只要求地下水使用者报告其地下水井的有关资料，但其用水量并不受法律约束；整个流域的数据采集监测、管理系统还未建立。

7.1.4　澳大利亚墨累—达令河流域系统管理

7.1.4.1　墨累—达令河流域概况

墨累—达令河流域是澳大利亚最大的流域，流域面积为 106×10^4 km^2，约占澳大利亚陆地面积的 1/7，该流域拥有澳大利亚 1/2 的耕地，农业总产值占澳大利亚农业总产值的 41%，被认为是澳大利亚的粮仓。墨累河是澳大利亚最大的河流，达令河是墨累河最大的一级支流。流域东部地区湿润多雨，而西部地区干旱少雨。地表水资源非常有限，且年内与年际变化非常大，流域年均径流量为 238×10^8 m^3。

7.1.4.2　墨累—达令河流域曾存在的主要问题

墨累—达令河流域的水资源对灌溉、休闲、渔业、环境、健康以及美学与文化具有很高的价值，但这些价值常常是相互冲突的。各地方政府间存在的冲突包括：昆士兰州位于上游，其资源开发影响下游地区的水资源供给，并引起生态环境退化；南澳大利亚州位于流域下游，不但因上游用水造成水供给不足，而且还由于上游农业开发造成该州水质越来越差；该流域的耕地和牧场占澳大利亚的 70% 以上，每个州有自己的灌溉开发规划，与邻近各州缺乏协调。然而，不管哪个州的农业灌溉用水都会影响其下游地区的水量和水质。总体来讲，墨累—达令河流域曾主要存在以下几方面问题：

(1) 土地退化

受自然环境影响，该流域水质先天不足，流域内多数地区干旱少雨，属于天然盐渍化环境，河流的含盐度和浊度高；同时受人类经济活动影响，地表森林和植被清除以后，植物的蒸发作用减弱，改变了流域水循环格局，抬高了地下水水位，使某些地区的土壤盐分

随地下水到达地表，形成盐渍化；风蚀、水蚀(包括沟谷侵蚀、面状侵蚀和滑坡等)、土地龟裂、土壤酸化、板结、肥力下降、养分流失、内涝、植被退化、生物多样性丧失、超载过牧等原因引起严重的土地退化。

(2) 水量减少、水质退化

地下水水位下降、水流量减少；富营养化、静水环境、水土生态功能下降引起蓝绿藻暴发，导致水质恶化。

(3) 其他环境问题

自然植被退化、物种灭绝、自然遗产遭破坏、栖息地数量减少；湿地与河岸带退化、溪流季节格局变化。

(4) 文化方面

土著文化遗产区和欧洲移民文化遗产区条件恶化，旅游与休闲区功能退化。

(5) 管理方面

政策不协调、不一致，已有法规政策实施不力，科技知识存在空白；社区教育缺乏、信息传播性弱、土地利用与管理措施不当。

7.1.4.3　墨累—达令河流域系统管理实践

(1) 流域系统管理的历史沿革

1884 年，签署《墨累河河水管理协议》；1901 年，签署新的《墨累河河水管理协议》；1982 年，签署《墨累—达令河河水管理协议》；1985 年，墨累—达令河流域部级理事会成立；1988 年，墨累—达令河流域委员会成立。

(2) 流域系统管理机构

流域实行联邦政府、州政府、各地水管理局三级管理体制。主要管理机构包括：

①决策机构——部长级理事会。由联邦政府人员、流域内 4 个州的土地、水利及环境的部长组成，主要负责制定流域内自然资源的管理政策，确定流域管理方向。

②执行机构——流域委员会。由来自 4 个州政府负责土地、水利及环境的司局长或高级官员担任，主要负责流域水资源分配、资源管理实施，以及向部长提出资源的规划、开发和管理建议。

③咨询协调机构——社区咨询委员会。成员来自 4 个州、12 个地方流域机构和 4 个特殊组织，主要负责收集各方面意见和建议，进行调查研究，对相关问题进行协调咨询，及时发布最新成果。

(3) 流域系统管理目标

墨累—达令河流域系统管理目标：促进并协调有效规划与管理，以实现墨累—达令河流域水、土与环境资源的平等、高效和可持续利用。

(4) 流域系统管理政策与措施

①墨累—达令河流域行动。制定了生态可持续发展共同目标，即使用、保护和增加社区资源，以便各种生命所赖以生存的生态过程得以持续，提高当前和今后所有人的生活质量。

②自然资源管理战略。基础流域综合管理、社区与政府的伙伴关系取得重大进展；制

定流域自然资源管理战略和行动，并指导和协调治理工作和投资；在国有与私有土地开展大规模行动改善水质和环境等。

③取水限额政策。20 世纪 90 年代，墨累—达令河流域盐碱化、蓝绿藻等环境问题日益突出，引水增加被认为是导致河流生态环境退化的重要因素。通过取水限额可有效控制引水增加问题，进而改善该区的环境问题。

④水交易政策。包括永久水权交易、临时水权交易、水权出租等交易形式。

⑤土地关爱与公众参与。“土地关爱计划”是以社区民众的广泛直接参与为根本，是公司、政府、社区、科学家等均参与的社区生态恢复计划。

7.1.4.4　墨累—达令河流域系统管理的效果、经验与启示

(1)管理效果

取水限额政策取得了一些成效，但有些科学家建议，不仅应采取水限额措施，还应减少 20%引水需求。水交易政策促进了用水结构调整，使水资源向高附加值用户转移，实现了水资源的最佳分配。

(2)经验与启示

只要有政治意愿和决心，流域问题是能够通过合作来解决或缓解的。流域内州政府与联邦政府达成流域系统管理协议，对改变目前流域系统管理中普遍存在的地区分割与部门分割状况很有借鉴意义。墨累—达令河流域与我国的黄河流域有许多相似性，其取水限额政策与州际水市场设立对黄河流域水资源管理具有借鉴意义。我国的“退耕还林(草)”等生态恢复计划也是扎根于基层农户的，与澳大利亚的“土地关爱计划”有一定的相似性，其各级政府与组织支持社区开展流域生态恢复的方式也是值得借鉴的。

7.1.5　日本琵琶湖流域综合管理

7.1.5.1　琵琶湖流域概况

琵琶湖水系横跨三重、滋贺、京都、大阪、兵库、奈良等地区，流域面积达 8240 km^2,干流长度 75.1 km，是日本的代表性水系之一。流域生活人口超过 1800 万，也是近畿地区 2200 多万人的生活水源。琵琶湖流域是日本河流中支流数量最多的流域，大约有 460 条一级河流流入琵琶湖，其中 120 条直接流入琵琶湖。

7.1.5.2　琵琶湖流域曾存在的主要问题

20 世纪六七十年代以来，随着经济的高速增长，大阪掀起了工业化浪潮，人们的生活方式逐渐改变，排入琵琶湖的污染物日渐增加，超过了水体的自净能力。再加上湖泊水易滞留，排入的污染物易沉淀，又有富营养化的问题，导致水质恶化日趋明显。

流域森林和农地面积的不断减少、市政街道和道路建设面积的不断增加，以及森林管理水平的严重下降，又使水源涵养机能遭到损坏。自 1983 年起，每年 8~9 月琵琶湖南部湖区均会发生绿潮，自 1993 年起，在北部湖区每年也发生绿潮。

7.1.5.3　琵琶湖流域系统管理实践

(1)排污管控

重点管控排污企业和工厂，执行严格的排污标准。1967 年，日本颁布《环境污染防治

基本法》，而大阪在国家标准的基础上制定了更为严苛的地区排放标准，并规定企业和工厂必须设有自己的污水处理系统，不得将未达标的工业废水直接排入河中。一旦违反规定，企业需要支付高昂的罚金，甚至有可能被勒令停产整顿。

(2)制定和实施相关政策和法律

日本颁布了一系列法律法规，并设立监督小组。琵琶湖流域系统管理涉及的主要法律法规及相关内容如下：

1967—1976年：《公害对策基本法》《水质污浊防止法》《琵琶湖环境保全对策》，内容包括营养化整治(氮磷排放)、生活与工业下水道整修、工厂搬迁、污水处理。

1977—1981年：《琵琶湖的富营养化防止条例》《关于防止琵琶湖富营养化的相关条例》《新琵琶湖环境保全对策(琵琶湖ABC作战)》，内容包括富营养化整治(赤潮治理)、确定厂企排水标准、加强环境保护教育。

1982—1995年：《湖泊水质保护特别实施法》，内容包括计划型综合水质保护、城镇农村下水道水质保护、对新企业排污限制。

1996—1999年：《推进生活排水对策的相关条例(豉虫条例)》，内容包括小企业排污、浮游生物治理、北湖—南湖东岸整治、追加企业排污限制、家庭净化槽免费安装。

2000—2010年：《琵琶湖综合保护整治计划(21世纪母亲河计划)》《适当利用琵琶湖的相关条例》《依托环境的农业推进条例》《琵琶湖造林条例》《加强环境保护学习相关条例》《故乡和野生动植物的共生条例》《第五期湖泊水质保护计划》，内容包括周边(综合水质)治理、减少流入污染负荷、周边流域污染源强制整治。

(3)生活污水治理

自20世纪60年代琵琶湖流域多个行政区域都着手推进生活污水的纳管收集和处理，到2000年代，水系内各地区下水道普及率达85%。截至2007年，城市建成区99%的生活污水都得到了收集处理，滋贺城乡污水处理率达98.4%，在日本47个一级行政单位中排名第二。

(4)农村面源污染治理

严格控制湖区及周边地区畜禽和水产养殖，种植污染较少的粮食蔬果和进行天然水产养殖，制定环境友好型农业政策，与当地农民协商减少化肥使用量。

(5)流域森林建设

滋贺县森林覆盖率约为50%，是琵琶湖流域水源涵养的宝贵财富，也是该流域生态系统的重要组成部分。2006年4月实施了《琵琶湖森林建设县民税条例》，每年个人交纳800日元、企业法人交纳88 000日元，资金主要用于森林建设等公益事业。

(6)内湖重建工程

重构的水生植物、鱼类和鸟类等野生生物栖息地，在琵琶湖生态环境保护及景观构造上发挥了重要作用。

(7)河流净化工程

实施了疏浚入湖河道和湖泊底泥、用沙覆盖底泥、在河流入口种植芦苇等水生植物等河流净化工程。

(8) 全流域合作监测

实施内部成员共同合作的取水制度，对琵琶湖的水质进行合作监测。

(9) 公众参与

培养民众环境保护意识，促进公众参与。学校组织学生参观污水处理厂，市民自发到河畔捡垃圾，市民团体不仅监督工厂、企业，成员之间还互相监督。

7.1.5.4　琵琶湖流域系统管理的效果、经验与启示

(1) 管理效果

琵琶湖流域系统管理把流域上、中、下游的各区域作为一个整体，从水质、水量和水生态系统 3 个方面来寻求解决琵琶湖问题的对策；在水质保护方面，涉及与污染负荷有关的所有内容，包括污染源(点源和面源)控制、流出过程和湖内污染控制，在法律上较为完善。琵琶湖流域系统管理是一项长期的任务，其目标分成 3 个阶段逐步达成，共跨越 50 年的时间在提出琵琶湖面临的环境问题后，设立了明确的时间、目标、行动计划以及资金安排。

(2) 经验与启示

①法治先行、规划引导。日本中央及地方政府立法、执法的经验做法和坚持规划引导、一张蓝图绘到底的成功实践值得借鉴。

②保护水生态必须坚持人水和谐、尊重自然。注重生态环境的保护以及人口与资源、环境的协调发展。

③充分运用现代信息技术。日本的水利工程大多实行管养分离，信息化程度高。工程管理中心对辖区内河流、湖泊的水质、水生物等情况实施全方位动态监测。

7.2　中国流域系统管理实践与经验

7.2.1　东北黑土区——以黑龙江通双小流域为例

7.2.1.1　通双小流域概况

通双小流域位于黑龙江拜泉县城东南 26 km 的新生乡兴安村，流域面积 21.77 km^2，分布在五沟四岭八个大山包上，海拔 200~300 m，地势东高西低，丘陵起伏，馒头山、绞锥岗、钱褡子地比比皆是。该流域属中温带大陆性季风气候，春季多风、夏季炎热、秋季早霜、冬季严寒。年平均气温 1.2 ℃，10 ℃以上年积温 2716.7 ℃，年日照时数2724.8 h，无霜期 120 日；年平均降水量 488 mm，年平均风速 2.4 m/s。

7.2.1.2　通双小流域曾面临的主要问题

20 世纪 70 年代，由于多年掠夺式经营，通双小流域的坡耕地出现严重的土壤侵蚀问题，曾经“榛柴岗、艾蒿塘，不上粪也打粮”的肥沃黑土地已经变成了严重板结、瘠薄，甚至达到“牛夹蹄、马夹脚、铲地不用锄、趟地没有过犁土”的境地，黑土流失殆尽，只剩下寸草不生的成土母质。通双小流域土壤侵蚀面积曾达流域总面积的 77.3%，其中，轻度侵蚀、中度侵蚀、强度侵蚀和极强度侵蚀面积分别占流域土壤侵蚀面积的 6.4%、49.2%、

42.3%和2.1%；流域耕地面积14.11 km^2，而耕地土壤侵蚀面积占耕地面积的75.5%。流域内沟壑纵横，侵蚀沟随处可见，据统计，流域内侵蚀沟共计240条，总长度33.32 km，沟壑密度1.53 km/km^2，侵蚀沟面积占流域总面积的2.4%。

7.2.1.3 通双小流域综合治理模式

为了有效防治土壤侵蚀危害，自20世纪80年代以来，通双小流域开展了以水土保持生态工程建设为主要任务的小流域综合治理，形成了具有代表性的小流域综合治理模式，取得了显著的治理成效。通双小流域综合治理主要根据地形地貌特点，从整体出发，由山顶到沟底配置了植物、工程、农业相结合的技术措施，形成综合治理的立体结构(图7-1)。从上到下设置3道防线，形成了丘陵漫川漫岗侵蚀区防治土壤侵蚀的立体模式。

图7-1 拜泉县通双小流域综合治理
(水利部松辽水利委员会，2017)

(1)坡顶工程防护体系

第一道防线是坡顶工程防护体系。在坡顶岗脊栽树戴帽，开挖截流沟，以涵养水源，控制坡水下山。具体方法：按照地形条件和农田分布特点植树造林，沿分水岭营造分水岭防护林。林带宽度一般为10~20 m，用于防止水力侵蚀为主的林带适当增宽，用于防止风力侵蚀为主的林带适当变窄。岗顶为“馒头”形，即实施片状造林；岗顶为较窄的“鱼脊”形，即实施带状造林；岗顶比较平坦，即将林带配置在岗脊两侧；岗顶地形复杂多变，即因地营造带、片结合林。林带树种的选择应遵循乔灌结合、针阔混交原则，主要树种包括落叶松、樟子松、小黑杨、胡枝子等。为了防止岗水流失，在岗脊和坡耕地交界处开挖截流沟。

(2)田间工程防护体系

第二道防线是田间工程防护体系。在坡耕地实施等高种植、修建梯田、设置生物防冲带，在荒坡造林种草，达到拦截径流、蓄水保墒的目的。具体方法：针对坡度3°~5°的坡耕地，实施横坡改垄加地埂措施，配置植物防冲带，截短坡长，分割水势。针对坡度5°~7°的坡耕地，按照“看地形，定垄向；看土质，定坡降；看坡度，定田宽”的原则修筑坡式梯田和水平梯田，减缓坡度，拦截径流，达到植物固埂的目的。针对坡度7°以上的坡耕地，实施退耕还林还牧工程。荒山荒坡开挖鱼鳞坑，整地营造松—杨防护林或种植草木樨、紫花苜蓿等牧草。

(3)沟道工程防护体系

第三道防线是沟道工程防护体系。在侵蚀沟中修跌水、谷坊和塘坝等，以便拦沙蓄水、控制侵蚀沟发展。具体方法：在坡下大型沟道修坝筑塘、蓄水拦沙；在狭长式发展沟的沟上开挖竹节壕、蓄水池，沟头修沟头埂和跌水，沟底修土柳谷坊、栽杨插柳，沟坡削坡插柳、栽植杨树。

从岗脊到沟底设置三道防线，实现了高水高蓄、坡水分蓄、沟水节节拦蓄，各项水土保持措施相互制约，工程养植物，植物保工程，逐步形成林草措施、工程措施和农业耕作措施相结合的立体防护体系。当地总结了水土保持生态工程建设的“十子登科”法：山顶栽松戴帽子，梯田埂种苕条扎带子，退耕种草铺毯子，沟里养鱼修池子，坝内蓄水养鸭子，坝外开发种稻子，瓮地栽树结果子，农田林网织格子，立体开发办厂子，综合经营抓经济。该法充分体现了立体防护的总体指导思想。

7.2.1.4　通双小流域综合治理成效

通双小流域经过综合治理后，坡耕地全部实行等高垄作，田埂种胡枝子，形成了林网等高条田；营造的水土保持林使流域森林覆盖率由 4%提高到 30%，且大部分树龄在 10 年以上，加之灌草的合理配置，形成了多层次的立体防护体系，显著改善了生态结构，起到了调节气候、涵养水源、净化空气、防风固沙、保持水土、减少旱涝风沙灾害等作用，土壤理化性质也发生了显著变化。坡耕地通过采取修梯田、调整垄向、梯田埂上种笤条等措施，保持了土壤水分，提高了蓄水能力，土壤肥力与治理前相比有明显提高。土壤侵蚀模数由治理前的 6600 t/(km^2 · a)降低为治理后的 288.1 t/(km^2 · a)，比治理前降低 95.6%。通双小流域综合治理通过发挥各项水土保持措施的群体防护作用，实现了坡、沟、田、林、路、村综合治理，措施配套各种效益显著发挥的目的，形成了生态、经济和社会三大效益同步增长的生态经济新格局。

如今，拜泉通双小流域公路边的树林越来越多，林中飞出的鸟，已不仅是喜鹊；据当地人讲，已经多年不见的狼和狍子，这几年已在远离公路的树林中不时闪现，人与自然和谐共生在通双小流域乃至拜泉县已初见成效。拜泉县坚持“一张蓝图绘到底”的奋斗精神，正在实现自己的可持续发展“蓝图梦”。拜泉县以通双小流域为代表的水土保持型生态农业战略的实施，得到了国内外知名专家的一致肯定，在省内外甚至国际上产生了一定的示范辐射效应。1996 年，该县生态农业工程建设被评为“国际生态工程”一等奖；1997 年被授予“全国水土保持先进县”“全国造林绿化先进县”光荣称号；1999 年获得第三届“地球奖”；2001 年被联合国工业发展组织确定为“国际绿色产业示范区”；2011 年，被评为“全国产粮百强县”“全国水土保持先进县”“全国造林绿化百佳县”“全国生态农业建设先进县”。

7.2.2　北方风沙区——以内蒙古奈曼旗为例

7.2.2.1　奈曼旗概况

奈曼旗位于内蒙古通辽市西南部，地处科尔沁沙地腹地，总面积 8137.6 km^2，地形地貌特征为“南山中沙北河川，两山六沙二平原”，南部属于浅山丘陵，中部为风蚀沙地，北部为冲积平原。总人口 44.7 万。奈曼旗属温带大陆性气候，四季分明、冬寒夏热、春秋温和、冬春干燥、夏秋湿润、雨热同步，冬春风多风速大，夏秋风速稍弱，年平均气温 8 ℃，年平均降水量 256 mm。在奈曼旗境内分布有 6 条河流，中部大部分属于教来河流域，南部仅白音昌乡、青龙山镇部分区域属于柳河流域，其余大部属于大凌河流域；西部边缘区域属于老哈河流域，北部边缘区域属于西辽河流域。

7.2.2.2 奈曼旗曾面临的主要问题

奈曼旗曾拥有水草丰美、牛羊成群的疏林草原。由于气候变迁、过度垦荒、超载放牧等原因，造成土地严重沙化退化、风沙灾害严重。恶劣的生态环境成为制约当地经济社会发展的主要瓶颈。20 世纪 70 年代开展的沙漠化普查数据表明，全旗沙漠化土地面积达 57.2×10^4 hm^2，占全旗总土地面积的 70.1%；土地大面积沙化、退化，生态环境极其脆弱，群众生产、生活条件较差，农牧民人均年收入 79 元，生活极其困难。

7.2.2.3 奈曼旗治理模式

面对恶劣的生态环境，饱受风沙危害的当地群众深切地认识到，生态就是生路，治沙才能致富，防沙治沙就是安身立命之本。当地政府从人民生存和发展的高度，把生态建设作为当地群众的生命线，在沙地治理思路上，提出“两种三治(即种树、种草、治山、治沙、治水)”“生态立旗”的基本策略，明确了以山、沙两区建设为重点，以道路为框架，以林网为纽带，以科技为先导，以生态工程建设为带动，以沙产业发展为后续，形成构建“山水林田湖草沙”共同体与完备的防护林体系和发达的林业产业体系的发展思路。在沙地治理开发机制上，实行国家、集体、个人、联户、企事业单位、机关团体一起上的方针，充分调动社会各界力量，因地制宜、因害设防，采取飞、封、造、管并举，草、灌、乔与带、片、网相结合的措施，大力开展沙地综合治理，突出了规模和质量，加快防沙治沙建设步伐。在沙地综合治理开发模式上，本着治理与开发兼顾的原则，种、养、加相结合，建基地、办企业，走向市场，兴办沙产业，形成了治理一片，开发一片，搞活一片，致富一方的新局面。

(1) 以生态建设工程为引导，加快防沙治沙

多年来，奈曼旗始终把生态建设作为安身立命之本，在三北防护林工程、全国生态环境建设重点县工程及退耕还林、退牧还草等重点工程带动下，坚持“两结合、两为主”的林业生态建设方针，大力开展人工造林和封山育林，使荒漠化防治工作步入了规模大、速度快、质量高的发展阶段。进入 21 世纪以来，三北防护林四期、退耕还林、退牧还草、牤牛河流域治理等国家重点生态工程相继在奈曼旗启动实施，有效推动了全旗的荒漠化防治进程。

“两种三治”给奈曼旗生态建设带来了巨大的变化。以三北防护林兴隆沼建设为样板的治沙模式激励了奈曼人治沙的决心和勇气。从 20 世纪 90 年代起，奈曼旗先后实施了京津风沙源治理工程、“5820”工程等大规模治沙工程，使沙地上的绿色不断扩展，实现了“沙进人退”变为“绿进沙退”。

(2) 工业企业直接用沙

奈曼旗矽砂资源储量大、品相高、质量好、易开采、开发利用前景广阔。目前，全旗以矽砂为主要原料的企业有 28 家，主要生产建筑水泥、灰砂砖、马路方砖、路缘石、玻璃制品、油田压裂砂、覆膜砂、生态透水砖、防水透气砂等多种产品，市场需求广阔，呈现产销两旺的良好态势。企业年均用砂 120×10^4 t，每年可实现利税 4000 万元。企业将流动沙丘消除后，每年可平整土地造林种草千余亩，形成了治沙、用沙和生态建设的三效统一的绿色生态产业体系。

(3) 开发利用沙生植物

充分利用沙地的光热资源，发展多年生优良牧草、果树、食用菌、设施蔬菜等，促进沙区经济发展。在开发利用沙地植物资源中，奈曼旗采用多种形式进行了沙生植物资源开发和利用，取得了较为显著的经济、生态和社会效益，成为当地农业结构调整的主流方向，培育了许多新的经济增长点。推广使用的治理模式主要有沙地小生物经济圈、四位一体草库伦建设，以及沙地衬膜水稻、沙地蔬菜种植等模式。

在沙生灌木利用上，一是采集灌木种子出售，直接增加居民经济收入；二是利用黄柳、沙柳等再生资源发展柳编产业，壮大副业；三是根据灌木平茬复壮的生物学特性，进行生物质能开发，发展生物质能发电产业。

在农业种植上，一是大力发展沙地无籽西瓜、红干椒等亩效益千元以上的特色种植业，提高沙地生产力，优化农业种植结构，每年可为农牧民增加收入 1.2 亿元。目前，奈曼旗已成为全国重要的沙地西瓜种植地，年种植面积保持在 6667 hm^2 以上，每公顷效益达 54 000 元。二是充分利用沙地的光照条件，发展滑子蘑、金针菇、香菇、大平菇等食用菌和设施蔬菜栽培，每公顷收益在 45 000 元以上，经济效益可观。种植草莓等水果，每公顷收益在 45 000 元以上，经济效益也十分可观。目前，全旗已发展设施农业1667 hm^2，每年可为农牧民增加收入 7600 万元。

在经济林果种植上，通过大力宣传和加强技术指导服务，加快了沙地经济林发展，如‘金红’‘黄太平’等品种苹果深受市场欢迎，每年栽植面积在 1000 hm^2 以上，全旗沙地果树栽植面积近 6700 hm^2，每年可实现产值 1.2 亿元。

在药用植物种植上，加大对麻黄、甘草和蒲苇的保护性开发利用，既充分利用了其药用价值，又使草原沙生植被得到合理保护。

(4) 发展沙地规模化养殖

奈曼旗沙地辽阔，发展特色养殖潜力巨大，现在各地建立起若干专业养殖小区，包括梅花鹿、鸵鸟、狐狸、乌鸡、珍珠鸡、驴、狗、长毛兔、瘦肉型猪、绒山羊、奶牛等专业养殖，形成了一定的规模和效益，呈现产销两旺的良好发展态势，为农牧民增收拓展了空间。

(5) 发展沙地旅游业

根据当地沙地资源丰富的优势，精心开发沙地旅游景点，设计旅游线路，把沙地湖泊游、沙地柽柳景观游、大漠风光游、沙区民俗风情游、沙漠越野赛车等有机结合起来，将沙漠风光的壮美与沙漠淳朴的民风民俗结合起来。沙地旅游业的创建和不断发展壮大，既丰富了当地群众的文化生活，又促进了当地经济的快速发展，成为当地新兴产业，并呈现蓬勃发展的强劲势头。

(6) 广泛开展国际交流合作

奈曼旗防沙治沙及沙产业的迅猛发展，引起了国际组织和国际友人的高度关注，先后有国际粮食及农业组织、全球环境基金会等在此进行防沙治沙工作交流，取得了良好成效，有力地促进了当地防沙治沙及沙产业的蓬勃开展。

(7) 创新建设模式，提高建设质量

针对沙区立地条件差和气候干旱的实际，奈曼旗坚持把提高生态建设质量和效益作为首要任务，制定了《奈曼旗山沙两区建设规划纲要》《奈曼旗“双百万亩”综合治沙工程规划》《奈曼旗退耕还林总体规划》等林业生态建设和防沙治沙规划。在规划设计上，打破乡村界限，统一规划，整体设计，全面推进。在建设方向上，坚持生态效益优先，按照乔、灌、草相结合，以灌草为主；造、封、飞相结合，以封育管护为主的“两结合，两为主”的生态建设方针。根据立地条件，因地制宜、因害设防、适地适树、科学建设，探索出了符合奈曼旗实际的 5 种防沙治沙建设模式。

①以兴隆沼牧防林为代表的网格状防护林体系建设模式。实施林、农、牧综合治理开发，采用适宜当地栽植的杨、柳、樟子松、榆、沙棘、山杏、柠条等多种乔、灌木树种，营造林带宽 100~500 m，疏透度小，带间距 1000~5000 m，网格面积在 100~2500 hm^2 的宽林带、大网格、紧密结构型草牧场防护林体系。目前在兴隆沼的不毛沙地上营造宽 500 m 的主林带 14 条，总长 212 km；营造 100 m 宽的副林带 1044 条，总长 991 km，建成大林网 32 个，小林网 391 个，森林覆盖率由建设前的 1.5%到 2022 年提高至 51%。

②沙地小生物圈和家庭生态牧场治理模式。充分利用固定、半固定沙地、坨间低地的水资源条件，以户或联户为单位，四周营造防护林网，林网内按水、草、林、粮、经五配套标准综合建设，大力发展林粮、牧草、舍饲养殖等相关产业。

③生态路开发治理模式。为加快沙区群众增收步伐，把固沙、筑路、增收紧密结合起来，形成了以巴苇穿沙公路为代表的沙区开发治理模式。目前，全旗已修通 4 条穿沙公路，总里程达 106.2 km，使沿线 5 个苏木镇 6.8 万人的生产生活和交通条件得到了有效改善。

④林草复合经营模式。根据不同类型区的立地条件，选择乔草型、灌草型和乔灌草结合型 3 种模式，按“双行一带”标准建设，实现林草并举。

⑤沙地综合治理模式。对高大流动沙丘、流动沙地、半流动沙地和坨沼甸相间分布地区，采取建设农田防护林、防风固沙林、封沙育林和飞播造林种草等形式进行综合治理。

(8)壮大林沙产业，增强发展后劲

奈曼旗以林草资源精深加工和综合利用为主攻方向，走防沙治沙与经济发展互动双赢的发展路子，努力构建以木材加工和畜草产业为主的林沙产业发展体系，增强防沙治沙发展后劲。一是做大做强木材加工业，采取企业建基地、股份合作制等方式，积极开展荒山荒沙造林，加快低产林改造，扩大商品用材林和速生丰产林面积，确保原材料供应。同时，积极引进木材精深加工企业，使生态建设和防沙治沙成为山川增绿、群众增收、财政增税的支柱。二是依托草业资源大力发展舍饲养殖业。随着防沙治沙工作的扎实推进，特别是退耕还林、退牧还草工程的实施，全旗各地大力种草养畜，仅林间种灌种草面积就达 2.13×10^4 hm^2，有力地推动了舍饲养殖业的发展，加快了全旗农村经济由种植业主导型向舍饲养殖业主导型的转变。三是依托灌木资源发展生物能源，项目实施后可提高灌木和木材余量资源的利用水平，增加沙区群众收入，进一步调动群众防沙治沙的积极性。四是大力发展沙产业。鼓励、扶持企业直接利用沙资源，努力形成防沙、治沙、用沙的绿色生态产业体系。

7.2.2.4　奈曼旗治理成效

奈曼旗以防沙治沙为重点，坚持治理与开发并重的方针，在治理中开发，在开发中利用，把沙地治理开发与农业结构调整、地区经济发展、农牧民增产增收等有机结合起来，依托丰富的沙地资源，开展多种形式的开发利用，取得了较好的综合效益。经过多年的防沙治沙工作，已初步形成了多林种、多树种、乔灌草、带网片相结合的区域性防护林体系，土地退化、沙化现象得到有效遏制，沙化土地得到有效逆转。截至2008年年底，全旗森林覆盖率达29.58%，生态环境质量和农牧业生产条件得到明显改善，农牧民经济收入迅速提高，防沙治沙工作取得较好成效。

7.2.3　北方土石山区——以北京密云水库流域为例

7.2.3.1　密云水库流域概况

1960年，总库容$43.75\times10^8\ m^3$的华北地区最大人工湖——密云水库建成。密云水库流域包括潮河和白河两大支流，流域面积$1.52\times10^4\ km^2$，涉及河北张家口的市辖区、沽源县、崇礼区、赤城县、怀来县，承德的丰宁满族自治县、滦平县，北京的怀柔、密云、延庆等几个县(区)。潮白河为流经北京北部、东部的重要河流，属海河水系，是北京市重要的饮用水水源地，主要控制水库为密云水库。

(1)自然地理情况

密云水库流域位于北纬40°20′~41°40′、东经115°20′~117°40′之间，海拔0~2300 m。地形西北高、东南低，河流与山脉走向一致，西北部多以海拔1000~2300 m的中山为主，东南部多低山、丘陵，有少量平原和河滩地，丘陵山地坡度多在20°~35°。流域内83.4%的面积为中、低山地和丘陵，流域面积的22.9%处于北京境内。流域内气候的垂直分布明显。流域气候大致可划分为两个气候带，即北部的半干旱森林草原气候带，南部的暖湿半湿润山地气候带，以马营、独石口为界。年平均降水量488.9 mm，降水分布一般是从东南向西北递减，流域内6~8月降水量300~400 mm，占全年降水量的65%~75%。流域土壤主要为褐土、棕壤、草甸土和栗钙土。山地褐土常与棕壤呈复区分布，山地褐土多干旱贫瘠，尤其是阳坡和山前地带的粗骨性褐土，造林难度很大。

为保护水质，密云通过植树造林、爆破造林、飞播造林等多种形式，在库北地区开展了大规模的荒山绿化行动。1959年，参与修建密云水库的20万人上山造林11万亩，拉开了水库上游造林的序幕。1960年，密云首次实行飞播造林。1987年，为加速绿化密云水库，密云统一划定县直51个单位、中央市属驻县29个单位、中央市属来县18个单位开展植树活动。密云水库建成50年后，水库上游林地面积已达133万亩，森林覆盖率77.16%，比水库刚建成时的40万亩足足增加了93万亩，密云水库上游已经成为北京森林面积最大、森林覆盖率最高的地区。密云水库流域植被以森林为主，可分为人工林和天然次生林。人工林主要分布在浅山丘陵和低山地带，在中山人为活动多的地方也有分布，主要的人工林树种有油松、侧柏、刺槐和落叶松；天然次生林主要分布在中山和低山人为干扰少的地方，树种以山杨、蒙古栎和椴树为主。

(2)社会经济情况

2000年，流域总人口约90万，人口密度56.7人/km^2。区域经济相对较落后，占流域面积78.7%的赤城、丰宁和滦平，农业结构以粮食种植为主，主要的粮食作物有玉米、水稻、高粱、谷子、大豆等，经济类作物有花生、芝麻、烟草等，人均 GDP 分别为3640 元、4165 元和 4016 元，不及全国平均水平的 50%。

7.2.3.2 密云水库流域曾存在的主要问题

密云水库流域是北京重要的饮用水水源地，而北京是世界上严重缺水的大城市之一，人均水资源占有量仅 300 m^3，是全国人均水资源占有量的 1/8，世界人均水资源占有量的 1/30。21 世纪初，密云水库流域已进入新中国成立以来最严重的枯水期，连续多年遭遇干旱，而周边的河北、山西等地均无流动的河水，且因为地下水长期的超采，形成全国最大的地下漏斗。

7.2.3.3 密云水库流域系统管理模式

(1)农业生态补偿措施

从 2007 年春季起，为保证密云水库的水质，河北的滦平、丰宁、赤城 3 县 10 万亩高产田水稻将全部改种玉米等耐旱农作物。此举一出，潮河上游 3 县一年可为北京“囤水”超亿吨，基本上相当于一个中型水库的蓄水量。赤城是北京的重要水源地之一，该县相继实施了京津风沙源治理、退耕还林、塞北林场等旨在涵养水源的多项生态工程建设。此外，为保护水资源和水环境安全，赤城于 2006 年开始在当地黑河流域实施“退稻还旱”工程。

对于上游农民“退稻还旱”所受到的损失，从 2007 年开始，北京每年定额支援河北承德、张家口两市 2000 万元，用于补偿为保护北京水环境而做出的牺牲。“退稻还旱”的补偿金将从这笔资金中提取。北京市与上游地区政府合作，给予退稻农民平均每亩 550 元的资金补偿，确保农民收入不减少。该措施受到了上游地区政府、退稻农民的普遍欢迎，是一项跨区域水资源合作的成功实践。

(2)林业生态补偿措施

为进一步保护和改善北京主要饮用水水源地的生态环境，加快北京绿色生态屏障建设，国家和密云水库上游各县(市、区)地方政府提出了“服务首都、服务奥运、富裕农民”的工作方针，以首都水源区发展战略为指导，加大退耕还林力度，开展了一系列的治理建设工程。

①京津风沙源治理工程。其中退耕还林工程范围涉及 7 个区县，20.7 万户，59.4 万人；实施期限为 2000 年至 2004 年，总任务面积 7×10^4 hm^2，其中退耕地造林 3.67×10^4 hm^2,配套荒山造林 3.33×10^4 hm^2。退耕地造林以营造生态林为主，适当发展经济林。工程累计粮食补助 $12\,900\times10^4$ kg，现金补助 2580 万元。

②三北防护林建设工程。在京津地区，新增森林 177.8×10^4 hm^2，森林覆盖率达 29.1%，8 级以上大风日数和扬沙日数分别由 20 世纪 70 年代的 37 d 和 21 d 减少到现在的 17 d 和 8 d，北京周围的生态环境明显改善。

③太行山绿化工程。工程建设范围包括山西、河北、河南、北京 4 省(直辖市)的 110 个县(区)，总面积 1200×10^4 hm^2。工程建设总目标为营造森林 356×10^4 hm^2，防护林比重由 1986 年的 23.8%增加到 41.1%，经济林比重由 13.6%提高到 27.2%，基本控制本区的水土流失，使生态环境得到明显改善。

④环北京地区防沙治沙。工程范围包括浑善达克沙地、科尔沁沙地西部、阴山以北、山西雁北、河北坝上和京津周围地区，涉及北京、天津、河北、内蒙古、山西 5 个省(自治区、直辖市)的 11 个县(区、旗)，总面积近 $46.4\times10^4\ km^2$。工程治理沙化土地面积 9400 万亩。

⑤“五河十路”绿色通道建设。“五河”指的是永定河、潮白河、大沙河、温榆河、北运河；“十路”包括京石路、京开路、京津塘路、京沈路、顺平路、京承路、京张路、六环路 8 条主要公路和京九、大秦两条铁路。“五河十路”总长 1000 km，工程涉及北京全市 13 个区县 170 多个乡镇，规划绿化总长 1000 km，发展造林面积 35 万亩，其中建设永久绿化带 5 万亩，5 年时间完成。2008 年全市绿色通道管护总面积 33.8 万亩(其中永久性绿化带 13.4 万亩、产业带 20.4 万亩)，总计投入补偿补助资金 1.7 亿多元。

(3) 生态农业

在密云水库北岸林木中，有 30 多万亩林地种植着具有优良经济效益的果树，其中不少果品在华北地区久负盛名，有“咬一口、放一宿不变色”的黄土坎鸭梨、皮薄甘脆的新城子苹果，还有数十万亩的板栗、核桃等果树，这些果树每年可为当地群众带来近两亿元的收入。同时，密云还是全市养蜂第一大县，7.2 万群蜂群主要分布在库北的群山中，山中茂密的植被为蜜蜂提供了丰富蜜源，蜂农仅靠养蜂年收入就超过 10 万元。

7.2.3.4　密云水库流域系统管理经验

(1) 开展节水型社会建设

节水型社会本质上是在一定的经济条件下，以最小的水资源消耗取得最大经济、社会和生态效益。实施耗水管理，要将耗水控制理念落实到水资源管理的各个环节。农业节水包括改变种植结构、改良品种、地膜覆盖、秸秆覆盖等措施。工业和城镇将取水量、排污量和用水定额控制在允许范围内，以水资源可持续利用支持经济社会发展。优先利用地表水，有效减少地表蒸发损失，采取叶落归根措施，减少城市地面蒸发。

(2) 实施生态补偿机制

①政府和市场并重开展生态保护补偿。在生态补偿机制的实施和运行中，单靠政府的力量远远不够，往往难以达到最好的效果。应建立灵活的运行机制，鼓励市场因素参与，充分调动市场力量。政府的工作重点可以放到政策引导、重点地区的主导实施、机制保障、实施效果评估、运行监管等方面，充分发挥市场在资源配置中的重要作用。对于中央政府和地方政府而言，中央政府应侧重于重点地区、重点领域的保障和投入，发挥好引导作用；地方政府进行相应配套，并推动面上推广和实施，保证实施效果。

②加强法律法规建设。法律法规体系的建立和完善，是流域生态补偿机制建设的重要基础。在生态保护补偿的日常运行、资金来源、资金补偿、资金使用、运行监管、激励保障等各个环节，都需要法律法规的规范和约束，尤其是市场在资源配置中发挥作用更需要制度的规范。我国目前已出台了众多生态保护补偿方面的政策文件，但是法律法规体系仍需进一步建立和完善，各主体的责任与义务更有待更细致的划分。一方面，制定专门的生态保护补偿方面的法律法规；另一方面，对现有的生态相关的法律法规进行修订，补充关于生态保护补偿方面的内容，从而进一步完善法律法规体系。

③拓宽生态补偿资金来源渠道。以政府投入为主的流域和地区生态保护补偿资金来源渠道单一，投入力度也有限，应拓展其他专项资金投入渠道，如设立水污染排放税、环境污染税、碳排放税等税种，对于给生态环境造成破坏的各类污染排放企业进行征税，税收由政府统筹用于流域生态环境的保护和治理。

④强化资金使用监管和评估。对流域生态保护补偿资金使用进行监管和评估，是规范管理的必然要求。生态保护补偿资金总量大、涉及利益主体众多，因此必须进行严格监管和规范使用。应成立专门的监管部门，对资金的来源、合同的签订、资金标准确定、资金拨付等全过程和各环节进行监管，对资金使用、生态保护工程建设实施效果进行评估和验收。定期公布相关信息和评估结果，接受社会监督。

(3)发展观光农业旅游

①必须把生态管理与经济管理放在同等重要的位置。观光农业旅游地不仅要在产权清晰、责权明确、政企分开的条件下组织管理好生产，不断提高劳动生产率和经济效益，而且要求观光农业旅游地对生态环境保护与建设也承担民事责任，提高生态系统的承载力和生态效益。

②实行质量集约型和资源集约型的经营管理模式。以构建专业化的组织为基础，落实生产要素的集中管理，加强保障措施建设，真正建立绿色低碳、节能减排的现代观光农业旅游地。

③实行"绿色"市场营销策略。应充分利用绿色食品和生态产品，以及合理的价格、有效的促销手段形成营销策略组合，改变过分依赖门票收入的经营策略，延长产品生命周期，树立良好的企业形象，达到提高观光农业商业价值和扩大市场占有率的目的。总之，观光农业企业间的竞争既是经济的竞争，更是生态的竞争。实行生态经济合二为一的管理是观光农业可持续发展的关键。

7.2.4 西北黄土高原区——以甘肃九华沟流域为例

7.2.4.1 九华沟流域概况

(1)自然地理情况

九华沟流域是黄河水系祖厉河的一级支流，位于甘肃定西北部(N35°40′24″~35°43′40″,E104°18′48″~104°25′23″)，属黄土丘陵沟壑区第五副区，总面积83 km^2。流域地形切割十分严重，梁峁沟谷分明，坡陡沟深。自然坡度<5°、5°~15°、15°~25°和>25°的面积分别占流域总面积的6.8%、57.8%、26.8%和8.6%。流域沟壑密度为2.7 km/km^2。地势西北高，东南低，海拔1990~2271 m，最大相对高差281 m。阳坡陡峭，开垦指数在0.3左右；阴坡较缓，开垦指数接近0.6，为流域的主要农事作业区。主沟上游支流多呈"V"形，处于发育阶段，泻溜、崩塌等侵蚀活跃；下游沟道呈"U"形，较为平缓开阔。

流域地处内陆，属典型的温带大陆性气候，年平均降水量仅380 mm，5~9月降水量占全年降水量的78%。年平均气温6.3 ℃，极端最高气温34.3 ℃，最低气温-29.5 ℃。全年≥10 ℃的活动积温为2230 ℃。年平均太阳辐射能为5.91 J/cm^2，年日照时数2500 h，年蒸发量1550 mm，无霜期141 d。区内日照充足，温热适中，温差较大，适宜种植多种粮食和经济作物。

(2) 社会经济情况

流域内人口密度大，流域平均人口密度高达 80 人/km^2，远远超过国际规定的半干旱地区 20 人/km^2 的标准。巨大的人口压力使当地的教育、卫生、健康以及经济增长等长期内无法得到改善，人口素质提高缓慢，文盲、半文盲率高达 42%。

坡耕地比重大，粮食产量低而不稳。1997 年年底，流域耕地面积 3231.3 hm^2，其中，山坡地 1360 hm^2，占 42.1%；水平梯田 1570 hm^2，占 48.6%；川台地 300 hm^2，占 9.3%；没有水浇地，属典型的雨养农业区。由于自然条件严酷，农业生产方式落后，粮食多年平均单产仅 400~600 kg/hm^2。

7.2.4.2 九华沟流域曾存在的主要问题

流域内土壤类型以黄绵土和黑垆土为主，土壤多为粉质壤土，土层深厚，土质较松，适耕性强，但持水能力差，易造成水土流失。耕作层土壤总体上呈富钾、少氮、缺磷的状态，肥力低下。流域内平均每年流失土壤有机质 4302.7 t、全氮 318.2 t、全磷 227.9 t。流域内作物需水高峰期，常常发生少雨缺水现象，使作物生长极易受到干旱的威胁。九华沟流域在未治理前土壤侵蚀模数高达 5400 t/(km^2 · a)，年土壤侵蚀总量 4482×10^4 t，坡耕地每年土壤流失总量 540 t/hm^2。流域内沟谷面积 308.76 hm^2，占流域总面积的 24.8%，溯源侵蚀、下切侧蚀、崩塌侵蚀严重，是该流域的主要产沙区。

7.2.4.3 九华沟流域治理模式

九华沟流域在综合治理实践中，根据生态经济学和系统工程理论，坚持“以土为首，土水林综合治理”的水土保持方针和“以治水改土为中心，山水田林路综合治理”的农田基本建设原则，以建设具有旱涝保收、稳产高产的大农业复合生态经济系统为目标，以恢复生态系统的良性循环为重点，注重将工程措施和生物措施相结合。

(1) 建设水土保持综合防护体系

九华沟流域综合治理以充分利用有限的降水资源为目标，建设包括梯田工程、径流集聚工程、小型拦蓄工程、集雨节灌工程、道网工程在内的径流调控综合利用工程，进行山水田林路综合治理，达到对自然降水的聚集、储存及高效利用。

径流调控综合利用工程总体配置模式遵循“因地制宜，对位配置；依据径流，布设工程；利用工程，配套措施；高新技术，综合运用”的原则，进行径流调控综合利用体系的总体布局、优化设计，形成降水径流的聚集、存储、利用的完整体系，做到有序治理、层层拦蓄，提高降水资源化利用率。总体上采取以下措施：

①“山顶戴帽子”。流域上部梁峁顶植被稀少、土壤瘠薄、岩石裸露，这一层带以营造水土保持林、造林种草为主，构成防治体系的第一道防线。

②“山腰系带子”。流域腰部地带耕作层相对较厚，过去频繁的人畜活动导致植被稀疏、水土流失严重。这一层带主要通过荒坡修反坡台、陡坡挖鱼鳞坑等方式退耕还林还草，通过缓坡修梯田等方式加强基本农田建设，尽量就地拦蓄降水，形成第二道防线。

③“沟底穿靴子”。在沟底打淤地坝，合理布设水窖、谷坊和涝池等小型拦蓄工程，有

利于保水保土保肥。同时，在村庄、房屋、道路两旁种植树木，鼓励发展庭院经济、栽培经济作物、饲养牲畜、建设沼气池等，构成防治体系最后一道防线。

通过采取上述综合整治措施，流域形成了上、中、下 3 个层次横向条带和拦坝、挡墙的纵向网状防护体系。各项措施镶嵌配套，初步形成立体式综合开发利用的小流域生态经济体系。

(2) 建设高效农业综合开发体系

九华沟流域综合治理以优化土地利用结构、推动经济社会协调发展为目标，结合坡耕地退耕还林还草，积极发展畜牧业，调整畜牧养殖结构，大力发展牛、羊等草食性畜牧业；调整种植结构，大力发展马铃薯、中药材、林果等区域特色产业，扩大高附加值经济作物种植面积；推行农业产业化经营，发展农畜、林果产品加工业，提高农业附加值；大力推广设施农业、地膜、节水灌溉等实用农业技术，以科技促进农业的新发展。

7.2.4.4　九华沟流域治理成效

(1) 生态环境明显改善

截至 2002 年，全流域内综合治理面积由 37.3 km^2 增加到 71.6 km^2，初步形成水土保持综合防护体系。年平均径流模数由 17 000 m^3/km^2 降至 1557.28 m^3/km^2，年土壤侵蚀模数由 5400 t/km^2 降至 915 t/km^2，减沙率 83.1%，水土流失得到有效控制。通过兴修水平梯田，流域内 91% 的坡耕地得到了整治，其余 9% 的坡耕地已退耕还林还草，流域整体上实现了耕地梯田化、荒坡绿色化；流域内林草面积由 1986.7 hm^2 增至 4739.3 hm^2，林草覆盖率由 24% 提高至 57.1%（图 7-2）。

图 7-2　九华沟流域治理效果
（张富，2008）

(2) 经济结构趋于合理，经济效益稳步增长

九华沟流域通过综合治理和生产结构调整，农、林、牧、荒及其他用地比例由 39 : 19 : 5 : 23 : 14 调整为 24 : 39 : 18 : 2 : 17，农业用地减少 38.5%，林牧业用地增长 137.5%，土地利用率达 81.3%，比治理初期提高 18.8%。卓有成效的产业结构调整使流域内经济结构趋于合理，各业协调发展，农产品产量不断提高，土地生产率比治理初期提高了 4 倍多，各业产值年均增长 26.6%，农民人均纯收入年均增长 24%。

(3) 社会效益显著

流域内交通、通信和电力等基础设施得到改善，居民生活条件明显改观。由于在综合治理中加强了基础设施建设，实现了“五通”，即农路通、农电通、电话通、电视通、广播通。居民受教育年限增加，劳动力素质普遍提高，文盲、半文盲率由 42%降至 20%。增收致富步伐加快。流域内绝对贫困率下降至 3%，稳定解决温饱的农户达 85%以上，返贫现象基本消除。

(4)九华沟流域水土保持综合防护体系

九华沟小流域在实践中总结出了以径流调控综合利用体系为主的工程措施、植物措施及农业措施优化组合、合理配置的治理调控方法，形成了以工程养植物，以植物保工程，以生态保经济，以经济促生态，多功能、多目标、高效益的水土保持综合防护体系。

7.2.4.5　九华沟流域治理经验

九华沟流域水土保持综合治理开发始终以降水径流调控为主线，优化配置综合治理开发措施，从上游到下游、从坡面到沟道，建成了完整的径流调控体系，将导致水土流失的降水径流变为调整产业结构、改造低效劣质侵蚀地、发展高效农林牧业生产的有效水资源。径流调控体系按其组成分为聚集、贮存和利用 3 个系统，聚集系统主要指依靠集水面(自然坡面、沥青路面、村道、庭院、屋面、混凝土面、覆膜等)来收集、拦截降水径流的工程体系；贮存系统有水窖、蓄水池、涝池、塘坝、淤地坝、骨干工程等；利用系统主要是通过小型蓄引工程和利用滴灌、渗灌、喷灌及小沟暗管等节灌技术为发展高效农业服务。把径流调控与植被建设相结合，创造性地提出了隔坡软埂水平沟、燕尾式鱼鳞坑、正方形漏斗式聚流坑、长方形竹节式聚流坑、圆锥形连环式聚流坑、地膜覆垄聚流坑等不同形式的径流集水技术，大大提高了造林种草的成活率和保存率。坡面径流聚渗工程、路舍集流贮用工程、沟道坝系拦蓄工程有机结合的多元化、多功能降水聚渗贮用水土保持工程体系，使水土资源得到科学高效利用，为农工贸一条龙、产供销一体化系统开发、实现农村经济的可持续发展打下了坚实的基础，走出了水保立县、以水定业的新路子、总结出“修梯田，治水土；集雨水，种林草；兴科技，增效益；搞调整，拓富路”的治理开发新模式。

当地将治理分区与治理原则形象地总结为“五子登科”，即山顶退田还林“戴帽子”，山坡退田还草“挂毯子”，山腰建设高标准梯田“系带子”，山底建造塑料温棚、地膜覆盖“穿裙子”，沟底打坝蓄水“穿靴子”。

7.2.5　南方红壤区——以浙江梅溪流域为例

7.2.5.1　梅溪流域概况

梅溪位于浙江金华南部，属钱塘江流域金华江(又名婺江)水系武义江支流，是金华重点打造的 3 条廊道之一——浙中生态廊道武义江上的一个重要节点，具有得天独厚的自然条件。梅溪发源于金华婺城区箬阳乡平坑顶，流域面积 248 km^2，干流总长53.2 km，自南向北注入安地水库，出库后绕经安地镇向北至雅畈镇西北约 1 km 处汇入武义江，其中安地水库溢洪道下游 14.3 km，流域面积 103 km^2，流经婺城区箬阳乡、安地镇、雅畈镇以及金华开发区苏孟乡 4 个乡镇，平均河宽 70 m。梅溪流域地理位置突出，是连接仙源湖区块、石门小镇区块、苏孟水乡区块、体育中心区块、金华南大门区块的纽带。

7.2.5.2　梅溪流域曾存在的主要问题

梅溪流域在综合治理前，水利工程建设起点较低、标准不高、老化严重。堤防为渠道式的水利工程且局部防洪标准不达标，河道内部分堰坝的功能和外观单一，仅有拦水蓄水作用，未兼顾生态、景观等方面的要求。河道存在乱占、乱建等问题，部分桥梁、堰坝布局不合理，阻碍行洪。流域沿线农村生活污水及5个砂石料场污水直排，造成水体污染、水质变差。沿线村庄产业落后，青壮年大多外出打工，甚至很多户已全家搬迁，房屋无人居住，年久失修，破败不堪，杂草丛生；村民收入基本依靠田间劳作，2016年以前，安地镇岩头村村民人均年收入仅5000~8000元，村集体无经济收入，经济基础十分薄弱。

7.2.5.3 梅溪流域综合治理模式

针对流域及沿岸经济社会面临的主要问题，2013年，金华市政府提出要将梅溪打造成金华最美河流，推动编制《金华市区梅溪流域综合治理规划》，于2016年全面启动梅溪流域综合治理工程，2019年，金华梅溪流域通过浙江省美丽河湖验收。通过实施水系防护与防洪、生态保护与修复、水质保护与改善、文化保护与景观、土地综合利用与开发等五大建设工程，治理河道14.3 km，生态修复62.1×10^4 m^2，建成全线贯通的绿道系统28.6 km，将梅溪打造成为一条集河道、堤防、堰坝、水闸、绿道、公园为一体的水利生态示范线、美丽乡村样板线、生态风景旅游线、休闲养生观光线，撬动全流域产业发展，实现了经济、社会、生态综合效益最大化。金华市在梅溪流域综合治理实践中，坚持系统观念统筹谋划，综合考虑流域水安全、水生态、水景观、水文化、水产业，以治水助推流域经济社会转型发展，着力打造生态梅溪、诗画梅溪、文化梅溪、富裕梅溪，其综合治理模式主要包括以下几方面：

(1) 以水为基，打造生态梅溪

金华市坚持生态优先，充分谋划梅溪流域治理项目，多次组织省、市政府部门和水利、景观、旅游、园林、文化等各方面专家现场探勘，把脉论证，编制梅溪流域综合治理规划，提出推行“生态治理”模式，充分尊重自然，保持河道原有自然风貌基本不变，打造堤在园中、园在堤中的生态堤防。通过对梅溪河道上原有的堰坝重新改建、堤防加固提档、堤岸生态修复，区域防洪减灾能力得到极大提升，加固新建堤防防洪标准达到20年一遇，其中梅溪二环桥以下河段与金华城区相衔接，形成了一道绿色生态的防洪闭合圈，有力保护了区域内5万余人口、10万亩农田安全；通过恢复和营造溪、湾、塘、滩、涧、湿地等不同的水系形态，对驳岸进行生态修复，还原了梅溪岸滩自然生态，在保留原有植物基础上，丰富植物种类和季相，合理搭配各种乔木、灌木、湿生和水生植物，构建多样、稳定的植物群落，护坡覆绿软化生硬驳岸，局部增加亲水台阶扩大亲空间，生态绿化面积达100.8×10^4 m^2，为区域生态系统自然好转奠定了良好基础。治理后的梅溪不仅提升了河道的防洪、灌溉功能，而且成为一道水清、岸绿、景美的生态风景线。

(2) 以水为媒，打造诗画梅溪

梅溪流域治理按照“一轴、三区、七景、九堰”的总体格局，勾画出“一衣带水出南山，夹岸徐行绕林田，七星凝玉桃源乐，九曲堰落诗画间”的山水诗画长卷，而美丽流域的建设也显著推动了美丽乡村建设，梅溪沿线乡(镇)、村借助梅溪流域综合治理，大力推进“水美乡村”“乐水小镇”“美丽城镇”建设，积极申请省、市、县级财政资金，并主动配套建设及维修养护资金，实施水系连通、清淤疏浚、堤岸加固、沿河绿化、生态修复，实行村道全面硬化，完成农村改厕，建设雨污分流管网，生活污水管网接通各村农户，实现了生活污水无害化处理，各村均设置两定四分点位，建设阳光堆肥房，实现了垃圾分类全覆盖。安地镇依托梅溪生态廊道，先后完成了 16 个 A 级以上景区村庄建设(包括国家级 3A 级景区 3 个)，基本达到景区村庄全覆盖，2018 年，安地镇被评为国家级生态文明示范乡镇，成为浙江省唯一的城郊湖山型旅游度假休闲区；苏孟乡各村充分谋划将梅溪生态廊道美景与村庄风景连成一体，创建 A 级景区村庄 8 个，湖海塘被评为浙江省美丽河湖。

(3) 以水为魂，打造文化梅溪

梅溪流域综合治理充分融合了流域文化元素，在项目规划设计阶段，通过走访梅溪沿线乡村，充分挖掘两岸历史文化、民间传说，将流域文化融入重要节点设计并定格在梅溪综合治理的蓝图上。梅溪七景之一的“婺州风华”位于岩头村附近，开阔的溪岸通过民俗长廊的串联展示本地民俗文化，结合滨水绿道设计，营造“暖暖远人村，依依墟里烟”的田园滨水风光；位于铁堰附近的“乐山知水”景点建设了水利博物馆，承担起梅溪水生态建设的展示功能。结合当地民俗传说，梅溪沿岸恢复建设了“魁星点将”“伏虎把关”“雅堂诵经”等 10 处文旅景点。文化的融入赋予了梅溪流域综合治理深厚的文化底蕴，诠释了新时代的治水理念。

(4) 以水为脉，打造富裕梅溪

梅溪流域综合治理依托地理位置优势，将沿线的乡镇村落、分散的旅游节点、分散的功能区块有机串联，产生了“长藤结瓜”效应。金华市政府将梅溪沿岸村都列入精品村、秀美村项目，目前已建成市级精品村 11 个、秀美村 15 个，沿线乡村生态和基础设施配套的提升有效推动了整个板块的价值提升，打开了人才、资本、技术下乡的空间。2020 年 10 月，梅溪流域综合治理的起点地——安地镇，成功签约总投资约 60 亿的蓝绿双城仙源湖观云小镇项目，该项目建成运营后预计实现利税 12 亿元，年客流 300 万人次，产业带动新增就业人口预计 4000 人，集聚高端人才预计 2000 人。2020 年，雅畈镇将汪家垄水库打造为新区域地标——燕语湖国际垂钓中心，目前已组织承办两次专业竞钓赛事，吸引线上线下观众超过 1 亿人次，为全区域相关企业带货 69 万件，直接带动消费 6000 余万元。水的治理不仅促进了生态环境的改善，而且有效推动了产业转型升级，实现了地方经济的快速发展，留住了人，留住了根。

(5) 以水为乡，让百姓留得乡愁

梅溪流域综合治理不仅使河道生态环境及防洪条件得到了改善，也为沿线居民提供了亲水空间，主题公园、全线绿道、休闲驿站、缓坡驳岸不仅成为居民郊野运动、休闲娱乐的理想场所，而且为当地的旅游经济注入了新的血液，沿线乡村旅游快速发展为村民增收致富创造了有利条件。在苏孟乡，优美的乡村风景，如火如荼的农业观光、乡村休闲旅游产业，吸引了大批乡民返乡创业。在安地镇岩头村，外出务工村民纷纷迁回村中居住，改造房屋，办起了农家乐和民宿，红火的乡村旅游经济让村民实现了在家门口就业。更重要的是，“绿水青山就是金山银山”理念更加深入人心，沿线村镇居民群众主动治理意识和环境保护意识明显提高，“垃圾不落地、污水不横流、危房不住人、禽畜不放养、杂物不乱堆”的村规民约日渐成为民众共识，公众自发节水、爱水、护水的良好氛围逐步形成。如今，梅溪沿线河清、水美、民富的乡村新貌让更多的人“望得见山水，记得住乡愁”，也点亮了更多人的回乡路、创业路，为乡村振兴注入了新活力。

7.2.5.4 梅溪流域系统管理经验

梅溪流域综合治理经验表明，落实系统治理需要从思想观念上转思路、想出路，统筹谋划，多措并举，保障水生态安全，传承弘扬水文化，发展绿色水产业，从而营造全民治水新格局。

(1)强化全局性谋划，探索以水利带动经济社会发展

推进系统治水，要强化全局性谋划，不仅要治水，还要把水作为重要的生态和战略资源，因地制宜谋划挖掘水的生态价值，发展绿色产业，探索以水利带动经济社会高质量发展。在梅溪流域综合治理项目规划阶段，金华市政府把握全局，深度谋划以治水撬动经济高质量发展，充分考虑流域地理条件、自然禀赋、文化特色，统筹水治理与产业转型、经济发展、百姓增收协同并行，通过治水充分释放流域生态红利，大力发展农旅、文娱、民宿经济，推动形成了流域经济高质量发展的重要增长极。各级水利部门提高站位，主动作为，在把水资源作为刚性约束的前提下，将治水与生态保护修复、绿色产业转型、改善民生福祉等深度融合，因地制宜充分利用水体、岸线、滩涂、砂石等资源，谋划绿色涉水工业、涉水生态农业、涉水旅游业，探索把绿色水产业培育成为新的经济增长点。加快推进水生态产品价值实现机制，探索以水生态产品价值核算为依据，通过水生态补偿、市场化交易的路径，建立政府、企业、个体广泛参与的流域水生态产品价值实现体系。

(2)挖掘流域文化元素，推动以水文化串联生态和民生

中华民族自古择水而居，在几千年人与水的交互影响中孕育了博大精深的水文化，成为中华民族灿烂文明的重要组成。梅溪流域综合治理以更好地满足人民群众物质和精神文化需求为目标，用根脉留住人脉、用文脉赢得商脉，将历史文化元素深度融入流域综合治理，讲好流域水文化传承故事，让梅溪成为当地居民安居、乐业、耕耘、致富的美丽家园。因此，系统治水应牢牢把握水文化建设的民族性和人民性，深入挖掘流域文化元素，将流域历史文化、山水文化与城乡发展相融合，推动水文化和经济社会融合发展，以水文化串联生态和民生，把更多创业队伍“引回来”，让更多怀有“乡愁”情结的人“留下来”，让文化记忆成为每个流域的代表性符号和标志性象征，让水文化成为最深沉、最持久造福人民群众的精神力量。

(3)与时俱进谋创新，不断丰富流域系统治理的实践要义

系统治理是一个动态发展的过程。梅溪流域作为“浙中生态廊道”的重要节点，金华市政府以将梅溪建设成浙江省(乃至全国)践行新时代治水思路的示范区为目标，高位推进，与时俱进深度谋划，结合乡村振兴战略，以治水带动特色水产业发展，以美丽流域建设促进美丽乡村建设；围绕幸福河建设，在满足梅溪防洪、供水安全基础上，坚持景观生态治理，实行智慧化管护，并深入挖掘、发展弘扬特色水文化，不断丰富梅溪系统治水的内涵，推动系统治理紧跟时代需求，以前瞻性、全局性、战略性、整体性思路进行谋划，以改革创新驱动系统治水内涵不断深化拓展，助推流域高质量发展。

(4)促进共建共治共享，持续提升流域系统治理能力和水平

系统治水应重视引导公众参与，促进社会协同，推动形成公众参与、监督、尽责的社会治水共同体。梅溪流域在治理中充分发挥河长制、湖长制、塘长制作用，结合村规民约等自治风俗约束，积极推行物业化管护，通过文化渗透、产业富民，让“两山”理念、乡愁文化深植民心，充分调动了公众主动参与治水管水的积极性。推进系统治水要健全完善共建共治共享的治水制度，多措并举，吸引社会各界力量、民间资本参与治水，充分调动民众治水的积极性，实现政府治理同社会治理、居民自治良性互动，打造人人有责、人人尽责、人人享有的系统治水新格局。

7.2.6　西南紫色土区——以四川清溪河小流域为例

7.2.6.1　清溪河流域概况

清溪河是长江南岸一级支流，长 9.3 km，平均比降 3.6%，流域面积 30.4 km^2，流域发源于宜宾市江安县留耕镇任家坝水库，流经纳溪区大渡口镇 7 个行政村。该流域属长江河谷浅丘地貌，海拔 251～385 m。土壤以地带性紫色土和黄壤为主，肥力较高，质地适中，矿物含量丰富，有利于农作物和果树生长。该流域气候温和，年平均气温 17.4 ℃，年平均降水量 1223.3 mm。该流域粮食作物以水稻、玉米、高粱为主；主要经济树种有紫叶李、枇杷等。山区有成片天然林，主要树种有桉树、香樟、斑竹、楠竹等。

7.2.6.2　清溪河流域曾存在的主要问题

清溪河沿岸曾因过度耕作，地表植被严重破坏，洪水泛滥，滑坡、泥石流等自然灾害时有发生。2013 年以前，清溪河入长江口段有工业企业 12 家、拦河肥水鱼类养殖场 3 家。农业面源污染、工业废水、生活污水，导致清溪河入江水质为劣Ⅴ类。

7.2.6.3　清溪河流域系统治理模式

为彻底改善清溪河小流域恶劣的生态环境，2013 年以来，四川省泸州市纳溪区积极融入全国第一批水生态文明城市试点建设，总投资 2.3 亿元，全力实施水土保持生态清洁小流域综合治理，关闭了流域内所有高污染排放企业，建设生活污水、垃圾无害化处理等设施，实施水系净化工程；整合小流域水土保持综合治理、河道治理等项目，实施小流域水土保持综合治理工程，因地制宜引导企业和村民植树造林和建设生态茶园、果园；结合“四好新村”建设，对流域覆盖的 7 个行政村实施污水处理、垃圾清理、农厕改造，完善生态环境基础设施。通过流域系统治理，清溪河流域出口水质从劣Ⅴ类提升到了Ⅲ类以上标准，年保水量比治理前增加 18.6×10^4 m^3，万亩优质甜橙基地、千亩特早生态有机茶园生机盎然，沿河 2000 余亩生态花卉基地种植有虞美人、紫罗兰等花卉，形成了“四季花海，花果飘香”的滨水景观。

依托良好水质和酿酒基础，撬动社会资金 7.2 亿元，沿流域规划建设集新型工业、文化旅游、生态建设于一体的“中国酒镇 · 酒庄”，着力打造中国生态原酒酿造基地、中国白酒酒庄群落第一发源地、中国养生酒集中品鉴地。采取股权众筹、基金+信托+互联众筹等方式开展酒庄项目建设，成功创建中国白酒酒庄文化服务综合标准化示范区。以花为媒、以水为魂，大力实施产业形态“退二进三”工程，建成花田酒地漂流、七彩玻璃栈道、高空蹦极等娱乐配套项目，实现将花文化与酒文化有机融合和多种特色元素叠加，让昔日滩涂重新焕发生机。

7.2.6.4 清溪河流域系统管理成效

(1) 五彩花海

清溪谷花田酒地景区已建成核心花海 800 亩、花海栈道 2000 m，栽种虞美人、紫罗兰等花卉，创建丹霞飞雨、探花桥、花田风车等 18 个以花为主题的景点，春观桃、夏赏荷、秋望菊、冬会梅，它们与丹霞、河谷，互为掩映，呈现别样的乡村田园风情，被众多专家和游客誉为“百花之园”“东方普罗斯旺”。

(2) 四季酒香

花田酒地作为清溪河流域的门户景区，将白酒文化与山、水、田、园景观有机结合，融合“酿造、储存、种植、养殖、农副产品加工、清洁能源生产、文化旅游、创意服务”八大业态，赋予旅游产业全新模式。在景区周围分布了中国白酒文化展示中心等众多别具特色的酒庄。

(3) 九曲碧波

清溪河流域综合治理后，空气质量达到国家一级标准，噪声指标达到国家一类标准，地表水水质达到国家Ⅲ类标准。景区已拥有白果、桢楠等 56 种名贵树木，发现白鹭、松鼠、竹鸡等 10 多种野生动物，恢复了原生态的湿地景观。本着保护与开发并举的原则，景区建成一批特色娱乐项目，沿溪而上，柳堤岸边，水环山，山依水，游客可以真正邻水而游，戏水而憩，看得见山，望得见水，解得了乡愁。

清溪河流域治理工程为周边村民提供就业岗位 1500 余个，带动当地农民就近就地转化为产业工人，实现年人均增收 2000 元以上，流域内居民人均可支配收入较治理前增长 40%以上。

7.2.6.5 清溪河流域系统管理经验

(1) 强化顶层设计，高位推动创建工作

一是成立了由区委书记、区长任指挥长，区级相关部门和镇为成员的创建工作领导组；制定工作实施方案，明确责任分工，建立联席会议制度。二是高标准编制旅游发展规划，编制旅游总体规划，进一步完善了景区导视系统、卫生设施、休憩设施、智慧景区等功能设计。三是把创 A 工作纳入年度工作目标任务，定期开展督查，对履责不到位、工作不得力的单位通报批评和督促整改。

(2) 强化标准引领，全面提升服务能力

严格按照旅游景区质量等级的划分与评定要求，参照“一标三则”和 A+、A++标准，打造旅游景区，全面提升服务能力。一是完善游览服务设施。完善导视系统，成立专业讲解员队伍，制作景区画册、导游图等宣传资料。二是健全安全应急体系。成立景区应急指挥中心，建立健全安全处置预案、安全保护机制、应急救护联系机制、缓堵保畅机制。成立安全领导小组，配备专职安保队员。三是优化邮政通信服务。在游客中心设置公用电话和手机充电站；修建通信基站，实现通信信号全覆盖；联合邮政部门制作了富有地方特色的文化产品。四是提高接待服务能力。培育特色农家饭店，新建规范化购物场所，布局特点鲜明、管理规范的旅游纪念品店。五是开展智慧景区建设。景区在完成网站升级建设的同时，开通了微信公共信息服务平台，设置自助购票、电子刷卡、电子验票等系统，完善语言导视系统；建立数字虚拟景区系统和电子商务平台，为游客免费提供网上浏览、在线预订、在线查询等便捷服务，重点区域实现 WiFi 全覆盖。

(3) 强化精细管理，不断优化景区环境

一是健全经营管理机制。二是加强周边环境治理。坚持“自然、生态、绿色”的理念，完善生态保护制度；对周边农家饭店招牌进行统一设计更换，完成火炬社区外墙风貌改造；组建专职环卫队，建立垃圾分类处理体系，设置环保垃圾桶，景区餐具均采用环保材料。三是维护景区经营秩序。行业监管部门定期或不定期对商户实施检查；成立商家与消费者协调服务工作小组，及时协调处理各类纠纷，维护景区商品市场秩序；统一从业人员服装，完善亮证经营工作；设立投诉室，完善旅游投诉管理制度，畅通游客投诉电话，及时处理各类投诉事件。

(4) 强化连片发展，打造精品旅游环线

坚持“全域旅游”发展思路，整合周边旅游资源，依托“中国酒镇 · 酒庄”建设，大力发展酒庄主题游。

7.2.7　西南岩溶区——以云南滇池流域为例

7.2.7.1　滇池流域概况

(1) 自然地理情况

滇池流域位于云贵高原中部，东经 102°29′~103°01′、北纬 24°29′~25°28′。整个地形分为山地、丘陵、淤积平原和滇池水域 4 个层次，可概括为“七山一水二平原”。滇池流域在长期的内、外营力综合作用下，基本形成了以滇池为中心，南、北、东三面宽，西面窄的不对称阶梯状地貌格局。第一级主要为三角洲平原、湖积平原、冲积平原、洪积平原及湖滨围垦地组成的内环平原，海拔在 2000 m 以内，相对高度一般小于 40 m，最低点为滇池湖面，海拔 1885. 5 m；第二级为台地、岗地、湖成阶地及丘陵为主组成的中环台地丘陵，海拔一般在 1900~2100 m，相对高度大于 100 m，最高点为梁王山，海拔 2890 m。滇池流域是典型的高原季风气候区，年平均气温 15. 1 ℃，年平均降水量1075 mm，夏秋季主要受来自孟加拉湾的西南暖湿气流及北部湾的东南暖湿气流控制，5~10 月为雨季，湿热、多雨；冬春季则受来自北方干燥大陆季风控制，但受东北部乌蒙山脉屏障作用的影响，区域天气晴朗，降水减少，日照充足，湿度小、风速大。总体而言，本区域具有年降水量集中，光热资源条件好，降水量中等偏丰，干湿季分明的特点。滇池正常高水位为 1887. 5 m，平均水深 5. 3 m，湖面面积309. 5 km^2，湖岸线长 163 km，湖容 15. 6×10^8 m^3，注入滇池的主要河流有 35 条，多年平均入湖径流量为 9. 7×10^8 m^3，湖面蒸发量4. 4×10^8 m^3。滇池分为外海和草海，其中，外海正常高水位为 1887. 50 m，平均水深5. 3 m，湖面面积 298. 7 km^2，湖岸线长 140 km，湖容 15. 35×10^8 m^3，多年平均入湖径流量为 9. 03×10^8 m^3，湖面蒸发量 4. 26×10^8 m^3；草海正常高水位为 1886. 80 m，平均水深2. 3 m，湖面面积 10. 8 km^2，湖岸线长 23 km，湖容 0. 25×10^8 m^3。

(2) 社会经济情况

2015 年，滇池流域常住总人口约 406. 86 万，约占昆明市总人口的 60%；流域 GDP 达

3168 亿元，约占昆明市 GDP 的 80%。2017 年，滇池流域 GDP 达 3886 亿元，三次产业结构为 1.2∶36.8∶62，第三产业和第二产业为主导产业。第一产业主要集中在晋宁区，第二产业主要集中在五华区、呈贡区、官渡区和晋宁区，第三产业主要集中在盘龙区、官渡区、西山区，其次是五华区、晋宁区和呈贡区。

7.2.7.2 滇池流域曾存在的主要问题

滇池位于昆明城区的下游，为滇池流域海拔最低点，是流域污染物唯一的受纳体。从 20 世纪 80 年代末开始，滇池流域迅速推进城镇化和工业化，高速发展的城市、经济及人口导致入湖污染负荷迅速增加，生境破坏，流域内的人类活动突破了滇池的承载能力，滇池富营养化严重。

滇池流域点源污染负荷主要包括城镇生活污染源和企业污染源。1988—2017 年滇池流域点源污染产生总量呈持续上升趋势，增长了约 5.06 倍。其中：化学需氧量增长了 5.24 倍，氨氮增长了 5.5 倍，总氮增长了 4.06 倍，总磷增长了 5.43 倍。

滇池流域农业农村面源污染负荷主要包括农村生活污染(农村生活污水和生活垃圾)、农业生产污染(农田化肥流失、农业固废、畜禽养殖)。20 世纪 90 年代，随着滇池流域人口和社会经济的发展，农产品需求量日益增加，滇池流域农业从粗放型的传统有机农业逐渐转变为以农药、化肥为中心的现代化农业。农业生产中农药、化肥的大量施用并自然形成氮磷流入滇池。进入 21 世纪后，随着滇池流域城镇化进程的加快，农村人口及耕地面积逐渐降低。2017 年，滇池流域农村人口为 33.96 万人，实有耕地面积为 225 620 亩，较 1988 年流域内农业人口降低约 80%、耕地面积减少约 39%。

1988 年后，滇池流域城市建成区不断扩张，近 30 年内城市建成区面积增加了约 2 倍，加上随着流域地表不透水率的增加，在降水的冲刷下导致大量污染物随降水径流进入水体，同时滇池流域城市面源污染防治方面比较薄弱，导致城市面源污染负荷的入湖量逐年提高。2017 年，滇池流域城市面源污染化学需氧量、总氮、总磷和氨氮的入湖量分别为 20 815 t、1039 t、89 t 和 298 t，较 1988 年增加了约 2.5 倍。

7.2.7.3 滇池流域面源污染治理模式

(1) 治理目标

在滇池流域面源污染治理过程中，以“区域统筹、巩固完善、提升增效、创新机制”为方针，实现“山水林田湖”综合调控；巩固“九五”以来滇池保护治理成效，进一步完善以流域截污治污系统、流域生态系统、健康水循环系统为重点的“六大工程”体系；提升流域污水收集处理、河道整治、湿地修复、水资源优化调度效能。其主要达到以下目标：

①完善污染物控制体系，削减污染负荷存量与增量。加强工业污染源防治，促进节能减排；强化城镇生活污染源与城市面源污染控制，提升污水处理系统与环湖截污系统效能；推进农村农业污染综合整治，收集处理农村污水及垃圾，提高农村污水收集率与处理设施利用率。

②理顺健康水循环体系，提高水资源利用效率。严格控制用水总量；加强用水效率控制红线管理，强化配套建设节水设施等建设，进一步提高用水效率；完善健康水循环体系。

③开展水环境综合治理与保护，恢复流域生态功能。开展滇池全流域水生态环境综合治理与保护，恢复流域生态功能。强化水源地环境保护，保障饮用水源地水质；加强河道

小流域综合整治，消除黑臭水体；进一步恢复湖滨生态系统，提高生态环境效益；多措并举开展内源污染治理，持续改善滇池水质。

(2)治理措施

通过控制分区方案，参考全国流域水生态环境功能分区管理体系，结合国家“水十条”和《云南省水污染防治工作方案》及昆明市对滇池流域的水质考核要求，共划分为35个控制单元，将35个控制单元并为草海陆域汇水区、外海北岸主城区、外海东岸呈贡新区、外海南岸晋宁区、外海西岸散流区、草海湖体控制区、外海湖体控制区7个控制区，逐一识别主要环境问题，提出防治措施：

①草海陆域汇水区。新建昆明市第十三污水处理厂，新增污水处理能力6×10^4 m^3/d，新建雨污排水管网189 km，提升污水收集处理效率，加强老旧排水管网、节点和泵站的更新改造；进一步完善新运粮河截污系统，新增调蓄规模3.8×10^4 m^3，削减雨季溢流污水污染负荷。削减城市面源化学需氧量污染负荷；利用牛栏江—滇池补水资源，科学调度牛栏江—草海补水；加强草海湖滨生态湿地建设，新增湿地108 hm^2。

②外海北岸主城区。进一步完善污水收集处理系统，新建雨污排水管网300 km，新增污水处理能力19×10^4 m^3/d，实施现有污水处理厂提标改造，削减尾水污染负荷；加强该控制区内饮用水源地保护。开展水库饮用水源区围网、定桩、警示牌设置等防护工程。

③外海东岸呈贡新区。完善环湖截污东岸配套收集系统，实现城市排水系统—河道截污管—村庄排污渠—环湖截污干渠的有效衔接；加强控制区内再生水利用能力建设，新增再生水处理能力0.3×10^4 m^3/d；推广农业区实施测土配方施肥及水肥一体化技术，使化肥利用率达到40%。推广绿色防控成套技术，实施废弃果蔬资源化利用，减少化学农药和化肥的施用量。开展农村生产生活的生态化升级工程，推广节煤炉灶、太阳能热水器，实施农村病旧沼气池改造；建设滇池斗南湿地工程，新增湿地30 hm^2。完善湿地补水系统，污水处理厂尾水引入湿地，实现河道、湿地与湖体水系连通，尽力恢复湖泊自然岸线。

④外海南岸晋宁区。完善排水管网及环湖截污南岸配套收集系统，实施排水管网清淤除障；加强控制区主要饮用水源地保护。开展水库水源地围网、定桩、警示牌设置等防护工程，严格限制人为活动；推广农业区实施测土配方施肥及水肥一体化技术，化肥利用率达到40%。推广绿色防控成套技术，实施废弃果蔬资源化利用，减少化学农药和化肥的施用量。开展农村生产生活的生态化升级工程，推广节煤炉灶、太阳能热水器，实施农村病旧沼气池改造，促进农业绿色发展；加强湿地建设。新建晋宁南滇池国家湿地公园，新增湿地255 hm^2，完善湿地补水系统，污水处理厂尾水引入湿地，实现河道和湿地水系连通，尽力恢复湖泊自然岸线。

⑤外海西岸散流区。提高该控制区污水收集处理率；建设滇池外海西岸湿地142 hm^2，充分发挥湖滨湿地生态系统水质净化功能，削减外海西岸入湖污染负荷；开展面山植被修复与建设工程，防止水土流失，削减入湖污染负荷。

⑥草海湖体控制区。加强草海湖体内源污染控制。在草海和主要入湖河口疏浚和处置淤泥400×10^4 m^3。加强草海蓝藻应急打捞处置能力，削减内源污染负荷；充分利用牛栏江—滇池补水资源，开展牛栏江—草海补水通道应急工程，科学调度牛栏江—草海补水，

通过生态补水改善草海水质；实施滇池草海湖滨带扩增保育工程，在草海水体透明度进一步提高的基础上，通过科学调控水位、适当人工引种，修复草海水生态系统，逐步实现草海生态系统良性循环。

⑦外海湖体控制区。在加强外源污染控制基础上，继续开展内源污染治理，持续降低氮磷营养盐浓度，重点控制蓝藻水华。采用蓝藻在线监测技术、蓝藻荧光快速监测、低空无人机监测、天地一体化等多种技术手段，建立滇池流域蓝藻预警体系；开展滇池蓝藻应急打捞处置工程，提高蓝藻堆积区的蓝藻应急处理能力；实现水资源的优化调配，进一步改善外海水质；开展滇池一级保护区界桩设置工作，切实保护滇池核心区不受侵害。

7.2.7.4　滇池流域面源污染治理成效和管理经验

按照"科学治滇、系统治滇、集约治滇、依法治滇"的思路。滇池保护治理成效显著，森林覆盖率逐步提高、生物多样性逐步恢复、湿地生态圈逐步完善、主要入湖河道水生态逐步恢复。2016 年，滇池水质由持续了 20 多年的劣Ⅴ类改善为全湖Ⅴ类，摘掉了"劣Ⅴ类"帽子；2018 年时持续好转为Ⅳ类，成为 1988 年建立滇池水质数据监测 30 年以来的最好水质；2019 年、2020 年全湖水质保持Ⅳ类。2020 年，35 条入湖河道中，水质达到或优于Ⅲ类的已有 17 条，与 2015 年的 5 条相比增加了 12 条。生态方面不少已经消失多年的鸟类、鱼类回到了滇池。经过长期治理，总结流域系统管理经验如下：

(1) 管理体制创新

党中央、国务院高度重视滇池保护治理。云南省委省政府把滇池保护治理工作列为事关全省发展的全局性大事。在滇池综合治理的过程中，管控是重中之重，从政府统筹管理，到机制体制及各项标准的制定，结合严格的监督考核。在河道整治中，昆明市不断总结经验，加强创新，建立了由市级主要领导担任各条河道的河长制。并出台了地方性规章制度，为河道整治工作提供了制度保障和支持。滇池流域河道整治工程的顺利开展与各级政府的高度重视、与"河长制"和地方性规章的支撑是密不可分的。

(2) 严格的地方标准与控源截污体系

滇池流域已经基本形成片区截污、集镇与村庄截污、河道截污、干渠截污四个层次的立体环湖截污体系，构建健康水循环系统。并对于水环境质量改善需求迫切的滇池流域，执行全国最严的 A 级标准，主要污染物除总氮为 5 mg/L 外，其余指标与地表水湖库Ⅲ类标准一致。这一标准的执行，对改善河道补给水源水质、削减入湖污染负荷、提高河道水质发挥了重要作用。

(3) 信息公开

流域的开发管理关系到大部分居民的日常生活，对流域的管理、每年的各项公报，公众有知情权。对重大流域开发决定，民众也有权了解工程开发带来的各种影响，包括有利的和不利的。

(4) 公众参与与协商决策

公众共同参与的流域管理模式在国际上广泛使用，并取得了很好的成效，也是流域综合管理的关键因素之一。流域综合管理参与者范围很大，不仅有政府、企业、社区、学校等组织，还包括许多专家、学者、志愿者等群体。许多成功的经验在多种多样的公众参与形式中总结形成，这些经验的得出，表明了公众参与流域管理的导向是正确的，他们也借参与之机，发挥各自的优势，为流域综合管理的成功奠定了基础。

7.2.8 青藏高原区——以雅鲁藏布江流域为例

7.2.8.1 雅鲁藏布江流域概况

(1)地理情况

雅鲁藏布江被誉为“极地天河”，是世界上海拔最高的大河，也是我国第五大河(仅次于长江、黄河、黑龙江和珠江)，它发源于青藏高原西南部、喜马拉雅山脉北麓的杰马央宗冰川，发源地海拔5590 m，经巴昔卡出境后流入印度。雅鲁藏布江流域地势西高、东低，自西向东，其北侧是冈底斯山、念青唐古拉山、唐古拉山，南侧为喜马拉雅山。雅鲁藏布江流域根据地貌特征和水文特点可大致分为上游区、中游区和下游区，上游为高原宽谷区(日喀则仲巴县里孜村以上)，中游为河谷区，下游为峡谷区(林芝米林县派镇以下)。上游海拔多在5000 m以上，下游多在3000 m以下，中游地处藏南宽谷和藏东南高山峡谷区，海拔2800~5000 m，上游地区因为受环流形势和水汽条件的限制，无暴雨产生，年降水量较小。中游河谷在米拉山的屏障作用下，潮湿的水汽难以抵达西部地区，大陆性气候特征显著。下游穿行于高山峡谷，在南迦巴瓦峰(海拔7782 m)附近的河流骤然由东折向南流、再转向西南，从而形成世界上罕见的“马蹄”形大河。按河谷特征和行政边界，自江源而下被划分为4个宽谷段，即马泉河宽谷、日喀则宽谷、山南塞谷和米林宽谷，面积分别占流域总面积的11.0%、33.3%、16.2%和39.5%。

(2)气候特征

雅鲁藏布江流域构成了青藏高原的“低槽”部分，上游到下游气候条件差异巨大，与青藏高原的西北寒冷干燥、东南部温暖湿润较为相似。上游地区属温带草原气候，无暴雨产生，年降水量<300 mm，发育着高寒草原、草甸、灌丛等。中游地区属温带森林草原气候，年降水量300~600 mm，发育着灌丛草原、亚高山灌丛草甸和亚高山草甸，植被类型存在明显的垂直梯度。下游为亚热带湿润气候，最大降水量达4000 mm，分布着少量的亚热带常绿阔叶林、山地热带雨林、季雨林等森林类型。流域降水的年际变化不大，但年内分配很不均匀，中下游特别明显。流域降水主要出现在6~9月，降水量占全年总降水量的65%~80%。

7.2.8.2 雅鲁藏布江流域曾存在的主要问题

(1)水土流失与沙漠化严重

据统计，截至2008年，雅鲁藏布江流域风(沙)化土地273 697.54 hm^2，以马泉河宽谷风(沙)化土地面积最大，占流域风(沙)化土地总面积的50.28%，其他依次是日喀则宽谷(25.52%)、山南塞谷(19.11%)和米林宽谷(5.08%)。1975—2008年，雅鲁藏布江流域风(沙)化土地呈缓慢增长趋势，共增加了10.5%，年均增加面积为764.71 km^2。流域内风(沙)化土地面积的扩展，是高原特殊气候条件下的缓慢自然沙漠化过程，是由自然与人为因素共同作用、相互激发、相互促进形成的人为加速与加剧过程。

雅鲁藏布江源区水土流失面积广、情况严重，轻度及其以上强度土壤侵蚀面积 18 933.33 km^2,占流域总面积的 71.86%。冻融侵蚀是雅鲁藏布江源区土壤侵蚀的主要形式，风力侵蚀和水力侵蚀面积所占比例较小。土壤侵蚀垂直分异明显。

(2)自然灾害频繁

①水灾。1998 年夏季，与长江同纬度的雅江流域发生了百年不遇的洪灾。流域内冲毁公路 310 km、耕地 1065 hm^2、草地 1000 hm^2、人工林 700 hm^2、房屋数百间，直接经济损失达 5.8 亿元。

②干旱。年干旱持续天数有时长 150 d 以上，日喀则地区 23 年资料统计，每年 7 月出现大旱的有 10 个年份，干旱概率为 48%，1974 年干旱持续天数长达 228 d。林周县原有水电站 25 座，至今仅存 1 座能保持正常发电。

③大风、冰雹与霜冻。据拉萨堆龙德庆区 26 年资料统计，每年平均 8 级以上大风 35 d,最多达 80 d，极端最大风速达 32.5 m/s。6~9 月是冰雹高峰期，冰雹最多 7.7 次/年，年霜冻期最长达 200 d。

(3)气温升高明显

1973—2007 年，雅鲁藏布江源区年平均降水量为 206.12 mm，年平均气温为 2.77 ℃、最高气温为 10.72 ℃、最低气温为 -4.81 ℃，年平均风速为 2.92 m/s，年日照时长为 3295.16 h。近年来，雅鲁藏布江源区气温变暖趋势明显，气温倾向率为 0.47 ℃/10a，高于珠峰地区平均线性升温率(0.234 ℃/10a)。年降水量波动较大，增加趋势不明显。年日照时长波动性较大，上升趋势不显著。年平均风速下降趋势明显。

7.2.8.3 雅鲁藏布江流域治理模式

(1)制定规划，强化落实

1999 年 1 月，国家林业局将该流域纳入国家生态体系建设工程项目计划，自治区各级政府也将该流域治理作为一项跨世纪大型绿色工程列入议事日程。1999 年 1~5 月，由西藏自治区林业厅负责完成了《西藏自治区雅鲁藏布江中下游流域林业生态体系建设工程规划》(以下简称《规划》)，规划建设总规模 8.0×10^4 hm^2，其中人工造林 4.0×10^4 hm^2，人工促进天然更新 1.0×10^4 hm^2，封山育林 3.0×10^4 hm^2，2003 年项目建成后，以生态公益林为主体的森林面积提高到 38.46×10^4 hm^2，流域生态工程体系初具规模，生态环境得到有效改善。

林业生态工程体系建设规划是该流域发展生态林业、治理生态环境的总蓝图和总的纲领性文件，各级政府和林业主管部门加强《规划》落实与实施工作，严格按《规划》要求抓好施工前的作业设计。建立各级项目领导小组和乡镇项目指挥部，加强项目实施与建设的领导，实施项目管理责任制，严格按设计施工、管理、督促与检查验收。

(2)搞好种苗生产基地建设

现有自治区、拉萨、日喀则、山南 4 个中心苗圃和 14 个县(市、区)固定或临时苗圃，总面积 465 hm^2(中心 138 hm^2)，育苗面积 193 hm^2(中心 81 hm^2)，年出苗量 668 万株。按《规划》要求和造林需苗量计算，年育苗面积需 783 hm^2。抓好以扩建中心苗圃为主，续建部分已具规模、基础较好的县级固定苗圃，新建部分临时苗圃的种苗基地建设。中心苗圃在现有科学试验与技术推广基础上，积极引种和加强乡土树种繁殖试验与研究推广，开展以容器苗、裸根苗、大棚育苗等技术研究，寻找科技育苗新途径，改变了流域人工造林树种单一局面。

(3) 依靠科技进步，实现科学经营

坚持科学性与实用性相结合，积极采用先进技术和科研成果，严格科学管理。植树造林切实做到因地制宜、良种壮苗、适地适树、集约经营。认真抓好拉萨至日喀则、拉萨至山南、拉萨至墨竹工卡 3 条绿色通道绿化和沿河护岸林、防风固沙林、农田防护林建设；实行造、管、抚并举，促进林木生长，提高林分质量和林地生产力；对现有天然森林及退化的灌丛草地实施禁伐、禁牧保护管理；现有人工林实行分类经营管护。

(4) 加强宣传教育，依法治理

深入宣传《森林法》《环境保护法》《土地管理法》《水法》等法律法规，提高全民法治观念；通过人大立法途径，出台地方性法规，建立健全乡规民约，依法治理。

(5) 建立健全经营管理机制和监测体系

机构不健全，管理跟不上，不仅难以实现治理目标，而且会造成有限资金和人力的较大浪费。建立健全经营管理机构，加强科学管理，建立自治区监测中心和地(市)、县(市、区)资源信息系统，是经营管理决策的重要保证。监测内容包括人口、资源、环境与社会经济等。

(6) 建立生态公益林效益补偿基金制度

林业生态工程体系建设是服务社会、惠益全民的社会公益事业，由国家、社会团体以及社会全体共同承担完成。各级政府和林业主管部门，根据本地实际情况，结合国情、区情和政府及各行业的财力，开展生态公益林效益补偿基金计量与收费标准的研究，制定一整套科学、合理和全面可行的效益补偿基金制度。多方面、多渠道筹集资金，为林业生态工程体系建设与发展，最大限度地改善流域生态环境，实现社会、经济可持续发展提供资金保证。

7.2.8.4　雅鲁藏布江流域治理成效与管理经验

多项管理政策的制定与落实不仅对优化资源配置、改善生态环境、提高农牧民收入、加快致富步伐、实现该流域经济社会可持续发展具有重要意义，而且在促进西藏全区社会进步、政治稳定、民族团结、边防巩固方面也具有重要意义。经过长期治理，总结出该流域管理经验如下：

①因地制宜，综合治理。结合雅鲁藏布江特殊的生态环境，综合运用工程措施、生物措施和农业技术措施，三者有机结合、效益互补。工程见效快，工程养林草，林草治根本，林草固工程；提高土地生产率，农业技术是关键。

②完善规划，全民治理。制定完备的管理政策，加强宣传教育与政策的落实推进，调动全民参与的积极性与能动性。优美的环境是全民福祉，生态治理也是全民的责任。

③立足现在，发展未来。雅鲁藏布江拥有得天独厚的自然资源，建立完善的监测管理体系，共建和谐一体的人地关系。

复习思考题

1. 国内外各流域面临问题时主要处于何种社会经济发展阶段？
2. 简述教材案例内各流域面临的主要问题。
3. 我国各流域的管理实践有哪些异同？
4. 通过各个案例，简述我国流域管理的主要经验和成就。

参 考 文 献

包晓斌，2009.构建流域可持续管理体系的思考[N].黄河报，2009-6-18(3).
包宇飞，2019.雅鲁藏布江水文水化学特征及流域碳循环研究[D].北京：中国水利水电科学研究院.
薄涛民，2017.内源污染控制技术研究进展[J].生态环境学报，26(3)：514-521.
蔡雪梅，2021.黄土高原雨养区苜蓿种植年限影响土壤碳排放的微生物驱动机制[D].兰州：甘肃农业大学.
陈广宇，2016.管理信息系统[M].北京：清华大学出版社.
陈利顶，陆中臣，1992.流域生态经济管理及其指标体系的探讨[J].生态经济(6)：16-22.
陈平，王成东，孙宏斌，2013.管理信息系统[M].北京：北京理工大学出版社.
陈效逑，2001.自然地理学[M].北京：北京大学出版社.
陈新明，2018.我国流域水资源治理协同绩效及实现机制研究[D].北京：中央财经大学.
陈亚宁，2015.新疆塔里木河流域生态保护与可持续管理[M].北京：科学出版社.
陈银波，2019.喀斯特小流域水—气界面二氧化碳释放及其影响因素研究[D].贵阳：贵州大学.
成昌军，2002.九华沟流域综合治理开发途径与模式[J].中国水土保持(11)：38-39.
程国栋，2009.黑河流域水—生态—经济系统综合管理研究[M].北京：科学出版社.
仇蕾，王慧敏，佟金萍，2004.流域实施“生态系统管理”的探讨[J].自然生态保护(6)：31-34.
狄雷，2021.小型农田水利工程建设和管理存在的问题及对策[J].南方农机，52(4)：95-96.
段昌群，付登高，杨树华，等，2021.滇池流域面源污染复合综合削减与区域生态格局优化[M].北京：科学出版社.
段巍岩，黄昌，2021.河流湖泊碳循环研究进展[J].中国环境科学，41(8)：3792-3807.
凡胜豪，2019.朝阳县七道岭小流域水土保持综合效益评价[J].水土保持应用技术(6)：27-29.
樊厚瑞，2021.基于系统科学视角的长江流域复合生态系统管理[J].学习与实践(10)：97-107.
范红霞，2005.中国流域水资源管理体制研究[D].武汉：武汉大学.
冯炜，2020.石羊河流域土壤有机碳变化特征及其对气候与土地利用变化的响应[D].西安：西北师范大学.
傅伯杰，陈利顶，马克明，等，2011.景观生态学原理及应用[M].2版.北京：科学出版社.
傅伯杰，赵文武，张秋菊，等，2014.黄土高原景观格局变化与土壤侵蚀[M].北京：科学出版社.
高振荣，陈以新，1987.信息论、系统论、控制论120题[M].北京：解放军出版社.
巩杰，2018.流域景观格局与生态系统服务时空变化：以甘肃白龙江流域为例[M].北京：科学出版社.
关君蔚，2007.生态控制系统工程[M].北京：中国林业出版社.
郭怀成，2021.环境规划学[M].3版.北京：高等教育出版社.
郭晋平，2016.景观生态学[M].2版.北京：中国林业出版社.
郭立祥，2020.农业产业技术改革下思政观念对农业水利工程推广的影响——评《水利，农业的命脉：农田水利与乡村治理》[J].灌溉排水学报，39(2)：154.
韩桥花，2021.滇东南地区两个中型水库藻类与碳循环响应气候变化与流域开发的近现代特征[D].昆明：云南师范大学.
郝芳华，程红光，杨胜天，2006.非点源污染模型——理论、方法与应用[M].北京：中国环境科学出版社.
郝盛吞，周爱锋，张晓楠，等，2017.湖泊沉积有机碳埋藏效率及其影响要素研究进展[J].地球环境学报，8(4)：292-306.
何佳，杨艳，吴雪，等，2019.滇池治理实践的成效与启示[M].北京：中国环境出版集团.
胡荣桂，刘康，2018.环境生态学[M].2 版.武汉：华中科技大学出版社.
胡振鹏，2010.流域综合管理的理论与实践：以山江湖工程为例[M].北京：科学出版社.
华娟，熊明彪，张贝克，等，2016.川东丘陵区水土保持综合效益评价[J].水土保持研究，32(2)：152-156.
黄九洲，1999.一个全新的角度：流域生态经济[J].环境(5)：10-11.
黄九洲，2001.再论流域生态经济战略[J].开放导报(11)：37-38.
贾先文，李周，2021.流域治理研究进展与我国流域治理体系框架构建[J].水资源保护，37(4)：7-14.
江涛，2004.流域生态经济系统可持续发展机理研究[D].武汉：武汉理工大学.
姜联合，2021.全球碳循环：从基本的科学问题到国家的绿色担当[J].科学(上海)，73(1)：39-43.
解莹，王立明，刘晓光，等，2018.海河流域典型河流生态水文过程与生态修复研究[M].北京：中国水利水电出版社.
康健，贺骥，张闻笛，等，2021.流域管理机构水利监管工作研究综述[J].水利发展研究(1)：40-45.
孔昭林，2014.实用行政管理[M].北京：高等教育出版社.
昆明市滇池管理局，2020.关于公开征求《滇池流域水环境保护治理“十四五”规划(2021—2025 年)》意见的公告[EB/OL].(2020-10-13).https：//dgj.km.gov.cn/c/2020-10-13/3688376.shtml.
雷玉桃，2004.流域水资源管理制度研究[D].武汉：华中农业大学.
李海东，2019.脆弱区气候变化与生态保护修复成效评估研究[M].北京：中国环境出版集团.
李怀甫，1989.小流域治理的理论和方法[M].北京：中国水利水电出版社.
李庆瑞，2016.我国区域流域环境管理机构现状及改革思考[J].中国机构改革与管理(11)：33-35.
李双成，2014.生态系统服务地理学[M].北京：科学出版社.
李玉斌，2016.彰武县水土保持生态服务功能价值估算及空间分布研究[J].水土保持应用技术(6)：11-14.
李中魁，1994.小流域治理的哲学思考[J].水土保持通报，14(1)：31-37.
梁玉华，1997.流域系统——概念和方法[J].贵州师范大学学报(自然科学版)，15(1)：13-17.
廖望阶，任治俊，2015.水电资源开发应坚持四有原则[J].党政研究(4)：122-128.
廖永彬，2020.“大部制”改革后的流域管理实施机制思考[J].区域治理(3)：37-40.
刘家宏，2005.黄河数字流域模型[D].北京：清华大学.
刘俊勇，2013.对新时期流域管理机构重新定位的思考[J].人民珠江(4)：1-5.
刘念，李天宏，席浩郡，2021.长江中游荆江河段生态系统价值核算研究[J].应用基础与工程科学学报，29(6)：1335-1346.
刘萍，2018.行政管理学[M].北京：经济科学出版社.
刘毅，2021.我国流域水环境管理现状与对策研究[J].皮革制作与环保科技(5)：67-68.
柳较乾，2011.南水北调中线工程汉丹流域生态经济圈建设的探讨[J].郧阳师范高等专科学校学报，31(1)：20-24.
陆宇海，邹艳芬，2015.生态经济考核评价及生态产业发展研究[M].南昌：江西人民出版社.
罗承德，李贤伟，张健，等，2013.森林土壤研究集成[M].北京：科学出版社.
罗志高，刘勇，蒲莹辉，等，2015.国外流域管理典型案例研究[M].成都：西南财经大学出版社.
马传栋，2015.可持续发展经济学[M].北京：中国社会科学出版社.
马钢，潘玲，马增辉，2019.山水林田湖草生态保护修复原理内涵及思路探析[J].安徽农业科学，47(18)：48-51.

马克思，1975.资本论：第三卷[M].北京：人民出版社.
马丽娜，2009.我国水资源管理体制研究[D].西安：西北大学.
孟令钦，王念忠，2012.坡耕地水土流失防治技术[M].北京：中国水利水电出版社.
苗润吉，2015.通双小流域水土保持措施生态抗旱效果分析[J].水土保持应用技术(4)：18-19.
宁慧平，王宗周，2021.流域水环境综合治理技术路线探讨[J].工程技术研究，6(12)：255-256.
欧阳志云，郑华，彭世彰，等，2014.海河流域生态系统演变、生态效应及其调控方法[M].北京：科学出版社.
钱凤魁，王卫雯，王秋兵，2018.基于耦合协调度模型量化耕地自然质量与立地条件协同关系[J].农业工程学报，34(18)：284-291.
钱乐祥，许叔明，秦奋，2000.流域空间经济分析与西部发展战略[J].地理科学进展，19(3)：266-272.
钱学森，2001.论宏观建筑与微观建筑[M].杭州：杭州出版社.
任宪韶，吴炳方，2014.流域耗水管理方法与实践[M].北京：科学出版社.
芮孝芳，2013.水文学原理[M].北京：高等教育出版社.
沈大军，王浩，蒋云钟，2004.流域管理机构：国际比较分析及对我国的建议[J].自然资源学报，19(1)：86-95.
沈鑫，2018.基于流域尺度的河流治理技术体系与措施[M].北京：中国纺织出版社.
石小亮，陈珂，曹先磊，等，2017.森林生态系统管理研究综述[J].生态经济，33(7)：195-201.
水利部水土保持监测中心，2015.径流小区和小流域水土保持监测手册[M].北京：中国水利水电出版社.
水利部松辽水利委员会，2017.松辽水利委员会水土保持成果汇编[G].北京：水利部发展研究中心.
孙丹妮，郑军，张泽怡，2021.流域环境管理，如何更协调？——借鉴国际经验完善我国“十四五”流域环境管理体制机制的思考[J].中国生态文明(3)：54-58.
孙晓娟，韩艳利，毛予捷，2021.黄河流域生态保护补偿机制建设的立法建议[J].人民黄河，43(11)：13-16，39.
覃成林，2011.黄河流域经济空间分异与开发[M].北京：科学出版社.
唐安慧，张尚弘，2008.三维虚拟仿真研究框架[J].信息技术，32(12)：77-81.
唐恢一，2013.系统学—社会系统科学发展的基础理论[M].上海：上海交通大学出版社.
田慧颖，陈利顶，吕一河，等，2006.生态系统管理的多目标体系和方法[J].生态学杂志，25(9)：1147-1152.
田玉柱，2010.流域管理的探索与实践论文集[M].北京：中国林业出版社.
王秉杰，2013.流域管理的形成、特征及发展趋势[J].环境科学研究，26(4)：452-456.
王凤春，郑华，张薇，等，2021.农户生计与生态系统服务关系的区域差异及驱动机制——以密云水库上游流域为例[J].应用生态学报，32(11)：3872-3882.
王光谦，李铁键，2009.流域泥沙动力学模型[M].北京：中国水利水电出版社.
王光谦，刘家宏，李铁键，2005.黄河数字流域模型原理[J].应用基础与工程科学学报，13(1)：1-8.
王海英，刘桂环，董锁成，2004.黄土高原丘陵沟壑区小流域生态环境综合治理开发模式研究——以甘肃省定西地区九华沟流域[J].自然资源学报，19(2)：207-216.
王敬军，汪景垚，文凌宇，等，1996.通双小流域综合治理效益分析[J].中国水土保持(5)：49-50.
王礼先，1999.流域管理学[M].北京：中国林业出版社.
王锐，冯麒宇，卢毓伟，2021.流域综合治理一体化管控平台系统解决方案[J].水力发电，47(3)：69-74，97.
王淑佳，孔伟，任亮，等，2021.国内耦合协调度模型的误区及修正[J].自然资源学报，36(3)：793-810.
王晓玉，冯喆，吴克宁，等，2019.基于生态安全格局的山水林田湖草生态保护与修复[J].生态学报，

39(23):8725-8732.
王欣欣，2018.管理学原理[M].北京：北京交通大学出版社.
王兴奎，张尚弘，姚仕明，等，2006.数字流域研究平台建设刍议[J].水利学报(2)：233-239.
王亚华，胡鞍钢，2011.中国水利之路：回顾与展望(1949—2050)[J].清华大学学报(哲学社会科学版)，26(05)：99-112，162.
王彦阁，2009.密云水库流域土地利用时空变化及景观恢复保护区划[D].北京：中国林业科学研究院.
王众诧，2002.系统管理[M].沈阳：辽宁人民出版社.
魏宏森，曾国屏，1995.系统论[M].北京：清华大学出版社.
魏山忠，2017.落实长江大保护方针为长江经济带发展提供水利支撑与保障[J].长江技术经济，1(1)：8-12.
魏晓华，孙阁，2009.流域生态系统过程与管理[M].北京：高等教育出版社.
邬建国，2007.景观生态学——格局、过程、尺度与等级[M].2版.北京：高等教育出版社.
吴昂，黄锡生，2019.流域生态环境功能区制度的整合与建构——以《长江保护法》制定为契机[J].学习与实践(8)：5-16.
吴长文，陈法扬，1995.水土流失引起的生态经济失调及其系统调控[J].水土保持研究(1)：80-84，90.
吴发启，高甲荣，2009.水土保持规划学[M].北京：中国林业出版社.
吴浓娣，李佼，刘定湘，等，2021.打造幸福梅溪建设水美乡村[J].水利发展研究，21(6)：4-7.
吴彦承，2012.推动生态建设与经济建设同步协调发展[N/OL].农民日报，[2012-8-29].https://wap.cnki.net/baozhi-NMRB201208290030.html.
吴宇晖，王秋，2012.经济增长与“富裕中的贫穷”——重温新剑桥学派经济增长理论[J].学习与探索(6)：91-94.
武荣，2021.节水措施在农业水利灌溉中的应用[J].广东蚕业，55(6)：79-80.
武晟，汪志荣，张建丰，等，2006.不同下垫面径流系数与雨强及历时关系的实验研究[J].中国农业大学学报，11(5)：55-59.
夏兵，2009.华北土石山区大中尺度流域森林景观优化研究[D].北京：北京林业大学.
肖蓓，2019.青海湖流域河川径流及溶解性碳输移过程研究[D].烟台：鲁东大学.
肖笃宁，李秀珍，高峻，等，2003.景观生态学[M].北京：科学出版社.
谢文宝，陈彤，刘国勇，2018.新疆农业面源污染与农业经济增长的关系——基于脱钩模型和LMDI模型的实证分析[J].资源与产业，20(1)：68-75.
辛志伟，卢学强，2018.环境污染系统控制论[M].北京：中国环境出版集团.
熊小波，2016.黄河下游典型地段土壤碳通量变化特征及其影响因素研究[D].郑州：河南大学.
徐辉，2008.流域生态系统管理的保障体系研究——理论与实践[D].兰州：兰州大学.
徐凯，韩鹏，刘博静，2020.海河流域实行取用水监管工作浅论[J].海河水利(3)：4-6.
徐宗学，等，2009.水文模型[M].北京：科学出版社.
许进，林木隆，郑冬燕，2013.珠江流域综合管理指标研究[J].人民珠江(21)：11-13.
阳平坚，郭怀成，2018.滇池流域营养物综合减排策略及风险决策研究[M].北京：科学出版社.
杨桂山，于秀波，李恒鹏，等，2004.流域综合管理导论[M].北京：科学出版社.
杨京平，2004.生态系统管理与技术[M].北京：化学工业出版社.
杨乐，刘亚丽，2021.国内流域生态补偿机制建设经验借鉴与启示[J].低碳世界，11(9)：19-20.
杨荣金，孙美莹，傅伯杰，等，2020.长江流域生态系统可持续管理策略[J].环境科学研究，33(5)：1091-1099.
杨喜田，董惠英，1999.流域资源的多样性与流域管理目标确定[J].水土保持通报，19(4)：33-40.

冶运涛，蒋云钟，赵红莉，等，2020.智慧流域理论、方法与技术[M].北京：中国水利水电出版社.
尹虹潘，2018.国家级战略平台布局视野的中国区域发展战略演变[J].改革(8)：80-92.
于恩逸，齐麟，代力民，等，2019."山水林田湖草生命共同体"要素关联性分析——以长白山地区为例[J].生态学报，39(23)：8837-8845.
于浩，李宁，2008.湖泊碳循环及碳通量的估算方法[J].环境科技，21(S2)：1-5.
余新晓，2020.水文与水资源学[M].4 版.北京：中国林业出版社.
余新晓，毕华兴，2020.水土保持学[M].北京：中国林业出版社.
余新晓，贾国栋，2019.统筹山水林田湖草系统治理带动水土保持新发展[J].中国水土保持(1)：5-8.
余新晓，牛健植，关文彬，等，2006.景观生态学[M].北京：高等教育出版社.
余新晓，郑江坤，王友生，等，2013.人类活动与气候变化的流域生态水文响应[M].北京：科学出版社.
虞孝感，2003.长江流域可持续发展研究[M].北京：科学出版社.
曾维忠，杨帆，2019.森林碳汇扶贫：理论、实证与政策[M].北京：社会科学文献出版社.
曾奕，2021.黄土丘陵区侵蚀环境下的流域土壤有机碳动态变化及其影响机制[D].武汉：华中农业大学.
张弛，2021.生物技术提升农业产业转型的理论与实践——泰州市推进"高产、优质、高效、生态、安全"农业发展实例[J].农学学报，11(4)：93-96.
张富，2008.黄土高原丘陵沟壑区小流域水土保持措施对位配置研究[D].北京：北京林业大学.
张晶，2015.水土保持综合治理效益评价研究综述[J].水土保持应用技术(4)：39-42.
张列宇，侯立安，刘鸿亮，等，2016.黑臭河道治理技术与案例分析[M].北京：中国环境出版社.
张娜，2014.景观生态学[M].北京：科学出版社.
张世喆，朱秀芳，刘婷婷，等，2022.气候变化下中国不同植被区 GPP 对干旱的响应分析[J].生态学报(8)：1-12.
张兴义，回莉君，2015.水土流失综合治理成效[M].北京：中国水利水电出版社.
张屹山，田萍，2003.随机 Solow-Swan 模型的基本公式及相对稳定性[J].数量经济技术经济研究(10)：27-32.
张永领，2012.河流有机碳循环研究综述[J].河南理工大学学报(自然科学版)，31(3)：344-351.
张正河，杨为民，2018.管理学原理[M].2 版.北京：中国农业大学出版社.
张中旺，2007.南水北调中线工程与汉江流域可持续发展[M].武汉：长江出版社.
赵兵，2011.我国流域生态经济研究述评[J].人民长江，42(19)：66-69.
赵佳玉，2020.长江三角洲淡水养殖塘水—气界面 CH_4 排放动态研究[D].南京：南京信息工程大学.
赵军，王彤，夏广锋，等，2011.辽河流域水环境与产业结构优化[M].北京：中国环境科学出版社.
赵丽娜，2021.现代农田水利技术的发展探究[J].农家参谋(1)：191-192.
赵玲，2013.生态经济学[M].北京：中国经济出版社.
赵人俊，1984.流域水文模拟——新安江模型和陕北模型[M].北京：水利电力出版社.
郑江坤，2011.潮白河流域生态水文过程对人类活动/气候变化的动态响应[D].北京：北京林业大学.
郑淑纤，易娜，2021.乡村创新系统促进乡村振兴的路径探析[J].现代农业科技(20)：217-219.
钟茂初，2013.可持续发展的公平经济学[M].北京：经济科学出版社.
周成虎，孙战利，谢一春，1999.地理元胞自动机研究[M].北京：科学出版社.
周广胜，2003.全球碳循环[M].北京：气象出版社.
周年生，李彦东，2000.流域环境管理规划方法与实践[M].北京：中国水利水电出版社.
周勇，王家芳，2017.基于脱钩模型的山东省能源消费和经济发展分析[J].科学与管理，37(6)：57-62.
周泽松，1992.水文与地貌[M].上海：华东师范大学出版社.
周子航，朱晓宇，2021.流域生态补偿的制度、模式与立法研究[C]//中国城市规划学会.2021 中国城市规划年会论文集.成都：中国城市规划学会，325-336.

朱冰冰，霍云霈，周正朝，2021.黄土高原坡沟系统植被格局对土壤侵蚀影响研究进展[J].中国水土保持科学，19(4)：149-156.

朱燕茹，王梁，2019.农田生态系统碳源/碳汇综述[J].天津农业科学，25(3)：27-32.

AITKENHEAD J A，MCDOWELL W H，2000. Soil C：N ratio as a predictor of annual riverine DOC flux at local and global scales [J]. Global Biogeochemical Cycles，14(1)：127-138.

BATTIN T J，LUYSSAERT S，KAPLAN L A，et al.，2009. The boundless carbon cycle[J]. Nature Geoscience，2(9)：598- 600.

BERA M，BORAH D K，2003. Watershed-scale hydrologic and nonpoint-source pollution models：Review of mathematical bases[J]. Transactions of the ASAE，46(6)：1553-1566.

FASSBENDER H W，ALPIZAR L，HEUVELDOP J，et al.，1985. Agroforestry systems of coffee (*Coffea arabica*) with laurel (*Cordia alliodora*) and with poro (*Erythrina poeppigiana*) in Turrialba，Costa Rica. Ⅲ. Models for organic matter and nutrient elements [J]. Turrialba，35(4)：403-413.

FORMAN R T T，GODRON H，1981. Patches and structural components for 9 landscape ecology [J]. BioScience，31：733-740.

FREEZE R A，HARLAN R L，1969. Blueprimt for a physically-based digitally-simulated hydrological response model[J]. Journal of Hydrology(9)：237-258.

HOLLING C，1959. The components of predation as revealed by a study of small-mammal predation of the European pine sawfly [J]. The Canadian Entomologist，91(5)：293-320.

KEELING R F，PIPER S C，HEIMANN M，1996. Global and hemispheric CO_2 sinks deduced from changes in atmospheric O_2 concentration [J]. Nature，381：218-221.

KRISHNAN R，HARRIS J M，1995. Survey of ecological economics[M]. Washington：Island Press.

LI M X，PENG C H，WANG M，et al.，2017. The carbon flux of global rivers：A re-evaluation of amount and spatial patterns[J]. Ecological Indicators，80：40-51.

LIANG X，LETTENMAIER D P，WOOD E F，et al.，1994. A simple hydrologically based of land surface water and energy fluxes for general circulation models[J]. Journal of Geophysical Research，99(7)：14415-14428.

LIANG X，WOOD E F，LETTENMAIER D P，et al.，1998. The project for intercomparison of land-surface parameterization schemes (PILPS) phase 2(c) red-arkansas river basin experiment：2. spatial and temporal analysis of energy fluxes[J]. Global and Planetary Change，19(1-4)：137-159.

MARSH N B，LACELLE D，FAUCHER B，et al.，2020. Sources of solutes and carbon cycling in perennially ice-covered Lake Untersee，Antarctica [J]. Scientific Reports，10：12290.

QUAY P D，TILBROOK B，WONG C S，1992. Ocean uptake of fossil fuel CO_2：Carbon-13 evidence [J]. Science，256：74-79.

RAYMOND P A，HARTMANN J，LAUERWALD R，et al.，2013. Global carbon dioxidecmissions from inland waters [J]. Nature，503(7476)：355-359.

TANS P P，FUNG I Y，TAKAHASHI T，1990. Observational contraints on the global atmospheric CO_2 budget [J]. Science，247：1431-1439.

XU Z X，ITO K，SCHULTZ G A，et al.，2001. Integrated hydrologic modeling and GIS in water reaources management[J]. Journal of Aided Computing in Civil Engineering，15(3)：217-223.

附　录

附录 1 《中华人民共和国长江保护法》

为了加强长江流域生态环境保护和修复，促进资源合理高效利用，保障生态安全，实现人与自然和谐共生，中华人民共和国第十三届全国人民代表大会常务委员会第二十四次会议于 2020 年 12 月 26 日通过《中华人民共和国长江保护法》，该法自 2021 年 3 月 1 日起施行。

《中华人民共和国长江保护法》作为我国的首部流域法律，其制定与实施将习近平总书记关于长江保护的重要指示要求和党中央重大决策部署转化为国家意志和全社会的行为准则。该法坚持把保护和修复长江流域生态环境放在压倒性位置，突出共抓大保护、不搞大开发，强调做好统筹协调、系统保护的顶层设计，坚持责任导向，加大处罚力度，为长江母亲河永葆生机活力、中华民族永续发展提供了法治保障。

《中华人民共和国
长江保护法》

附录 2 《黄河流域生态保护和高质量发展规划纲要》

党的十八大以来，习近平总书记多次实地考察黄河流域生态保护和经济社会发展情况，就三江源、祁连山、秦岭、贺兰山等重点区域生态保护建设作出重要指示批示。习近平总书记强调黄河流域生态保护和高质量发展是重大国家战略，要共同抓好大保护，协同推进大治理，着力加强生态保护治理、保障黄河长治久安、促进全流域高质量发展、改善人民群众生活、保护传承弘扬黄河文化，让黄河成为造福人民的幸福河。

为深入贯彻习近平总书记重要讲话和指示批示精神，2021 年 10 月，中共中央、国务院印发《黄河流域生态保护和高质量发展规划纲要》。该规划纲要是指导当前和今后一个时期黄河流域生态保护和高质量发展的纲领性文件，是制定实施相关规划方案、政策措施和建设相关工程项目的重要依据。

《黄河流域生态保护和
高质量发展规划纲要》

附 录